信息通信专业教材系列

现代通信网

（第3版）

毛京丽　董跃武　编著

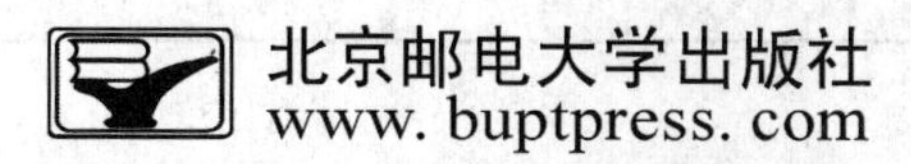

内 容 简 介

本书在论述了通信网基本概念的基础上，全面地介绍了各种现代通信网技术，主要包括电话通信网、ATM网、基于IP的通信网、接入网、电信支撑网(包括No.7信令网、数字同步网和电信管理网)；然后研究了通信网络设计基础及通信网的规划设计；继而分析了软交换和下一代网络，最后探讨了三网融合问题。

全书共有10章：第1章概述，第2章电话通信网，第3章ATM网，第4章基于IP的通信网，第5章接入网，第6章电信支撑网，第7章通信网络设计基础，第8章通信网络规划，第9章下一代网络及软交换技术，第10章三网融合。

为便于学生学习过程的归纳总结和培养学生分析问题和解决问题的能力，在每章最后都附有本章重点内容小结和习题。

本书取材适宜、结构合理、阐述准确、文字简练、通俗易懂、深入浅出、条理清晰、逻辑性强，易于学习理解和讲授。

本书既可作为高等院校通信专业教材，也可作为从事通信工作的科研和工程技术人员学习参考书。

图书在版编目（CIP）数据

现代通信网 / 毛京丽，董跃武编著. -- 3版. -- 北京：北京邮电大学出版社，2013.5（2016.11重印）
ISBN 978-7-5635-3489-0

Ⅰ. ①现… Ⅱ. ①毛…②董… Ⅲ. ①通信网 Ⅳ. ①TN915

中国版本图书馆CIP数据核字（2013）第076264号

书　　名：现代通信网(第3版)
著作责任者：毛京丽　董跃武　编著
责 任 编 辑：李欣一
出 版 发 行：北京邮电大学出版社
社　　址：北京市海淀区西土城路10号(100876)
发　行　部：电话：010-62282185　传真：010-62283578
E-mail：publish@bupt.edu.cn
经　　销：各地新华书店
印　　刷：北京鑫丰华彩印有限公司
开　　本：787 mm×960 mm　1/16
印　　张：27
字　　数：589千字
印　　数：14 001—19 000册
版　　次：1999年7月第1版　2007年6月第2版　2013年5月第3版　2016年11月第5次印刷

ISBN 978-7-5635-3489-0　　定价：49.00元

前　言

随着社会的不断进步、经济的飞速发展，人们已经进入信息化社会，因而对信息服务的要求会不断提高。为了满足人类对通信的需求，通信网不但要在容量和规模上逐步扩大，还要不断扩充其功能，发展新业务，由此各种现代通信网技术应运而生。

本书在简要阐述通信网基本理论的基础上，侧重于讨论和研究有关通信网的基本技术方面的问题。

第3版教材是在对第2版教材进行修订补充的基础上编写而成的。为了使本教材的系统性更强，在章节结构上进行了一些调整；同时为了使本教材更加实用、跟踪新技术，增加了一些新内容，具体为：在第1章增加了现代通信网的基础技术；在电话通信网一章中增加了移动电话通信网的内容；原宽带IP城域网一章改为基于IP的通信网，内容更丰富；另外增加了三网融合的探讨。

相比于第2版教材，第3版教材各章的结构更加合理，条理清晰、通俗易懂。

全书共有10章。

第1章概述，简单介绍了通信网的定义、构成要素、分类、通信网的几种基本结构及各自的特点、现代通信网的构成、现代通信网的基础技术及发展趋势。

第2章电话通信网，首先介绍了电话通信网的基本概念，然后分别阐述了固定电话通信网和移动电话通信网的相关内容。

第3章ATM，主要介绍了B-ISDN、ATM基本概念、ATM网的网络结构、ATM标准、ATM交换及多协议标签交换(MPLS)。

第4章基于IP的通信网，首先给出了IP网络的基本概念，然后分别介绍了以太网和宽带IP城域网，最后讨论了路由器及IP网的路由选择协议。

第5章接入网，主要介绍了接入网的基本概念、几种常用的有线接入网(包括铜线接入网、光纤接入网、混合光纤/同轴接入网)和无线接入网(包括固定无线接入网、移动无线接入网等)。

第6章电信支撑网,主要介绍了No.7信令网、数字同步网和电信管理网的基本概念及其相关内容。

第7章通信网络设计基础,主要介绍了两方面的内容:一是进行网络结构设计必备的图论基本概念和网络结构优化基本知识——最短路径算法和站址选择;二是进行网络流量设计必备的排队论基础知识及一些网络性能指标的计算。

第8章通信网规划设计,在介绍了通信网络规划概述的基础上,分析了通信业务预测的方法,然后详细论述了固定电话网、传输网、接入网和No.7信令网的规划与设计。

第9章下一代网络及软交换技术,首先介绍了下一代网络(NGN)的基本概念和特点、体系结构等,然后阐述了软交换技术的基本概念、软交换系统支持的协议及软交换网关的作用。

第10章三网融合,首先探讨了三网融合的意义及发展前景,接着研究了三网融合接入网关键技术及承载网关键技术。

本书第1～5章、第7章和第10章由毛京丽编写,第6、8、9章由董跃武编写。

本书在编写过程中,得到了勾学荣和李文海教授的指导以及柴炜晨、徐明、陈全、徐鹏、贺雅璇、黄秋钧、魏东红、齐开诚、夏之斌、胡凌霄、高阳等的帮助,在此表示感谢!

另外,本书参考了一些相关的文献,从中受益匪浅,在此对这些文献的著作者表示深深的感谢!

由于编者水平有限,若书中存在缺点和错误,恳请专家和读者指正。

编　者

2013年3月

目　录

第1章 概 述

随着社会的不断进步、经济的飞速发展,信息传输越来越重要,通信网也就与人们的生活密不可分。本章对通信网作概要的介绍,主要包括以下几方面的内容:

- 通信网的基本概念;
- 通信网的质量要求;
- 现代通信网的构成;
- 现代通信网的基础技术;
- 现代通信网的发展趋势。

1.1 通信网的基本概念

1.1.1 通信系统的组成

为了引出通信网的概念,首先简单介绍一下通信系统。

1. 通信系统的定义

所谓通信系统就是用电信号(或光信号)传递信息的系统,也叫电信系统。

2. 通信系统的分类

通信系统可以从不同的角度来分类:

(1) 按通信业务分类

如果按通信业务的不同,通信系统可以分为电话、电报、传真、广播电视、数据通信系统等。

(2) 按传输的信号形式分类

若按信道中传输的信号形式不同,通信系统可以分为模拟通信系统和数字通信系统等。

3. 通信系统的组成

通信系统构成模型如图 1-1 所示，其基本组成包括：信源、变换器、信道、噪声源、反变换器及信宿几个部分。

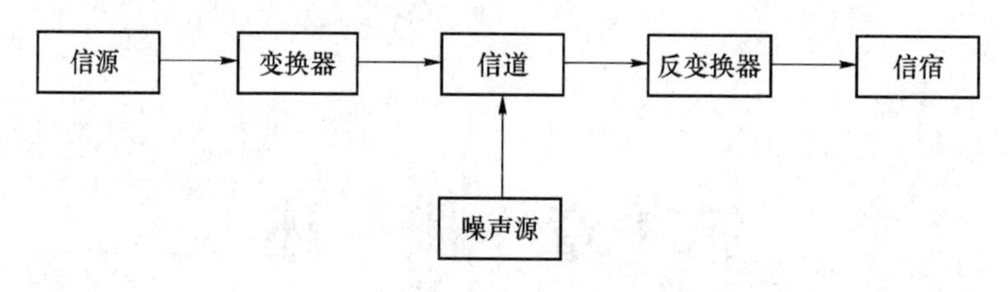

图 1-1　通信系统构成模型

(1) 信源

信源是指产生各种信息(如语音、文字、图像及数据等)的信息源，可以是人，也可以是机器，如计算机等。

(2) 变换器

变换器的作用是将信源发出的信息变换成适合在信道中传输的信号。对应不同的信源和不同的通信系统，变换器有不同的组成和变换功能。例如，对于数字电话通信系统，变换器包括送话器和模/数变换器等，模/数变换器的作用是将送话器输出的模拟话音信号经过模/数变换并时分复用等处理后，变换成适合于在数字信道中传输的信号。

(3) 信道

信道是信号的传输媒介。信道按传输介质的种类可以分为有线信道和无线信道。在有线信道中电磁信号(或光信号)约束在某种传输线(电缆、光缆等)上传输；在无线信道中电磁信号沿空间(大气层、对流层、电离层等)传输。信道如果按传输信号的形式又可以分为模拟信道和数字信道。

(4) 反变换器

反变换器的作用是将从信道上接收的信号变换成信息接收者可以接收的信息。反变换器的作用与变换器正好相反，起着还原的作用。

(5) 信宿

信宿是信息的接收者，可以是人或计算机。

(6) 噪声源

噪声源是系统内各种干扰影响的等效结果，系统的噪声来自各个部分，从发出和接收信息的周围环境、各种设备的电子器件，到信道所受到的外部电磁场干扰，都会对信号形成噪声影响。为了分析问题方便，将系统内所存在的干扰均折合到信道中，用噪声源表示。

以上所述的通信系统只能实现两用户间的单向通信，要实现双向通信还需要另一个通信系统完成相反方向的信息传送工作。而要实现多用户间的通信,则需要将多个通信系统有机地组成一个整体,使它们能协同工作,即形成通信网。

多用户间的相互通信,最简单的方法是在任意两用户之间均有线路相连,但由于用户众多,这种方法不但会造成线路的巨大浪费,而且也是不可能实现的。为了解决这个问题,引入了交换机,即每个用户都通过用户线与交换机相连,任何用户间的通信都要经过交换机的转接交换。由此可见,图1-1所示的是两个用户间的专线系统模型,而实际中一般使用的通信系统则是由多级交换的通信网提供信道。

1.1.2 通信网的概念及构成要素

1. 通信网的概念

综上所述,可以得出通信网的定义为:通信网是由一定数量的节点(包括终端设备和交换设备)和连接节点的传输链路相互有机地组合在一起,以实现两个或多个规定点间信息传输的通信体系。

也就是说,通信网是由相互依存、相互制约的许多要素组成的有机整体,用以完成规定的功能。通信网的功能就是要适应用户呼叫的需要,以用户满意的程度传输网内任意两个或多个用户之间的信息。

2. 通信网的构成要素

由通信网的定义可以看出:通信网在硬件设备方面的构成要素是终端设备、传输链路和交换设备。为了使全网协调合理地工作,还要有各种规定,如信令方案、各种协议、网络结构、路由方案、编号方案、资费制度与质量标准等,这些均属于软件。即一个完整的通信网除了包括硬件以外,还要有相应的软件。下面重点介绍构成通信网的硬件设备。

(1) 终端设备

终端设备是用户与通信网之间的接口设备,它包括图1-1的信源、信宿与变换器、反变换器的一部分。终端设备的功能有三个:

- 将待传送的信息和在传输链路上传送的信号进行相互转换。在发送端,将信源产生的信息转换成适合于在传输链路上传送的信号;在接收端则完成相反的变换。
- 将信号与传输链路相匹配,由信号处理设备完成。
- 信令的产生和识别,即用来产生和识别网内所需的信令,以完成一系列控制作用。

(2) 传输链路

传输链路是信息的传输通道,是连接网络节点的媒介。它一般包括图1-1中的信道与变换器、反变换器的一部分。

信道有狭义信道和广义信道之分,狭义信道是单纯的传输媒介(比如一条电缆);广义信道除了传输媒介以外,还包括相应的变换设备(或通信设备)。由此可见,这里所说的传输链路指的是广义信道。传输链路可以分为不同的类型,各有不同的实现方式和适用范围。

传输媒介就是通信线路,通信线路可分为有线和无线两大类。有线通信线路主要包括双绞线、同轴电缆、光纤等;无线通信线路是指传输电磁信号的自由空间。

① 双绞线电缆

双绞线是由两条相互绝缘的铜导线扭绞起来构成的,一对线作为一条通信线路。其结构如图1-2(a)所示,通常一定数量这样的导线对捆成一个电缆,外边包上硬护套。双绞线可用于传输模拟信号,也可用于传输数字信号,其通信距离一般为几千米到几十千米,其传输衰减特性如图1-3所示。由于电磁耦合和集肤效应,线对的传输衰减随着频率的增加而增大,故信道的传输特性呈低通型特性。

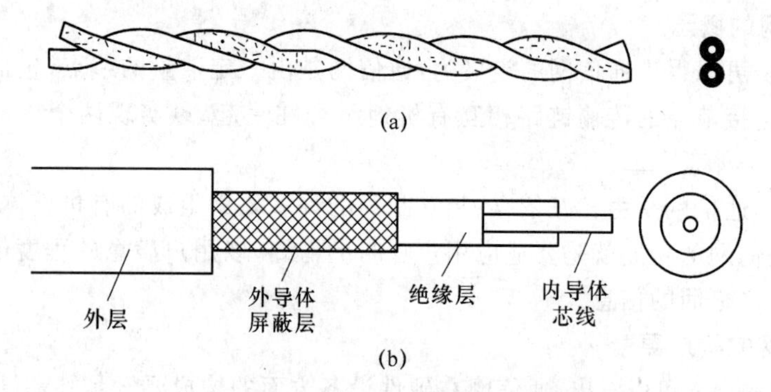

图1-2 双绞线电缆和同轴电缆结构

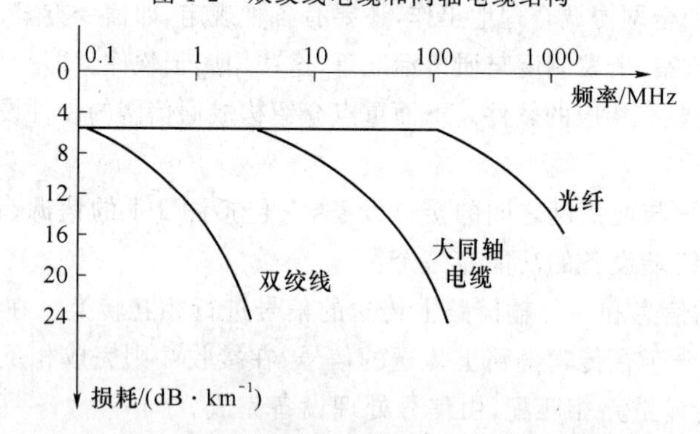

图1-3 双绞线电缆和同轴电缆传输衰减特性

由于双绞线成本低廉且性能较好,在数据通信和计算机通信网中都是一种普遍采用的传输媒质。目前,在某些专门系统中,双绞线在短距离传输中的速率已达100~155 Mbit/s。

② 同轴电缆

同轴电缆也像双绞线那样由一对导体组成,但它们是按同轴的形式构成线对,其结构如图1-2(b)所示。其中最里层是内导体芯线,外包一层绝缘材料,外面再套一个空心的圆柱形外导体,最外层是起保护作用的塑料外皮。内导体和外导体构成一组线对。应用时，外导体是接地的，故同轴电缆具有很好的抗干扰性，且它比双绞线具有较好的频率特性。同轴电缆与双绞线相比成本较高。

与双绞线信道特性相同，同轴电缆信道特性也是低通型特性，但它的低通频带要比双绞线的频带宽。

③ 光缆

光缆的结构和电缆结构类似，主要由缆芯、加强构件和护层组成。光缆中负责传送信号的是光纤，若干根光纤按照一定的方式组成缆芯，光纤由纤芯和包层组成。纤芯和包层的折射率不同，利用光的全反射使光能够在纤芯中传播。光纤通信是以光波作载频传输信号，以光缆为传输线路的通信方式。光波是一种频率在 10^{14} Hz 左右的电磁波，波长范围在近红外区内，一般采用的三个通信窗口波长分别为：0.85 μm、1.31 μm 和 1.55 μm。

光纤通信近几年来飞速发展，它具有以下突出的优点。

- 传输频带宽，通信容量大；
- 损耗低，尤其是 1.55 μm 附近，衰耗值可低至 0.2 dB/km，中继距离可达 50 km；
- 光纤是非金属材料，因此不受电磁干扰，无串音；
- 光纤还具有线径细、重量轻、资源丰富、成本低等优点。

④ 自由空间

自由空间又称理想介质空间，无线电波在地球外部的大气层中传播，可认为是在自由空间传播。

微波通信是利用微波频段（300 MHz～30 GHz）的电磁波来传输信息的通信。微波在空间沿直线视距范围传播，中继距离为 50 km 左右，适于地形复杂的情况下使用。

卫星通信是在地球站之间利用人造卫星做中继站的通信方式，是微波接力通信的一种特殊形式。它可以向地球上任何地方发送信息。

在自由空间传输信号易受大气变化等自然环境的影响，主要有大气折射引起的衰减、多径衰落、雨衰减等。卫星通信还存在线路长、时延大、衰耗较大等缺点。

（3）交换设备

交换设备是构成通信网的核心要素，它的基本功能是完成接入交换节点链路的汇集、转接接续和分配，实现一个呼叫终端（用户）和它所要求的另一个或多个用户终端之间的路由选择的连接。

1.1.3 通信网的分类

通信网从不同的角度可以分为不同的种类。

1. 按业务种类分

若按业务种类分，通信网可分为电话通信网、电报通信网、传真通信网、广播电视通信网以及数据通信网等。

- 电话通信网——传输电话业务的网络。
- 电报通信网——传输电报业务的网络。
- 传真通信网——传输传真业务的网络。
- 广播电视通信网——传输广播电视业务的网络。
- 数据通信网——以传输数据业务为主的通信网称为数据通信网,它是一个由分布在各地的数据终端设备、数据交换设备和数据传输链路所构成的网络,在网络协议(软件)的支持下实现数据终端间的数据传输和交换。
- 多媒体通信网——是传输多媒体业务(集语音、数据、图像于一体)的网络,它是多媒体技术、计算机技术、通信技术和网络技术等相互结合和发展的产物,具有集成性、交互性和同步性等特点。

2. 按所传输的信号形式分

若按所传输的信号形式分,通信网可分为:

- 数字网——网中传输和交换的是数字信号。
- 模拟网——网中传输和交换的是模拟信号。

3. 按服务范围分

若按服务范围分,不同的业务网又有不同的分类方式,如电话网等通信网可分为本地网、长途网和国际网;而传输数据业务的计算机通信网则可分为局域网、城域网和广域网。

4. 按运营方式分

若按运营方式分,通信网可分为:

- 公用通信网——由国家邮电部门组建的网络,网络内的传输和转接装置可供任何部门使用。
- 专用通信网——某个部门为本系统的特殊业务工作的需要而建造的网络,这种网络不向本系统以外的人提供服务,即不允许其他部门和单位使用。

5. 按所采用的传输媒介分

若按所采用的传输媒介分,通信网可分为:

- 有线通信网——使用双绞线、同轴电缆和光纤等传输信号的通信网。
- 无线通信网——使用无线电波线等在空间传输信号的通信网,又可分为移动通信网、卫星通信网等。

1.1.4 通信网的基本结构

通信网的基本结构主要有网形、星形、复合形、总线形、树形和线形等。

1. 网形网

网形网是网内任何两个节点之间均有线路相连,如图1-4(a)所示。

如果有 N 个节点,网形网则需要 $N(N-1)/2$ 条传输链路。显然当节点数增加时,传输链路将迅速增大。这种网络结构的冗余度较大，稳定性较好，但线路利用率不高，经济性较差。

图 1-4(b)所示为网孔形网，它是网形网的一种变形，也叫不完全网状网。其大部分节点相互之间有线路直接相连，一小部分节点可能与其他节点之间没有线路直接相连。哪些节点之间不需直达线路，要视具体情况而定(一般是这些节点之间业务量相对少一些)。网孔形网与网形网(完全网状网)相比，可适当节省一些线路，即线路利用率有所提高，经济性有所改善，但稳定性会稍有降低。

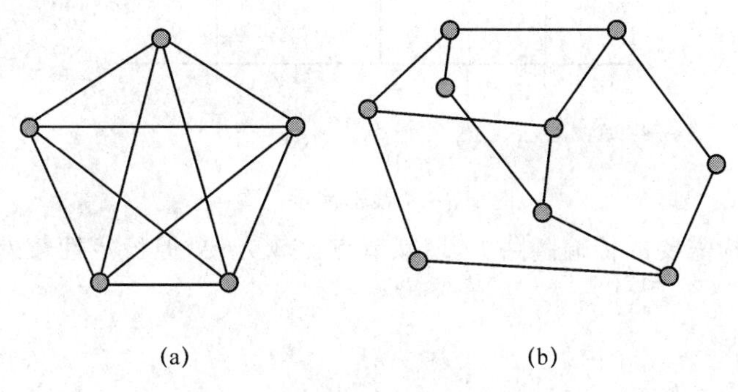

图 1-4　网形网与网孔形网示意图

2. 星形网

星形网也称为辐射网，它将一个节点作为辐射点，该点与其他节点均有线路相连，如图 1-5 所示。

具有 N 个节点的星形网至少需要 $N-1$ 条传输链路。星形网的辐射点就是转接交换中心，其余 $N-1$ 个节点间的相互通信都要经过转接交换中心的交换设备，因而该交换设备的交换能力和可靠性会影响网内的所有用户。由于星形网比网形网的传输链路少、线路利用率高，所以当交换设备的费用低于相关传输链路的费用时，星形网比网形网经济性较好，但稳定性较差(因为中心节点是全网可靠性的瓶颈，中心节点一旦出现故障会造成全网瘫痪)。

3. 复合形网

复合形网由网形网和星形网复合而成，如图 1-6 所示。

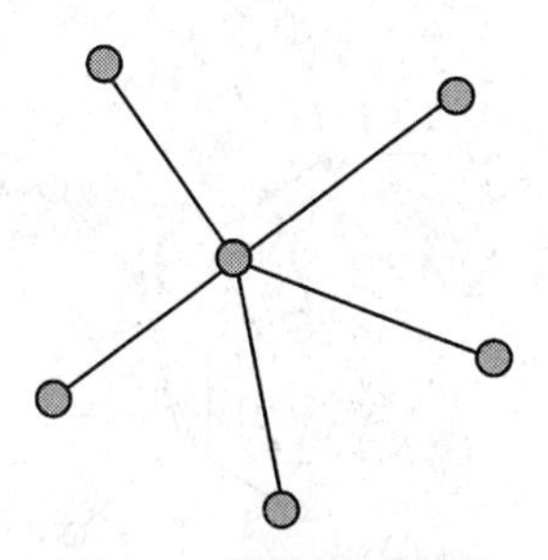

图 1-5　星形网示意图

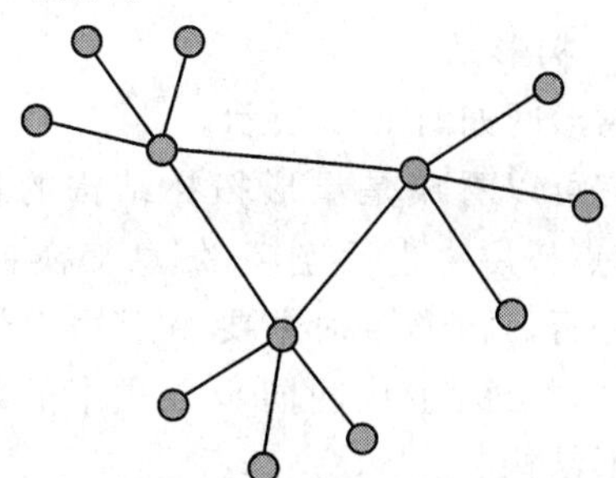

图 1-6　复合形网示意图

根据网中业务量的需要,以星形网为基础,在业务量较大的转接交换中心区间采用网形结构,可以使整个网络比较经济且稳定性较好。复合形网具有网形网和星形网的优点,是通信网中常采用的一种网络结构,但网络设计应以交换设备和传输链路的总费用最小为原则。

4. 总线形网

总线形网是所有节点都连接在一个公共传输通道——总线上,如图1-7所示。

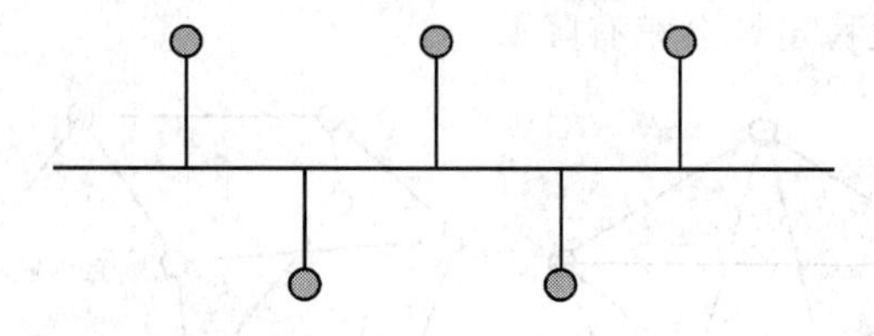

图1-7 总线形网示意图

这种网络结构需要的传输链路少,增减节点比较方便,但稳定性较差,网络范围也受到限制。

5. 环形网

环形网如图1-8所示。

它的特点是结构简单,实现容易,而且由于可以采用自愈环对网络进行自动保护,所以其稳定性比较高。

另外,还有一种叫线形网的网络结构,如图1-9所示,它与环形网不同的是首尾不相连。线形网常用于SDH传输网中。

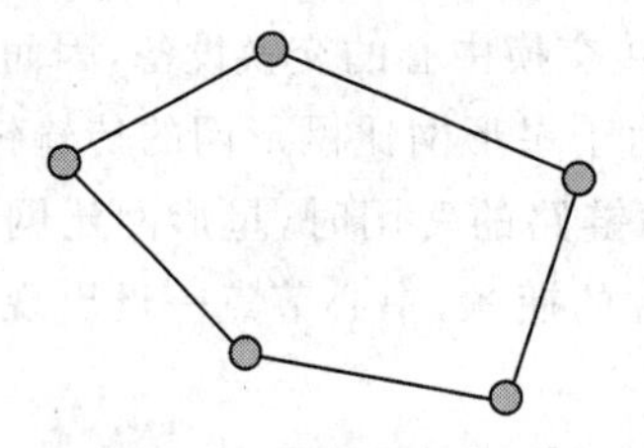

图1-8 环形网示意图

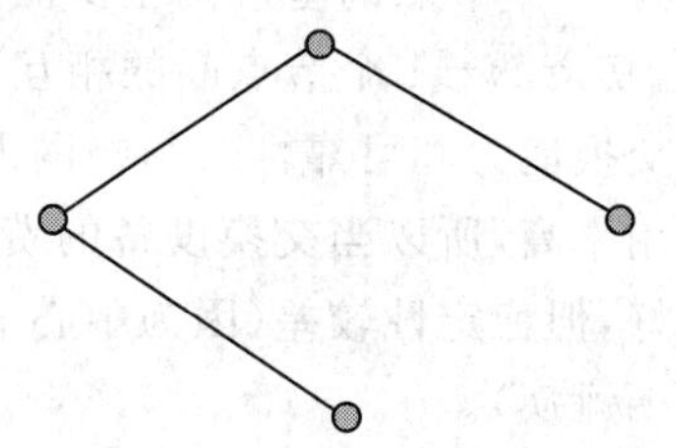

图1-9 线形网示意图

6. 树形网

树形网如图1-10所示。

它可以看成是星形拓扑结构的扩展。在树形网中,节点按层次进行连接,信息交换主要在上、下节点之间进行。树形结构主要用于用户接入网或用户线路网中,另外,主从网同步方式中的时钟分配网也采用树形结构。

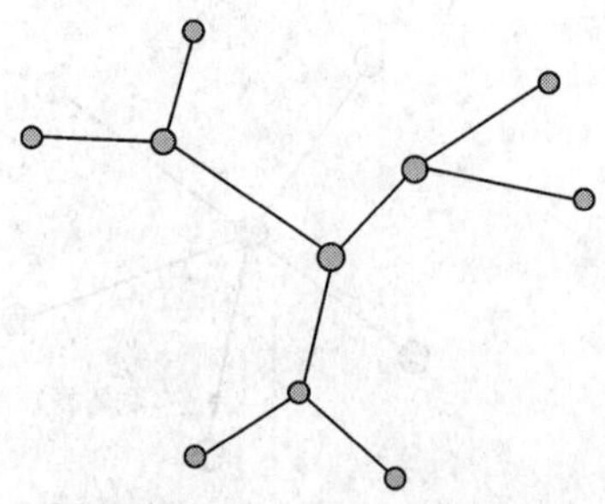

图1-10 树形网示意图

1.2 通信网的质量要求

为了使通信网能快速且有效可靠地传递信息，充分发挥其作用，对通信网一般提出以下3个要求。

1. 接通的任意性与快速性

这是对通信网的最基本要求。所谓接通的任意性与快速性是指网内的一个用户应能快速地接通网内任一其他用户。如果有些用户不能与其他一些用户通信，则这些用户必定不在同一个网内。而如果不能快速地接通，有时会使要传送的信息失去价值，这种接通将是无效的。

影响接通的任意性与快速性的主要因素是：

(1) 通信网的拓扑结构——如果网络的拓扑结构不合理会增加转接次数，使阻塞率上升，时延增大。

(2) 通信网的网络资源——网络资源不足的后果是增加阻塞概率。

(3) 通信网的可靠性——可靠性低会造成传输链路或交换设备出现故障，甚至丧失其应有的功能。

2. 信号传输的透明性与传输质量的一致性

透明性是指在规定业务范围内的信息都可以在网内传输，对用户不加任何限制。传输质量的一致性是指网内任何两个用户通信时，应具有相同或相仿的传输质量，而与用户之间的距离无关。通信网的传输质量直接影响通信的效果，不符合传输质量要求的通信网有时是没有意义的。因此要制定传输质量标准并进行合理分配，使网中的各部分均满足传输质量指标的要求。

3. 网络的可靠性与经济合理性

可靠性对通信网是至关重要的，一个可靠性不高的网会经常出现故障乃至中断通信，这样的网是不能用的。但绝对可靠的网是不存在的。所谓可靠是指在概率的意义上，使平均故障间隔时间(两个相邻故障间时间的平均值)达到要求。可靠性必须与经济合理性结合起来，提高可靠性往往要增加投资，但造价太高又不易实现，因此应根据实际需要在可靠性与经济性之间取得折中和平衡。

1.3 现代通信网的构成

一个完整的现代通信网，除了有传递各种用户信息的业务网，还需要有若干支撑网,以使网络更好地运行。现代通信网的构成示意图如图1-11所示。

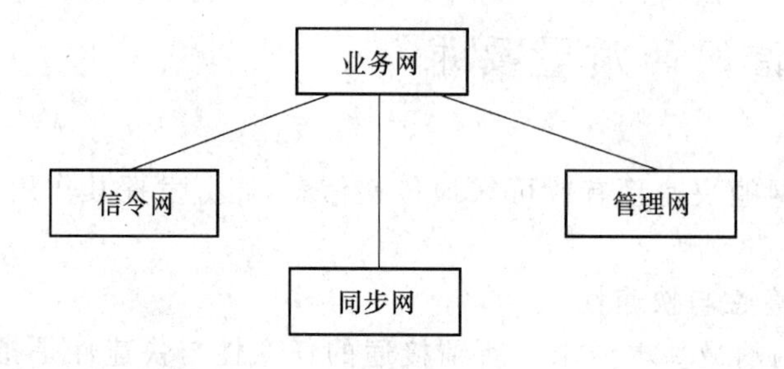

图1-11　现代通信网的构成示意图

1.3.1　业务网

业务网也就是用户信息网,它是现代通信网的主体,是向用户提供诸如电话、电报、传真、数据、图像等各种电信业务的网络。

业务网按其功能又可分为用户接入网、交换网和传输网三个部分,其位置关系如图1-12所示。

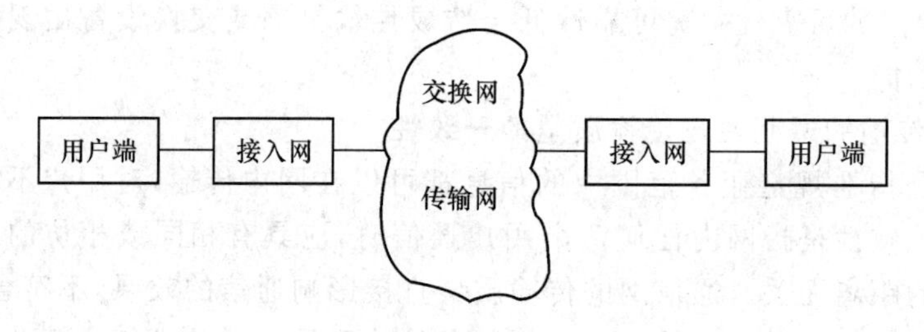

图1-12　接入网、传输网和交换网的位置关系

近些年来,国际电信联盟(ITU-T)已正式采用了用户接入网的概念。这是一个适用于各种业务和技术、有严格规定并以高功能角度描述的网络概念。

用户接入网是电信业务网的组成部分,负责将电信业务透明地传送到用户,即用户通过接入网的传输,能灵活地接入到不同的电信业务节点上。

1.3.2　支撑网

支撑网是使业务网正常运行,增强网络功能,提供全网服务质量以满足用户要求的网络。在各个支撑网中传送相应的控制、监测信号。支撑网包括信令网、同步网和管理网。

1. 信令网

在采用公共信道信令系统之后,除原有的用户业务之外,还有一个寄生、并存的起支撑作用的专门传送信令的网络——信令网。信令网的功能是实现网络节点间(包括交换局、网络管理中心等)信令的传输和转接。

2. 同步网

实现数字传输后,在数字交换局之间、数字交换局和传输设备之间均需要实现时钟信号的同步。同步网的功能就是实现这些设备之间的时钟信号同步。

3. 管理网

管理网是为提高全网质量和充分利用网络设备而设置的。网络管理是实时或近实时地监视电信网络(即业务网)的运行,必要时采取控制措施,以达到在任何情况下,最大限度地使用网络中一切可以利用的设备,使尽可能多的通信得以实现。

1.4 现代通信网的基础技术

现代通信网的基础技术包括交换技术和传输技术,下面分别加以介绍。

1.4.1 交换技术

交换方式分为两大类:电路交换方式和存储-转发交换方式。

1. 电路交换方式

(1) 电路交换的概念及分类

电路交换方式是指两个终端在相互通信之前,需预先建立起一条实际的物理链路,在通信中自始至终使用该条链路进行信息传输,并且不允许其他终端同时共享该链路,通信结束后再拆除这条物理链路。电路交换方式又分为空分交换方式和时分交换方式。

空分交换方式是不同对用户在交换机内部所用的接续转接线路不同,即占不同的空间位置。空分交换方式中通信之前所建立的物理链路指的就是实际的物理链路。目前这种方式很少采用,一般都采用时分交换方式。

时分交换方式是不同对用户在交换机内部占同一条接续转接线路,但时间位置不同,即占不同的时隙。时分交换方式中通信之前所建立的物理链路指的是等效的物理链路,它是由若干个时隙(包括用户在各交换机内部占的接续转接线路的时隙及在各中继线上所占的时隙)链接起来的。

电话网采用电路交换方式。

(2) 电路交换的优缺点

① 电路交换的优点

电路交换方式的优点主要有:

• 信息的传输时延小,且对一次接续而言,传输时延固定不变。

• 交换机对用户的数据信息不存储、分析和处理。所以,交换机在处理方面的开销比较小,传用户数据信息时不必附加许多控制信息,信息传输的效率比较高。

② 电路交换的缺点

电路交换方式的缺点主要有:

• 电路接续时间较长。当传输较短信息时,电路接续时间可能大于通信时间,网络利用率低。

• 电路资源被通信双方独占,电路利用率低。

• 有呼损。当对方用户终端忙或交换网负载过重而叫不通,则出现呼损。

2. 存储-转发交换方式

存储-转发交换方式是以包为单位传输信息的,当用户的信息包到达交换机时,先将信息包存储在交换机的存储器中,当所需要的输出电路有空闲时,再将该信息包发向接收交换机或用户终端。

存储-转发交换方式的原理如图1-13所示。

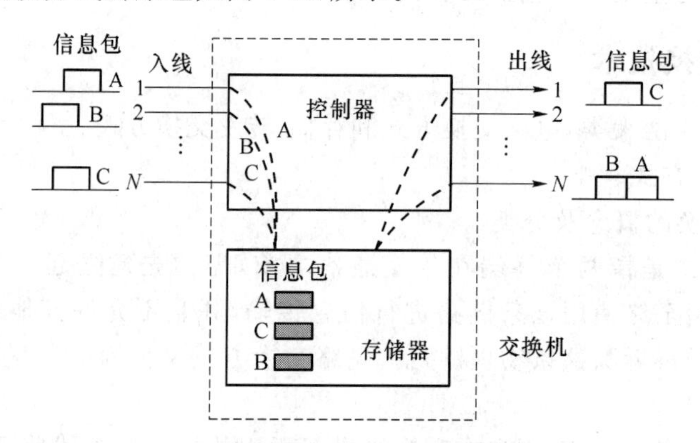

图1-13 存储-转发交换方式的原理

存储-转发交换以信息包为单位进行交换和传输。信息包进入交换机后只在主存储器中停留很短的时间,进行排队和处理(来自不同入线的信息包可能要去往同一出线,需在交换机中排队等待,一般本着先进先出的原则,也有采用优先制的),一旦确定了新的路由,就输出到下一个交换机或用户终端。可见交换机的主要任务是负责信息包的存储、转发以及选择合适的路由。

存储-转发交换最基本的思想就是实现通信资源的共享,具体采用统计时分复用(STDM)。

我们把一条实在的线路分成许多逻辑的子信道,统计时分复用是根据用户实际需要动态地分配线路资源(逻辑子信道)的方法。即当用户有数据要传输时才给他分配资源,当用户暂停发送数据时，不给他分配线路资源，线路的传输能力可用于为其他用户传输更多的数据。

数据通信网一般采用存储-转发交换方式。存储-转发交换方式主要包括分组交换、帧中继和ATM交换等。

(1) 分组交换

① 分组交换的概念

分组交换是以分组为单位存储-转发，当用户的分组到达交换机时，先将分组存储在交换机的存储器中，当所需要的输出电路有空闲时，再将该分组发向接收交换机或用户终端。

分组是由分组头和其后的用户数据部分组成的。分组头包含接收地址和控制信息，其长度为3～10字节；用户数据部分长度一般是固定的，平均为128字节，最大不超过256字节。

② 分组交换的优缺点

分组交换方式的主要优点有：

• 传输质量高——分组交换机具有差错控制、流量控制等功能，可实现逐段链路的差错控制(差错校验和重发)，而且对于分组型终端，在接收端也可以同样进行差错控制。所以，分组在网内传输中差错率大大降低(一般 $P_e \leqslant 10^{-10}$)，传输质量明显提高。

• 可靠性高——在分组交换方式中，每个分组可以自由选择传输途径。由于分组交换机至少与另外两个交换机相连接。当网中发生故障时，分组仍能自动选择一条避开故障地点的迂回路由传输，不会造成通信中断。

• 为不同种类的终端相互通信提供方便——分组交换机具有变码和变速功能，从而能够实现不同速率、码型和传输控制规程终端间的互通，同时也为异种计算机互通提供方便。

• 能满足通信实时性要求——分组交换信息的传输时延较小，而且变化范围不大，能够较好地适应会话型通信的实时性要求。

• 可实现分组多路通信——由于每个分组都含有控制信息，所以，分组型终端尽管和分组交换机只有一条用户线相连，但可以同时和多个用户终端进行通信。

• 经济性好——在网内传输和交换的是一个个被规范化了的分组，这样可简化交换处理，不要求交换机具有很大的存储容量，降低了网内设备的费用。此外，由于进行分组多路通信(统计时分复用)，可大大提高通信线路的利用率，并且在中继线上以高速传输信息，而且只有在有用户信息的情况下使用中继线，因而降低了通信线路的使用费用。

分组交换方式的主要缺点是：

• 传输分组时需要交换机有一定的开销，使网络附加的控制信息较多。

• 要求交换机有较高的处理能力。分组交换机要对各种类型的分组进行分析处理，为分组在网中的传输提供路由，并在必要时自动进行路由调整，为用户提供速率、代码和规程的变换，为网络的维护管理提供必要的信息等，因而要求具有较高处理能力的交换机，故大型分组交换网的投资较大。

• 分组交换的时延较大,由于分组交换机的功能较多,对信息处理所用的时间必然较大,因而导致时延较大。

③ 分组的传输方式

分组在分组交换网中的传输方式有两种:数据报方式和虚电路方式,主要采用的是虚电路方式。

(a) 数据报方式

数据报方式是将每个分组单独当作一份报一样对待,分组交换机为每一个数据分组独立地寻找路径,同一终端送出的不同分组可以沿着不同的路径到达终点。在网络终点,分组的顺序可能不同于发端,需要重新排序。

(b) 虚电路方式

虚电路方式是两个用户终端设备在开始互相传输数据之前必须通过网络建立一条逻辑上的连接(称为虚电路),一旦这种连接建立以后,用户发送的数据(以分组为单位)将通过该路径按顺序通过网络传送到达终点。当通信完成之后用户发出拆链请求,网络清除连接。

虚电路可以分为两种:交换虚电路(SVC)和永久虚电路(PVC)。一般的虚电路属于交换虚电路,但如果通信双方经常是固定不变的(如几个月不变),则可采用所谓的永久虚电路方式。用户向网络预约了该项服务之后,就在两用户之间建立了永久的虚电路连接,用户之间的通信,可直接进入数据传输阶段,就好像有一条专线一样。

(2) 帧中继

虽然分组交换具有传输质量高等优点,是几十年来数据通信广泛采用的交换方式。但与电路交换相比,分组交换时延还是比较大,信息传输效率低(开销大),且协议复杂。而近些年来,用户对数据通信业务的需求增长很快,许多数据业务要求时延小、吞吐量高等,显然分组交换不适合传输这些数据业务。为改进分组交换的缺点,发展了帧中继。

① 帧中继的概念

帧中继(Frame Relay,FR)是分组交换的升级技术,它是在OSI第二层上用简化的方法传送和交换数据单元的一种技术,以帧为单位存储-转发。

帧中继交换机仅完成OSI物理层和链路层核心层的功能,将流量控制、纠错控制等留给终端去完成,大大简化了节点机之间的协议,缩短了传输时延,提高了传输效率。一般帧中继用户的接入速率在64 kbit/s~2 Mbit/s之间,帧中继网的局间中继传输速率一般为2 Mbit/s、34 Mbit/s,现在已达到155 Mbit/s,甚至更高。

那么,会不会由于帧中继交换机不再进行纠错控制和流量控制而导致传输质量有所下降呢?或者说帧中继技术是否可行呢?

② 帧中继发展的必要条件

帧中继技术是在分组交换技术充分发展,数字与光纤传输线路逐渐替代已有的模拟线路,用户终端日益智能化的条件下诞生并发展起来的。帧中继的发展有以下两个必要条件。

• 光纤传输线路的使用

随着光纤传输线路的大量使用，数据传输质量大大提高，光纤传输线路的误码率一般低于 10^{-11}。也就是说在通信链路上很少出现误码，即使偶尔出现的误码也可由终端处理和纠正。

• 用户终端的智能化

由于用户终端的智能化(比如计算机的使用)，终端的处理能力大大增强了，从而可以把分组交换网中由交换机完成的一些功能(比如流量控制、纠错等)交给终端去完成。

正由于帧中继的发展具备这两个必要条件，帧中继交换机可以省去纠错控制等功能，从而使其操作简单，既降低了费用，又减少了时延，提高了信息传输效率，同时又能够保证传输质量。

而且帧中继提供一套合理的带宽管理和防止阻塞的机制，用户有效地利用预先约定的带宽，并且还允许用户的突发数据占用未预定的带宽，以提高整个网络资源的利用率。

③ 帧中继的特点

帧中继的特点概括起来主要有：

• 高效性

帧中继的高效性可以从几个方面反映出来：一是有效的带宽利用率——由于帧中继使用统计时分复用技术向用户提供共享的网络资源，大大提高了网络资源的利用率；二是传输速率高；三是网络时延小——由于帧中继简化了节点机之间的协议处理，因而能向用户提供高速率、低时延的业务。

• 经济性

正因为帧中继技术可以有效地利用网络资源，从网络运营者的角度出发，可以经济地将网络空闲资源分配给用户使用。而作为用户可以经济灵活地接入帧中继网，并在其他用户无突发性数据传送时，共享资源。

• 可靠性

虽然帧中继节点仅有 OSI 参考模型第一层和第二层核心功能，无纠错和流量控制，但由于光纤传输线路质量好，终端智能化程度高，前者保证了网络传输不易出错，即使有少量错误也由后者去进行端到端的恢复。另外，网络中采取了永久虚电路(PVC)管理和阻塞管理，保证了网络自身的可靠性。

• 灵活性

帧中继的灵活性体现在三个方面：一是帧中继网组建方面——由于帧中继的协议十分简单，利用现有数据网上的硬件设备稍加修改，同时进行软件升级就可实现，而且操作简便，所以实现起来灵活方便；二是用户接入方面——帧中继网络能为多种业务类型提供共用的网络传送能力，且对高层协议保持透明，用户可方便接入，不必担心协议的不兼容性；三是帧中继所提供的业务方面——帧中继网为用户提供了灵活的业务。与分组交换一样,帧中继采用面向连接的虚电路交换技术,可以提供SVC(交换虚电路)业务和PVC(永久虚电路)业务。目前世界上已建成的帧中继网络大多只提供PVC业务,对SVC业务的研究正在进行之中,将来可以提供SVC业务。

• 长远性

与完美的ATM技术相比,帧中继有简便而且技术成熟等优点,另外,两者本质上都是包(Packet)的交换,兼容起来也比较容易。因此,帧中继决不会因ATM的发展而被淘汰,相反,帧中继与ATM相辅相成,会成为用户接入ATM的最佳机制。

(3) ATM交换

ATM是一种转移模式,在这一模式中信息被组织成固定长度信元(ATM交换是以信元为单位存储-转发),来自某用户一段信息的各个信元并不需要周期性地出现,从这个意义上来看,这种转移模式是异步的(统计时分复用也叫异步时分复用)。

有关ATM交换的详细内容将在本书第3章加以介绍。

1.4.2 传输技术

现代通信网的传输技术包括有线传输技术和无线传输技术。有线传输技术目前一般采用光传输技术,常用的光传输网包括SDH传输网、MSTP网、DWDM网、光传送网(OTN)和自动交换光网络(ASON)等;无线传输技术主要有微波和卫星通信等。下面简单介绍几种光传输网。

1. SDH传输网

(1) SDH的概念

SDH网是由一些SDH的网络单元(NE)组成的,在光纤上进行同步信息传输、复用、分插和交叉连接的网络(SDH网中不含交换设备,它只是交换局之间的传输手段)。SDH网的概念中包含以下几个要点:

① SDH网有全世界统一的网络节点接口(NNI),从而简化了信号的互通以及信号的传输、复用、交叉连接等过程。

② SDH网有一套标准化的信息结构等级,称为同步传递模块,并具有一种块状帧结构,允许安排丰富的开销比特用于网络的OAM。

③ SDH网有一套特殊的复用结构,允许现存准同步数字体系(PDH)、同步数字体系和B-ISDN的信号都能纳入其帧结构中传输,即具有兼容性和广泛的适应性。

④ SDH网大量采用软件进行网络配置和控制,增加新功能和新特性非常方便,适合将来不断发展的需要。

⑤ SDH网有标准的光接口,即允许不同厂家的设备在光路上互通。

⑥ SDH网的基本网络单元有终端复用器(TM)、分插复用器(ADM)、再生中继器(REG)和同步数字交叉连接设备(SDXC)等。

(2) SDH的优缺点

SDH与PDH相比,其优点主要体现在以下几个方面:

① 有全世界统一的数字信号速率和帧结构标准。SDH把北美、日本和欧洲、中国流行的两大准同步数字体系(三个地区性标准)在STM-1等级上获得统一,第一次实现了数字传输体制上的世界性标准。

② 采用同步复用方式和灵活的复用映射结构,净负荷与网络是同步的。因而只需利用软件控制即可使高速信号一次分接出支路信号,即所谓一步复用特性,使上下业务十分容易,也使数字交叉连接(DXC)的实现大大简化。

③ SDH帧结构中安排了丰富的开销比特,因而使得OAM能力大大加强。

④ 有标准的光接口标准。使光接口成为开放型的接口,可以在光路上实现横向兼容,各厂家产品都可在光路上互通。

⑤ SDH与现有的PDH网络完全兼容。SDH可兼容PDH的各种速率,同时还能方便地容纳各种新业务信号。

⑥ SDH的信号结构的设计考虑了网络传输和交换的最佳性。以字节为单位复用有利于现代信号的处理和交换。

SDH的主要缺点是频带利用率不如传统的PDH系统。

(3) SDH的速率体系

同步数字体系最基本的模块信号(即同步传递模块)是STM-1,其速率为155.520 Mbit/s。更高等级的STM-N信号是将基本模块信号STM-1同步复用、按字节间插的结果。其中N是正整数。目前SDH只能支持一定的N值,即N为1、4、16、64。

ITU-T G.707建议规范的SDH标准速率如表1-1所示。

(4) SDH的基本网络单元

目前实际应用的SDH的基本网络单元有4种,即终端复用器(TM)、分插复用器(ADM)、再生中继器(REG)和数字交叉连接设备(SDXC)。

① 终端复用器(TM)

终端复用器如图1-14所示(图中速率是以STM-1等级为例)。

表1-1 SDH标准速率

等级	STM-1	STM-4	STM-16	STM-64
速率/(Mbit·s^{-1})	155.520	622.080	2 488.320	9 953.280

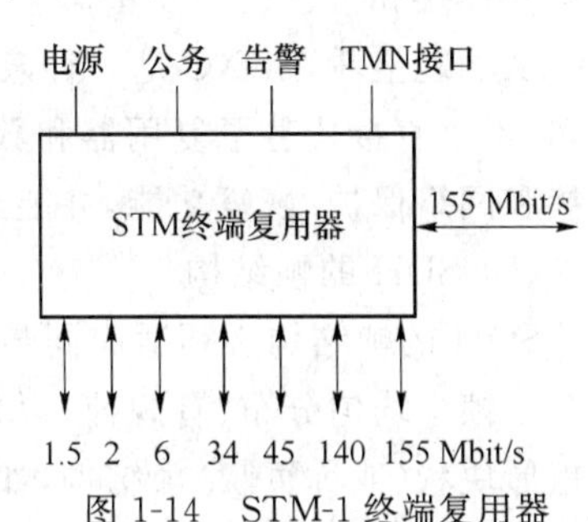

图1-14 STM-1终端复用器

终端复用器(TM)位于SDH网的终端,概括地说,终端复用器(TM)的主要任务是将低速支路信号复用进STM-*N*帧结构,并经电/光转换成为STM-*N*光线路信号,其逆过程正好相反。

② 分插复用器(ADM)

分插复用器如图1-15所示(图中速率是以STM-1等级为例)。

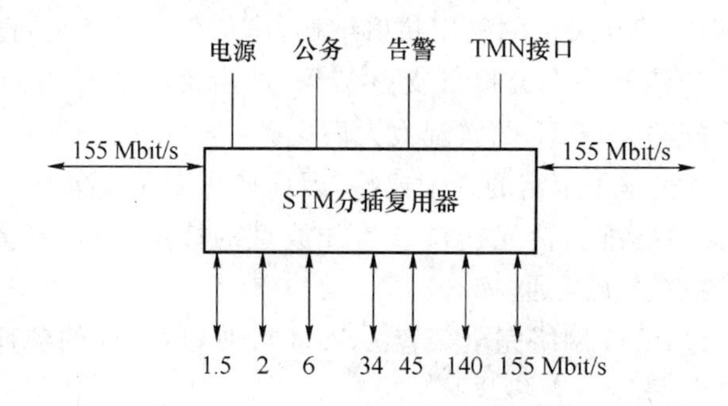

图1-15 STM-1分插复用器

分插复用器(ADM)位于SDH网的沿途,它将同步复用和数字交叉连接功能综合于一体,具有灵活地分插任意支路信号的能力,在网络设计上有很大灵活性。ADM也具有光/电、电/光转换功能。

③ 再生中继器(REG)

再生中继器是光中继器,其作用是将光纤长距离传输后受到较大衰减及色散畸变的光脉冲信号转换成电信号后进行放大整形,再定时、再生为规划的电脉冲信号,再调制光源变换为光脉冲信号送入光纤继续传输,以延长传输距离。

④ 数字交叉连接设备(SDXC)

数字交叉连接设备(DXC)的作用是实现支路之间的交叉连接。SDH网络中的DXC设备称为SDXC,它是一种具有一个或多个PDH(G.702)或SDH(G.707)信号端口并至少可以对任何端口速率(和/或其子速率信号)与其他端口速率(和/或其子速率信号)进行可控连接和再连接的设备。

从功能上看,SDXC是一种兼有复用、配线、保护/恢复、监控和网管的多功能传输设备,它不仅直接代替了复用器和数字配线架(DDF),而且还可以为网络提供迅速有效的连接和网络保护/恢复功能,并能经济有效地提供各种业务。

(5) SDH的帧结构

SDH的帧结构必须适应同步数字复用、交叉连接和交换的功能,同时也希望支路信号在一帧中均匀分布、有规律,以便接入和取出。ITU-T最终采纳了一种以字节为单位的矩形块状(或称页状)帧结构,如图1-16所示。

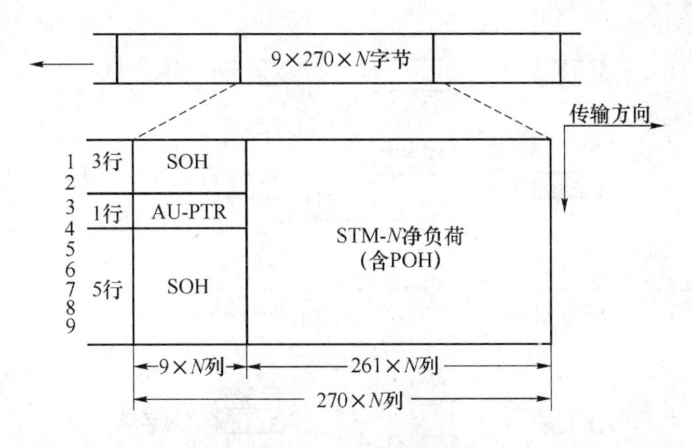

图 1-16 SDH 帧结构

STM-N 由 270×N 列 9 行组成，即帧长度为 270×N×9 B 或 270×N×9×8 bit。帧周期为 125 μs（即一帧的时间）。

对于 STM-1 而言，帧长度为 270×9=2 430 B，相当于 19 440 bit，帧周期为 125 μs，由此可算出其比特速率为 $270\times9\times8/125\times10^{-6}=155.520$ Mbit/s。

由图 1-16 可见。整个帧结构可分为三个主要区域：

① 段开销(SOH)区域

段开销(Section Over Head)是指 STM 帧结构中为了保证信息净负荷正常、灵活传送所必需的附加字节，是供网络运行、维护和管理(OAM)使用的字节。段开销(SOH)区域是用于传送 OAM 字节的。帧结构的左边 9×N 列 8 行(除去第 4 行)分配给段开销。

② 净负荷(Payload)区域

信息净负荷区域是帧结构中存放各种信息负载的地方(信息净负荷第一字节在此区域中的位置不固定)。图 1-16 之中横向第 10×N～270×N 列，纵向第 1 行到第 9 行的 2 349×N 个字节都属此区域，其中含有少量的通道开销(POH)字节，用于监视、管理和控制通道性能，其余荷载业务信息。

③ 管理单元指针(AU-PTR)区域

管理单元指针用来指示信息净负荷的第一个字节在 STM-N 帧中的准确位置，以便在接收端能正确的分解。在图 1-16 中帧结构第 4 行左边的 9×N 列分配给管理单元指针用。

(6) SDH 传输网的拓扑结构

SDH 传输网的拓扑结构有 5 种类型，即线形、星形、树形、环形及网孔形，如图 1-17 所示。

图 1-17(a)是线形拓扑结构(也叫链形)，它将各网络节点串联起来，同时保持首尾两个网络节点呈开放状态。其中在链状网络的两端节点上配备有终端复用器，而在中间节点上配备有分插复用器。

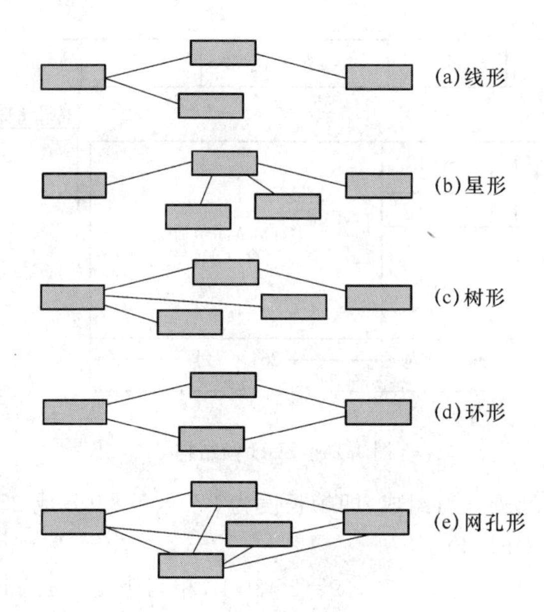

图 1-17　SDH 传输网的拓扑结构

图 1-17(b)是星形拓扑结构,其中一个特殊节点(即枢纽点)与其他的互不相连的网络节点直接相连。枢纽点配置交叉连接器(DXC)以提供多方向的互联,而在其他节点上配置终端复用器(TM)。

图 1-17(c)是树形拓扑结构,它是由星形结构和线形结构组合而成的网络结构。在这种拓扑结构中,连接三个以上方向的节点应设置 DXC,其他节点可设置 TM 或 ADM。

图 1-17(d)是环形拓扑结构,它将所有网络节点串联起来,并且使之首尾相连,而构成的一个封闭环路。通常在环形网络结构中的各节点上,可选用分插复用器,对于重要节点也可以选用交叉连接设备。

图 1-17(e)是网孔形拓扑结构,这种拓扑结构大部分节点直接相互连接,个别节点不直接相互连接。在网孔形拓扑结构中,每个网络节点上均需设置一个 DXC,可为任意两节点间提供两条以上的路由。

2. MSTP 网

(1) 多业务传送平台(MSTP)的概念

MSTP(Multi-Service Transport Platform)是指基于 SDH,同时实现 TDM、ATM、以太网等业务接入、处理和传送,提供统一网管的多业务传送平台。它将 SDH 的高可靠性、严格 QoS 和 ATM 的统计复用以及 IP 网络的带宽共享、统计复用等特征集于一身,可以针对不同 QoS 业务提供最佳传送方式。

以 SDH 为基础的多业务平台方案的出发点是充分利用大家所熟悉和信任的 SDH

技术，特别是其保护恢复能力和确保的延时性能，加以改造以适应多业务应用。多业务节点的基本实现方法是将传送节点与各种业务节点物理上融合在一起，构成具有各种不同融合程度、业务层和传送层一体化的下一代网络节点，我们把它称之为融合的网络节点或多业务节点。具体实施时可以将 ATM 边缘交换机、IP 边缘路由器、终端复用器（TM）、分插复用器（ADM）、数字交叉连接（DXC）设备节点和 DWDM 设备结合在一个物理实体，统一控制和管理。

(2) MSTP 的功能模型

MSTP 的功能模型如图 1-18 所示。

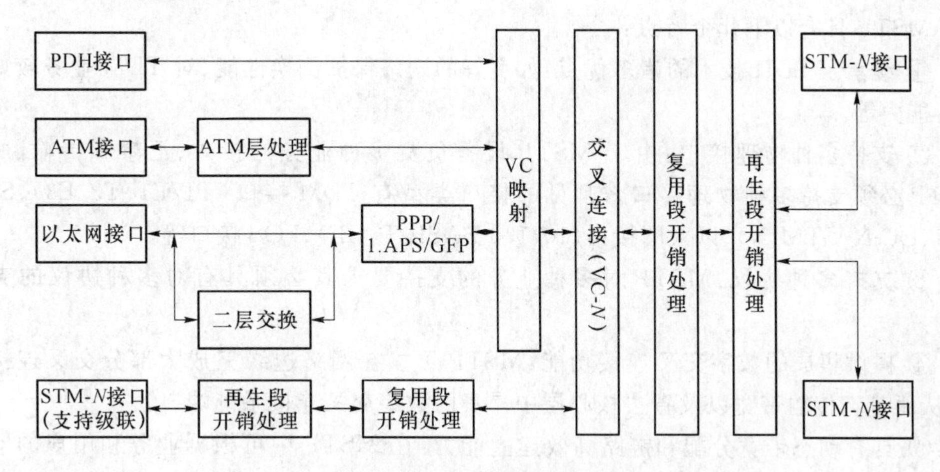

图 1-18　MSTP 的功能模型

由图 1-18 可见，基于 SDH 的多业务传送设备主要包括标准的 SDH 功能、ATM 处理功能、IP/以太网处理功能等，具体归纳如下。

① 支持 TDM 业务功能

SDH 系统和 PDH 系统都具有支持 TDM 业务的能力，因而基于 SDH 的多业务传送节点应能够满足 SDH 节点的基本功能，可实现 SDH 与 PDH 信息的映射、复用，同时又能够满足级联、虚级联的业务要求，即能够提供低阶通道 VC-12、VC-3 级别的虚级联功能或相邻级联和提供高阶通道 VC-4 级别的虚级联或相邻级联功能（由于篇幅所限，在此不再介绍级联的概念，读者可参阅相关的书籍），并提供级联条件下的 VC 通道的交叉处理能力。

② 支持 ATM 业务功能

MSTP 设备具有 ATM 的用户接口，可向用户提供宽带业务，而且具有 ATM 交换功能、ATM 业务带宽统计复用功能等。

③ 支持以太网业务功能

MSTP 设备中存在两种以太网业务的适配方式，即透传方式和采用二层交换功能的以太业务适配方式。

• 透传方式——以太网业务透传方式是指以太网接口的MAC帧(MAC帧的数据部分装入的一般是IP数据报)不经过二层交换,直接进行协议封装,映射到相应的VC中,然后通过SDH网络实现点到点的信息传输。

• 采用二层交换功能——采用二层交换功能是指在将以太网业务(MAC帧)映射进VC虚容器之前,先进行以太网二层交换处理,这样可以把多个以太网业务流复用到同一个以太网传输链路中,从而节约了局端端口和网络带宽资源。

(3) MSTP的特点

MSTP具有以下几个特点:

① 继承了SDH技术的诸多优点:如良好的网络保护倒换性能、对TDM业务较好的支持能力等。

② 支持多种物理接口:由于MSTP设备负责多种业务的接入、汇聚和传输,所以MSTP必须支持多种物理接口。常见的接口类型有TDM接口(T1/E1、T3/E3)、SDH接口(OC-N/STM-*N*)、以太网接口(10/100 BASE-T、GE)、POS接口等。

③ 支持多种协议:MSTP对多种业务的支持要求其必须具有对多种协议的支持能力。

④ 提供集成的数字交叉连接功能:MSTP可以在网络边缘完成大部分交叉连接功能,从而节省传输带宽以及省去核心层中昂贵的数字交叉连接系统端口。

⑤ 具有动态带宽分配和链路高效建立能力:在MSTP中可根据业务和用户的即时带宽需求,利用级联技术进行带宽分配和链路配置、维护与管理。

⑥ 能提供综合网络管理功能:MSTP提供对不同协议层的综合管理,便于网络的维护和管理。

⑦ MSTP可以支持多种网络结构(与SDH的相同),包括线形、星形、环形、网形等。而且MSTP设备可以灵活配置成SDH的任何一种网元,即终端复用器(TM)、分插复用器(ADM)、再生中继器(REG)和数字交叉连接设备(SDXC)等。

基于上述的诸多优点,MSTP技术获得了广泛的应用。

3. DWDM网

(1) DWDM的概念

① WDM的概念

光波分复用是各支路信号是在发送端以适当的调制方式调制到不同波长的光载频上,然后经波分复用器(合波器)将不同波长的光载波信号汇合,并将其耦合到同一根光纤中进行传输;在接收端通过波分解复用器(分波器)对各种波长的光载波信号进行分离,然后由光接收机做进一步的处理,使原信号复原,这种复用技术不仅适用于单模或多模光纤通信系统,同时也适用于单向或双向传输。

波分复用系统的工作波长可以从 0.8 μm 到 1.7 μm，其波长间隔为几十纳米。它可以适用于所有低衰减、低色散窗口，这样可以充分利用现有的光纤通信线路，提高通信能力，满足急剧增长的业务需求。

最早的 WDM 系统是 1 310/1 550 nm 两波长系统，它们之间的波长间隔达两百多纳米，这是在当时技术条件下所能实现的 WDM 系统。随着技术的发展，WDM 系统的应用进入了一个新的时期。人们不再使用 1 310 nm 窗口，进而使用 1 550 nm 窗口来传输多路光载波信号，其各信道是通过频率分割来实现的。

② DWDM 的概念

当同一根光纤中传输的光载波路数更多、波长间隔更小（通常 0.8～2 nm）时，则称为密集波分复用（DWDM），密集是针对波长间隔而言的。由此可见，DWDM 系统的通信容量成倍地得到提高，但其信道间隔小，在实现上所存在的技术难点也比一般的波分复用的大些。

(2) DWDM 系统构成

DWDM 系统构成示意图如图 1-19 所示。

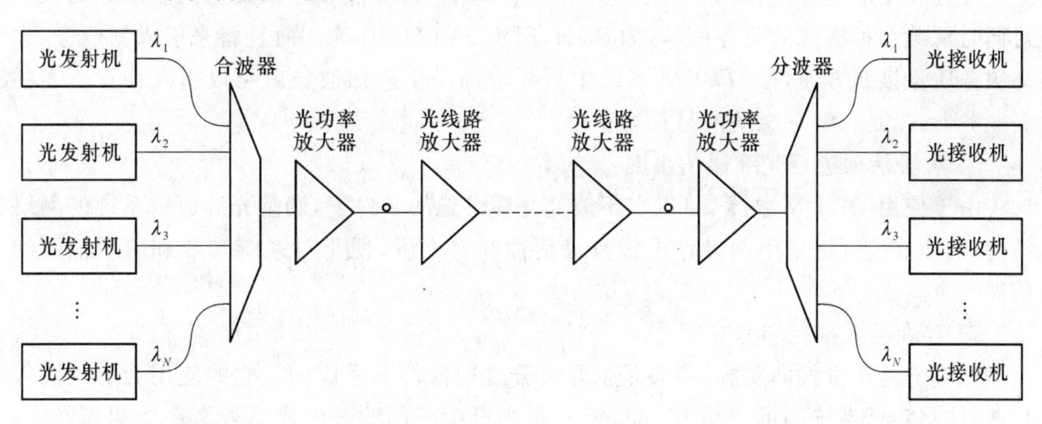

图 1-19　DWDM 系统构成示意图

图 1-19 中各部分的作用为：

- 光发射机——将各支路信号（电信号）调制到不同波长的光载频上。
- 波分复用器（合波器）——将不同波长的光载波信号汇合在一起，用一根光纤传输。
- 光功率放大器——将多波长信号同时放大。
- 光线路放大器——当含多波长的光信号沿光纤传输时，由于受到衰减的影响，所传输的多波长信号功率逐渐减弱（长距离光纤传输距离 80～120 km），因此需要对光信号进行放大处理。
- 波分解复用器（分波器）——对各种波长的光载波信号进行分离。
- 光接收机——对不同波长的光载波信号进行解调，还原为各支路信号。

需要说明的是:当DWDM技术用做SDH系统中,图1-19中的光发射机和光接收机应该是光波长转换器(OTU),其作用是将来自各SDH终端设备的光信号送入光波长转换器,光波长转换器负责将符合ITU-T G.957规范的非标准波长的光信号转换成为符合设计要求的、稳定的、具有特定波长的光信号;接收端完成相反的变换。

(3) DWDM技术的特点

① 光波分复用器结构简单、体积小、可靠性高

目前实用的光波分复用器是一个无源纤维光学器件,由于不含电源,因而器件具有结构简单、体积小、可靠、易于和光纤耦合等特点。

② 充分利用光纤带宽资源

在光纤通信系统中,若仅传输一个光波长的光信号,其只占据了光纤频谱带宽中极窄的一部分,远远没能充分利用光纤的传输带宽。而DWDM技术使单纤传输容量增加几倍至几十倍,充分地利用了光纤带宽资源。

③ 提供透明的传送通道

波分复用通道各波长相互独立并对信息格式透明(与信号速率及电调制方式无关),可同时承载多种格式的业务信号,如SDH、PDH、ATM、IP等。而且将来引入新业务、提高服务质量极其方便,在DWDM系统中只要增加一个附加波长就可以引入任意所需的新业务形式,是一种理想的网络扩容手段。

④ 可灵活地进行光纤通信组网

由于使用DWDM技术,可以在不改变光缆设施的条件下,调整光纤通信系统的网络结构,因而在光纤通信组网设计中极具灵活性和自由度,便于对系统功能和应用范围的扩展。

⑤ 存在插入损耗和串光问题

光波分复用方式的实施,主要是依靠波分复用器件来完成的。它的使用会引入插入损耗,这将降低系统的可用功率。此外,一根光纤中不同波长的光信号会产生相互影响,造成串光的结果,从而影响接收灵敏度。

(4) DWDM的网络结构

DWDM网络结构如图1-20所示。

DWDM网络的部件包括:光发射机和光接收机、光纤、光放大器、DWDM光耦合器(包括合波器和分波器)、光分插复用器(OADM)、光交叉连接器(OXC)、光波长转换器等。

其中光发射机、光接收机、光放大器、合波器和分波器的作用前已述及。光分插复用器(OADM)实现各波长光信号在中间站的分出和插入;光交叉连接器(OXC)在光信号上实现交叉连接。光波长转换器用来变换来自路由器或其他设备的光信号,并产生要插入光耦合器的正确波长光信号(完成G.957到G.692的波长转换的功能)。

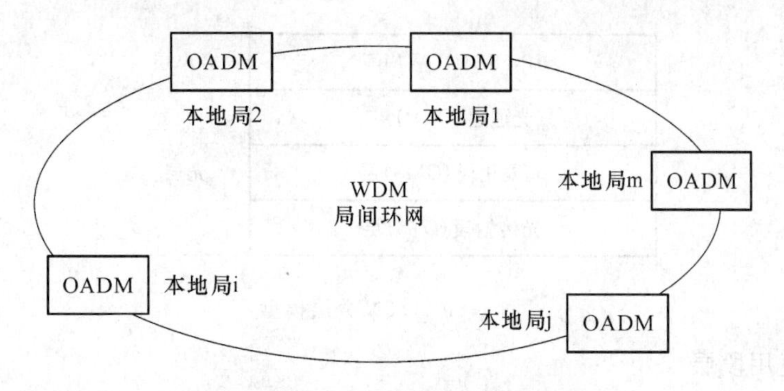

(a) 由OADM构成的小型DWDM光网络结构

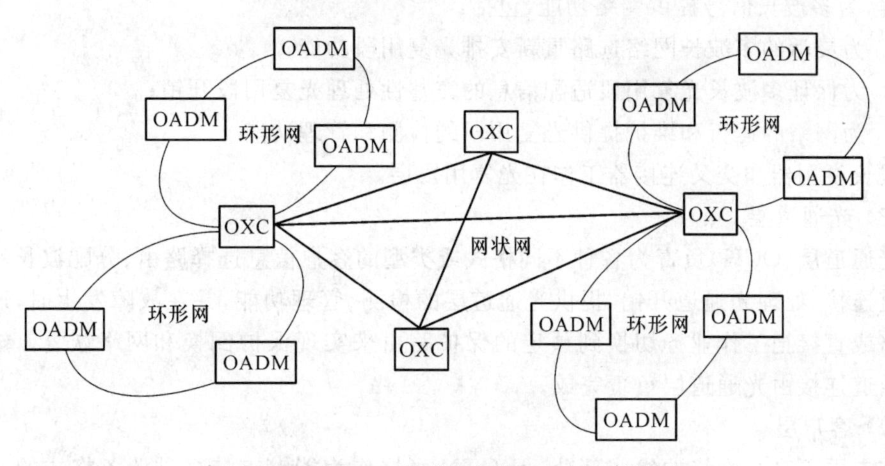

(b) 由OXC和OADM构成的大型DWDM光网络结构

图 1-20 DWDM 网络结构

4. 光传送网

1998 年，ITU-T 提出了光传送网（Optical Transport Network，OTN）概念。所谓 OTN，从功能上看，就是在光域内实现业务信号的传送、复用、路由选择和监控，并保证其性能指标和生存性。它的出发点是子网内全光透明，而在子网边界采用 O/E 和 E/O 技术。OTN 能够支持各种上层技术，是适应各种通信网络演进的理想基础传送网络。

按照 ITU-T G. 872 建议，光传送网中加入光层，光层从上至下分为三层：光通道（OCH）层、光复用段（OMS）层和光传输段（OTS）层，OTN 分层模型如图 1-21 所示。

(1) 光传输段层

光传输段层（OTS）负责为光信号在不同类型的光介质上提供传输功能，同时实现对光放大器或中继器的检测和控制功能等。光传输段开销处理用来确保光传输段适配信息的完整性，整个光传送网由最下面的物理介质层所支持。

IP、SDH、ATM等	客户层
光通道(OCH)层	光层
光复用段(OMS)层	
光传输段(OTS)层	

图 1-21　OTN分层模型

(2) 光复用段层

光复用段层(OMS)负责保证相邻两个波长复用传输设备间多波长复用光信号的完整传输,为多波长信号提供网络功能,包括:

- 为灵活的多波长网络选路重新安排光复用段功能;
- 为保证多波长光复用段适配信息的完整性处理光复用段开销;
- 为网络的运行和维护提供光复用段的检测和管理功能。

波长复用器和交叉连接器工作在光复用段层。

(3) 光通道层

光通道层(OCH)负责为各种不同格式或类型的客户信息选择路由、分配波长和安排光通道连接,处理光通道开销,提供光通道层的检测、管理功能,并在故障发生时,通过重新选路或直接把工作业务切换到预定的保护路由来实现保护倒换和网络恢复。端到端的光通道连接由光通道层负责完成。

(4) 客户层

客户层不是光网络的组成部分,但OTN光层作为能够支持多种业务格式的服务平台,能支持多种客户层网络,包括IP、以太网、ATM及SDH等。

传统的WDM技术一般局限于光纤线路传输技术,且基于点到点结构。随着光交换技术、光交叉连接技术的发展,光节点技术〔即光分插复用器(OADM)、光交叉连接器(OXC)以及光分组技术〕的突破,DWDM传输技术也已经历了几个发展阶段,基于DWDM+智能光节点技术的OTN最具发展前景。

5. ASON

(1) 自动交换光网络(ASON)的概念

ITU-T在2000年3月正式提出了ASON概念。所谓ASON,是指在ASON信令网控制下完成光传送网内光网络连接、自动交换的新型网络。ASON在光传送网络中引入了控制平面,以实现网络资源的实时按需分配,具有动态连接的能力,可以支持多种业务类型,能实现光通道的流量管理和控制,有利于及时提供各种新的增值业务。

对运营商来说,ASON可以使业务处理得以简化,网络结构得以扁平化。从某种程度说,ASON代表了光通信网络的发展和演进方向。

(2) ASON 的特点

ASON 具有以下几个特点：

① 在光层实现动态业务分配，能根据业务需要提供带宽，是面向业务的网络；

② 适应多种业务类型；

③ 实现了控制和传送的分离；

④ 能实现路由重构，具有快速的故障恢复能力；

⑤ 结构透明，与所采用的技术无关，有利于网络的逐步演进；

⑥ 可为用户提供新的业务类型如按需带宽业务、波长批发、波长出租、光层虚拟专用网(OVPN)等；

⑦ 降低网络运行维护成本。

(3) ASON 的体系结构

传统的传输只是两个平面，即管理平面和传输平面。ASON 除这两个平面外还引入了控制平面，控制平面用来完成自动交换和连接控制的光传送网。ASON 体系结构模型如图 1-22 所示。

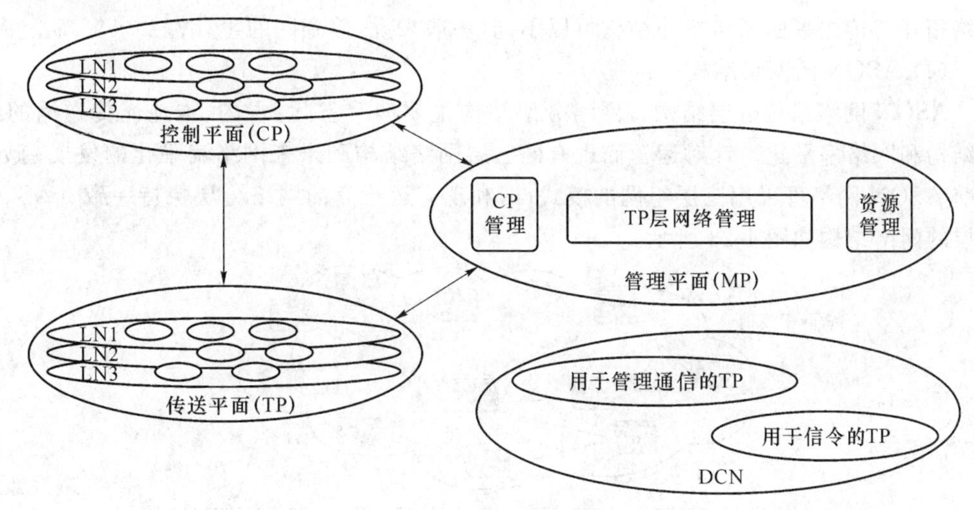

图 1-22 ASON 体系结构

整个网络包括三个平面：传送平面(TP)、控制平面(CP)和管理平面(MP)，此外还包括用于控制和管理通信的数据通信网(DCN)。

传送平面由作为交换实体的传送网网元(NE)组成，主要完成连接/拆线、交换(选路)和传送等功能，为用户提供从一个端点到另一个端点的双向或单向信息传送，同时，还要传送一些控制和网络管理信息。传送层是业务传送的通道，传送层的动作是在管理平面和控制平面的作用之下进行的。控制平面和管理平面都能对传送层的资源进行操作，这些操作动作是通过传送平面与控制平面和管理平面之间的接口完成的。传送平面结构具有分层的特点,它由多个层网络(如光通道层、光复用段层、光传输段层)组成。

控制平面是ASON的核心层面,负责完成网络连接的动态建立以及向络资源的动态分配。控制平面的基本功能包括:呼叫控制、呼叫许可控制、连接管理、连接控制、连接许可控制、支持UNI与网管系统的联系、多归属环境中的连接管理、支持路由分集连接的连接管理和补充业务的支持等。控制平面由分布于各个ASON节点设备中的控制网元组成。控制网元主要由路由选择、信令转发以及资源管理等功能模块组成,而各个控制网元相互联系共同构成信令网络,用来传送控制信令信息。

管理平面的主要功能是建立、确认和监视光通道,并在需要时对其进行保护和恢复。ASON的管理平面有三个管理单元:控制平面管理单元、传送平面管理单元和资源管理单元,这三个管理单元是管理平面同其他平面之间实现管理功能的代理。ASON控制平面并不是要代替网管系统,它的核心是实现对业务呼叫和连接的有效实时配置和控制,而网管系统将提供性能监测和管理,两者是相辅相成的。

数据通信网(DCN)是一个管理平面与控制平面中的路由、信令以及管理信息的传送网络。它用于传送控制平面的信息时,信令网可以是带内的也可以是带外的,信令传送网络拓扑与传送平面网络拓扑结构可以不同,一般来说,信令网的生存性要求更高。

(4) ASON的网络结构

ASON网络采用分层结构。网络分层结构主要涉及省际、省内、本地光传送网的组织结构和网络扁平化。针对运营商现有的三层网络结构和未来网络扁平化的发展趋势,目前ASON网络可采用三层组网的模式,即和现有运营商的网络分层保持一致。ASON分层的网络结构如图1-23所示。

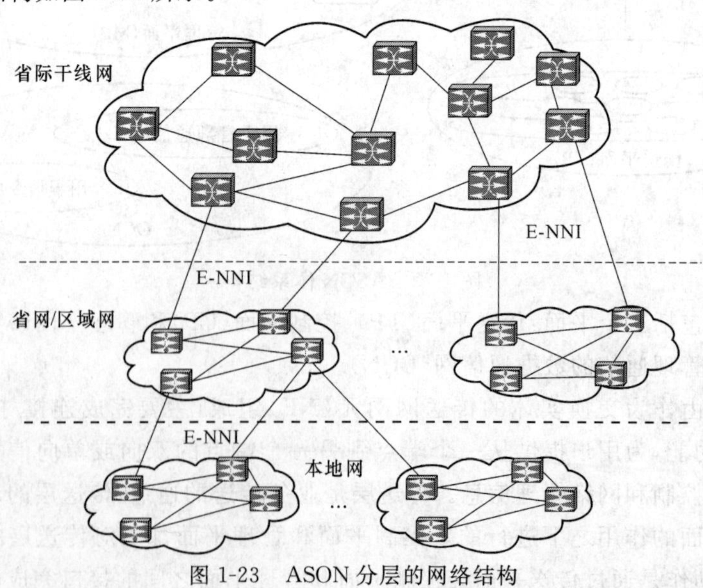

图1-23 ASON分层的网络结构

ASON网络分为3个层面，即ASON省际干线传输网、ASON省内干线传输网和ASON本地传输网络。各层网络独立组织控制域，网络之间通过E-NNI(外部网络节点接口)互连，以实现跨层的端到端调度。

省际ASON网除了包括现有的省会节点外，还可以将国际出口节点、省内网的第二出口点、业务需求较大的部分沿海发达城市纳入，进行统一的调度管理。

省内ASON传送网覆盖各省内的主干节点，采用网形网和单控制域结构，为省内主要城市间提供传输电路，连接各本地ASON网络。

本地/城域光传送网建设ASON网络，应根据城市或地区的规模及业务发展的情况。现阶段主要应用在特大型或者大型城市的城域核心层网络，以网形网结构为主，初期也可采用环网结构。

1.5 现代通信网的发展趋势

随着国民经济的迅速发展，人们将逐步进入信息化社会，因而对信息服务的要求会不断提高，通信的重要性将越来越突出。通信网不但要在容量和规模上逐步扩大，还要不断扩充其功能，发展新业务，用来满足人类越来越高的需求。

从通信网在设备方面的各要素来看，终端设备正在向数字化、智能化、多功能化发展；传输链路已经数字化，正在向宽带化发展；交换设备则已经广泛采用数字程控交换机，并已研究推出适合宽带ISDN的ATM交换机，目前正在发展软交换技术。总之，未来的通信网正向着数字化、综合化、智能化、个人化的方向发展，而且现代通信网的发展趋势是网络融合，其目标网络技术即下一带网络(NGN)技术。

1. 通信技术数字化

通信技术数字化就是在通信网中全面使用数字技术，包括数字传输、数字交换和数字终端等。由于数字通信具有容量大、质量好、可靠性高等优点，所以数字化成为通信网的发展方向之一。

在传输设备方面，除了在对称、同轴电缆上开通数字通信外，还广泛采用光纤、微波、卫星进行数字通信。在交换设备方面，数字交换技术已经取代模拟交换技术。

2. 通信业务综合化

通信业务综合化就是把来自各种信息源的业务综合在一个数字通信网中传送，为用户提供综合性服务。目前已有的通信网一般是为某种业务单独建立的，如电话网、传真网、广播电视网、数据网等。随着多种通信业务的出现和发展，如果继续各自单独建网，将会造成网络资源的巨大浪费，而且给用户带来使用上的不便，因此需要建立一个能有效地支持各种电话和非话业务的统一的通信网，它不但能满足人们对电话、传真、广播电视、数据和各种新业务的需要,而且能满足未来人们对信息服务的更高要求,这就是综合业务数字网。

ISDN的实现可分为两个步骤:

第一步实现窄带ISDN(N-ISDN)。N-ISDN是在电话IDN的基础上发展而成的网络,它利用现有电话用户线以192 kbit/s(2B+D)基本速率和1.544 Mbit/s(23B+D)或2.048 Mbit/s(30B+D)的基群速率接入业务,网络采用电路交换或分组交换方式。

第二步实现宽带ISDN(B-ISDN)。B-ISDN是为了克服N-ISDN的局限性而发展的,它是一个全新的网络,需要宽带传输媒介、宽带交换技术和高速率数字标准接口。CCITT(现更名为ITU-T)已于1988年明确提出宽带ISDN的信息传递方式(信息传递方式包括传输、复用和交换)采用异步转移模式(ATM),并确定了用户-网络接口的速率和结构的国际标准,接口速率为155.520 Mbit/s和622.080 Mbit/s。B-ISDN能提供电视会议、高清晰度电视(HDTV)等宽带业务。

3. 网络互通融合化

现代通信网的发展趋势是网络互通融合化,即电信网(电话网)、计算机网和广播电视网之间的"三网"融合,其目标网络技术即下一带网络(NGN)技术。

NGN是一个分组网络,它提供包括电信业务在内的多种业务,能够利用多种带宽和具有QoS能力的传送技术,实现业务功能与底层传送技术的分离;它允许用户对不同业务提供商网络的自由接入,并支持通用移动性,实现用户对业务使用的一致性和统一性。

软交换是下一代网络的控制功能实体,为下一代网络(NGN)具有实时性要求的业务的提供呼叫控制和连接控制功能,是下一代网络呼叫与控制的核心。

4. 通信网络宽带化

通信网络宽带化是电信网络发展的现实要求和必然趋势,包括接入技术的宽带化(高速)、传输技术的宽带化(高速)、超高速路由与交换等。

近年来,各种宽带接入技术、传输技术、交换技术和高速路由技术正在逐渐发展成熟。

5. 网络控制智能化

网络控制智能化就是在通信网中更多地引进智能因素建立智能网。其目的是使网络结构更具灵活性,使用户对网络具有更强的控制能力,以有限的功能组件实现多种业务。

随着人们对各种新业务需求的不断增加,必须不断修改程控交换机的软件,这需耗费一定的人力、物力和时间,因而不能及时满足用户的需要。智能网将改变传统的网络结构,对网络资源进行动态分配,将大部分功能以基本功能单元形式分散在网络节点上,而不是集中在交换局内。每种用户业务可由若干个基本功能单元组合而成,不同业务的区别在于所包含的基本功能单元不同和基本功能单元的排序不同。

智能网以智能数据库为基础,不仅能传送信息,而且能存储和处理信息,使网络中可方便地引进新业务,并使用户具有控制网络的能力,还可根据需要及时经济地获得各种业务服务。

6. 通信服务个人化

通信服务个人化就是实现个人通信，即任何人在任何时间都能与任何地方的另一个人进行通信，通信的业务种类仅受接入网与用户终端能力的限制，而最终将能提供任何信息形式的业务。这是一种理想的通信方式，它将改变以往将终端/线路识别作为用户识别的传统方法(即现在使用的分配给电话线的用户号码)，而采用与网络无关的唯一的个人通信号码。个人号码不受地理位置和使用终端的限制，通用于有线和无线系统，给用户带来充分的终端移动性(即用户可在携带终端连续移动的情况下进行通信)和个人移动性(即用户能在网络中的任何地理位置上，根据他的要求选择或配置任一移动的或固定的终端进行通信)。个人通信的发展目前只处在初级阶段，很多国家开发和使用的公用无绳电话系统、移动电话系统可以看作是初级阶段的个人通信系统。要达到理想的个人通信，即任何人在任何时间都能与任何地方的另一个人进行任何形式的通信，将是个长期而艰巨的任务。

小 结

1. 通信系统基本组成包括：信源、变换器、信道、噪声源、反变换器及信宿几个部分。

2. 通信网是由一定数量的节点(包括终端设备和交换设备)和连接节点的传输链路相互有机地组合在一起，以实现两个或多个规定点间信息传输的通信体系。通信网在硬件设备方面的构成要素是终端设备、传输链路和交换设备。

通信网可从不同的角度分类。若按业务种类分，有电话网、电报网、传真网、广播电视网数据网以及多媒体通信网等；若按所传输的信号形式分，有数字网和模拟网；若按服务范围分，电话网等通信网可分为本地网、长途网和国际网；传输数据业务的计算机通信网可分为局域网、城域网和广域网。若按运营方式分，有公用通信网和专用通信网；若按所采用的传输媒介分，有有线通信网和无线通信网。

3. 通信网的基本结构主要有网形、星形、复合形、总线形、树形和线形等。

4. 对通信网一般提出以下三个要求：(1)接通的任意性与快速性；(2)信号传输的透明性与传输质量的一致性；(3)网络的可靠性与经济合理性。

5. 一个完整的现代通信网是由各种用户信息的业务网和若干支撑网组成的。

业务网也就是用户信息网，它是现代通信网的主体，是向用户提供诸如电话、电报、传真、数据、图像等各种电信业务的网络。业务网按其功能又可分为用户接入网、交换网和传输网。

支撑网是使业务网正常运行，增强网络功能，提供全网服务质量以满足用户要求的网络，支撑网包括信令网、同步网和管理网。

6. 现代通信网的基础技术包括交换技术和传输技术。

交换方式分为两大类:电路交换方式和存储-转发交换方式。电路交换方式又分为空分交换方式和时分交换方式;存储-转发交换方式主要包括分组交换、帧中继和ATM交换等。

现代通信网的传输技术包括有线传输技术和无线传输技术。有线传输技术一般都采用光传输技术,常用的光传输网包括SDH传输网、MSTP网、DWDM网、光传送网(OTN)和自动交换光网络(ASON)等;无线传输技术主要有微波和卫星通信等。

7. 现代通信网的发展正向着通信技术数字化、通信业务综合化、网络互通融合化、通信网络宽带化、网络控制智能化、通信服务个人化的方向发展。

习　题

1-1　什么是通信网?

1-2　通信网的构成要素有哪些?它们的功能分别是什么?

1-3　通信网的基本结构有哪几种?各自的特点是什么?

1-4　对通信网主要有什么要求?

1-5　影响接通的任意性与快速性的主要因素有哪些?

1-6　现代通信网的构成包括哪几部分?

1-7　存储-转发交换最基本的思想是什么?

1-8　帧中继发展的必要条件是什么?

1-9　SDH的基本网络单元有哪几种?

1-10　DWDM的概念是什么?

1-11　通信网的未来发展方向是什么?

第2章　电话通信网

电话网是可以进行话音通信、开放电话业务的网络。本章介绍电话网的相应内容，主要包括：

- 电话通信网的基本概念；
- 固定电话通信网；
- 移动电话通信网。

2.1　电话通信网的基本概念

2.1.1　电话通信网的基本构成

电话通信网通常由用户终端(电话机)、传输信道和交换机等构成。

1. 用户终端

用户终端（电话机)是电话通信网构成的基本要素，主要完成通信过程中声/电和电/声转换任务。

电话机分为模拟电话机和数字电话机，目前用户使用的一般是模拟电话机。

2. 传输信道

传输信道是电话通信网构成的主要部分，其功能是将电话机和交换机、交换机与交换机连接起来。

这里所说的传输信道是广义信道，包括传输媒介和相应的通信设备。传输媒介可以是有线的(如电缆、光纤等)，也可以是无线的传输媒介。

3. 交换机

交换机是电话通信网构成的核心部件,完成语音信息的交换功能,即完成接入交换节点链路的汇集、转接接续和分配。

交换机的基本类型主要有人工电话交换机、机电制交换机、程控交换机和软交换等。目前电话通信网使用的交换机一般是数字程控交换机,其交换方式为电路交换。

在数字程控交换机中,来自于不同用户和中继线的语音信号被转换为数字信号,并被复用到不同的 PCM 复用线上,这些复用线连接到不同的数字交换网络。为实现不同用户之间的通话,数字交换网络必须完成不同复用线之间不同时隙的交换,即数字交换网络某条输入复用线上某个时隙的信号交换到指定的输出复用线上的指定时隙。

传统的电路交换机将传送交换硬件、呼叫控制和交换以及业务和应用功能结合进单个昂贵的交换机设备内,是一种垂直集成的、封闭和单厂家专用的系统结构,新业务的开发也是以专用设备和专用软件为载体,导致开发成本高、时间长、无法适应今天快速变化的市场环境和多样化的用户需求。

软交换打破了传统的封闭交换结构,采用完全不同的横向组合的模式,将传输、呼叫控制和业务控制三大功能间接口打开,采用开放的接口和通用的协议,构成一个开放的、分布的和多厂家应用的系统结构,可以使业务提供者灵活选择最佳和最经济的组合来构建网络,加速新业务和新应用的开发、生成和部署,快速实现低成本广域业务覆盖,推进话音和数据的融合。

2.1.2 对电话通信网的质量要求

第 1 章介绍了对通信网的基本要求,对于不同业务的通信网,各项要求的具体内容和含义将有所差别。例如,对电话通信网是从以下三个方面提出的质量要求。

1. 接续质量

电话通信网的接续质量是指用户通话被接续的速度和难易程度,通常用接续损失(呼损)和接续时延来度量。

2. 传输质量

用户接收到的话音信号的清楚逼真程度,可以用响度、清晰度和逼真度来衡量。

3. 稳定质量

通信网的可靠性,其指标主要有:失效率(设备或系统工作 t 时间后,单位时间发生故障的概率)、平均故障间隔时间、平均修复时间(发生故障时进行修复的平均时长)等。

2.1.3 电话通信网的分类

电话通信网可以从不同的角度分类(使得同一个电话通信网有不同话通信网可以有

不同的叫法),常见的分类方法如下。

(1) 按通信传输媒介分

若按通信传输媒介可分为有线电话通信网、无线电话通信网等。

(2) 按通信传输信号形式分

按通信传输信号形式可分为模拟电话通信网和数字电话通信网。

(3) 按通信服务区域分

按通信服务区域可分为农话网、市话网、长话网和国际网等。

(4) 按通信服务对象分

按通信服务对象可分为公用电话通信网、保密电话通信网和军用电话通信网等。

(5) 按通信活动方式分

按通信活动方式可分为固定电话通信网和移动电话通信网等。下面分别介绍固定电话通信网和移动电话通信网。

2.2　固定电话通信网

固定电话通信网主要为固定用户提供语音通信服务功能。

2.2.1　固定电话网的等级结构

1. 电话网等级结构的概念

就全国范围内的电话网而言,很多国家采用等级结构。等级结构就是把全网的交换局划分成若干个等级,最高等级的交换局间则直接互连,形成网形网。而低等级的交换局与管辖它的高等级的交换局相连、形成多级汇接辐射网即星形网,所以等级结构的电话网一般是复合形网。

2. 等级结构的级数选择

等级结构的级数选择与很多因素有关,主要有两个:

(1) 全网的服务质量。例如接通率、接续时延、传输质量、可靠性等。

(2) 全网的经济性,即网的总费用问题。另外还应考虑国家幅员大小,各地区的地理状况,政治、经济条件以及地区之间的联系程度等因素。

3. 我国等级结构的电话网

早在 1973 年电话网建设初期,鉴于当时长途话务流量的流向与行政管理的从属关系几乎相一致,即呈纵向的流向,邮电部明确规定我国电话网的网络等级分为五级,由一、二、三、四级长途交换中心及五级交换中心即端局组成。电话网五级等级结构的示意图如图 2-1 所示。

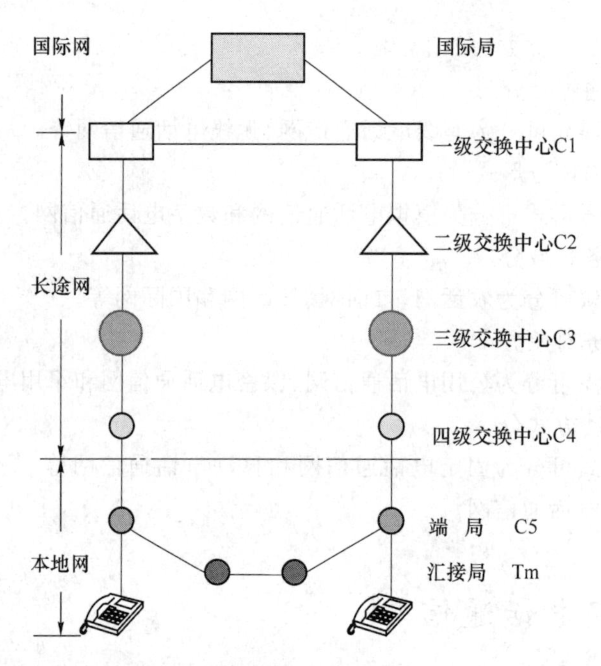

图 2-1 电话网五等级结构示意图

电话网由长途网和本地网两部分组成。长途网设置一、二、三、四级长途交换中心,分别用 C1、C2、C3 和 C4 表示;本地网设置汇接局和端局两个等级的交换中心,分别用 Tm 和 C5 表示,也可只设置端局一个等级的交换中心。

五级等级结构的电话网在网络发展的初级阶段是可行的,这种结构在电话网由人工向自动、模拟向数字的过渡中起了较好的作用,然而在通信事业高速发展的今天,由于经济的发展,非纵向话务流量日趋增多,新技术新业务层出不穷,多级网络结构存在的问题日益明显。就全网的服务质量而言表现为:

① 转接段数多。如两个跨地市的县用户之间的呼叫,需经 C4、C3、C2 等多级长途交换中心转接,接续时延长,传输损耗大、接通率低。

② 可靠性差。多级长途网,一旦某节点或某段电路出现故障,将会造成局部阻塞。此外,从全网的网络管理、维护运行来看,网络结构划分越小,交换等级数量就越多,使网管工作过于复杂,同时,不利于新业务网(如移动电话网、无线寻呼网)的开放,更难适应数字同步网、No.7 信令网等支撑网的建设。

基于五级等级结构的电话网的弊端,我国的电话网已经由五级过渡到了三级。

2.2.2 长途网

长途电话网简称长途网,由长途交换中心、长市中继和长途电路组成,用来疏通各个不同本地网之间的长途话务。

1. 二级长途网的网络结构

在五级制的等级结构电话网中，长途网为四级，目前长途网已经由四级向两级过渡完成。由于 C1、C2 间直达电路的增多，C1 的转接功能随之减弱，并且全国 C3 扩大本地网形成，C4 失去原有作用，趋于消失。所以具体过渡方案为：

- 一、二级长途交换中心合并为 DC1，构成两级长途网的高平面网（省际平面）；
- C4 消失，C3 被称为 DC2（或 C3、C4 合并为 DC2），构成两级长途网的低平面网（省内平面）。然后逐步向全网无级网和动态无级网过渡。

两级长途网的等级结构如图 2-2 所示。

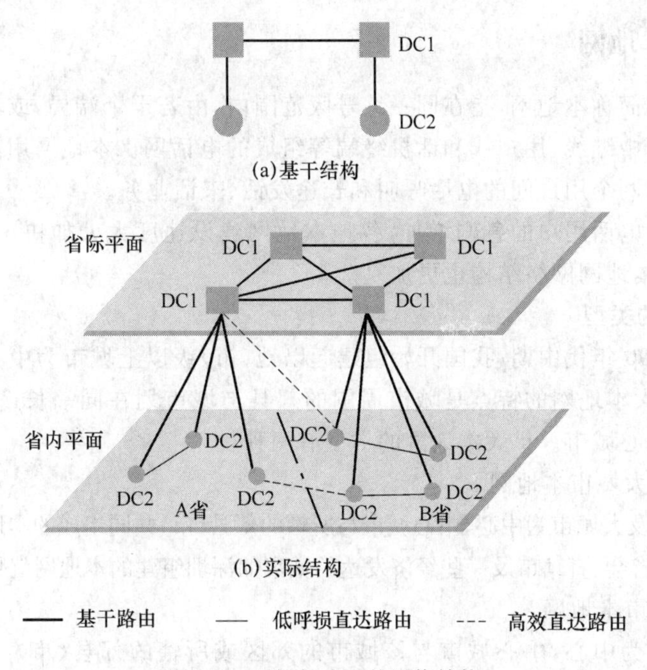

图 2-2　两级长途网的网络结构

两级长途网将网内长途交换中心分为两个等级，省级（直辖市）交换中心以 DC1 表示，地（市）交换中心以 DC2 表示。DC1 之间以网形网相互连接，DC1 与本省各地市的 DC2 以星形方式连接；本省各地市的 DC2 之间以网形或不完全网状相连，同时辅以一定数量的直达电路与非本省的交换中心相连。

以各级交换中心为汇接局，汇接局负责汇接的范围称为汇接区。全网以省级交换中心为汇接局，分为 31 个省（自治区）汇接区。

2. 长途交换中心的等级设置原则

长途交换中心的等级设置原则为：

① 直辖市本地网内设一个或多个长途交换中心时，一般均设为 DC1（含 DC2 功能）。

② 省会本地网内设一个或两个长途交换中心时,均设为DC1(含DC2功能);设三个及三个以上长途交换中心时,一般设两个DC1和若干个DC2。

③ 地(市)本地网内设长途交换中心时,所有的长途交换中心均为DC2。

3. 长途交换中心的职能

各级长途交换中心的职能分别为:

① DC1的职能主要是汇接所在省的省际长途来话、去话话务,以及所在本地网的长途终端话务;

② DC2的职能主要是汇接所在本地网的长途终端话务。

2.2.3 本地网

本地电话网简称本地网,指在同一编号区范围内,由若干个端局,或者由若干个端局和汇接局及局间中继线、用户线和话机终端等组成的电话网。本地网用来疏通本长途编号区范围内任何两个用户间的电话呼叫和长途发话、来话业务。

近年来随着电话用户的急剧增加,各地本地网建设速度大大加快,交换设备和网络规模越来越大,本地网网络结构也更加复杂。

1. 本地网的类型

自20世纪90年代中期,我国开始组建起以地(市)级以上城市为中心城市的扩大的本地网,这种扩大本地网的特点是城市周围的郊县与城市划在同一长途编号区内,其话务量集中流向中心城市。扩大本地网的类型有两种:

(1) 特大和大城市本地网

以特大城市及大城市为中心,中心城市与所辖的郊县(市)共同组成的本地网,简称特大和大城市本地网。省会、直辖市及一些经济发达的城市如深圳组建的本地网就是这种类型。

(2) 中等城市本地网

以中等城市为中心,中心城市与该城市的郊区或所辖的郊县(市)共同组成的本地网,简称中等城市本地网。地(市)级城市组建的本地网就是这种类型。

2. 本地网的交换中心及职能

本地网内可设置端局和汇接局。

(1) 端局的职能

端局通过用户线与用户相连,它的职能是负责疏通本局用户的去话和来话话务。

(2) 汇接局的职能

- 汇接局与所管辖的端局相连,以疏通这些端局间的话务;
- 汇接局还与其他汇接局相连,疏通不同汇接区间端局的话务;
- 根据需要汇接局还可与长途交换中心相连,用来疏通本汇接区的长途转话话务。

本地网中,有时在用户相对集中的地方,可设置一个隶属于端局的支局,经用户线与用户相连,但其中继线只有一个方向即所隶属的端局,用来疏通本支局用户的发话和来话话务。

3. 本地网的网络结构

由于各中心城市的行政地位、经济发展及人口的不同,扩大本地网交换设备容量和网络规模相差很大,所以网络结构分为下两种:

(1) 网形网

网形网是本地网结构中最简单的一种,网中所有端局个个相连,即端局之间设立直达电路。当本地网内交换局数目不太多时,采用这种结构,如图 2-3 所示。

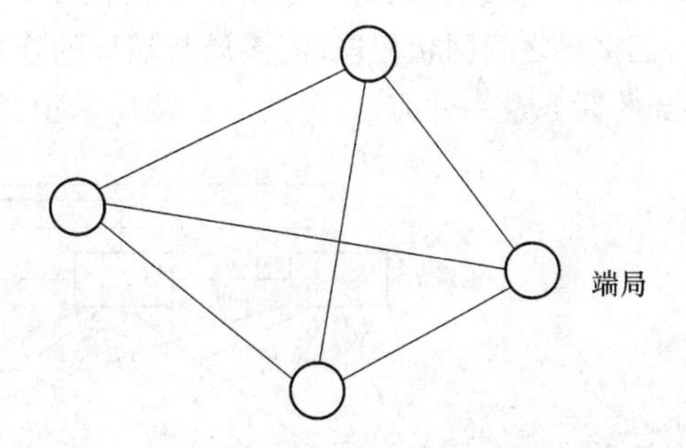

图 2-3　本地网的网形网结构

(2) 二级网

当本地网中交换局数量较多时,可由端局和汇接局构成两级结构的等级网,端局为低一级,汇接局为高一级。

二级网的结构又分区汇接和全覆盖两种。

① 分区汇接

分区汇接的网络结构是把本地网分成若干个汇接区,在每个汇接区内选择话务密度较大的一个局或两个局作为汇接局,根据汇接局数目的不同,分区汇接有两种方式:

- 分区单汇接

这种方式是比较传统的分区汇接方式。它的基本结构是每一个汇接区设一个汇接局,汇接局之间以网形网连接,汇接局与端局之间根据话务量大小可以采用不同的连接方式。在城市地区,话务量比较大,应尽量做到一次汇接,即来话汇接或去话汇接。此时,每个端局与其所属的汇接局及与其他各区的汇接局(来话汇接)均相连,或汇接局与本区及其他各区的端局(去话汇接)相连。

在农村地区,由于话务量比较小,采用来、去话汇接,端局与所属的汇接局相连。采用分区单汇接的本地网结构如图 2-4 所示。

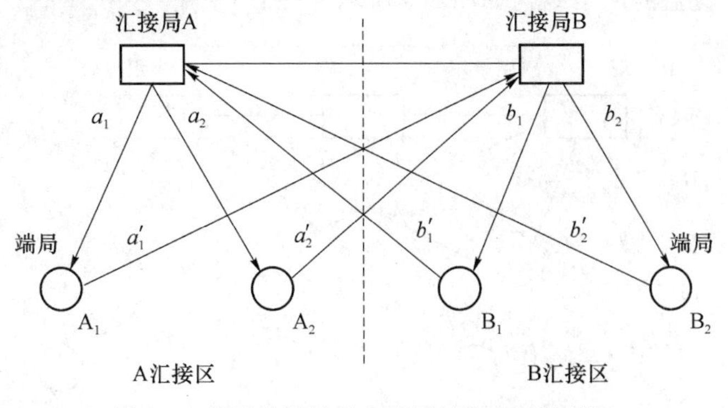

图 2-4　分区单汇接的本地网结构(来话汇接)

每个汇接区设一个汇接局,汇接局间结构简单,但是网络可靠性差。如图 2-5 所示,当汇接局 A 出现故障时,a_1、a_2、b'_1、b'_2四条电路都将中断,即 A 汇接区内所有端局的来话都将中断。若是采用来、去话汇接,则整个汇接区的来话和去话都将中断。

• 分区双汇接

分区双汇接是在每个汇接区内设两个汇接局,两个汇接局地位平等,均匀分担话务负荷,汇接局之间网状相连;汇接局与端局的连接方式同分区单汇接结构,只是每个端局到汇接局的话务量一分为二,由两个汇接局承担。采用分区双汇接的本地网结构如图 2-5 所示。

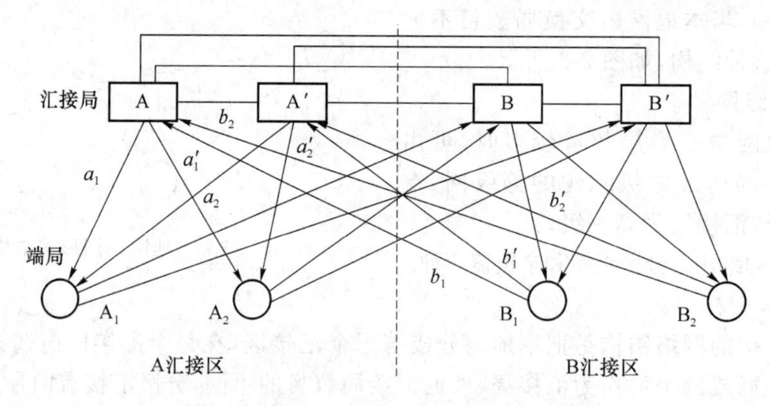

图 2-5　分区双汇接的本地网结构(来话汇接)

分区双汇接结构比分区单汇接结构可靠性提高很多。例如,当 A 汇接局发生故障时,a_1、a'_1、b_1、b_2四条电路被中断,但汇接局 A′仍能完成该汇接区 50%的话务量。

分区双汇接的网络结构比较适用于网络规模大、局所数目多的本地网。

② 全覆盖

全覆盖的网络结构是在本地网内设立若干个汇接局,汇接局间地位平等,均匀分担话务负荷。汇接局间以网形网相连,各端局与各汇接局均相连。两端局间用户通话最多经一次转接。全覆盖的网络结构如图 2-6 所示。

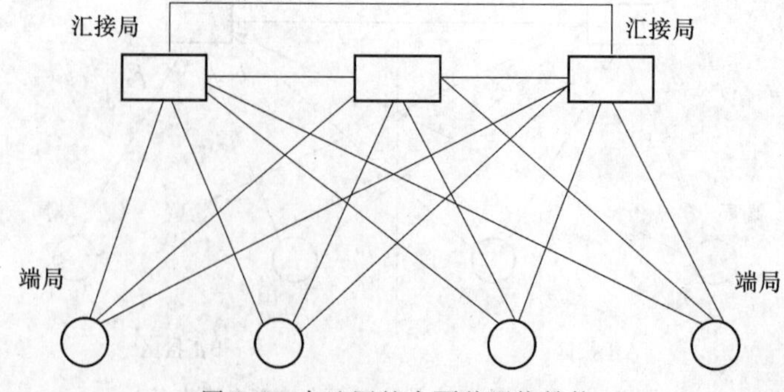

图 2-6　本地网的全覆盖网络结构

全覆盖的网络结构几乎适用于各种规模和类型的本地网。汇接局的数目可根据网络规模来确定。全覆盖的结构可靠性高,但线路费用也提高很多,所以应综合考虑这两个因素确定网络结构。

一般来说,特大或大城市本地网,其中心城市采取分区双汇接或全覆盖结构,周围的县采取全覆盖结构,每个县为一独立汇接区,偏远地区可采用分区单汇接结构。

中等城市本地网,其中心城市和周边县采用全覆盖结构,偏远地区可采用分区单(双)汇接结构。

2.2.4　固定电话通信网的路由选择

1. 路由的含义

进行通话的两个用户经常不属于同一交换局,当用户有呼叫请求时,在交换局之间要为其建立起一条传送信息的通道,这就是路由。确切地说,路由是网络中任意两个交换中心之间建立一呼叫连接或传递信息的途径。

路由可以由一个电路群组成,也可由多个电路群经交换局串接而成。如图 2-7 所示,交换局 A 与 B、B 与 C 之间的路由分别是 A—B、B—C,它们各由一个电路群组成;交换局 A 与 C 之间的路由是 A—B—C,它由两个电路群经交换局 B 串接而成。

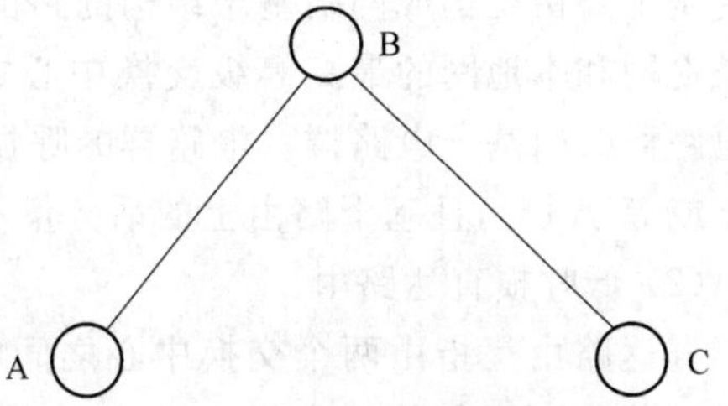

图 2-7　路由示意图

2. 路由的分类

对路由可以从不同的角度进行分类,具体如下:

(1) 按呼损指标分类

如果按呼损指标的要求,路由可分为:

- 低呼损路由——其电路群上的呼损率指标应小于或等于 1%。
- 高效路由——对电路群没呼损指标的要求。

(2) 按电路群的个数分类

如果按组成路由的电路群的个数,路由可分为:

- 直达路由——路由只由一个电路群组成。
- 汇接路由——路由由多个电路群经交换局串接而成。

(3) 按路由选择分类

如果从路由选择的角度,路由可分为:

- 首选路由——路由选择时第一选择的路由(往往是直达路由)。
- 迂回路由——当第一次选择的路由遇忙时,迂回到第二或第三个路由,那么第二或第三个路由就称为第一路由的迂回路由(往往是汇接路由)。

- 最终路由——路由选择时最后选择的路由。

(4) 按路由选择的规则分类

如果按路由选择的规则,路由可分为:

- 常规路由——按正常规则选择的路由。
- 非常规路由——不按正常规则选择的路由。

(5) 按所连交换中心的地位分类

如果按所连交换中心的地位,路由可分为:

- 基干路由——构成网络基干结构的路由。
- 跨区路由——不同汇接区交换中心之间的路由。

3. 几种基本路由

以上介绍的是从不同的角度看,分成的各种路由。下面介绍几种常见的基本路由。

(1) 基干路由

基干路由是构成网络基干结构的路由,由具有汇接关系的相邻等级交换中心之间以及长途网和本地网的最高等级交换中心之间的低呼损电路群组成。基干路由上的低呼损电路群又叫基干电路群。电路群的呼损率指标是为保证全网的接续质量而规定的,应小于或等于1%,且基干路由上的话务量不允许溢出至其他路由。

(2) 低呼损直达路由

直达路由是指由两个交换中心之间的电路群组成的,不经过其他交换中心转接的路由。任意两个等级的交换中心由低呼损电路群组成的直达路由称为低呼损直达路由。电路群的呼损率小于或等于1%,且话务量不允许溢出至其他路由上。两交换中心之间的低呼损直达路由可以疏通其间的终端话务,也可以疏通由这两个交换中心转接的话务。

(3) 高效直达路由

任意两个交换中心之间由高效电路群组成的直达路由称为高效直达路由。高效直达路由上的电路群没有呼损率指标的要求,话务量允许溢出至规定的迂回路由上。

两个交换中心之间的高效直达路由可以疏通其间的终端话务,也可以疏通经这两个交换中心转接的话务。

(4) 最终路由

最终路由是任意两个交换中心之间可以选择的最后一种路由,由无溢呼的低呼损电路群组成。

这里有一个问题需要说明,上述前3种路由,即基干路由、低呼损直达路由和高效直达路由是实际存在的路由,而最终路由则是从路由选择的角度考虑的一种路由。最终路由可能就是基干路由、呼损直达路由,或者是它们二者的结合。

4. 路由的设置

为了提高网络的利用率和服务质量，使网络安全可靠地运行，应根据话务量的需求对路由进行科学、合理、经济的设置。

(1) 路由的设置

① 基干路由的设置

长途网中同一省内具有汇接关系的省级交接中心 DC1 与地(市)级交换中心 DC2 之间，以及不同省的省级交换中心 DC1 之间；本地网中具有汇接关系的端局与汇接局之间，汇接局与汇接局之间均应设置低呼损电路群，即基干路由。

② 直达路由的设置

任意两个等级的交换中心之间根据话务量大小，在经济合理的前提下，可设置直达电路群，这些直达电路群可以是低呼损电路群，也可以是高效电路群。长途网中同一省内地(市)交换中心 DC2 之间，以及省中心的 DC1 与各 DC2 之间可根据传输电路的情况设置低呼损电路群或高效电路群。

(2) 路由设置的一般原则

不同省的 DC1 与地(市)DC2 之间，以及不同省的 DC2 与 DC2 之间，当话务量大于一定数量时，可设置高效电路群。

本地网中，任一汇接局与无汇接关系的端局以及端局与端局之间，在一定条件下，可设置低呼损电路群或高效电路群。

电话网中两交换中心之间该设置什么路由和各路由的数目要通过优化方法合理地进行规划设计(详见第 8 章)。

5. 路由选择

路由选择也称选路，是指一个交换中心呼叫另一个交换中心时在多个可传递信息的途径中进行选择。对一次呼叫而言，直到选到了目标局，路由选择才算结束。ITU-T E.170 建议从两个方面对路由选择进行描述：路由选择结构和路由选择计划。

(1) 路由选择结构

E.170 建议中，路由选择结构分为有级(分级)和无级两种结构。

① 有级选路结构

如果在给定的交换节点的全部话务流中，到某一方向上的呼叫都是按照同一个路由组依次进行选路，并按顺序溢出到同组的路由上，而不管这些路由是否被占用，或这些路由能不能用于某些特定的呼叫类型，路由组中的最后一个路由为最终路由，呼叫不能再溢出，这种路由选择结构称为有级选路结构。

② 无级选路结构

如果违背了上述定义(如允许发自同一交换局的呼叫在电路群之间相互溢出)，则称为无级选路结构。

这里应指出的是路由选择的等级概念与电话网交换中心的等级概念是毫不相关的。无级选路结构与我们平常说的无级网并非一个概念,无级网是指网络中所有节点为一个等级,而无级选路则是指选路时不反应等级关系,实际上,有级网也可采用无级选路结构。

(2) 路由选择计划

路由选择计划是指如何利用两个交换局间的所有路由组来完成一对节点间的呼叫。它有固定选路计划和动态选路计划两种。

① 固定选路计划

固定选路计划指路由组的路由选择模式总是不变的。即交换机的路由表一旦制定,在相当长的一段时间内交换机按照表内指定的路由进行选择。但是对某些特定种类的呼叫可以人工干预改变路由表,这种改变呈现为路由选择方式的永久性改变。

② 动态选路计划

动态选路计划与固定选路计划相反,路由组的选择模式是可变的,即交换局所选的路由经常自动改变。这种改变通常根据时间、状态或事件而定。路由选择模式的更新可以是周期性或非周期的,预先设定的或根据网络状态而调整的等。

动态选路的目的是为某一个呼叫找到一条成功率最大的通路,这个通路是在整个网络中寻找,而不局限在固定选路中的有限路由表中。路由表可依据时间、状态和事件而改变,相应的动态选路方法分为三种。

(a) 时间相关选路(TDR)

时间相关选路是根据网络中历史的话务量变化规律,得到不同时间段如一天、一星期或一个月的不同话务高峰时间,设计出一系列按时间改变的路由表以适应不同时间出现的忙时话务量,网络在不同时期有不同的路由表。例如,图2-8交换局中A—B的路由在时期1,2是不同的,如表2-1所示。

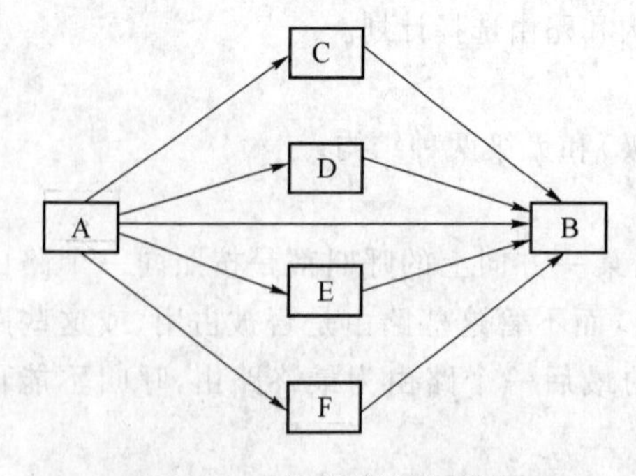

图2-8 时间相关选路例图

表2-1 时间相关选路时A—B的路由表

时间周期	A—B的路由方案
1	AB,ACB,ADB
2	AB,AEB,AFB

这种选路方式的优点是可以利用忙时周期的不一致性,使发端局和终端局之间的空闲电路得到尽可能多的利用。

(b) 状态相关选路(SDR)

状态相关选路又称为自适应选路。它是根据网络状态自动地改变路由选择方案，例如某条链路负荷很重，为防止进一步拥塞，最好不选用这条链路，而选择负荷轻的链路。状态相关选路能够很好地调节突然出现的话务波动。

(c) 事件相关选路(EDR)

事件相关选路是在前次呼叫成功或是失败的条件下局部地修改路由选择方案，以预留那些使呼叫获得成功的路由，使疏通话务的途径避开拥塞的链路。如图 2-9 所示的网络，A—B 的路由选择见表 2-2。

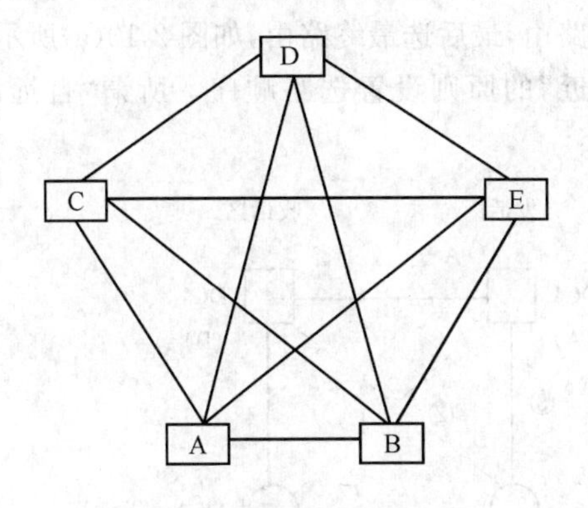

图 2-9　事件相关选路例图

表 2-2　事件相关选路 A—B 的路由表

选择	A—B 的路由方案	
	现行	呼叫失败后
1	AB	ADB
2	AEB	ACB

(3) 选路方式

从世界各国对选路技术的研究和应用来看，选路结构和选路计划总是密不可分的。选路结构和选路计划结合在一起称为选路方式，常见的有以下几种：

- 固定分级选路方式(FHR)——是分级选路结构与固定选路计划的结合。很多国家在电话网发展初期都采用这种选路方式，如我国五级制电话网就是采用的这种选路方式。
- 固定无级选路方式——是无级选路结构与固定选路计划的结合。我国在长途网由四级向二级的过渡时期就采用这种方式。
- 动态无级选路方式(DNHR)——是无级选路结构与采用动态选路计划的结合。动态无级选路首先是由美国 AT&T 实验室提出的，并在其长途网上运行，收到了很好的效果。我国在二级长途网上采用这种选路方式。

(4) 路由选择的规则

① 路由选择的基本原则

不论采用什么路由选择方式，路由选择都应遵循如下基本的原则：

- 保证用户信息和信令信息的可靠传输；
- 有明确的规律性，确保路由选择中不会出现死循环；

• 一个呼叫连接中串接的段数应尽量少;

• 能够在低等级网络中疏通的话务应尽量在低等级中疏通等。

以上是路由选择的基本原则,长途网和本地网在路由选择时具体有各自的规则。

② 长途网的路由选择规则

长途网的路由选择规则有:

• 网中任一长途交换中心呼叫另一长途交换中心的所选路由局向最多为三个;

• 同一汇接区内的话务应在该汇接区内疏通;

• 发话区的路由选择方向为自下而上,受话区的路由选择方向为自上而下;

• 路由选择顺序为首选直达路由,次选迂回路由,最后选最终路由,如图2-10(a)所示。

若两个路由的转接段数相同,按照“自远而近”的原则设置选路顺序。所谓“自远而近”,如图2-11(b)所示。

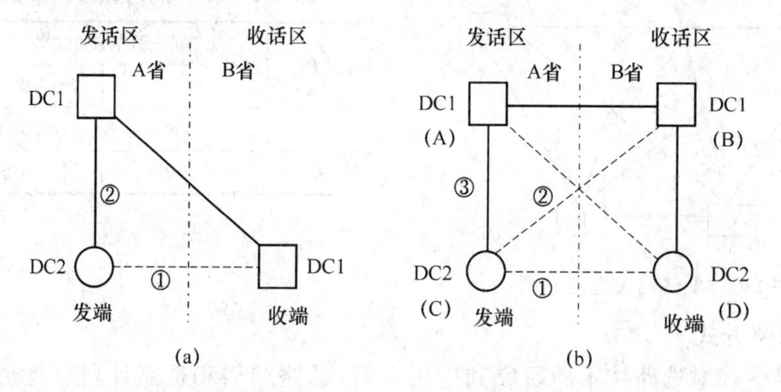

图2-10 长途网上的路由选择

图2-10(b)中发端DC2(C)至收端DC2(D)之间的路由,首选直达路由(即①),迂回路由CAD和CBD的转接段数相同,先选汇接局离发端远的路由CBD(即②),再选选汇接局离发端近的路由CAD(即③),这就是“自远而近”。

路由选择过程中,当发端至收端同一局向设有多个电路群时,可根据各电路群承受话务能力等情况,将话务按不同的比例分配给各路由,以疏通到目标局的话务。这叫做话务负荷分担方式的路由选择,如图2-11所示。

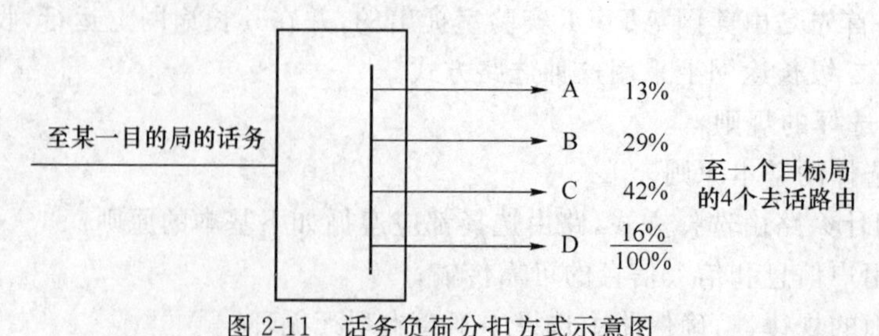

图2-11 话务负荷分担方式示意图

③ 本地网中继路由的选择规则

本地网中继路由选择规则主要有：

- 选择顺序为先选直达路由，后选迂回路由，最后选基干路由，如图 2-12 所示；
- 每次接续最多可选择三个路由；
- 端局与端局间最多经过两个汇接局，即中继电路最多不超过三段。

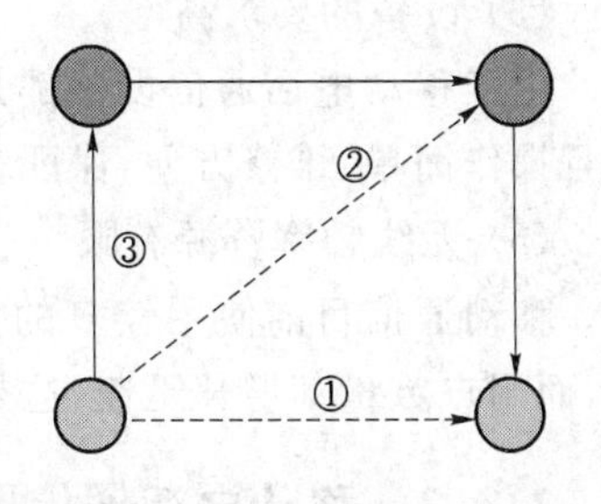

图 2-12　本地网中继路由的选择

关于本节涉及的路由设置和选择规则，更详细的内容可参阅电信总局颁发的《全国长途电话网网络组织管理暂行规定》。

2.3　移动电话通信网

固定电话通信尽管为我们的工作、学习和生活提供了极大的方便，使得人们能够及时沟通和交流信息。但随着工作、学习和生活节奏的加快，固定地点、固定方式的电话通信已不能满足人们信息交流的需要，为此移动电话通信网得以迅速发展。

2.3.1　移动电话通信的特点

与固定电话通信相比，移动电话通信主要有以下几个特点。

(1) 以无线传输信道为主进行信息传输

在移动电话通信中，至少有一方处于运动状态，双方必须通过无线电波进行联络，所以移动电话通信的传输信道必须是无线信道或部分使用无线信道。

(2) 无线电波传输环境复杂

移动台常常运动于建筑群或其他障碍物中，接收的电波场强受地形、地物的影响而随时发生变化，而且移动台相对于基站距离远近变化也会引起接收信号场强的变化。

(3) 系统的干扰大

移动电话通信系统存在多种噪声和干扰，噪声主要来自外部的各种人为噪声，如电力噪声、各种工业噪声等；移动电话通信的干扰是指移动电话通信系统多基站、多信道工作时产生的互调干扰、邻道干扰和同频干扰。

(4) 控制过程复杂

在移动电话通信中，移动台之间、移动台与基站、基站与移动交换中心之间要传递一整套控制操作指令，才能有序、高效地完成收发两端相互间的接续，实现信息的自动传递；另外，由于移动电话通信网的特殊结构，还应该有网络搜索、位置登记、越区切换和自动漫游等功能。

(5) 设备的要求高

由于移动电话通信设备都是手持机或车载台,要求移动台要体积小、重量轻、省电,而且操作简单、维修方便,保证在振动、冲击、高温等恶劣环境下能正常工作。

(6) 无线频率资源有限

移动通信目前使用较多的频段只有几十吉赫兹,有限的频率资源使得信道数目有限,而用户数量却增长迅速,这是一对矛盾,必须合理解决。

2.3.2 移动电话通信网的分类

移动电话通信网(系统)可按使用环境、服务对象、传输信号形式、应用系统及发展过程等分类。

(1) 按传输信号形式分

按传输信号形式可分为数字移动电话通信网和模拟移动电话通信网。

(2) 按设备的使用环境分

按设备的使用环境可分为陆地移动电话通信网、海上移动电话通信网、航空移动电话通信网等。

(3) 按服务对象分

按服务对象可分为公用移动电话通信网和专用移动电话通信网。

公用移动电话通信是面向社会开放的,移动电话业务是由中国电信(中国移动通信公司)、中国联合通信等公司经营的。

专用移动电话通信网是为了保证某些特殊行业、单位或部门通信所建立的通信系统,由于各自有很大区别,其技术要求差异很大。

(4) 按应用系统分

按应用系统可分为蜂窝移动电话通信网、专用调度电话通信网、集群调度移动电话通信网、公用无绳电话通信网、移动卫星电话通信网等。

(5) 按移动电话发展的过程分

按移动电话发展的过程可分为第一代移动电话网(1G)、第二代移动电话网(2G)、第三代移动电话网(3G)及第4代移动电话网(4G)等。

第一代模拟蜂窝移动通信系统(1G)诞生于20世纪70年代中期至80年代中期,典型的系统有美国的AMPS(高级移动电话系统)、英国的TACS(全接入移动通信系统)等。

第二代数字蜂窝移动通信系统(2G)发展于20世纪80年代中期到90年代中期,典型的有GSM、CDMA系统等。

第三代蜂窝移动通信系统(3G)诞生于21世纪初,有三种通信标准:欧洲提出的

WCDMA、美国提出的 CDMA2000 以及我国提出的 TD-SCDMA。

与其他现代通信技术的发展一样，移动通信也呈现飞速发展的趋势。目前，在第二代数字蜂窝移动通信网向第三代过渡方兴未艾之时，关于 4G 等未来移动通信的讨论和研究也早已如火如荼地展开。

2.3.3　移动电话通信系统的组成

移动电话通信系统应用较广泛的是数字公用蜂窝移动电话通信系统，像 GSM、CD-MA 系统等。其组成包括移动台(MS)、基站子系统(BSS) 和网络子系统(NSS)，其中网络子系统(NSS)主要包括移动交换中心(MSC)和操作维护中心(OMC)等。

以 GSM 数字蜂窝通信系统为例，移动电话系统结构示意图如图 2-13 所示(CDMA 蜂窝移动通信网的系统结构与 GSM 系统十分类似)。

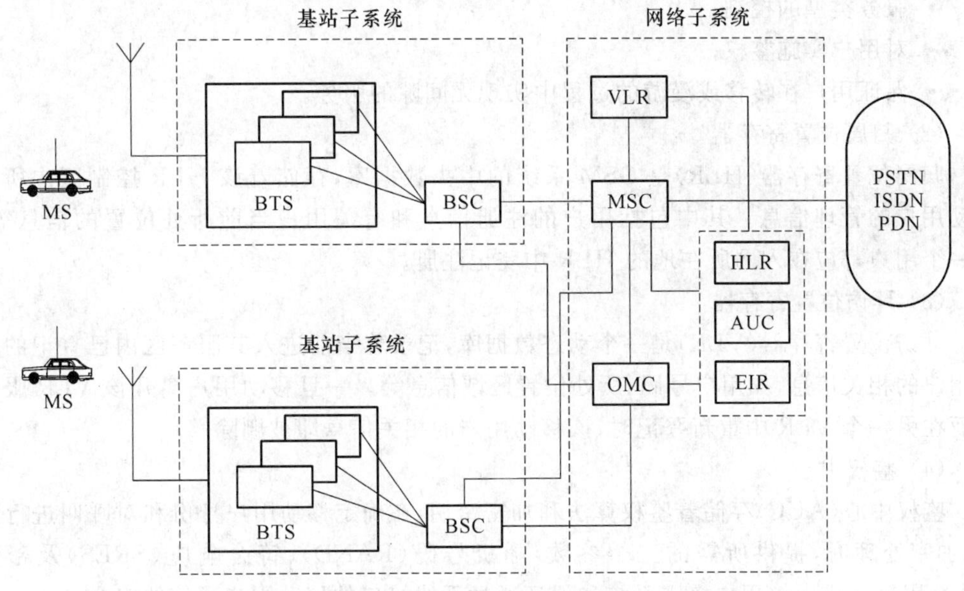

图 2-13　GSM 蜂窝移动电话系统结构

1. 网络子系统

网络子系统(NSS) 主要具有交换功能以及用于进行用户数据与移动管理、安全管理等所需的数据库功能。它由移动交换中心(MSC)、操作维护中心(OMC)以及归属位置寄存器(HLR)、拜访位置寄存器(VLR)、鉴权中心(AUC)和设备识别寄存器(EIR)等组成。

(1) 移动交换中心

移动交换中心(MSC)是蜂窝通信网络的核心,主要功能是对位于本 MSC 控制区域内的移动用户进行通信控制、话音交换和管理,同时也为本系统连接别的 MSC 和其他公用通信网络〔如公共交换电话网(PSTN)、综合业务数字网(ISDN)和公用数据网(PDN)〕提供链路接口,完成交换功能、计费功能、网络接口功能、无线资源管理与移动性能管理功能等,具体包括:

- 信道的管理和分配;
- 呼叫的处理和控制;
- 过区切换和漫游的控制;
- 用户位置信息的登记与管理;
- 用户号码和移动设备号码的登记和管理;
- 服务类型的控制;
- 对用户实施鉴权;
- 保证用户在转移或漫游的过程中实现无间隙的服务。

(2) 归属位置寄存器

归属位置寄存器(HLR)是 GSM 系统的中央数据库,存储着该 HLR 控制区内所有移动用户的管理信息。其中包括用户的注册信息和有关用户当前所处位置的信息等。每一个用户都应在入网所在地的 HLR 中登记注册。

(3) 拜访位置寄存器

拜访位置寄存器(VLR)是一个动态数据库,记录着当前进入其服务区内已登记的移动用户的相关信息,如用户号码、所处位置区域信息等。一旦移动用户离开该 VLR 服务区而在另一个 VLR 中重新登记时,该移动用户的相关信息即被删除。

(4) 鉴权中心

鉴权中心(AUC)存储着鉴权算法和加密密钥,在确定移动用户身份和对呼叫进行鉴权、加密处理时,提供所需的三个参数:随机号码(RAND)、符合响应(SRES)及密钥(Kb),用来防止无权用户接入系统和保证通过无线接口的移动用户通信的安全。

(5) 设备识别寄存器

设备识别寄存器(EIR)也是一个数据库,用于存储移动台的有关设备参数,主要完成对移动设备的识别、监视、闭锁等功能,以防止非法移动台的使用。

(6) 操作维护中心

操作维护中心(OMC)用于对 GSM 系统的集中操作维护与管理,允许远程集中操作维护管理,并支持高层网络管理中心(NMC)的接口。具体包括无线操作维护中心(OMC-R)和交换网络操作维护中心(OMC-S)。

OMC 通过 X.25 接口对 BSS 和 NSS 分别进行操作维护与管理,实现事件/告警管理、故障管理、性能管理、安全管理和配置管理功能。

2. 基站子系统

基站子系统(BSS)包括基站收发信台(BTS)和基站控制器(BSC)。该子系统由MSC控制，通过无线信道完成与移动台(MS)的通信，主要负责无线信号的收发以及无线资源管理等功能。

(1) 基站收发信台

基站收发信台(BTS)包括无线传输所需要的各种硬件和软件，如多部收发信机、支持各种小区结构(如全向、扇形)所需要的天线、连接基站控制器的接口电路以及收发信机本身所需要的检测和控制装置等。它实现对服务区的无线覆盖，并在BSC的控制下提供足够的与MS连接的无线信道。

(2) 基站控制器

基站控制器(BSC)是基站收发信机台(BTS)和移动交换中心之间的连接点，也为BTS和操作维护中心(OMC)之间交换信息提供接口。

一个基站控制器通常控制几个BTS，完成无线网络资源管理、小区配置数据管理、功率控制、呼叫和通信链路的建立和拆除、本控制区内移动台的越区切换控制等功能。

3. 移动台

移动台(MS)即便携台(手机)或车载台，它包括移动终端(MT)和用户识别模块(SIM卡)两部分。

其中移动终端可完成话音编码、信道编码、信息加密、信息调制和解调以及信息发射和接收等功能。

SIM卡则存有确认用户身份所需的认证信息以及与网络和用户有关的管理数据。只有插入SIM卡后移动终端才能入网，同时SIM卡上的数据存储器还可用作电话号码簿或支持手机银行、手机证券等STK增值业务。

2.3.4 数字移动电话通信网结构

目前主要应用的是数字移动电话通信网，在此以GSM为例介绍数字移动电话通信网结构。

1. 全国数字移动电话通信网结构

全国GSM移动电话网按大区设立一级汇接中心、省内设立二级汇接中心、移动业务本地网设立端局构成三级网络结构，组成了一个完全独立的数字移动通信网络。

中国电信的GSM移动电话通信网设置一级移动汇接中心8个，它们设在北京、沈阳、南京、上海、西安、成都、武汉、广州，我们称之为八大区。在八大区设立的汇接局是独立汇接局(一级汇接中心)，其间网的连接方式是网状结构，各省的二级移动汇接中心与相应的一级汇接中心相连。

GSM移动电话通信网的交换网络与公共交换电话网(PSTN)之间的连接,原则是采用移动本地电话网内汇接中心/端局(在建网初期,移动电话业务量小的情况下,移动电话本地汇接中心与移动电话端局可合设)与固定网长途局及市话汇接局(或端局)相连方式。

GSM移动电话通信网只在北京设有国际入口局,负责全国GSM移动电话通信的国际入话业务。在国际出口局上,GSM网没有直接的出口局,国际间通信仍然还需借助于公共电话通信网的国际局。

2. 省内数字移动通信网结构

省内GSM移动通信网由省内的各本地移动通信网构成,省内设若干个移动业务汇接中心(TMSC,即二级汇接中心),汇接中心之间为网状网结构,汇接中心与移动端局(MSC)之间成星形网。

根据业务量的大小,二级汇接中心可以是单独设置的汇接中心(即不带客户,只作汇接),也可兼作移动端局(与基站相连,可带客户)。省内GSM移动通信网中一般设置两三个移动汇接局较为适宜,最多不超过四个,每个移动端局至少应与省内两个二级汇接中心相连,如图2-14所示。任意两个移动交换局之间若有较大业务量时,可建立话音专线。

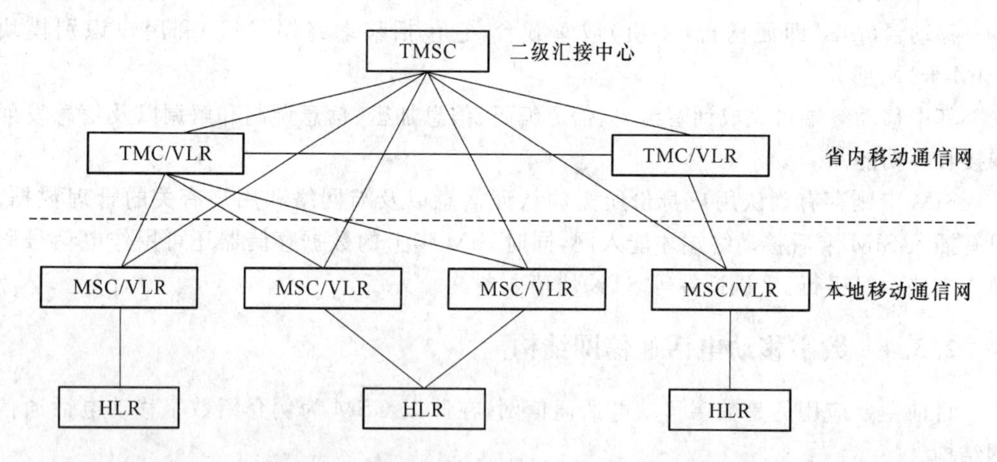

图2-14 省内GSM移动通信网络结构示意图

3. 本地移动电话通信网结构

全国可划分为若干个本地移动电话通信网,划分的原则是长途区号为2位或3位的地区为一个本地移动电话通信网。

对于一般本地网可根据实际需求,设立一个或多个移动交换中心(MSC),建1~2个移动汇接局(CMSC)。CMSC起到本地移动端局的汇接作用以及移动端局到固定电话网的汇接局和端局的纽带、桥梁作用。

本地移动电话通信网结构如图 2-15 所示。

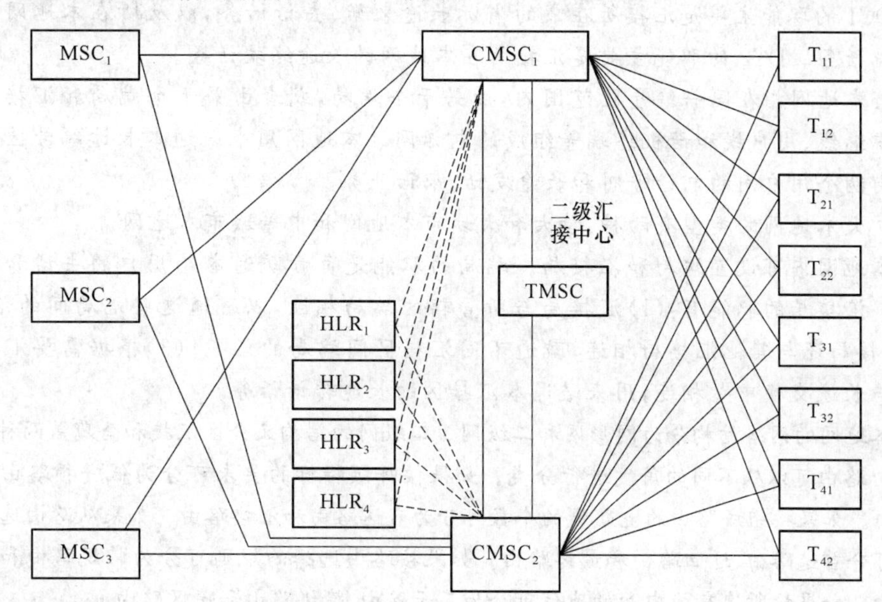

图 2-15　本地移动电话通信网结构

一个本地网有一个至多个本地用户位置寄存器(HLR)。HLR 可以是物理性的(即独立的 HLR),也可以是虚拟的。虚拟 HLR 是指端局下不设独立的 HLR,而是由几个 MSC 公用一个物理实体 HLR,HLR 内部划分成若干个区域。

小 结

1. 电话通信网通常由用户终端(电话机)、传输信道和交换机等构成。

对电话通信网的要求有三个方面:接续质量、传输质量和稳定质量。

电话通信网可以从不同的角度分类,若按通信活动方式可分为固定电话通信网和移动电话通信网等。

2. 固定电话网的等级结构就是把全网的交换局划分成若干个等级,最高等级的交换局间则直接互连,形成网形网。而低等级的交换局与管辖它的高等级的交换局相连,形成多级汇接辐射网即星形网,所以等级结构的电话网一般是复合形网。

我国电话网的网络等级过去分为五级(由一、二、三、四级长途交换中心及五级交换中心即端局组成),现在已经演变为三级。我国电话网包括长途网和本地网。

3. 长途网由长途交换中心、长市中继和长途电路组成,用来疏通各个不同本地网之间的长途话务。我国的长途网已经由四级向两级〔省级(直辖市)交换中心 DC1 和地(市)交换中心 DC2〕过渡。

DC1 的职能主要是汇接所在省的省际长途来话、去话话务，以及所在本地网的长途终端话务。DC2 的职能主要是汇接所在本地网的长途终端话务。

4.本地网指在同一编号区范围内，由若干个端局，或者由若干个端局和汇接局及局间中继线、用户线和话机终端等组成的电话网。本地网用来疏通本长途编号区范围内任何两个用户间的电话呼叫和长途发话、来话业务。

扩大本地网的类型有两种：特大和大城市本地网和中等城市本地网。

本地网内可设置端局和汇接局。端局的职能是负责疏通本局用户的去话和来话话务。汇接局的职能有：(1)汇接局与所管辖的端局相连，以疏通这些端局间的话务；(2)汇接局还与其他汇接局相连，疏通不同汇接区间端局的话务；(3)根据需要汇接局还可与长途交换中心相连，用来疏通本汇接区的长途转话话务。

本地网的网络结构分为网形网和二级网。二级网的结构又分区汇接和全覆盖两种。

5.路由可以从不同的角度进行分类。如果按呼损指标的要求可分为低呼损路由和高效路由。如果按组成路由的电路群的个数可分为直达路由和汇接路由。如果从路由选择的角度可分首选路由、迂回路由和最终路由。如果按路由选择的规则可分为常规路由和非常规路由。如果按所连交换中心的地位可分为基干路由、跨级路由和跨区路由。

基干路由的特点是低呼损率指标应小于或等于1%，且其上的话务量不允许溢出至其他路由。低呼损直达路由的低呼损率指标也要求小于或等于1%，且其上的话务量不允许溢出至其他路由。高效直达路由上的电路群没有呼损率指标的要求，话务量允许溢出至规定的迂回路由上。最终路由是任意两个交换中心之间可以选择的最后一种路由，由无溢呼的低呼损电路群组成。

6.路由选择是指一个交换中心呼叫另一个交换中心时在多个可传递信息的途径中进行选择。

路由选择结构分为有级(分级)和无级两种结构。路由选择计划有固定选路计划和动态选路计划两种，动态选路方法分为三种：时间相关选路(TDR)、状态相关选路(SDR)和事件相关选路(EDR)。

7.长途网的路由选择规则为：①网中任一长途交换中心呼叫另一长途交换中心的所选路由局向最多为三个；②同一汇接区内的话务应在该汇接区内疏通；③发话区的路由选择方向为自下而上，受话区的路由选择方向为自上而下；④路由选择顺序为首选直达路由，次选迂回路由，最后选最终路由。

本地网中继路由的选择规则为：①选择顺序为先选直达路由，后选迂回路由，最后选基干路由；②每次接序最多可选择三个路由；③端局与端局间最多经过两个汇接局，即中继电路最多不超过三段。

8.移动电话通信主要的特点为:以无线传输信道为主进行信息传输,无线电波传输环境复杂,系统的干扰大,控制过程复杂,设备的要求高,无线频率资源有限。

9.移动电话通信系统的组成包括移动台(MS)、基站子系统(BSS)和网络子系统(NSS)。

网络子系统(NSS)主要具有交换功能以及用于进行用户数据与移动管理、安全管理等所需的数据库功能。它由移动交换中心(MSC)、操作维护中心(OMC)以及归属位置寄存器(HLR)、拜访位置寄存器(VLR)、鉴权中心(AUC)和设备识别寄存器(EIR)等组成。

基站子系统(BSS)包括基站收发信台(BTS)和基站控制器(BSC)。该子系统由MSC控制,通过无线信道完成与移动台(MS)的通信,主要负责无线信号的收发以及无线资源管理等功能。

移动台(MS)即便携台(手机)或车载台,它包括移动终端(MT)和用户识别模块(SIM卡)两部分。

10.全国数字移动电话通信网按大区设立一级汇接中心、省内设立二级汇接中心、移动业务本地网设立端局构成三级网络结构,组成了一个完全独立的数字移动通信网络。

习 题

2-1 电话通信网是如何分类的?

2-2 二级长途网中各级交换中心的职能和设置原则是什么?

2-3 什么是本地网?扩大本地网的特点和主要类型有哪些?

2-4 基干路由、低呼损直达路由、高效直达路由和最终路由各有什么特点?

2-5 路由选择结构和路由选择计划各有哪几种类型?

2-6 路由选择的主要规则有哪些?

2-7 如题图2-1所示,A、B、C、D为四个交换端局,E、F为汇接局,根据路由选择规则,A—B、C—D应如何选择路由?

2-8 移动电话通信的特点有哪些?

2-9 移动电话通信系统由哪几部分组成?

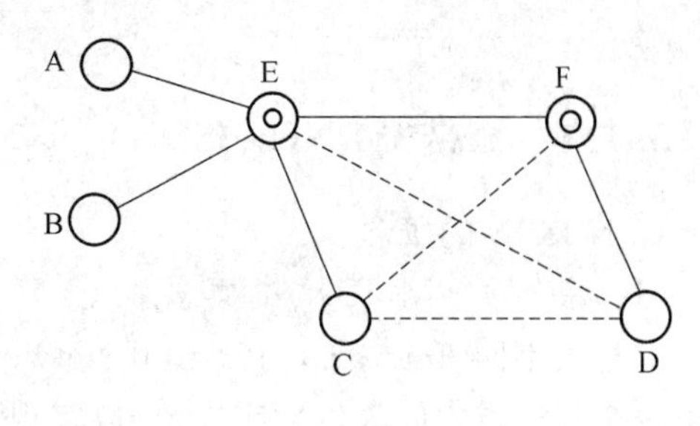

题图2-1

第3章 ATM网

目前各种新业务不断涌现，为了节省投资和便于管理，对通信网的要求是能够在一个网内传输综合的业务，由此便产生了综合业务数字网(ISDN)。ISDN包括窄带ISDN(N-ISDN)和宽带ISDN(B-ISDN)。

本章介绍B-ISDN、ATM与MPLS的相关内容，主要包括：

- 宽带ISDN (B-ISDN)；
- ATM基本概念；
- ATM网的网络结构；
- ATM标准；
- ATM交换；
- 多协议标签交换(MPLS)。

3.1 宽带ISDN(B-ISDN)

3.1.1 窄带ISDN(N-ISDN)

1. N-ISDN的概念

(1) 综合数字网(IDN)的概念

综合数字网(Intergrated Digital Network，IDN)是数字传输与数字交换的综合，在两个或多个规定点之间提供数字连接，以实现彼此间通信的一组数字节点(指交换节点)与数字链路。IDN实现了从本地交换节点至本地交换节点间的数字连接，但并不涉及用户接续到网络的方式。

一个IDN尚不能提供多种业务，不同的业务需用不同的IDN传输。IDN有电话IDN、电报IDN、传真IDN、数据IDN等。由此可见，随着新业务种类的不断增多，需建各种不同的IDN，所以，IDN的缺点是网络投资大，电路利用率低，资源不能共享，而且不便于管理。

为了克服IDN的上述缺点，必须从根本上改变网络之间的隔离状况，用一个单一的网络来提供各种不同类型的业务，由此发展了综合业务数字网(ISDN)。

(2) N-ISDN的概念

N-ISDN(简称ISDN)是以电话IDN为基础发展演变而成的通信网，能够提供端到端的数字连接，支持包括话音和非话在内的多种电信业务，用户能够通过一组有限的标准的多用途用户-网络接口接入网内。

从N-ISDN的定义可以看出，它有三个基本特性。

① 端到端的数字连接

所谓端到端的数字连接指的是发端用户终端送出的已是数字信号，接收端用户终端输入的也是数字信号。也就是说，ISDN网络中，无论是中继线还是用户线上传输的都是数字信号(当然网中交换的也是数字信号)。

电话IDN是由程控数字交换机和交换机之间的数字中继线组成的电话通信网，它将数字传输和数字交换技术综合起来，实现了网络内部的数字化，但在用户入网接口上仍然采用模拟传输，即用户线上传输的是模拟话音信号，因此，从电话IDN向ISDN过渡的第一件重要工作就是实现用户线的数字化，以提供端到端的数字连接。

② 综合的业务

ISDN支持包括话音、数据、文字、图像在内的各种综合业务。任何形式的原始信号，只要能够转变成数字信号，都可以利用ISDN来进行传送和交换，实现用户之间的通信。ISDN的业务不仅覆盖了现有各种通信网的全部业务，而且包括了多种多样的新型业务。

③ 标准的多用途用户-网络接口

ISDN的第三个基本特性就是向用户提供一组标准的多用途用户接口。这个特性可以从以下几个方面来理解：

• 不同的业务和不同的终端可以经过同一接口接入网内。

• 在ISDN用户-网络接口上，所有的信息(包括话音、数据、文字、图像以及信令)都以数字复用的形式出现在接口上，同一接口可以连接多个终端(最多可连接8台终端，有3台终端可同时工作)，也就是说，同一接口上存在多个时间分割的信道，每个信道都可独立地传送信息，向用户提供业务(即可进行多媒体通信)。

• 为了保证ISDN用户-网络接口的通用性，必须定义一整套接口的标准(即协议)，使不同业务类型、不同厂家生产的终端设备都能按照这些标准连接，提高了终端设备的可携带性,简化了网络的管理工作。

以上介绍了N-ISDN的概念,之所以称为N-ISDN是由于它所提供的大部分业务的信号速率不超过64 kbit/s,或者说在用户-网络接口处的速率不能高于PCM一次群的速率。

2. N-ISDN的局限性

N-ISDN有其局限性,主要体现在:由于信息传送速率受到限制,N-ISDN不能提供电视信号、视频业务等许多更新业务。另外,N-ISDN是在数字电话网的基础上演变而成的,因此它的主要业务仍是64 kbit/s电路交换业务,这种业务对技术发展的适应性很差。N-ISDN虽然也综合了分组交换业务,但是这种综合仅在用户-网络接口处实现,在网络内部仍由分开的电路交换和分组交换实体来提供不同的业务,这种综合是不完全的。

为了克服N-ISDN的局限性,发展了一种更新的网络,这就是宽带ISDN(B-ISDN)。

3.1.2 B-ISDN的概念

B-ISDN的信息传送方式、交换方式、用户接入方式、通信协议都是全新的。B-ISDN中不论是交换节点之间的中继线,还是用户和交换机之间的用户环路,一律采用光纤传输。这种网络能够提供高于PCM一次群速率的传输信道,能够适应全部现有的和将来的可能的业务,从速率最低的遥控遥测(几比特每秒)到高清晰度电视HDTV(100~150 Mbit/s),甚至最高速率可达几吉比特每秒。

3.1.3 B-ISDN的业务

1. B-ISDN业务的分类

B-ISDN可以提供各种各样的业务,根据未来宽带通信的不同形式和它们的应用,将B-ISDN的业务分为两大类:交互型业务和分配型业务。

(1) 交互型业务

交互型业务是在用户间或用户与主机之间提供双向信息交换的业务。交互型业务又可以分为三种:

① 会话型业务

它以实时(非存储转发)端到端的信息传送方式提供用户之间的双向通信。典型的会话型业务有宽带可视电话、会议电视、高速用户传真、高分辨率图像等。

② 消息型业务

消息型业务是个别用户之间经过存储单元(这种存储单元具有存储转发、信箱或消息处理功能)的用户到用户通信,这类业务是非实时性的。典型的消息型业务是电子邮件。

③ 检索型业务

检索型业务根据用户的需要向用户提供存储在信息中心供公众使用的信息。这类业务有些是实时性的，有些是非实时性的，视具体情况而定。典型的检索型业务是视频点播（Video-On-Demand，VOD）。

（2）分配型业务

分配型业务是由网络中的一个给定点向其他多个位置传送单向信息流的业务。分配型业务又分为两种：

① 无须用户独立控制的

不由用户个别参与控制的分配型业务是一种广播业务，它提供从一个中央源向网络中数量不限的有权接收器分配的连续信息流。用户可以接入信息流，但不能控制信息开始的时间和出现的次序。这种业务的典型例子是电视与声音节目的广播业务。

② 用户独立控制的

由用户个别参与控制的分配型业务也是自中央源向大量用户分配信息，只不过是信息作为一个有序的实体（例如帧）周而复始地提供给用户，用户可以控制信息出现的时间以及它的次序。这种业务最典型的例子是全通路广播可视图文。

2. B-ISDN 业务的特性

B-ISDN 支持如此众多的业务，这些业务的特性相差很大，主要体现在以下几个方面：

（1）比特率

B-ISDN 除了支持宽带业务外，还将与现有的一些低速数字网互连，支持窄带业务，所以 B-ISDN 中业务的比特率相差非常大。表 3-1 列出了几种宽带业务的比特率。

表 3-1　几种宽带业务的比特率

业务	比特率/($Mbit \cdot s^{-1}$)	业务	比特率/($Mbit \cdot s^{-1}$)
数据传输	1.5～130	宽带可视图文/视频检索	1.5～130
文件传送/检索	1.5～45	TV 分配	1.5～130
视频会议/视频电话	1.5～130	HDTV 分配	130

（2）突发性

所谓突发性是指业务峰值比特速率与均值比特速率之比。突发性越大，表明业务峰值比特率与均值比特率相差越大，即业务的速率变化越大。图 3-1 给出了几种业务的突发性，由图可见，B-ISDN 中业务的突发性相差很大。

（3）服务要求

在 B-ISDN 中，业务的服务要求各不相同。有些业务是面向连接的，如电话、视频会议等；有些业务是无连接的，如局域网数据业务等。有些业务是对差错敏感但对时延不敏感的，如数据传输；有些业务对时延敏感但对差错不十分敏感，如话音、视频业务。

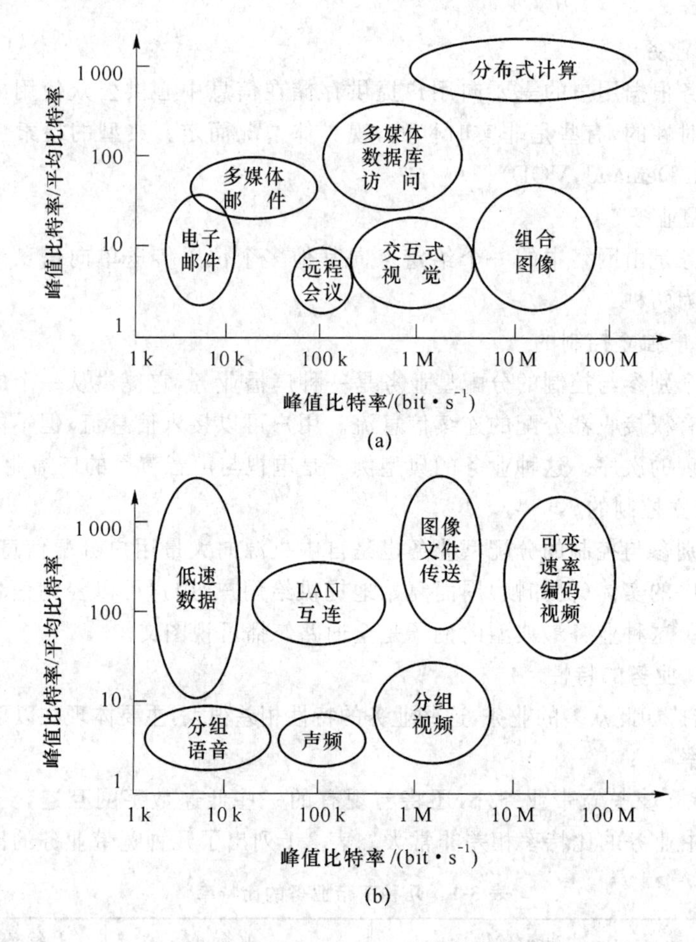

图 3-1 B-ISDN 中一些业务的突发性

3.1.4 B-ISDN 的信息传递方式

1. B-ISDN 应具备的条件

要支持如此众多且特性各异的业务,还要能支持目前尚未现而将来会出现的未知业务,无疑对 B-ISDN 提出了非常高的要求。B-ISDN 必须具备以下条件:

(1) 能提供高速传输业务的能力。为能传输高清晰度电视节目、高速数据等业务,要求 B-ISDN 的传输速率要高达几百 Mbit/s;

(2) 能在给定带宽内高效地传输任意速率的业务,以适应用户业务突发性的变化;

(3) 网络设备与业务特性无关,以便 B-ISDN 能支持各种业务;

(4) 信息的转移方式与业务种类无关,网络将信息统一地传输和交换,真正做到用统一的交换方式支持不同的业务。

2. B-ISDN 对信息传递方式的要求

B-ISDN 除了要具备上述条件以外，对信息传递方式还提出了两个要求：保证语义透明性和时间透明性。

(1) 语义透明性

语义透明就是要求网络在传送信息时不产生错误，或者说要求端到端的错误概率十分低，低到不改变业务信息的语义，使用户能够接受。

衡量语义透明性的指标主要有以下几种：

① 比特差错率

比特差错率(Bit Error Rate，BER)就是误码率，它的定义是一段时间(足够长的时间)内差错的比特数与发送的总比特数的比值，即：

BER＝差错的比特数/发送的总比特数

② 分组(信元)差错率

分组(信元)差错率(Packet Error Rate，PER)是在一段相当长的时间内差错的分组(信元)数与发送的总分组(信元)数的比值(信元的概念后述，它是一种特殊的分组)，即：

PER＝差错的分组(信元)数/发送的总分组(信元)数

分组(信元)出现差错有两种情况：一种是分组(信元)因拥塞或投递错误未到达目的地而导致的分组(信元)丢失；另一种是分组(信元)到达错误的目的地又被接收而导致的分组(信元)误插。因此 PER 包含以下两个指标：

- 分组(信元)丢失率(Packet Loss Rate，PLR)，其定义式为：

PLR＝丢失的分组(信元)数/发送的总分组(信元)数

- 分组(信元)误插率(Pack Insertion Rate，PIR)，其定义式为：

PIR＝误插的分组(信元)数/发送的总分组(信元)数

(2) 时间透明性

时间透明要求网络以最短的时间将信息从发源地送到目的地，这个时间短到使业务能够接受(即不改变业务信息的时间关系)。

衡量时间透明性的参数是时延和时延抖动。

① 时延

时延是指发源地发送信息的时刻和目的地接收信息的时刻之差。通常网络的时延是会变化的，对于不同的信息块(一个比特或一个分组)会有不同的时延。

② 时延抖动

时延抖动是指某个时间区间内最大时延和最小时延之差。

综上所述，B-ISDN 的信息传递方式要保证语义透明性和时间透明性，也就是使比特差错率 BER、分组(信元)差错率 PER(包括 PLR 和 PIR)尽量低，而且使时延和时延抖动尽量小。

为了满足以上要求，克服 N-ISDN 的局限性，B-ISDN 必须采用一种崭新的技术。

B-ISDN 的信息传递方式采用的是异步转移模式(Asynchronous Transfer Mode,ATM)。

3.2 ATM 基本概念

3.2.1 ATM 的概念

1. ATM 的定义

人们习惯上把电信网分为传输、复用、交换、终端等几个部分,其中除终端以外的传输、复用和交换三个部分合起来统称为传递方式(也叫转移模式)。传递方式可分为同步传递方式(STM)和异步传递方式(ATM)两种。

同步传递方式(如 PCM 系统的复用等级)的主要特征是采用时分复用,各路信号都是按一定时间间隔周期性出现,可根据时间(或者说靠位置)识别每路信号。异步传递方式则采用统计时分复用,各路信号不是按照一定时间间隔周期性地出现,要根据标志识别每路信号。

ATM 的具体定义为:ATM 是一种转移模式(即传递方式),在这一模式中信息被组织成固定长度信元,来自某用户一段信息的各个信元并不需要周期性地出现,从这个意义上来看,这种转移模式是异步的(统计时分复用也叫异步时分复用)。

2. ATM 信元

(1) ATM 信元结构

ATM 信元(cell)实际上就是分组,只是为了区别于 X. 25 的分组,才将 ATM 的信息单元叫做信元。ATM 的信元具有固定的长度,从传输效率、时延及系统实现的复杂性考虑,CCITT 规定 ATM 信元长度为 53 字节。信元的结构如图 3-2 所示。

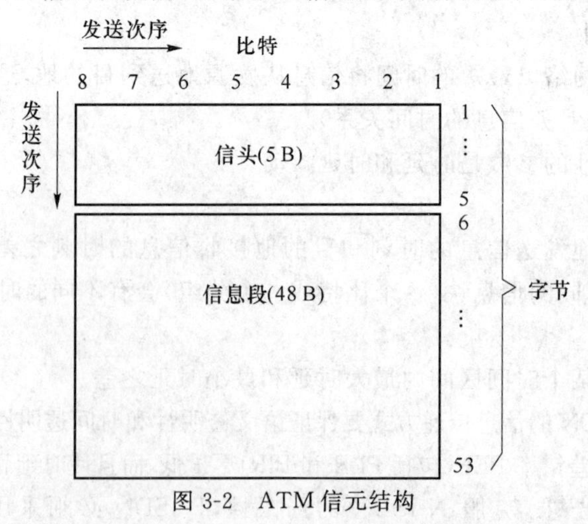

图 3-2 ATM 信元结构

其中前 5 个字节为信头(header),包含有各种控制信息,主要是表示信元去向的逻辑地址,还有一些维护信息、优先级以及信头的纠错码。后面 48 字节是信息段,也叫信息净负荷(payload),它载荷来自各种不同业务的用户信息。信元的格式与业务类型无关,任何业务的信息都经过切割封装成统一格式的信元;另外,用户信息透明地穿过网络(即网络对它不进行处理)。

(2) ATM 信头结构

下面具体看一下 ATM 信元的信头结构,如图 3-3 所示。图(a)是用户-网络接口 UNI(User-Network Interface:ATM 网与用户终端之间的接口)上的信头结构,图(b)是网络节点接口 NNI(Network-Node Interface:ATM 网内交换机之间的接口)上的信头结构。

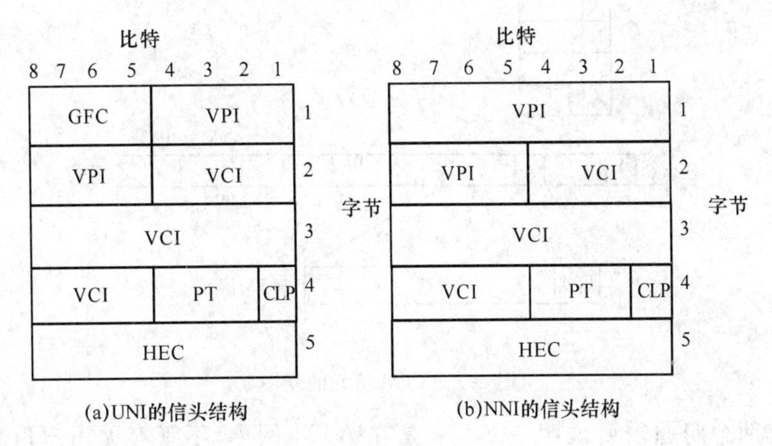

图 3-3　ATM 信元的信头结构

图中:

GFC——一般流量控制。它为 4 bit,用于控制用户向网上发送信息的流量,只用在 UNI(其终端不是一个用户,而是一个局域网),在 NNI 不用。

VPI——虚通道标识符。UNI 上 VPI 为 8 bit,NNI 上 VPI 为 12 bit。

VCI——虚通路标识符。UNI 和 NNI 上,VCI 均为 16 bit。VPI 和 VCI 合起来构成了一个信元的路由信息,即标识了一个虚电路,VPI/VCI 为虚电路标志(详情后述)。

PT——净荷类型(3 bit)。它指出信头后面 48 B 信息域的信息类型。

CLP——信元优先级比特(1 bit)。CLP 用来说明该信元是否可以丢弃。CLP=0,表示信元具有高优先级,不可以丢弃;CLP=1 的信元可以被丢弃。

HEC——信头校验码(8 bit)。采用循环冗余校验 CRC,用于信头差错控制,保证整个信头的正确传输。HEC 产生的方法是:信元前 4 个字节所对应的多项式乘以 x^8,然后除以(x^8+x^2+x+1),所得余数就是 HEC。

3. 异步(统计)时分复用

ATM采用异步(统计)时分复用(Asynchronous Time Division Multiplex)的方式,如图3-4所示。来自不同信息源(不同业务和不同发源地)的信元汇集到一起,在一个缓冲器内排队,队列中的信元按输出次序复用在传输线路上,具有同样标志的信元在传输线上并不对应着某个固定的时隙,也不是按周期出现的。也就是说信息和它在时域中的位置之间没有任何关系,信息只是按信头中的标志来区分的,这种复用方式叫异步时分复用。

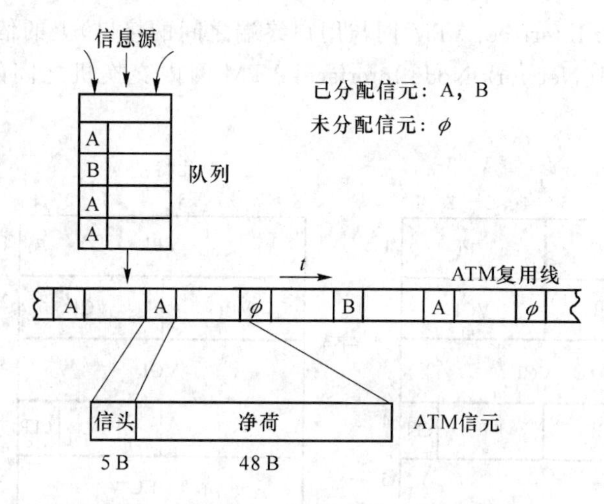

图3-4 ATM信元的复用

这里有两个问题需要说明一下。一是在ATM网内,不管有无用户信息,都在传cell,如果某时刻图3-4的队列排空了所有用户信息的信元(即已分配信元),这时线路上就会出现未分配信元ϕ,也叫空闲信元(无有用信息的cell)。二是如果在某个时刻传输线路上找不到可以传送信元的机会(信元都已排满),而队列已充满缓冲区,这时后面来到的信元就要丢失。显然,信元丢失会影响通信质量,所以应根据信息流量合理地计算缓冲区的容量,使信元丢失率保持在10^{-9}以下。

3.2.2 ATM的特点

归纳起来,ATM具有以下一些特点:

1. ATM以面向连接的方式工作

为了保证业务质量,降低信元丢失率,ATM以面向连接的方式工作,即终端在传递信息之前,先提出呼叫请求,网络根据现有的资源情况及用户的要求(如峰值比特率、平均比特率、信元丢失率、信元时延和时延变化等指标),决定是否接受这个呼叫请求。如果网络接受这个呼叫请求,则保留必要的资源,即分配VPI/VCI和相应的带宽,并在交换机中设置相应的路由,建立起虚电路(虚连接)。网络依据 VPI/VCI 对信元进行处理,当该用户没有信元发送时,其他用户可占用这个用户的带宽。虚电路标志 VPI/VCI 用来标识不同的虚电路。

2. ATM 采用异步时分复用

ATM 的异步时分复用的优点是:一方面使 ATM 具有很大的灵活性,网络资源得到最大限度的利用;另一方面 ATM 网络可以适用于任何业务,不论其特性如何,网络都按同样的模式来处理,真正做到了完全的业务综合。

3. ATM 网中没有逐段链路的差错控制和流量控制

由于 ATM 的所有线路均使用光纤,而光纤传输的可靠性很高,一般误码率(或者说误比特率)低于 10^{-8},没有必要逐段链路进行差错控制。而网络中适当的资源分配和队列容量设计将会使导致信元丢失的队列溢出得到控制,所以也没有必要逐段链路地进行流量控制。为了简化网络的控制,ATM 将差错控制和流量控制都交给终端完成。

4. 信头的功能被简化

由于不需要逐段链路的差错控制、流量控制等,ATM 信元的信头功能十分简单,主要是标志虚电路和信头本身的差错校验,另外还有一些维护功能(比 X.25 分组头的功能简单得多)。所以信头处理速度很快,处理时延很小。

5. ATM 采用固定长度的信元,信息段的长度较小

为了降低交换节点内部缓冲区的容量,减小信息在缓冲区内的排队时延,与分组交换相比,ATM 信元长度比较小,这有利于实时业务的传输。

3.2.3 ATM 的虚连接

前面介绍 ATM 的特点时说过 ATM 是面向连接的,即在传递信息之前先建立虚连接。ATM 的虚连接建立在两个等级上:虚通路 VC 和虚通道 VP,ATM 信元的复用、传输和交换过程均在 VC 和 VP 上进行。下面介绍有关 VC、VP 以及相关的一些基本概念。

1. 虚通路(VC)和虚通道(VP)

• VC(Virtual Channel)——虚通路(也叫虚信道),是描述 ATM 信元单向传送能力的概念,是传送 ATM 信元的逻辑信道(子信道)。

• VCI——虚通路标识符。ATM 复用线上具有相同 VCI 的信元是在同一逻辑信道(即虚通路)上传送。

• VP(Virtual Path)——虚通道是在给定参考点上具有同一虚通道标识符(VPI)的一组虚通路(VC)。实际上 VP 也是传送 ATM 信元的一种逻辑子信道。

• VPI——虚通道标识符。它标识了具有相同 VPI 的一束 VC。

VC、VP 与物理媒介(或者说传输通道)之间的关系如图 3-5 所示(此图是一个抽象的示意图)。

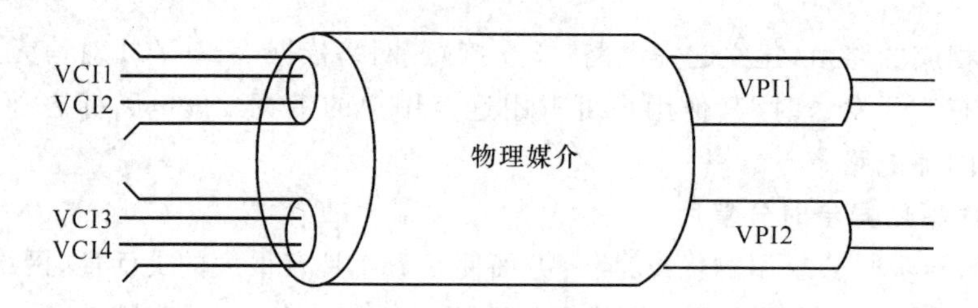

图 3-5　VC、VP与物理媒介的关系示意图

可以这样理解:将物理媒介划分为若干个 VP 子信道,又将 VP 子信道进一步划分为若干个 VC 子信道。由图 3-3 可知 VPI 有 8 bit(UNI)和 12 bit(NNI),VCI 有 16 bit,所以,一条物理链路可以划分成 $2^8 \sim 2^{12} = 256 \sim 4\,096$ 个 VP,而每个 VP 又可分成 $2^{16} = 65\,536$ 个 VC。也就是一条物理链路可建立 $2^{24} \sim 2^{28}$ 个虚连接(VC)。由于不同的 VP 中可有相同的 VCI 值,所以 ATM 的虚连接由 VPI/VCI 共同标识(或者说只有利用 VPI 和 VCI 两个值才能完全地标识一个 VC),VPI、VCI 合起来构成了一个路由信息。

2. 虚通路连接(VCC)和虚通道连接(VPC)

- VC 链路(VC link)——两个存在点(VC 连接点)之间的链路,经过该点 VCI 值转换。VCI 值用于识别一个具体的 VC 链路,一条 VC 链路产生于分配 VCI 值的时候,终止于取消这个 VCI 值的时候。

- 虚通路连接(Virtual Channel Connection,VCC)——由多段 VC 链路链接而成。一条 VCC 在两个 VCC 端点之间延伸(在点到多点的情况下,一条 VCC 有两个以上的端点),VCC 端点是 ATM 层和 AAL 层交换信元净荷的地方(有关 ATM 层和 AAL 层将在 3.4 节介绍)。

- VP 链路(VP link)——两个存在点(VP 连接点)之间的链路,经过该点 VPI 值改变。VPI 值用于识别一个具体的 VP 链路,一条 VP 链路产生于分配 VPI 值的时候,终止于取消这个 VPI 值的时候。

- 虚通道连接(Virtual Path Connection,VPC)——由多条 VP 链路链接而成。一条 VPC 在两个 VPC 端点之间延伸(在点到多点的情况下,一条 VPC 有两个以上的端点),VPC 端点是虚通路标志 VCI 产生、变换或终止的地方。

虚通路连接 VCC 与虚通道连接 VPC 的关系如图 3-6 所示。由图可见,VCC 由多段 VC 链路链接成,每段 VC 链路有各自的 VCI。每个 VPC 由多段 VP 链路连接而成,每段 VP 链路有各自的 VPI 值。每条 VC 链路和其他与其同路的 VC 链路(两个 VC 连接点之间可以有多条 VC 链路,它们称为同路的 VC 链路)一起组成了一个虚通道连接 VPC。

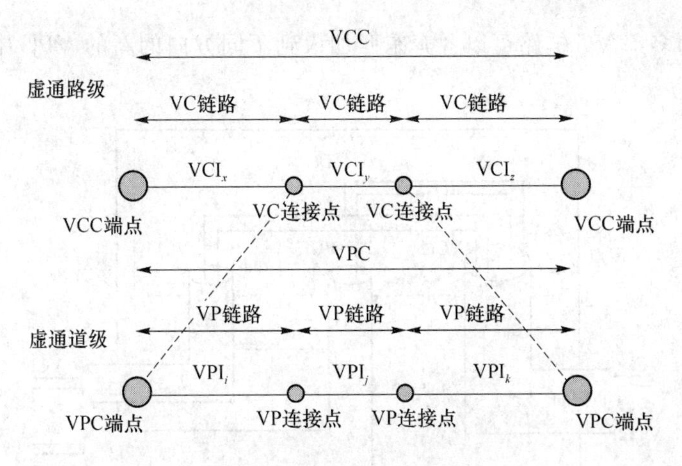

图 3-6　VCC 与 VPC 的关系

3. VP 交换和 VC 交换

(1) VP 交换

VP 交换仅对信元的 VPI 进行处理和变换，或者说经过 VP 交换，只有 VPI 值改变，VCI 值不变。VP 交换可以单独进行，它是将一条 VP 上的所有 VC 链路全部转送到另一条 VP 上去，而这些 VC 链路的 VCI 值都不改变，如图 3-7 所示。

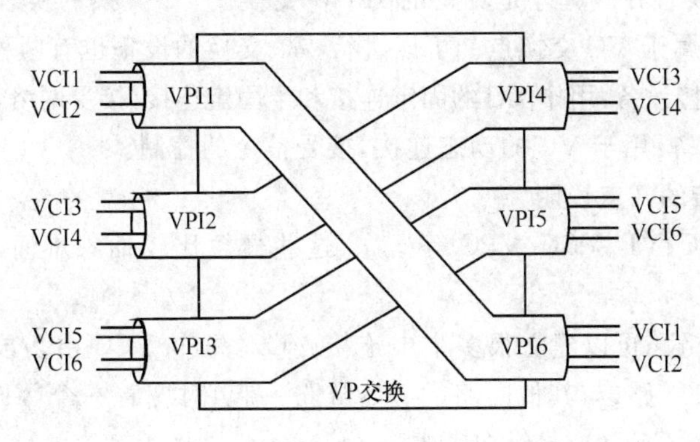

图 3-7　VP 交换

VP 交换的实现比较简单，图 3-7 中的 VP 连接点就属于 VP 交换点。可以进行 VP 交换的设备有以下两种：

① VP 交叉连接设备：用作 VP 的固定连接和半固定连接，接受网络管理中心的控制。

② VP 交换设备：用于 VP 的动态连接，接受信令的控制。

(2) VC 交换

VC 交换同时对 VPI、VCI 进行处理和变换，也就是经过 VC 交换，VPI、VCI 值同时改变。VC 交换必须和 VP 交换同时进行。当一条 VC 链路终止时，VPC 也就终止了。

这个 VPC 上的多条 VC 链路可以各奔东西加入到不同方向的新的 VPC 中去。VC 交换可参见图 3-8。

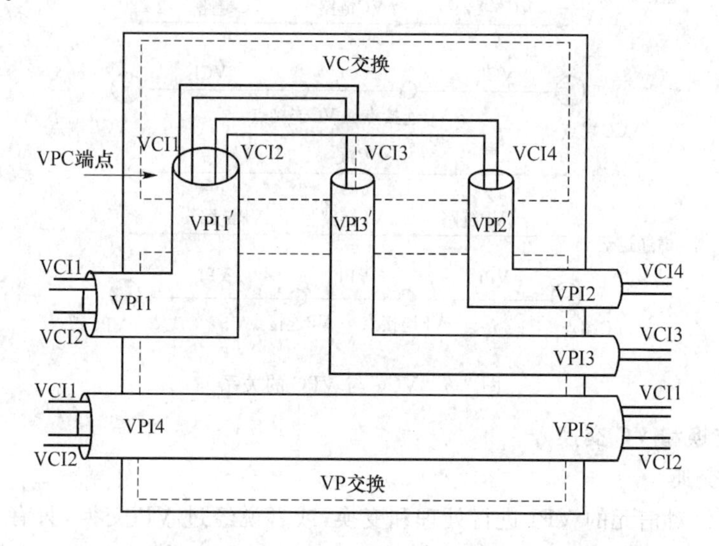

图 3-8　VC 和 VP 交换

VC 和 VP 交换合在一起才是真正的 ATM 交换。VC 交换的实现比较复杂，图 3-7 中的 VC 连接点就属于 VC 交换点。可以进行 VC 交换的设备也有两种：

① VC 交叉连接设备：用作 VC 的固定连接和半固定连接，接受网络管理中心的控制。

② VC 交换设备：用于 VC 的动态连接，接受信令的控制。

4. 有关虚连接的几点说明

以上介绍了 VC、VP、VCC、VPC 等概念，这些概念比较抽象难懂，为了帮助大家理解，特作几点说明：

(1) 一条物理链路可以建立很多个虚连接 VCC，每个 VCC 由多段 VC 链路链接而成，其中每一段 VC 链路（与其他同路的 VC 链路一起）对应着一个 VPC，可以认为是多段 VPC 链接成一个 VCC（这是纵向考虑）。

(2) 如图 3-5 所示，每一个 VP（由 VPI 标识）由多个 VC 组成（或聚集），这是横向考虑，与前面的纵向考虑不是一回事，不要搞混。图 3-6 只是一个为了说明 VP 与 VC 关系的抽象的示意图。读者要这样理解：把一条物理链路分成若干个逻辑子信道，只不过 ATM 中的子信道分成两个等级——VP 和 VC（分两个等级的主要目的是：网络的主要管理和交换功能可集中在 VP 一级，减少了网管和网控的复杂性）。在一条物理链路上一个接一个传输许多个信元，其中所有 VPI 相同的信元属于同一 VP，所有 VPI 和 VCI 都相同的信元才属于同一 VC（不同的 VP 中 VCI 值可相同，所以只有 VCI 相同的信元不一定属于同一 VC），要根据 VPI 和 VCI 值才能确定信元属于哪一 VC。

(3) 因为经过 VP 交换点，VPI 值要改变；经过 VC 交换点，VPI 和 VCI 都要变，所以 VPI/VCI 只有局部意义，多个链接的 VPI/VCI 标识一个全程的虚连接。

3.3　ATM 网的网络结构

3.3.1　ATM 网络结构

ATM 网络概念性结构如图 3-9 所示。

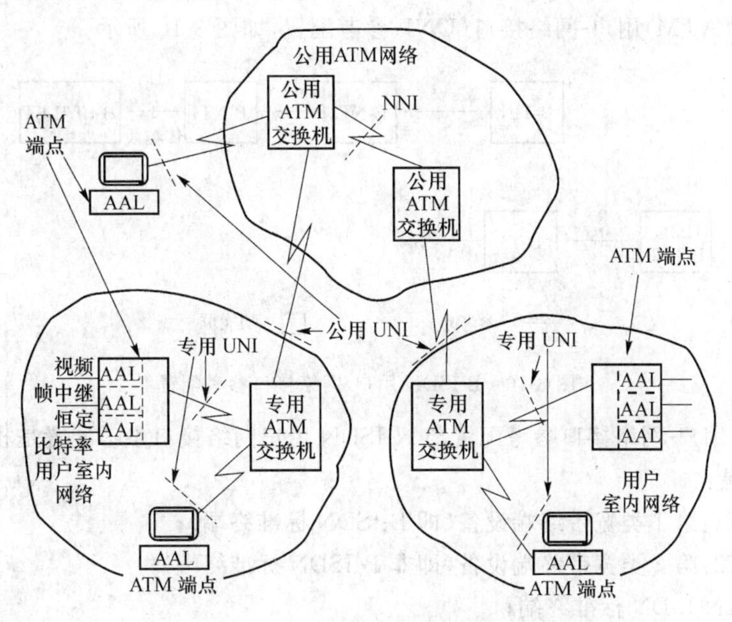

图 3-9　ATM 网络的概念性结构

ATM 网络包括公用 ATM 网络和专用 ATM 网络两部分。

• 公用 ATM 网络——由电信部门建立、运营和管理，组成部分有公用 ATM 交换机、传输线路及网管中心等。公用 ATM 网络内部交换机之间的接口称为网络节点接口(NNI)。公用 ATM 网络作为骨干网络使用，可与各种专用 ATM 网及 ATM 用户终端相连。公用 ATM 网与专用 ATM 网及与用户终端之间的接口称为公用用户-网络接口(public UNI)。

• 专用 ATM 网络——某一部门所拥有的专用网络，包括专用 ATM 交换机、传输线路、用户端点等。其中用户终端与专用 ATM 交换机之间的接口称为专用用户-网络接口(private UNI)。

此外,通过 ATM 集线器(Hub)、ATM 路由器(Router)和 ATM 网桥(Bridge)等可实现各种网络,如电话网、DDN、以太网、帧中继网等与公用 ATM 网的互连。

公用 ATM 网内各公用 ATM 交换机之间(即 NNI 处)的传输线路一律采用光纤,传输速率为 155 Mbit/s,622 Mbit/s(甚至可达 2.4 Gbit/s)。公用 UNI 处一般也使用光纤作为传输媒体,而专用 UNI 处则既可以使用屏蔽双绞线 STP 或非屏蔽双绞线 UTP(近距离时),也可以使用同轴电缆或光纤连接(远距离时)。

3.3.2 B-ISDN 用户-网络接口

1. B-ISDN 用户-网络接口参考配置

B-ISDN(ATM)用户-网络接口(UNI)参考配置,如图 3-10 所示。

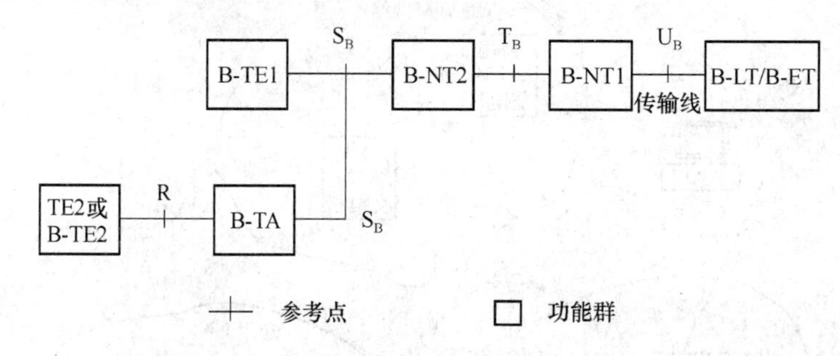

图 3-10 B-ISDN 用户-网络接口参考配置

B-ISDN 用户-网络接口参考配置与 N-ISDN 用户网络接口参考配置是相同的。其中各个功能群是:

- B-TE1:第 1 类宽带终端设备(即 B-ISDN 标准终端);
- B-TE2:第 2 类宽带终端设备(即非 B-ISDN 标准终端);
- TE2:N-ISDN 标准终端;
- B-TA:宽带终端适配器;
- B-NT1:第 1 类宽带网络终端;
- B-NT2:第 2 类宽带网络终端;
- B-LT:宽带线路终端;
- B-ET:宽带交换终端。

参考点是 R、S_B、T_B 和 U_B,其中 T_B 定为用户与网络的分界点,当无 B-NT2 时,S_B 与 T_B 合为一点。

2. B-ISDN 用户-网络接口的物理配置模型

图 3-11 所示的 B-ISDN 用户-网络接口参考配置可以有不同的物理实现,图 3-11 给出了一种比较有代表性的 B-ISDN 用户-网络接口的物理配置。

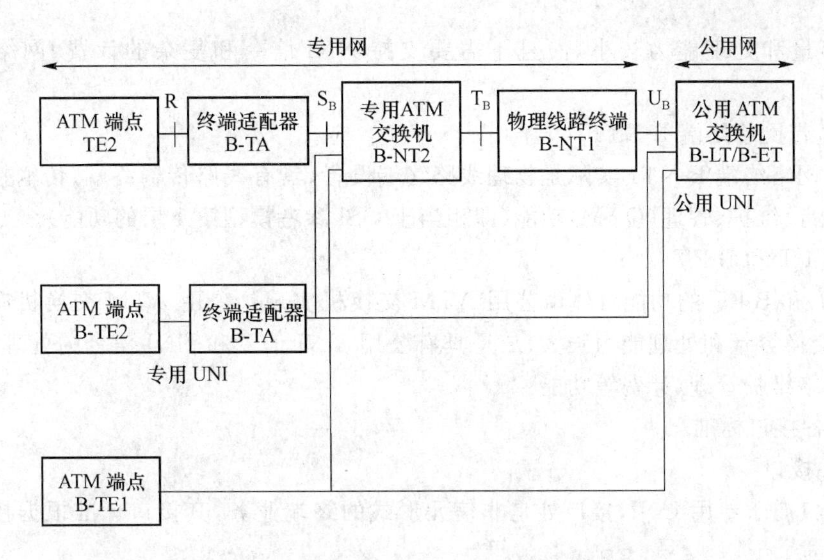

图 3-11　B-ISDN 用户-网络接口物理配置模型

下面分别介绍各功能群的功能及各接口(参考点)标准。

(1) 各功能群

① 宽带终端设备 B-TE

• B-TE1——符合 B-ISDN 标准(即 ITU-T 标准),支持纯信元形式业务(即 B-TE1 输出的是符合标准的信元)和公用 UNI 信令,可直接接入专用 ATM 交换机和公用 ATM 交换机。

• B-TE2——支持非标准 ITU-T 接口的信元形式,即其输出为信元但不符合 ITU-T 的接口标准,所以 B-TE2 需经宽带终端适配器 B-TA 方可接入专用 ATM 交换机或公用 ATM 交换机。

• TE2——各种现有的非信元形式终端(即 N-ISDN 标准终端),必须经过 B-TA 适配后才能接入 ATM 网络。

② 宽带终端适配器 B-TA

B-TA 主要有两种:

• 适配 TE2 的 B-TA——用于适配 R 接口的非信元形式终端业务,进行相应的信元拆装(发端将非信元的业务变成信元,收端则进行相反的变换)和协议处理。

• 适配 B-TE2 的 B-TA——用于将不符合标准的信元形式的业务转换成符合相应接口标准的信元形式。

③ 宽带网络终端 B-NT2

宽带网络终端 B-NT2 所对应的物理设备大多是专用 ATM 交换机(其作用与电话网的用户小交换机相似),用于比较大的企业或单位内部。专用 ATM 交换机的特点是交换容量和处理能力较小,而且不需要支持NNI信令和复杂的计费、网络管理护功能。

④ 宽带网络终端B-NT1

宽带网络终端B-NT1实际是物理线路终端设备,具有线路传输终端、传输接口处理和网络运行、维护、管理(OAM)功能(即相当于OSI参考模型第1层的功能)。

⑤ B-LT和B-ET

B-LT和B-ET的功能具体由公用ATM交换机实现。公用ATM交换机有下述特点:一是交换容量和处理能力强大;二是具有公用UNI信令和NNI信令的处理功能;三是具有网络维护管理、计费等功能。

(2) 各接口标准

① R接口

R接口属于专用UNI,接口处是非信元形式的终端业务,其接口标准根据接入的终端种类确定。

② S_B 接口

S_B 接口是B-NT2与B-TA之间的接口,属于专用UNI,经常用于局域网等。S_B 接口的用户信息是信元形式,其接口标准是由ATM论坛规定的。为方便局域网的连接,ATM论坛规定了几种基于现有局域网物理传输系统的接口标准,主要有:25.6 Mbit/s接口、51.84 Mbit/s接口、100 Mbit/s接口及155 Mbit/s接口。其传输线路可以使用非屏蔽双绞线(UTP)、屏蔽双绞线(STP)、同轴电缆及光纤。

③ T_B 接口

T_B 接口是B-NT1与B-NT2之间的接口,属于公用UNI。T_B 接口的用户信息是信元形式,其接口标准由ITU-T规定。目前ITU-T规定了 T_B 接口的五种标准接口速率:51.84 Mbit/s,1.544 Mbit/s,2.048 Mbit/s,155 Mbit/s和622 Mbit/s,传输线路可使用非屏蔽双绞线UTP、同轴电缆或光纤。

④ U_B 接口

U_B 接口是公用ATM网与B-TE(包括B-TE1、B-TE2+B-TA)或与B-NT1之间的接口,属于公用UNI,它当然是信元形式的接口,其接口标准应由ITU-T规定。但目前ITU-T对此接口标准尚未作具体规定,各厂商的设备中一般都采用SDH的155 Mbit/s和622 Mbit/s作为 U_B 接口的标准速率,传输线路为光纤。

以上介绍了B-ISDN用户-网络接口物理配置中各功能群的功能及各接口标准,在此还有两个问题需要说明:

• 图3-12只是B-ISDN用户-网络接口物理配置的一种,实际的物理配置也可将B-TA的功能放在交换机中。

• 公用UNI与专用UNI是有区别的,主要体现在以下三个方面:

接口位置不同——公用 UNI 是公用 ATM 网与用户终端设备或与专用 ATM 网的接口，而专用 UNI 是专用 ATM 网与用户终端设备之间的接口。

链路类型不同——公用 UNI 的传输距离较长，主要采用光纤作为传输线路，而专用 UNI 的传输距离较短，传输线路可以是 UTP、STP、同轴电缆，也可以使用光纤。

接口标准的规定组织不同——公用 UNI 标准由 ITU-T 规定，而专用 UNI 标准由 ATM 论坛规定。

3.4　ATM 标准

3.4.1　CCIT(ITU-T)关于 B-ISDN 的建议

1990 年 6 月，CCITT 第 18 研究组主持通过了下列 13 个关于 B-ISDN 的建议。

- I.113　B-ISDN 方面的术语词汇；
- I.121　B-ISDN 概貌；
- I.150　B-ISDN 的 ATM 功能特性；
- I.211　B-ISDN 的业务概貌；
- I.311　B-ISDN 的网络概貌；
- I.321　B-ISDN 的协议参考模型及其应用；
- I.327　B-ISDN 的功能体系；
- I.361　B-ISDN 的 ATM 层规范；
- I.362　B-ISDN 的 ATM 自适应层(AAL 层)功能描述；
- I.363　B-ISDN 的 ATM 自适应层(AAL 层)规范；
- I.413　B-ISDN 的用户-网络接口；
- I.432　B-ISDN 的用户-网络接口物理层规范；
- I.610　B-ISDN 接入的 OAM 原则。

1992 年 6 月，第 18 研究组对上述协议进行了修订和补充并增加了两个新建议：

- I.371　B-ISDN 的业务流量控制和拥塞控制；
- I.cls(I.364)　B-ISDN 对宽带无连接型数据业务的支持。

3.4.2　B-ISDN(ATM)协议参考模型

B-ISDN 是一个基于 ATM 的网络，所以 B-ISDN 协议参考模型也就是 ATM 协议参考模型，如图 3-12 所示。

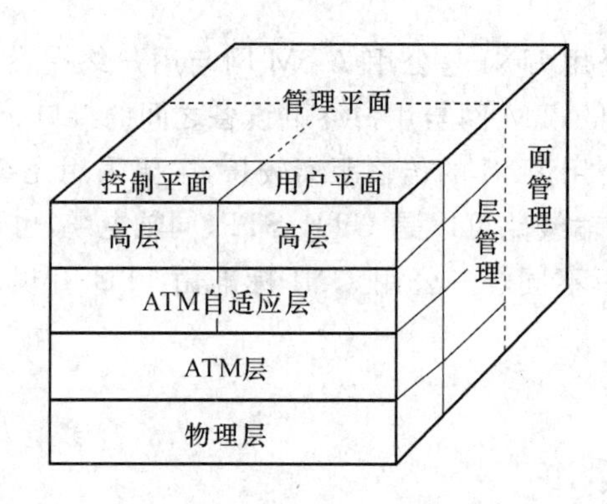

图 3-12　ATM 协议参考模型

该模型是一个立体分层模型，由三个平面组成：用户平面、控制平面和管理平面。

1. 用户平面

用户平面(User Plane,UP)提供用户信息的传送功能，采用分层结构，有物理层、ATM层、ATM自适应层(AAL层)及高层。

2. 控制平面

控制平面(Control Plane,CP)提供呼叫和连接的控制功能，也采用分层结构，各层名称与用户平面的相同。

3. 管理平面

管理平面(Management Plane,MP)提供两种管理功能：

- 面管理(不分层)：实现与整个系统有关的管理功能，并实现所有平面之间的协调。
- 层管理(分层)：主要用于各层内部的管理：实现网络资源和协议参数的管理，处理OAM信息流。

ATM 协议参考模型各层功能概述如表 3-2 所示(这里只是给读者一个整体的印象，有关各层功能的较详细解释见后述)。

表 3-2　ATM 协议参考模型各层功能概述

<table>
<tr><td rowspan="2">ATM自适应层
(AAL层)</td><td>汇聚子层(CS)</td><td>汇聚</td></tr>
<tr><td>拆装子层(SAR)</td><td>分段与重组</td></tr>
<tr><td colspan="2">ATM层</td><td>一般流量控制
信元头产生与提取
信元 VPI/VCI 翻译
信元复接/分接</td></tr>
<tr><td rowspan="2">物理层</td><td>传输汇聚(TC)子层</td><td>信元速率解耦
信元定界和扰码
信头差错控制
传输帧的产生/恢复与适配</td></tr>
<tr><td>物理媒介相关
(PM)子层</td><td>传送编码和定时、同步
物理传送接口</td></tr>
</table>

图 3-12 是 ATM 的一个完整的协议参考模型，或者可以说是某个用户设备的分层模型，为了帮助读者对 ATM 网络的分层结构有一个全面的认识，请看图 3-13。

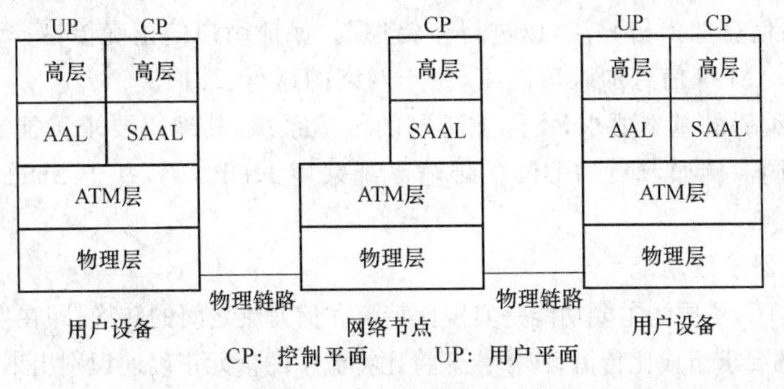

图 3-13　ATM 网络分层模型

图 3-13 是 ATM 网络用户平面(UP)和控制平面(CP)的分层模型。由图可见，用户终端设备(包括 B-TE1 或 B-TE2＋B-TA，TE2＋B-TA)中 UP 和 CP 均有物理层、ATM 层、AAL 层及高层；而网络节点中 UP 仅有物理层和 ATM 层，CP 有物理层、ATM 层、AAL 层及高层。CP 的 AAL 层称为 SAAL(信令适配)层。

图 3-13 中未画出管理平面，实际用户终端设备和网络节点均有管理平面的功能，由网络管理中心控制。

以上概括介绍了 ATM 协议参考模型，下面详细介绍各层规范(即协议)。

3.4.3　ATM 物理层规范

ITU-T 和 ATM 论坛主要针对物理层有比较详细的规范(既适用于公用 UNI 又适用于专用 UNI)。

物理层又可进一步划分为物理媒介相关(PM)子层和传输汇聚(TC)子层。

1. 物理媒介相关子层功能

物理媒介相关(PM)子层位于物理层的下半部，它的主要功能有：定义物理传送接口，进行线路编码，保证比特流的定时、同步等。这些功能的具体实现方法是与具体物理传输媒介有关的。

(1) 物理传送接口

ATM 网 UNI 处可采用多种不同的传输系统(这里的传输系统指的是信元的传送方式)，主要有基于 PDH、基于信元和基于 SDH 几种(详情后述)。其传输媒介可以是双绞线(UTP 或 STP)、同轴电缆(粗同轴电缆或细同轴电缆)，也可以使用光纤(单模光纤或双模光纤)。不同的传输系统要求不同的物理接口(由于篇幅所限，具体物理接口的种类不再介绍)。

(2) 传送编码和定时、同步

为了保证以正确的可识别格式收发 ATM 信元，在发送前要进行编码，对编码的要求是：

① 经编码后的信息码流中应含有比特定时信息，目的是收端能正确地恢复时钟；

② 具有帧结构的传输系统,要将帧定位信息加入编码后的信码流中,以便收端实现与发端的帧同步;

③ 将纠错信息加入信码流,以进行差错控制,保证用户信正确传输;

④ 可将 OAM 等信息加入信码流,便于网络的运行、维护。

以上是对编码的基本要求,实际上不同的传输系统,其编码要求可能有所不同,而且编码方式也不同。例如,基于 PDH 的传输系统采用 HDB3 码,基于 SDH 的采用经扰码的单极性码等。

2. 传输汇聚子层功能

传输汇聚(TC)子层的主要功能是实现比特流和信元流之间的转换,即在发送侧将信元流按照传输系统的要求组成比特流;在接收侧将比特流中的信元正确地识别出来。具体包括:

(1) 传输帧的产生/恢复和适配

发送端——将信元流封装成适合传输系统要求的帧结构(针于 PDH 和基于 SDH),并进行速率适配,再送到 PM 子层。

接收端——将 PM 子层送来的连续比特流进行帧定位,以便恢复成信元流。

不同传输系统的适配功能是不同的,下面分别加以介绍。

① 基于信元(cell)

在这种接口上传送的是连续信元流,为了将 ATM 信元流的速率适配成 T_B 接口的速率(155.520 Mbit/s 或 622.080 Mbit/s),每隔一定的 ATM 信元(最多是 26 个连续的 ATM 信元),就要插入一个物理层信元。另外,当没有 ATM 信元到来时,也用物理层信元来填充。

物理层信元有两种:空闲信元(idle cell)和物理层操作维护信元(PL-OAM cell)。这两种信元都采用预分配的信头值,如表 3-3 所示。

表 3-3 物理层信元的信头预分配值(前 4 个字节)

信元 \ 字节	第 1 个字节	第 2 个字节	第 3 个字节	第 4 个字节
空闲信元	00000000	00000000	00000000	00000001
物理层操作维护信元	00000000	00000000	00000000	00001001

物理层操作维护信元用来传送物理层的操作维护信息,它出现的频繁程度取决于操作维护方面的需要。I.432 建议规定:每 27 个连续的信元中不能多于 1 个物理层操作维护信元;每 513 个连续的信元中不能少于 1 个物理层操作维护信元。

值得注意的是物理层信元只在物理层可见,它们不送往 ATM 层,也就是说在 ATM 层是不存在空闲信元和物理层操作维护信元的。

② 基于 SDH

所谓基于 SDH 就是利用同步数字体系 SDH 的帧结构来传送 ATM 信元。有关 SDH

的基本概念在本书第 1 章做过简单的介绍。我们已经知道，SDH 有几种等级的帧结构：155.520 Mbit/s 的帧——STM-1；622.080 Mbit/s 的帧——STM-4；2 488.320 Mbit/s 的帧——STM-16；9 953.280 Mbit/s 的帧——STM-64。SDH 的帧周期均为 125 μs。ATM 网中通常利用 STM-1 和 STM-4 来传送 ATM 信元。下面主要介绍如何利用 STM-1 传送信元。

STM-1 的帧结构如图 1-16 所示，为了分析方便，将其重画如图 3-14 所示。

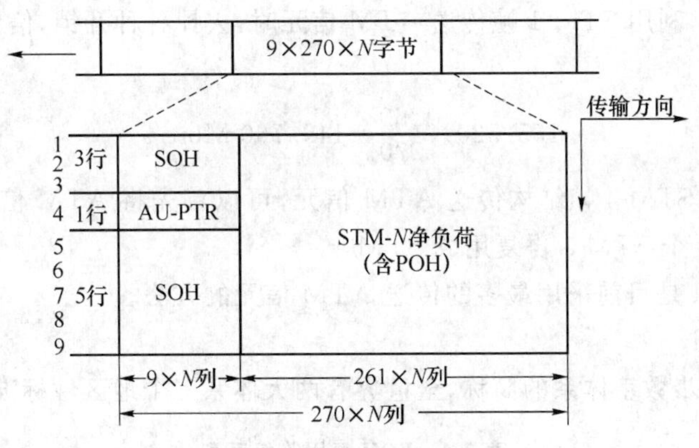

图 3-14　STM-1 帧结构

一帧有 9 行 270 列，共 9×270 个字节。其中：前 9 列第 1～3 行和 5～9 行为段开销(SOH)；前 9 列第 4 行为管理单元指针(AU-PTR)；后 261×9 列为信息净负荷区。信息净负荷区中的第 1 列(即 STM-1 帧结构中的第 10 列)为通道开销(POH)，真正用于传送 ATM 信元的是后边 9 行、260 列。

ATM 信元装入 STM-1 帧结构的方法是：首先将 ATM 信装入容器 C-4(9 行、260 列)，然后 C-4 和 POH 一起组装成虚容器：VC-4〔如图 3-15(a)所示〕，VC-4 加上 AU-PTR 变成 AU-4〔如图 3-15(b)所示〕，最后 AU-4 再加上 SOH 组成 STM-1。

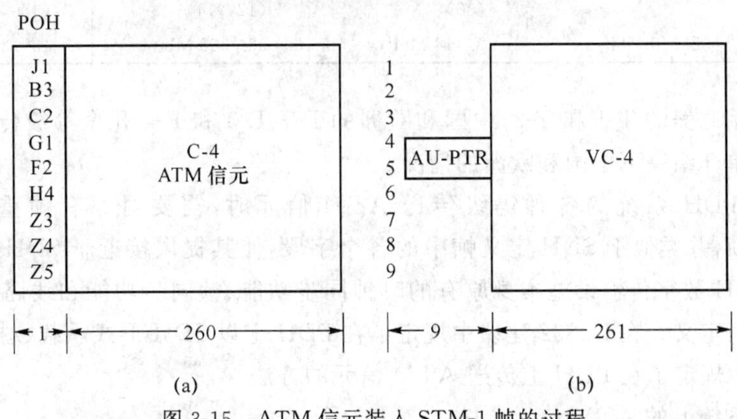

图 3-15　ATM 信元装入 STM-1 帧的过程

这里有几点要说明的:

• 由于C-4的容量(9×260=2 340字节)不是信元长度节(53字节)的整数倍,所以装入C-4的最后一个信元会跨过C-4的边界延伸到下一帧的C-4。管理单元指针AU-PTR用于指出中第1个信元的开始位置,利用HEC检验也可以进行信元的定界。

• SDH帧结构中的SOH和POH可用于存放OAM功能的字段,基于SDH的ATM物理层不需要传输PL-OAM信元。

• 可以算出,利用STM-1帧传送ATM信元时,去掉各种开销,信元的传送速率(即信元吞吐量)为

$$155.520 \times \frac{260}{270} = 149.760 \text{ Mbit/s}$$

• 如果利用STM-4帧结构传送ATM信元,可以首先将ATM信元按上述方法装进STM-1,然后4个STM-1再复用成STM-4。

• 基于SDH是目前采用最多的传送ATM信元的方法。

③ 基于PDH

PDH是准同步数字体系的简称,全世界有两大体系三个地区性标准,如表3-4所示。

表3-4 PDH复用等级系列

	一次群(基群)	二次群	三次群	四次群
北美	24路 1.544 Mbit/s	96路 (24×4) 6.312 Mbit/s	672路 (96×7) 43.736 Mbit/s	4032路 (672×6) 273.176 Mbit/s
日本	24路 1.544 Mbit/s	96路 (24×4) 6.312 Mbit/s	480路 (96×5) 32.064 Mbit/s	1440路 (480×3) 97.728 Mbit/s
欧洲 中国	30路 2.048 Mbit/s	120路 (30×4) 8.448 Mbit/s	480路 (120×4) 33.368 Mbit/s	1920路 (480×4) 139.264 Mbit/s

通常利用北美的T-1和T-3,中国和欧洲的E-1、E-3和E-4几个等级传送ATM信元。这里简单介绍一下中国和欧洲的情况。

在使用PDH系统的各种等级传送ATM信元时,需要对原有帧重新定义,以125 μs为一帧,并类似于SDH定义帧中的各个字段,使其提供接近于SDH的OAM功能。但是PDH数字传输设施本身原有的时钟同步功能、帧同步功能和线路编码功能等则不需要重新定义。在G.832建议中规定了在PDH上以SDH形式承载数据的格式,在G.804建议中规定了在PDH上传送ATM信元的方法。

• E-1系统上的ATM信元传送

E-1 系统用于传送 ATM 信元时，使用 TS1～TS15 和 TS17～TS31 传送信元，传送速率可达 30×64 kbit/s＝1 920 kbit/s。当装入 E-1 系统的 ATM 信元速率不足 1 920 kbit/s 时，使用空闲信元进行填充。TS0 和 TS16 的定义不变，仍用于帧同步码、OAM 信息和信令的传送。

ATM 信元的边界和 E-1 的边界不可能常常对齐，需要使用 HEC 检验方法来对信元定界。

- E-3 系统上的 ATM 信元传送

在用于传送 ATM 信元时，E-3 重新定义每 125 μs 为一帧，每帧的字节数为 34.368×0.125÷8＝537。其中有 7 个字节用于帧开销，其余 530 个字节用于传送 ATM 信元。一帧中的字排列如图 3-16 所示。

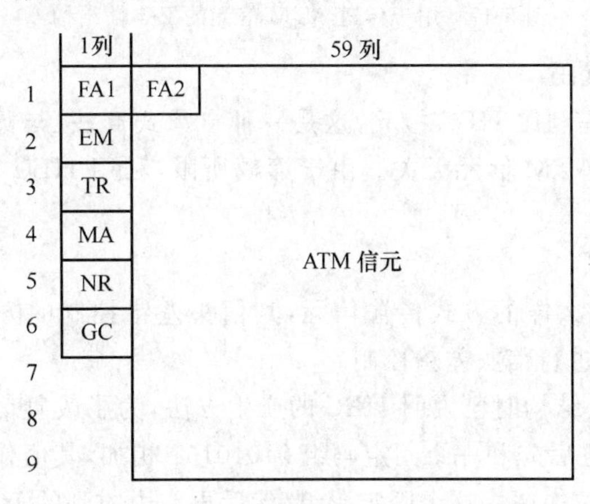

图 3-16　用于传送 ATM 信元的 E-3 帧结构

可以算出，实际信元的传递速率（即信元吞吐量）为

$$34.368\times\frac{530}{537}=33.920\ \text{Mbit/s}$$

有关空闲信元填充、使用 HEC 检验方法对信元定界等与 E-1 系统中的相同。

- E-4 系统上的 ATM 信元传送

在用于传送 ATM 信元时，E-4 也重新定义每 125 μs 为一帧，每帧含 139.264×0.125÷8＝2 176 个字节。其中有 16 个字节用于帧开销，余下 2 160 个字节用于传送 ATM 信元。一帧中的字节排列如图 3-17 所示。

实际传送信元的速率（即信元吞吐量）为

$$139.264\times\frac{2160}{2176}=138.24\ \text{Mbit/s}$$

有关空闲信元填充、使用 HEC 检验方法对信元定界等也与 E-1 系统中的相同。

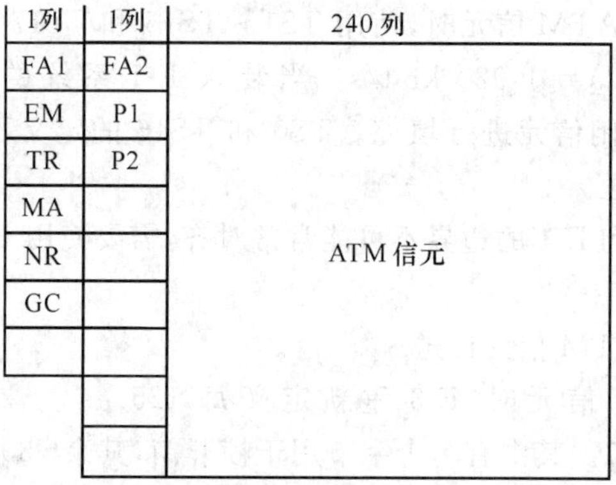

1列	1列	240列
FA1	FA2	ATM信元
EM	P1	
TR	P2	
MA		
NR		
GC		

图3-17　用于传送ATM信元的E-4帧结构

(2) 信元定界和扰码

信元定界的方法是利用HEC检验,这是一种自承式算法,与具体传输系统无关,即与采用什么方式传送ATM信元无关。由于篇幅所限,利用HEC对信元定界的方法不再具体介绍。

(3) 信头差错控制

ATM无论采用什么样的方式传输信元,其信头差错控制的方式是一样的,即利用ATM信头中的HEC进行信头差错控制。

3.2节在介绍信头结构时已说明HEC的产生方法,为了改善信元的定界性能,HEC按上述方法计算出来之后先和一个固定码组01010101相加,其值作为HEC字节。在接收侧,先从收到的HEC中减去这个固定码组,然后再与由收到的HEC之前的32个比特(4字节)计算得出的HEC值进行比较,以判断信头有无差错。若收到的HEC与计算得到的HEC相同,则说明信头无差错,否则信头有差错,并可进一步判断信头是单比特差错还是多比特差错。

有一点提醒读者注意:不论是用户终端设备,还是网络节点UP均有物理层,也就是用户终端设备和网络节点均有信头差错控制功能。这会不会和ATM的特点中所说的"ATM网没有逐段链路的差错控制"相矛盾呢?其实一点不矛盾。网络节点只是对信头进行差错控制,而不对48字节的用户信息进行差错控制,所以说ATM网没有逐段链路的差错控制(指的是对用户信息),差错控制功能由终端完成。

(4) 信元速率解耦

所谓解耦,指的是ATM层传送信元的速率不受传输媒体速率的影响或限制。信元速率解耦是在发送端物理层插入一些空闲信元,将ATM层信元流速率适配成传输媒体的速率;在接收端物理层将这些空闲信元丢弃,不送到ATM层。

以上介绍的是物理层的几个主要功能,归纳起来,物理层的工作过程如下:

发送端——由ATM层送下来的信元流到达TC子层，首先对信元进行速率解耦，即插入一些空闲信元，将ATM层信元流速率适配成传输媒体的速率，并将信元装进传输帧结构，然后送入PM子层，进行线路编码并加入定时同步信息后，将连续比特流送入物理媒体传输。

接收端——经物理媒体接口送来的信号在接收端的PM子层进行定时、同步，恢复成连续比特流，送入TC子层。在TC子层恢复传输帧的结构；然后将传输帧的信元净荷提取出来，接着进行信元定界，并通过HEC检验判断信元有无错误；最后对正确信元进行速率去耦，丢弃发送时插入的空闲信元，并将有效信元作解扰处理后送入ATM层。

3.4.4　ATM层规范

1. ATM层的特点

ATM层在ATM协议参考模型中处于第2层，在物理层之上利用物理层所提供的服务，在AAL层之下为AAL层提供服务。ATM层有以下几个特点：

(1) ATM层和信元打交道，它的功能是通过对信头处理来实现的。

(2) ATM层并未区分用户平面与控制平面，对两个平面的信息处理方式是一致的。

(3) 用户设备与网络节点都具备ATM层功能，但用户设备中ATM层的上面同时具有用户平面与控制平面的AAL层，而网络节点的ATM层上仅有控制平面的信令适配SAAL层。这就使得用户设备与网络节点的ATM层的功能有所不同。

2. ATM层功能

(1) ATM层连接的建立

ATM采用面向连接的工作方式，即在通信之前预先建立起虚连接（或虚电路）。而虚连接的建立是由ATM层来完成的，ATM层连接的建立就是分配VPI和VCI，建立VPC和VCC。

ATM层连接的建立有两种方式：

① 无须使用信令的方式，可通过预订或预分配的方法建立永久或半永久的VCC和VPC。

② 使用信令即时建立连接，也就是用信令来控制用户信息的虚连接的建立和释放。在UNI处，信令通过单独的VC(VCI=5)传送；在网络内部，信令的传送方式有两种。

(2) ATM层核心功能

① 用户设备ATM层的核心功能

用户设备ATM层的核心功能有两个：

• 信头产生/提取

在发送侧，给AAL层送下来的ATM信元净荷加上信头形成信元；在接收侧，去掉信元的信头,将 ATM 信元净荷送往 AAL 层。

• 信元的复接/分接

在发送侧,为多个信元分配相同的 VPI+VCI 值,就相当于将这些信元复接在同一条 VC 中,对多条 VC 中的信元分配相同的 VPI 值时,相当于将这些 VC 复接到一条 VP 中;在接收侧,通过识别信头中的 VPI 与 VCI 值,即可确定信元所属的 VP 与 VC,从而完成信元分接功能。

② 网络节点 ATM 层核心功能

网络节点 ATM 层的核心功能是信头的变换,从而完成 VP 交换和 VC 交换的功能。

(3) ATM 层的其他功能

除了上述的核心功能以外,ATM 层还有以下几个功能:

① 保证一定的服务质量

VCC 和 VPC 上都能提供不同等级的服务质量(Quality of Service,QoS)。在呼叫建立期间,用户向网络表明所要求的 QoS 类别(包括峰值比特率、平均比特率、信元丢失率、信元时延和时延变化等指标),在连接保持期间,网络应保证这个 QoS。因为信元的丢失会影响到服务质量,保证服务质量的措施之一是对信元进行优先级管理。ATM 层要求用户在信头中填写 CLP 域,以此表示此信元的丢弃优先级。网络尽量保证对服务质量要求高、信元丢失率低的信元不丢弃。

② 净荷类型的有关功能

信头内有一个净荷类型(Payload Type,PT)指示,用来说明信元的净荷是用户信息还是网络管理信息。ATM 层根据 PT 来对信元进行不同的处理。如果是用户信息,ATM 层将净荷运送到 AAL 层,然后送往用户;如果是网络管理信息,则将净荷送交管理实体。

③ 流量控制的有关功能

ATM 层中还完成一些流量控制功能。信头中的一般流量控制(Generic Flow Control,GFC)提供对于 ATM 连接的流量控制,防止业务量过载。GFC 只用在 UNI 处用来控制终端流入网络的业务量。

3.4.5 AAL 层规范(用户平面的 AAL 层规范)

1. AAL 层功能

ATM 自适应层,也叫 ATM 适配层,简称 AAL 层(ATM Adaptation Layer),其功能是将高层信息适配成 ATM 信元。

AAL 层是为 ATM 网络适应不同类型业务的特殊需要而设定的。ATM 网络要满足宽带业务的需求,使业务种类与信息传递方式、通信速率与通信网设备无关,就要通过 AAL 层完成适配功能,将不同特性的业务转化为相同格式的信元。

AAL层又分为以下两个子层：

(1) 汇聚子层

汇聚子层(Convergence Sublayer,CS)对来自高层的业务进行处理，其具体功能与用户业务类型有关。

(2) 拆装子层

拆装子层(Segmentation And Reassembly Sublayer,SAR)的主要功能是在发送侧将高层信息单元(CS-PDU)切割成48字节的ATM信元净荷段；在接收侧将各ATM信元净荷段重新组装成高层信息单元。

2. AAL业务种类

AAL业务的分类是按照源和终端的定时关系、比特率和连接方式三个基本参数来决定的。具体分类情况如表3-5所示。

表3-5 AAL业务分类

	A类	B类	C类	D类
源与终端的定时关系	需要	需要	不需要	不需要
比特率	恒定	可变	可变	可变
连接方式	面向连接	面向连接	面向连接	无连接
典型例子	ATM网中传输的64 kbit/s话音业务和固定比特率的图像业务	采用可变比特率的图像和音频业务	面向连接的数据传送和信令传送业务	无连接的数据传送业务，如SMDS(几兆比特数据交换业务

不同的用户业务通过不同的AAL业务接入点(Service Access Point,SAP)进入AAL层。

3. AAL协议分类

为了适配四类(A,B,C,D)用户业务(即AAL业务)，CCITT(ITU-T)定义了四类ATM适配层功能(四种AAL协议)，它们为：

(1) AAL1

AAL1用于适配A类业务。AAL1的功能包括用户信息的分段和重组，丢失和误插信元的处理，信元到达时间的处理，以及在接收端恢复源时钟频率。

(2) AAL2

AAL2用于适配B类业务。AAL2的功能与AAL1的相似。

(3) AAL3/4

AAL3/4用于适配C和D两类业务。AAL3/4具有可变长度用户数据的分段和重组及误码处理等功能。

(4) AAL5

AAL5主要用于适配C和D两类业务及ATM信令，类似于简化的AAL3/4。

由于篇幅所限,四种AAL协议的细节不再具体介绍,读者可参阅相关的书籍。

3.5 ATM交换

3.5.1 ATM交换的特点

在ATM网中,ATM交换机占据核心位置,ATM交换技术是一种融合了电路交换方式和分组交换方式的优点而形成的新型交换技术,它具有以下主要特点:

(1) ATM交换是以信元为单位进行交换,且采用硬件进行交换处理,提高了交换机的处理能力;

(2) ATM交换简化了分组交换中的许多通信规程,去掉了差错控制和流量控制功能,可节约开销,增加了网络吞吐量;

(3) ATM交换采用类似于电路交换的呼叫连接控制方式,采用了建立虚电路的连接方式,减少了信元传输处理时延,保证了交换的实时性。

3.5.2 ATM交换的基本原理

ATM交换的基本原理如图3-18所示。

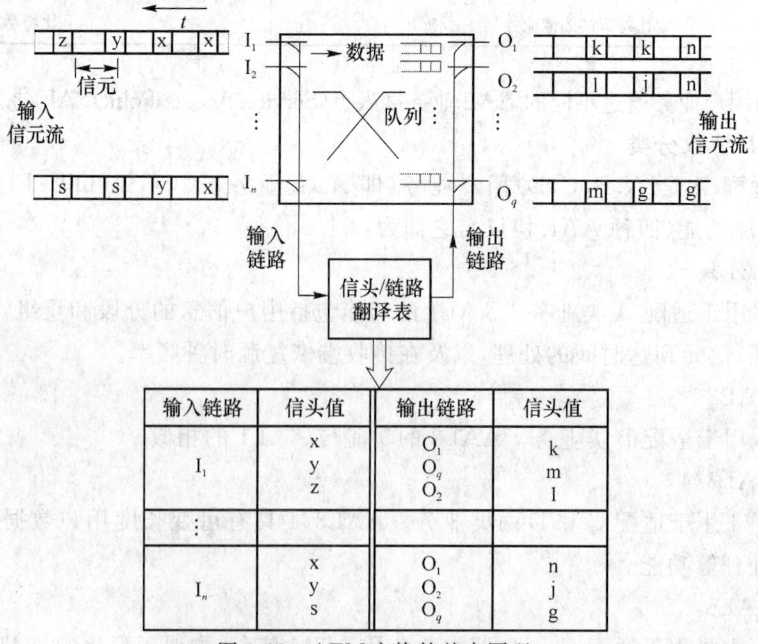

输入链路	信头值	输出链路	信头值
I_1	x y z	O_1 O_q O_2	k m l
⋮			
I_n	x y s	O_1 O_2 O_q	n j g

图3-18 ATM交换的基本原理

图中的交换节点有 n 条入线($I_1 \sim I_n$),q 条出线($O_1 \sim O_q$)。每条入线和出线上传送的都是 ATM 信元流,信元的信头中 VPI/VCI 值表明该信元所在的逻辑信道(即 VP 和 VC)。ATM 交换的基本任务就是将任一入线上的任一逻辑信道中的信元交换到所要去的任一出线上的任一逻辑信道上去,也就是入线 I_i 上的输入信元被交换到出线 O_i 上,同时其信头值(指的是 VPI/VCI)由输入值 α 变成(或翻译成)输出值 β。例如图中入线 I_1 上信头为 x 的信元被交换到出线 O_1 上,同时信头变成 k;入线 I_1 上信头为 y 的信元被交换到出线 O_q 上,同时信头变为 m 等。输入、输出链路的转换及信头的改变是由 ATM 交换机中的翻译表来实现的。请注意,这里的信头改变就是 VPI/VCI 值的转换,这是 ATM 交换的基本功能之一。

综上所述,ATM 交换有以下基本功能:

1. 空分交换(空间交换)

将信元从一条传输线改送到另一条传输线上去,这实现了空分交换。在进行空分交换时要进行路由选择,所以这一功能也称为路由选择功能。

2. 信头变换

信头变换就是信元的 VPI/VCI 值的转换,也就是逻辑信道的改变(因为 ATM 网中的逻辑信道是靠信头中的 VPI/VCI 来标识的)。信头的变换相当于进行了时间交换。但要注意,ATM 的逻辑信道和时隙没有固定的关系。

3. 排队

由于 ATM 是一种异步传送方式,信元的出现是随机变的,所以来自不同入线的两个信元可能同时到达交换机,并竞争同一条出线,由此会产生碰撞。为了减少碰撞,需在交换机中提供一系列缓冲存储器,以供同时到达的信元排队用。因而排队也是 ATM 交换机的一个基本功能。

3.5.3 ATM 交换机的分类与组成

1. ATM 交换机的分类

ATM 交换机按其功能和用途可以分成两类交换机。

(1) 接入交换机

接入交换机就是专用 ATM 交换机,其主要特点是交换容量小、用户功能强。它集中了 B-NT1、B-NT2 及 B-TA 的全部或部分功能,具体为:

① 支持不同标准和速率的信元形式用户终端接口;

② 具有 B-TA 功能,可支持非信元形式的各种用户终端口;

③ 具有信元复接/分接功能:可将多种低速信元流适配成标准速率的信元流进行交换和传送,即可进行信元的复接/分接,以提高线路利用率;

④ 支持 B-ISDN 的 UNI 信令,并具有 UNI 信令处理功能,以便和节点交换机连接;

⑤ 具有交换虚通路(SVC)和永久虚通路(PVC)功能;

⑥ 支持UNI处的业务流量控制。

(2) 节点交换机

节点交换机就是公用ATM交换机,其主要特点是交换容量大,且具有强大的NNI功能。具体功能为:

① 支持具有标准速率的(155 Mbit/s或622 Mbit/s)的信元形式用户终端接口;

② 支持B-ISDN的NNI信令;

③ 具有SVC和PVC功能;

④ 支持网络的维护管理功能。

2. ATM交换机的组成

ATM交换机从功能的角度考虑由信元交换单元、控制单元和定时单元三部分组成。图3-19是ATM交换机的功能结构。

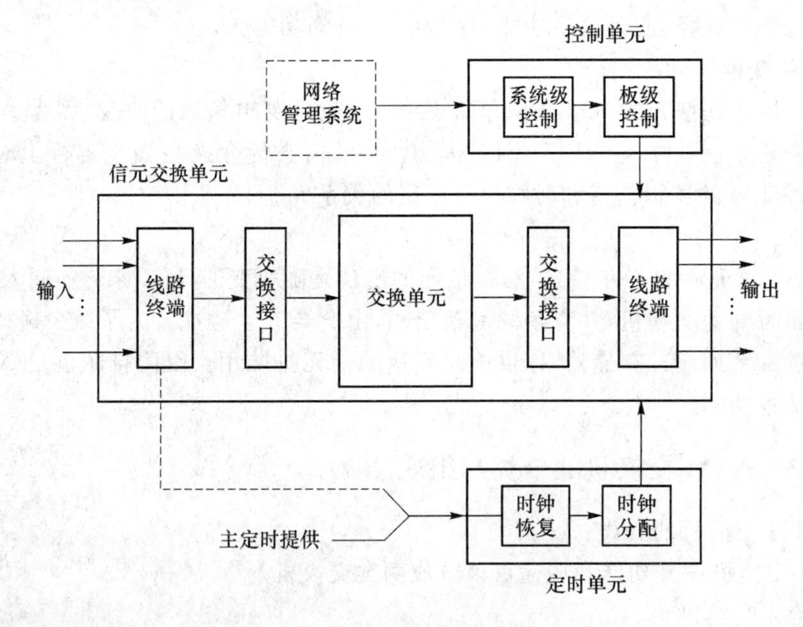

图3-19 ATM交换机的功能结构

(1) 信元交换单元

信元交换单元是ATM交换机的核心部件,它由三部分组成:

① 交换单元——用来完成ATM信元从入线到出线交换的完整系统,它具有一定的规模,由交换结构根据需要连接而成的(交换结构是交换系统的基本结构单位,通常容量比较小)。

② 交换接口——完成交换单元入口、出口处的处理功能,包括信头(VPI/VCI)转换、

路由标签的产生和删除以及信元的复接/分接等。

③ 线路终端——主要完成光/电变换、速率适配等功能。如果是 ATM 接入交换机，还可能有信元适配(B-TA)功能。

(2) 控制单元

控制单元接受用户呼叫请求或网管中心的控制，再对信元交换单元进行控制，主要功能为信令处理、资源管理及操作维护控制等。

(3) 定时单元

定时单元的主要功能是从接收信元流中提取定时信号，产生定时和同步信号，以及分配定时和同步信号给交换机各个单元。

3.5.4　ATM 交换的缓冲排队方式

我们已经知道，交换单元中应设置缓冲器，供信元排队用。根据缓冲器的位置可以将 ATM 交换的缓冲排队方式分为以下几种：

1. 输入缓冲排队方式

输入缓冲排队方式是在交换结构的每条入线处设置缓冲器，如图 3-20 所示。

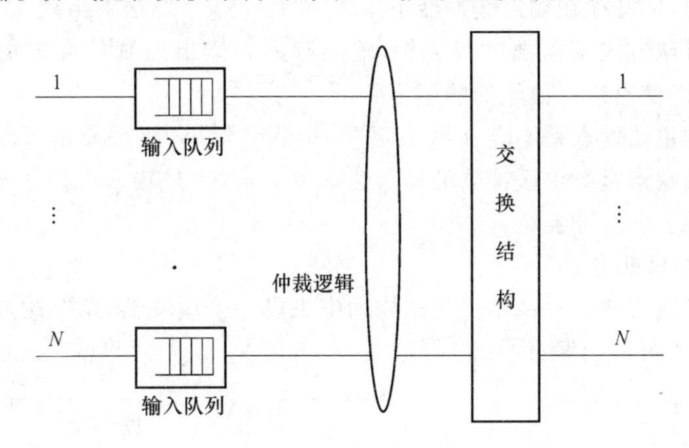

图 3-20　输入缓冲排队方式

这种方式中每条入线的信元都先进入缓冲器中排队，等到仲裁逻辑经过裁决允许“放行”时再送出。这样一来，信元由交换结构送往出线时就不会再有竞争。

仲裁方法可以是轮询(允许每个队列轮流输出)，也可以是根据队长择优“放行”。

输入缓冲排队方式的优点是避免了缓冲器以几倍于端口的速率操作。但其缺点是存在队头阻塞，即当一个队列的队头没有接到“放行”命令时，其后面的所有信元都必须在队列中等待，即使它所要去往的出线是空闲的，也不能越过队头而走出队列。

2. 输出缓冲排队方式

输出缓冲排队方式是在每条出线处设置缓冲器,如图3-21所示。

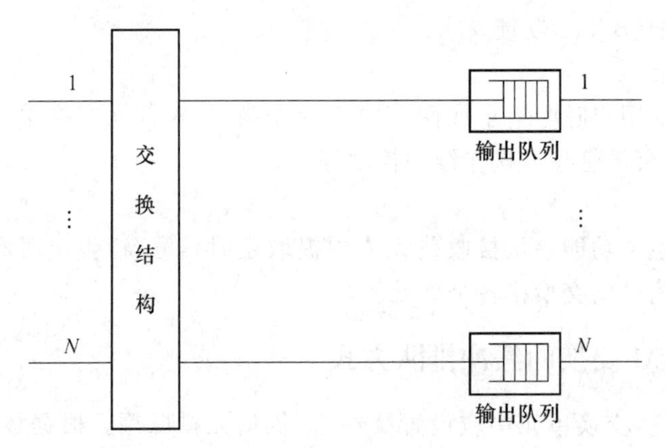

图3-21 输出缓冲排队方式

这种方式是当不同入线上的信元要竞争同一出线时,它们可以在一个信元的时间内被交换到该出线,但必须在输出缓冲器中排队,然后一个个地送到出线上去。

输出缓冲排队方式不需要仲裁逻辑,输出队列的读出控制可以采用先进先出的办法,既简单又可以使出线上信元的顺序不变。

这种方式的主要优点是不存在队头阻塞,排队时延小,而且易于实现点到多点和广播式通信。但其缺点是要求缓冲器的写入速率要非常快,是输入端口速率的 N 倍(在一个信元的时间内要向缓冲器写入 N 个信元)。

3. 中央缓冲排队方式

中央缓冲排队方式是在基本交换结构的中央设一个缓冲器,这个缓冲器被所有的入线和出线公用,如图3-22所示。

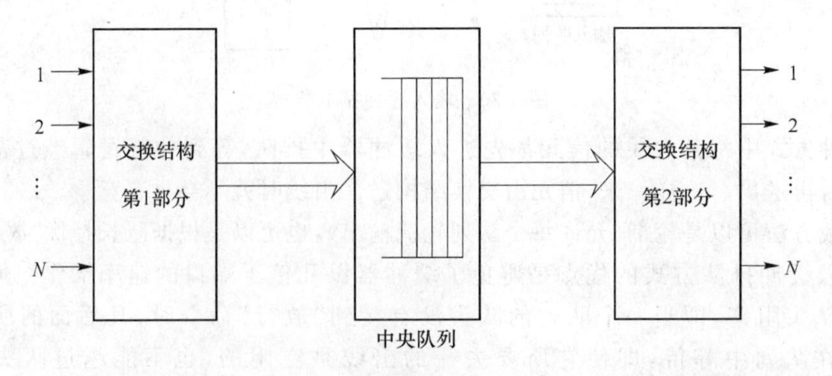

图3-22 中央缓冲排队方式

这种方式是所有入线上的全部输入信元都存入中央缓冲器，然后根据路由表选定每个信元的出线，并按先进先出的原则读取信元。

中央缓冲排队方式的优点是缓冲器的利用率高，但控制逻辑复杂，而且也要求缓冲器的存取速度高（N 倍于入线或出线速率）。

3.5.5　ATM 交换结构

ATM 交换单元是构成 ATM 交换机的核心，而 ATM 交换单元的核心又是交换结构。大型 ATM 交换机的交换单元一般由多个交换结构互连而成，小型 ATM 交换机的交换单元可能由单个交换结构组成。

交换结构可以分为时分交换结构和空分交换结构两类。由于篇幅所限，在此不再详细介绍交换结构，但有一点需要说明：有关交换单元和交换结构的含义，各种书介绍的可能有所不同。本书交换结构是最基本的结构单位，由交换结构再组成交换单元，请读者不要搞混。

3.6　多协议标签交换

3.6.1　MPLS 的概念

多协议标签交换（Multi-Protocol Label Switching，MPLS）是一种在开放的通信网上利用标签引导数据高速、高效传输的新技术，它把数据链路层交换的性能特点与网络层的路由选择功能结合在一起，能够满足业务量不断增长的需求，并为不同的服务提供有利的环境。而且 MPLS 是一种独立于链路层和物理层的技术，因此它保证了各种网络的互联互通，使得各种不同的网络数据传输技术在同一个 MPLS 平台上统一起来。

具体地说，MPLS 给每个 IP 数据报打上固定长度的“标签”，然后对打上标签的 IP 数据报在第二层用硬件进行转发（称为标签交换），使 IP 数据报转发过程中省去了每到达一个节点都要查找路由表的过程，因而 IP 数据报转发的速率大大加快。

MPLS 可以使用多种链路层协议，如 PPP 及以太网、ATM、帧中继的协议等。

3.6.2　MPLS 网的组成及作用

在 MPLS 网络中，节点设备分为两类，即边缘标签路由器（Label Edge Router，LER）和标签交换路由器（Label Switching Router，LSR），由 LER 构成 MPLS 网的接入部分，LSR 构成 MPLS 网的核心部分。MPLS 路由器之间的物理连接可以采用 SDH 网、以太网等。

1. 边缘标签路由器(LER)的作用

LER包括入口LER和出口LER。

(1) 入口LER的作用

① 为每个IP数据报打上固定长度的"标签",打标签后的IP数据报称为MPLS数据报;

② 在标签分发协议(Label Distribution Protocol,LDP)的控制下,建立标签交换通道(Label Switched Path,LSP)连接,在MPLS网络中的路由器之间,MPLS数据报按标签交换通道LSP转发;

③ 根据LSP构造转发表;

④ IP数据报的分类(即确定转发等价类FEC,FEC概念后述)。

(2) 出口LER的作用

① 终止LSP;

② 将MPLS数据报中的标签去除,还原为无标签IP数据报并转发给MPLS域外的一般路由器。

2. 标签交换路由器LSR的作用

① 根据LSP构造转发表;

② 根据转发表完成数据报的高速转发功能,并替换标签(标签只具有本地意义,经过LSP标签的值要改变)。

3.6.3 MPLS的原理

MPLS网络对标签的处理过程如图3-23所示(为了简单,图中LSR之间、LER与LSR之间的网络用链路表示)。

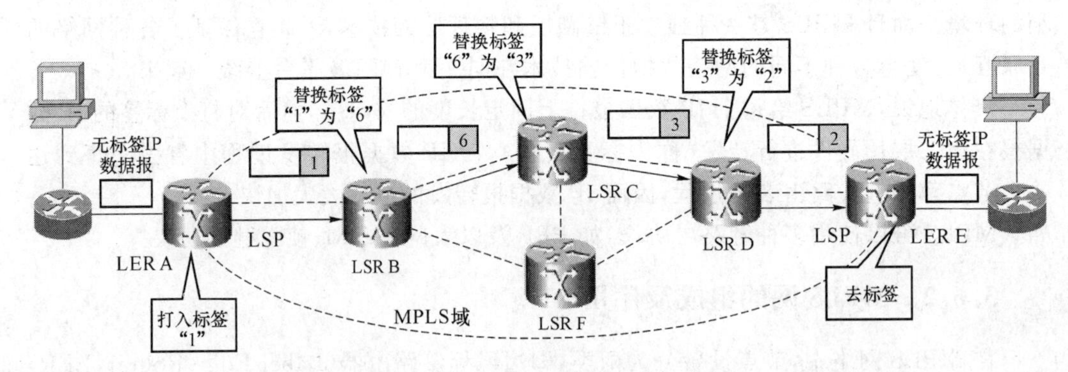

图3-23 MPLS网络对标签的处理过程

具体操作过程为:

(1) 来自MPLS域外一般路由器的无标签IP数据报,到达MPLS网络。在MPLS

网的入口处的边缘标签交换路由器LER A给每个IP数据报打上固定长度的"标签"(假设标签的值为1),并建立标签交换通道LSP(图5-13中的路径A→B→C→D→E),然后把MPLS数据报转发到下一跳的LSR B中去〔注:路由器之间实际传输的是物理帧(如以太网帧),为了介绍简便,我们说成是数据报〕;

(2) LSR B查转发表,将MPLS数据报中的标签值替换为6,并将其转发到LSR C;

(3) LSR C查转发表,将MPLS数据报中的标签值替换为3,并将其转发到LSR D;

(4) LSR D查转发表,将MPLS数据报中的标签值替换为2,并将其转发到出口LER E;

(5) 出口LER E将MPLS数据报中的标签去除还原为无标签IP数据报,并传送给MPLS域外的一般路由器。

综上所述,归纳出以下两个要点:

- MPLS的实质就是将路由功能移到网络边缘,将快速简单的交换功能(标签交换)置于网络中心,对一个连接请求实现一次路由、多次交换,由此提高网络的性能。
- MPLS是面向连接的。在标签交换通道LSP上的第一个路由器(入口LER)就根据IP数据报的初始标签确定了整个的标签交换通道,就像一条虚连接一样。而且像这种由入口LER确定进入MPLS域以后的转发路径称为显式路由选择。

3.6.4 转发等价类

在MPLS网络中,数据报被映射为"转发等价类(Forwarding Equivalence Class, FEC)",FEC标识一组在MPLS网络中传输的具有相同属性的数据报,这些属性可以是相同的IP地址、相同的QoS,也可以是相同的虚拟专网(VPN)等。一个FEC既可以是其中的一个属性,也可以是这些属性的组合。

一个FEC被分配一个标签,因此所有属于一个FEC的数据报都会被分配相同的标签。数据报与FEC之间的映射只需在MPLS网络的入口LER实施,在数据转发路径建立过程中,MPLS网络核心节点LSR的转发决策完全以FEC为依据,无须重复执行提取、分析IP数据报头的烦琐过程。

FEC可用于负载平衡,如图3-24所示。

图3-24(a)中假设主机H_1和H_2分别向H_3和H_4发送大量数据。路由器A、B、D、E是数据传输必须经过的,传统的路由选择协议只能选择最短路径A→B→C→D→E,这可能导致这条最短路径过载。

图3-24(b)表示在MPLS的情况下,入口LER可设置两种FEC:"源地址为H_1而目的地址为H_3"和"源地址为H_2而目的地址为H_4",前一种FEC的路径可选为H_1→A→B→C→D→E→H_3,后一种FEC的路径则可选择H_2→A→B→F→D→E→H_4,由此可以使网络的负载较为平衡。这种均衡网络负载的做法称为流量工程。

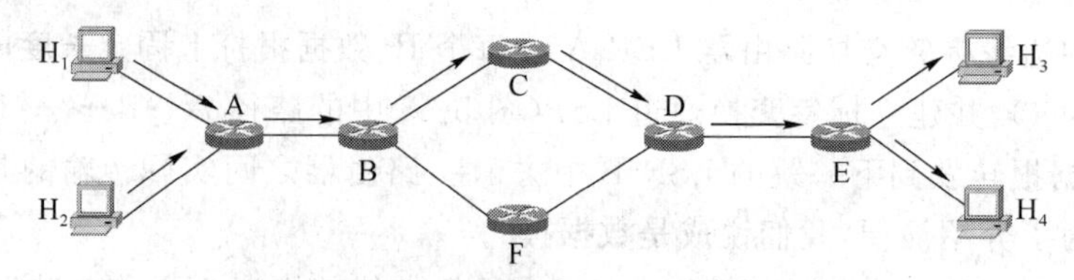

(a)传统路由选择协议使最短路径A→B→C→D→E过载

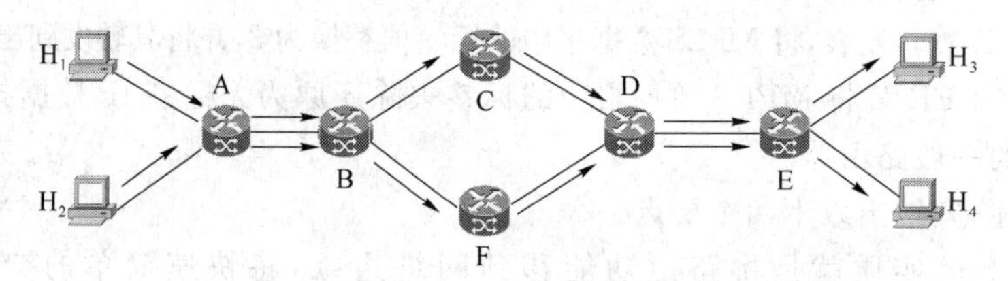

(b)利用FEC使通信量分散

图 3-24 FEC 用于负载平衡

3.6.5 MPLS 数据报的格式

MPLS 数据报(即打标签后的 IP 数据报)的格式如图 3-25(a)所示。

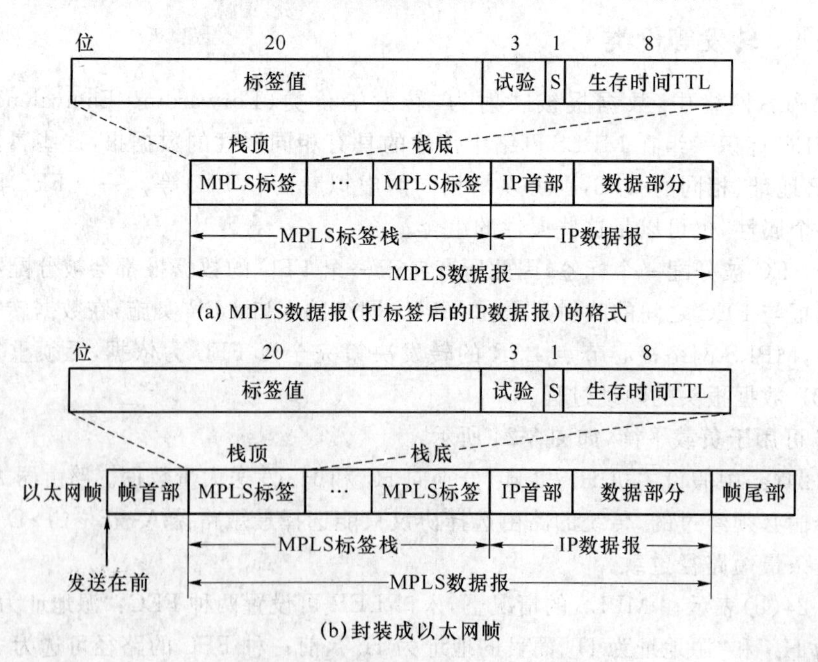

图 3-25 MPLS 数据报的格式及封装

由图 3-25(a)可见,“给 IP 数据报打标签”其实就是在 IP 数据报的前面加上 MPLS

首部。MPLS 首部是一个标签栈，MPLS 可以使用多个标签，并把这些标签都放在标签栈。每一个标签有 4 字节，共包括四个字段。

这里首先说明标签栈的作用。设图 3-26 中有两个城市，每个城市内又划分为多个区域 A、B、C、D 等。每个区域有一个路由器，使用普通的路由器，而各区域之间的 IP 数据报利用 MPLS 网（构建成 MPLS 域 1）传输，城市 1 和城市 2 之间也利用 MPLS 网（构建成 MPLS 域 2）传输。

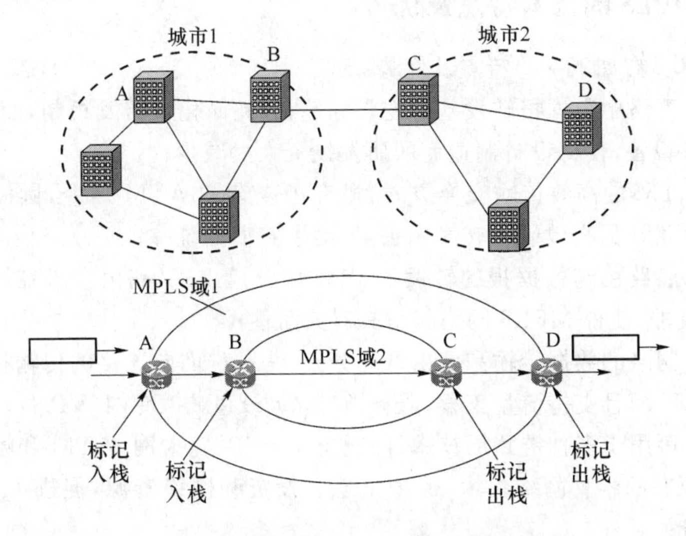

图 3-26 MPLS 标签栈的使用

如果 IP 数据报只是在城市 1 或城市 2 内部各区域之间传输（如 A 和 B 之间），IP 数据报只携带一个标签；如果 IP 数据报需要在城市 1 与城市 2 之间传输，则这个 IP 数据报就要携带两个标签。例如，城市 1 中的 A 要和城市 2 中的 D 通信。在 MPLS 域 1 中标签交换通道 LSP 是 A→B→C→D，IP 数据报在到达入口 LER A 时被打入一个标签（记为标签 1）；当到达 MPLS 域 2 入口 LER B 时被打入另一个标签（记为标签 2），在 MPLS 域 2 中标签交换通道 LSP 是 B→C；当 IP 数据报到达 LSR C 时去除标签 2，IP 数据报到达 LSR D 时去除标签 1。

图 3-26 所示这种情况，MPLS 首部标签栈中有两个标签。若标签栈中有多个标签，要后进先出。即最先入栈的放在栈底，最后入栈的放在栈顶。

MPLS 首部一个标签各字段的作用为：

- 标签值（占 20 位）——表示标签的具体值。
- 试验（占 3 位）——目前保留用作试验。
- S（占 1 位）——表示标签在标签栈中的位置，若 S=1 表示这个标签在栈底，其他情况下 S 都为 0。

• 生存时间 TTL(占 8 位)——表示 MPLS 数据报允许在网络中逗留的时间,用来防止 MPLS 数据报在 MPLS 域中兜圈子。

假设 MPLS 网络中 MPLS 路由器之间的物理连接采用以太网,图 3-25(b)显示的是将 MPLS 数据报封装成以太网帧,在 MPLS 数据报前面加上帧首部、后面加上帧尾部就构成以太网帧。

3.6.6 MPLS 的技术特点及优势

MPLS 技术具有如下一些特点及优势:

(1) MPLS 网络中数据报转发基于定长标签,因此简化了转发机制,而且转发的硬件是成熟的 ATM 设备,使得设备制造商的研发投资大大减少;

(2) 采用 ATM 的高效传输交换方式,抛弃了复杂的 ATM 信令,圆满地将 IP 技术的优点融合到 ATM 的高效硬件转发中去,推动了它们的统一;

(3) MPLS 将路由与数据报的转发从 IP 网中分离出来,路由技术在原有的 IP 路由的基础上加以改进,使得 MPLS 网络路由具有灵活性;

(4) MPLS 网络的数据传输和路由计算分开,是一种面向连接的传输技术,能够提供有效的 QoS 保证,而且支持流量工程、服务类型(CoS)和虚拟专网(VPN);

(5) MPLS 可用于多种链路层技术,同时支持 PPP、以太网、ATM 和帧中继等,最大限度地兼顾了原有的各种网络技术,保护了现有投资和网络资源,促进了网络互联互通和网络的融合统一;

(6) MPLS 支持大规模层次化的网络拓扑结构,将复杂的事务处理推到网络边缘去完成,网络核心部分之负责实现传送功能,网络的可扩展性强;

(7) MPLS 具有标签合并机制,可使不同数据流合并传输。

由此可见,MPLS 技术是下一代最具竞争力的通信网络技术。

小 结

1. N-ISDN 是以电话 IDN 为基础发展演变而成的通信网,能够提供端到端的数字连接,支持包括话音和非话在内的多种电信业务,用户能够通过一组有限的标准的多用途用户-网络接口接入网内。

N-ISDN 有其局限性,主要体现在:由于信息传送速率受到限制、它的主要业务仍是 64 kbit/s 电路交换业务,这种业务对技术发展的适应性很差。N-ISDN 虽然也综合了分组交换业务,但是这种综合仅在用户-网络接口处实现,在网络内部仍由分开的电路交换和分组交换实体来提供不同的业务,这种综合是不完全的。

为了克服 N-ISDN 的局限性,发展了一种更新的网络,这就是宽带 ISDN(B-ISDN)。

2. B-ISDN的信息传送方式、交换方式、用户接入方式、通信协议都是全新的。B-ISDN中不论是交换节点之间的中继线，还是用户和交换机之间的用户环路，一律采用光纤传输。这种网络能够提供高于PCM一次群速率的传输信道，能够适应全部现有的和将来的可能的业务，从速率最低的遥控遥测（几比特每秒）到高清晰度电视HDTV（100～150 Mbit/s），甚至最高速率可达几吉比特每秒。

B-ISDN的业务分为两大类：交互型业务和分配型业务。交互型业务是在用户间或用户与主机之间提供双向信息交换的业务。交互型业务又可以分为会话型业务、消息型业务和检索型业务三种。分配型业务是由网络中的一个给定点向其他多个位置传送单向信息流的业务。分配型业务又分为无须用户独立控制的和用户独立控制的两种。

B-ISDN业务的特性相差很大，主要体现在比特率、突发性和服务要求三个方面。

B-ISDN对信息传递方式还提出了两个要求：保证语义透明性和时间透明性。

B-ISDN的信息传递方式是ATM。

3. ATM的具体定义为：ATM是一种转移模式（即传递方式），在这一模式中信息被组织成固定长度信元，来自某用户一段信息的各个信元并不需要周期性地出现，从这个意义上来看，这种转移模式是异步的。

4. ATM信元长度为53字节。其中前5个字节为信头（包含有各种控制信息），后面48字节是信息段，也叫信息净负荷。

5. ATM具有以下一些特点：(1)ATM以面向连接的方式工作；(2)ATM采用异步时分复用；(3)ATM网中没有逐段链路的差错控制和流量控制；(4)信头的功能被简化；(5)ATM采用固定长度的信元，信息段的长度较小。

6. ATM的虚连接建立在两个等级上：虚通路（VC）和虚通道（VP），ATM信元的复用、传输和交换过程均在VC和VP上进行。

将物理媒介划分为若干个VP子信道，又将VP子信道进一步划分为若干个VC子信道。ATM的虚连接由VPI/VCI共同标识。

虚通路连接（VCC）是由多段VC链路链接而成；虚通道连接（VPC）是由多条VP链路链接而成。

VP交换仅对信元的VPI进行处理和变换，或者说经过VP交换，只有VPI值改变，VCI值不变；VC交换同时对VPI、VCI进行处理和变换，也就是经过VC交换，VPI、VCI值同时改变。

7. B-ISDN（ATM）用户-网络接口（UNI）参考配置包括的功能群有：B-TE1、B-TE2、TE2、N-ISDN标准终端、B-TA、B-NT2、B-LT、B-ET。

8. ATM协议参考模型是一个立体分层模型,由三个平面组成:用户平面、控制平面和管理平面。

用户平面UP提供用户信息的传送功能,采用分层结构,有物理层、ATM层、ATM自适应层(AAL层)及高层。控制平面CP提供呼叫和连接的控制功能,也采用分层结构,各层名称与用户平面的相同。管理平面MP提供两种管理功能:面管理(不分层):实现与整个系统有关的管理功能,并实现所有平面之间的协调。层管理(分层):主要用于各层内部的管理:实现网络资源和协议参数的管理,处理OAM信息流。

9. 物理层又可进一步划分为物理媒介相关(PM)子层和传输汇聚(TC)子层。PM子层的主要功能有:定义物理传送接口,进行线路编码,保证比特流的定时、同步等。TC子层的主要功能是实现比特流和信元流之间的转换,即在发送侧将信元流按照传输系统的要求组成比特流;在接收侧将比特流中的信元正确地识别出来。

10. 用户设备ATM层的核心功能有信头产生/提取和信元的复接/分接;网络节点ATM层核心功能是信头的变换,从而完成VP交换和VC交换的功能。ATM层还有以下几个功能:①保证一定的服务质量;②净荷类型的有关功能;③流量控制的有关功能。

11. AAL层的功能是将高层信息适配成ATM信元。AAL层又分为汇聚子层CS和拆装子层SAR两个子层。

按照源和终端的定时关系、比特率和连接方式,AAL业务分为A、B、C、D四类业务。为了适配四类AAL业务,ITU-T定义了四类ATM适配层功能(四种AAL协议):AAL1、AAL2、AAL3/4和AAL5。

12. ATM交换具有空分交换、信头变换(信元的VPI/VCI值的转换)和排队三个基本功能。

ATM交换机从功能的角度考虑由信元交换单元、控制单元和定时单元三部分组成。

ATM交换的缓冲排队方式分为输入缓冲排队方式、输出缓冲排队方式和中央缓冲排队方式。

13. MPLS是一种在开放的通信网上利用标签引导数据高速、高效传输的新技术,它把数据链路层交换的性能特点与网络层的路由选择功能结合在一起,能够满足业务量不断增长的需求,并为不同的服务提供有利的环境。

MPLS网络的节点设备分为两类:边缘标签路由器(LER)和标签交换路由器(LSR),LER构成MPLS网的接入部分,LSR构成MPLS网的核心部分。

MPLS的实质就是将路由器移到网络边缘,将快速简单的交换机置于网络中心,对一个连接请求实现一次路由、多次交换,由此提高网络的性能。

在MPLS网络中，数据包被映射为转发等价类FEC，FEC标识一组在MPLS网络中传输的具有相同属性的数据包，这些属性可以是相同的IP地址、相同的QoS，也可以是相同的虚拟专网(VPN)等。FEC可用于负载平衡。

"给IP数据报打标签"其实就是在IP数据报的前面加上MPLS首部。MPLS首部是一个标签栈，MPLS可以使用多个标签，并把这些标签都放在标签栈。每一个标签有4字节，共包括四个字段。

MPLS的主要优点是减少了网络复杂性，兼容现有各种主流网络技术，能降低50%网络成本，在提供IP业务时能确保QoS和安全性，具有流量工程能力；此外，MPLS能解决VPN扩展问题和维护成本问题。MPLS技术是下一代最具竞争力的通信网络技术。

习 题

3-1 B-ISDN业务分成哪几类？

3-2 B-ISDN对信息传递方式提出了哪些要求？它的信息传递方式是什么？

3-3 ATM的定义是什么？

3-4 画出UNI处ATM信元的信头结构，并写出各部分的作用。

3-5 ATM的特点有哪些？

3-6 一条物理链路可有多少个VC？VP交换和VC交换的特点分别是什么？

3-7 画出B-ISDN用户-网络接口的物理配置模型。其中U_B接口的速率一般为多少？

3-8 画出ATM协议参考模型。

3-9 物理层中TC子层的主要功能有哪些？

3-10 ATM传输信元的系统有哪几种？哪一种用得最多？

3-11 计算利用STM-4传送ATM信元时，信元的传送速率为多少？

3-12 ATM层的核心功能是什么？

3-13 写出四种AAL协议(AAL1、AAL2、AAL3/4和AAL5)与AAL四类业务(A、B、C、D类)的关系。

3-14 ATM交换有哪些基本功能？

3-15 对ATM交换单元有哪些要求？

3-16 MPLS网络的节点设备分为哪两类？各自的作用是什么？

第4章　基于IP的通信网

近些年来，以IP技术为基础的通信网飞速发展，用户数量和业务应用迅猛增长。本章介绍以IP技术为基础的通信网，主要内容包括：

- IP网络的基本概念；
- 以太网；
- 宽带IP城域网；
- 路由器及IP网的路由选择协议。

4.1　IP网络的基本概念

4.1.1　IP网络的概念及特点

1. IP网络的概念

因特网(Internet)是由世界范围内众多计算机网络(包括各种局域网、城域网和广域网)通过路由器和通信线路连接汇合而成的一个网络集合体，它是全球最大的、开放的计算机互联网。互联网意味着全世界采用统一的网络互连协议，即采用TCP/IP协议的计算机都能互相通信，所以说，因特网是基于TCP/IP协议的网间网，也称为IP网络。

从网络通信的观点看，因特网是一个以TCP/IP协议将各个国家、各个部门和各种机构的内部网络连接起来的数据通信网，世界任何一个地方的计算机用户只要连在因特网上，就可以相互通信；从信息资源的观点看，因特网是一个集各个部门、各个领域内各种信息资源为一体的信息资源网。因特网上的信息资源浩如烟海，其内容涉及政治、经济、文化、科学、娱乐等各个方面。将这些信息按照特定的方式组织起来，存储在因特网上分布在世界各地的数千万台计算机中，人们可以利用各种搜索工具来检索这些信息。

由路由器和窄带通信线路互联起来的因特网是一个窄带 IP 网络，这样的网络只能传送一些文字和简单图形信息，无法有效地传送图像、视频、音频和多媒体等宽带业务，目前 IP 网络已经向宽带方向发展，即发展为宽带 IP 网络。

所谓宽带 IP 网络是指因特网的交换设备、中继通信线路、用户接入设备和用户终端设备都是宽带的，通常中继线带宽为几至几十吉比特每秒，接入带宽为 1～100 Mbit/s。在这样一个宽带 IP 网络上能传送各种音视频和多媒体等宽带业务，同时支持当前的窄带业务，它集成与发展了当前的网络技术、IP 技术，并向下一代网络方向发展。

2. IP 网络的特点

IP 网络具有以下几个特点。

(1) TCP/IP 协议是 IP 网络的基础与核心；

(2) 通过最大程度的资源共享，可以满足不同用户的需要，IP 网络的每个参与者既是信息资源的创建者，也是使用者；

(3) “开放”是 IP 网络建立和发展中执行的一贯策略，对于开发者和用户极少限制，使它不仅拥有极其庞大的用户队伍，也拥有众多的开发者；

(4) 网络用户透明使用 IP 网络，不需要了解网络底层的物理结构；

(5) IP 网络宽带化，具有宽带传输技术、宽带接入技术和高速路由器技术；

(6) IP 网络将当今计算机领域网络技术、多媒体技术和超文本技术三大技术融为一体，为用户提供极为丰富的信息资源和十分友好的用户操作界面。

4.1.2　TCP/IP 参考模型

分层模型包括各层功能和各层协议描述两方面的内容。每一层提供特定的功能和相应的协议，层与层之间相对独立，当需要改变某一层的功能时，不会影响其他层。采用分层技术，可以简化系统的设计和实现，并能提高系统的可靠性和灵活性。

计算机网络最早采用的是开放系统互连参考模型（OSI 参考模型），IP 网也同样采用分层体系结构，即 TCP/IP 参考模型。

为了使大家更好地理解 TCP/IP 参考模型，在讨论 TCP/IP 参考模型之前，首先介绍一下 OSI 参考模型。

1. OSI 参考模型

(1) OSI 参考模型的概念

我们知道计算机网络的终端主要是计算机，而不同厂家生产的计算机的型号、种类不同，为了使不同类型的计算机能互连，以便相互通信和资源共享。1977 年，国际标准化组织（ISO）提出了开放系统互连参考模型（OSI-RM），并于 1983 年春定为正式国际标准，同时也得到了国际电报电话咨询委员会（CCITT）的支持。

OSI 参考模型是将计算机之间进行数据通信全过程的所有功能逻辑上分成若干层,每一层对应有一些功能,完成每一层功能时应遵照相应的协议,即各层功能和协议的集合构成了 OSI 参考模型。

(2) OSI-RM 的分层结构

OSI 参考模型共分 7 层。这 7 个功能层自下而上分别是:① 物理层;② 数据链路层;③ 网络层;④ 传输层;⑤ 会话层;⑥ 表示层;⑦ 应用层。图 4-1 表示了两个计算机通过交换网络(设为分组交换网——包括若干分组交换机以及连接它们的链路)相互连接和它们对应的 OSI 参考模型分层的例子。

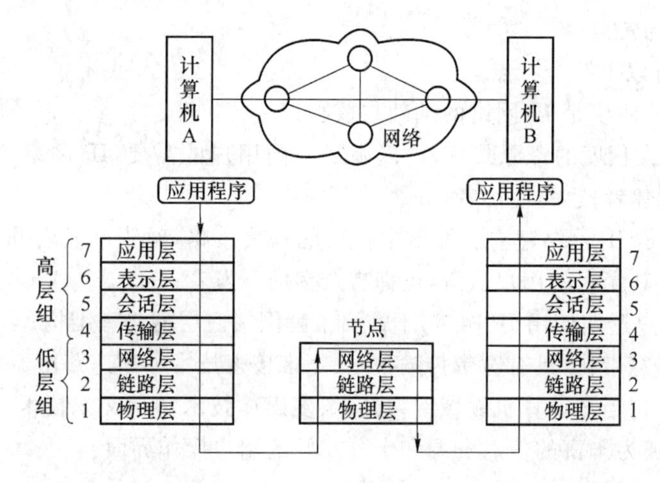

图 4-1 OSI 参考模型分层结构

其中计算机的功能和协议逻辑上分为 7 层,而分组交换机仅起通信中继和交换的作用,其功能和协议只有 3 层。通常把 1～3 层称为低层或下 3 层,它是由计算机和分组交换网络共同执行的功能,而把 4～7 层称为高层,它是计算机 A 和计算机 B 共同执行的功能。

通信过程是:发端信息从上到下依次完成各层功能,收端从下到上依次完成各层功能,如图 4-1 中箭头所示。

(3) 各层功能概述

① 物理层

物理层并不是物理媒体本身,它是开放系统利用物理媒体实现物理连接的功能描述和执行连接的规程。物理层提供用于建立、保持和断开物理连接的机械的、电气的、功能的和规程的手段。简而言之,物理层提供有关同步和全双工比特流在物理媒体上的传输手段。

物理层传送数据的基本单位是比特,典型的协议有 RS232C、RS449/422/423、V.24、

V.28、X.20 和 X.21 等。

② 数据链路层

OSI 参考模型数据链路层的功能主要有：

- 负责数据链路(数据链路包括传输信道和两端的链路控制装置)的建立、维持和拆除；
- 差错控制；
- 流量控制。

数据链路层传送数据的基本单位是帧，常用的协议有基本型传输控制规程和高级数据链路控制规程(HDLC)。

③ 网络层

在计算机通信网中进行通信的两个系统之间可能要经过多个节点和链路，也可能还要经过若干个通信子网。网络层负责将高层传送下来的信息分组进行必要的路由选择、差错控制、流量控制等处理，使通信系统中的发送端的传输层传下来的数据能够准确无误地找到接收端，并交付给其传输层。

网络层传送数据的基本单位是分组，其协议是 X.25 分组级协议。

④ 传输层

传输层也称计算机-计算机层，实现用户的端到端的或进程之间数据的透明传送。具体来说其功能包括端到端的顺序控制、流量控制、差错控制及监督服务质量。

传输层传送数据的基本单位是报文。

⑤ 会话层

为了两个进程之间的协作，必须在两个进程之间建立一个逻辑上的连接，这种逻辑上的连接称之为会话。会话层作为用户进入传输层的接口，负责进程间建立会话和终止会话，并且控制会话期间的对话。提供诸如会话建立时会话双方资格的核实和验证，由哪一方支付通信费用，及对话方向的交替管理、故障点定位和恢复等各种服务。它提供一种经过组织的方法在用户之间交换数据。

会话层及以上各层中，数据的传送单位一般都称为报文，但与传输层的报文有本质的不同。

⑥ 表示层

表示层提供数据的表示方法，其主要功能有：代码转换、数据格式转换、数据加密与解密、数据压缩与恢复等。

⑦ 应用层

应用层是 OSI 参考模型的最高层，它直接面向用户以满足用户的不同需求，是利用网络资源唯一向应用进程直接提供服务的一层。

应用层的功能是确定应用进程之间通信的性质，以满足用户的需要。同时应用层还要负责用户信息的语义表示,并在两个通信用户之间进行语义匹配。

2. TCP/IP 参考模型

(1) TCP/IP 参考模型的分层

TCP/IP 参考模型及与 OSI 参考模型的对应关系如图 4-2 所示。

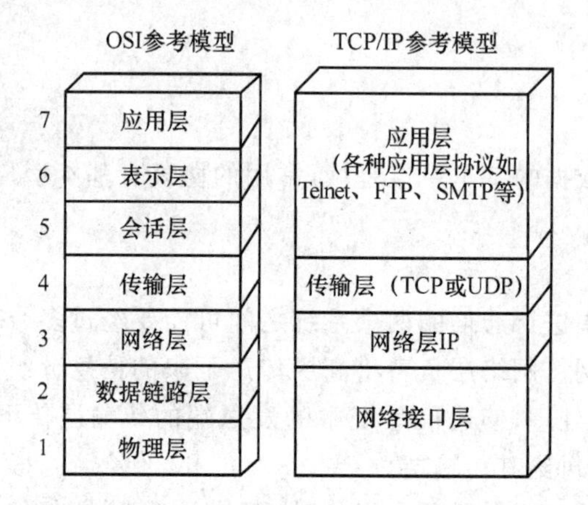

图 4-2　TCP/IP 参考模型及与 OSI 参考模型的对应关系

由图 4-2 可见,TCP/IP 参考模型包括 4 层:

- 网络接口层——对应 OSI 参考模型的物理层和数据链路层;
- 网络层——对应 OSI 参考模型的网络层;
- 传输层——对应 OSI 参考模型的传输层;
- 应用层——对应 OSI 参考模型的 5、6、7 层。

值得强调的是,TCP/IP 参考模型并不包括物理层,网络接口层下面是物理网络。

(2) TCP/IP 参考模型各层功能及协议

① 应用层

TCP/IP 应用层的作用是为用户提供访问因特网的高层应用服务,如文件传送、远程登录、电子邮件、WWW 服务等。为了便于传输与接收数据信息,应用层要对数据进行格式化。

应用层的协议就是一组应用高层协议,即一组应用程序,主要有文件传送协议(FTP)、远程终端协议(Telnet)、简单邮件传输协议(SMTP)、超文本传送协议(HTTP)等。

② 传输层

TCP/IP 传输层的作用是提供应用程序间(端到端)的通信服务,确保源主机传送的数据正确到达目的主机。

传输层提供了两个协议:

- 传输控制协议 TCP:负责提供高可靠的、面向连接的数据传送服务,主要用于一次传送大量报文，如文件传送等。

• 用户数据报协议 UDP：负责提供高效率的、无连接的服务，用于一次传送少量的报文，如数据查询等。

传输层的数据传送单位是 TCP 报文段或 UDP 报文（统称为报文段）。

③ 网络层

网络层的作用是提供主机间的数据传送能力，其数据传送单位是 IP 数据报。

网络层的核心协议是 IP 协议，IP 协议非常简单，它提供的是不可靠、无连接的 IP 数据报传送服务。

网络层的辅助协议是协助 IP 协议更好地完成数据报传送，主要有：

• 地址转换协议 ARP——用于将 IP 地址转换成物理地址。连在网络中的每一台主机都要有一个物理地址，物理地址也叫硬件地址，即 MAC 地址，它固化在计算机的网卡上。

• 逆向地址转换协议 RARP——与 ARP 的功能相反，用于物理地址转换成 IP 地址。

• 因特网控制报文协议 ICMP——用于报告差错和传送控制信息，其控制功能包括：差错控制、拥塞控制和路由控制等。

• 因特网组管理协议 IGMP——IP 多播用到的协议，利用 IGMP 使路由器知道多播组成员的信息。

④ 网络接口层

网络接口层的数据传送单位是物理网络帧（简称物理帧或帧）。

网络接口层主要功能为：

• 发端负责接收来自网络层的 IP 数据报，将其封装成物理帧并且通过特定的网络进行传输；

• 收端从网络上接收物理帧，抽出 IP 数据报，上交给网络层。

网络接口层没有规定具体的协议。请读者注意，TCP/IP 参考模型的网络接口层对应 OSI 参考模型的物理层和数据链路层，不同的物理网络对应不同的网络接口层协议。

有关 TCP/IP 模型的各层协议，这里还有几个问题需要说明：

• TCP/IP 是一个协议集，IP 和 TCP 是其中两个重要的协议。

• 严格地说，应用程序并不是 TCP/IP 的一部分，用户可以在传输层之上，建立自己的专用程序。但设计使用这些专用应用程序要用到 TCP/IP，所以将它们作为 TCP/IP 的内容，其实它们不属于 TCP/IP。

• 一般将网络层协议采用 IP 的通信网称为基于 IP 的通信网，包括以太网、宽带 IP 城域网等。

4.2 以 太 网

4.2.1 传统以太网

1. 传统以太网的概念

以太网(Ethernet)是总线形局域网的一种典型应用,它是美国施乐(Xerox)公司于1975年研制成功的。它以无源的电缆作为总线来传送数据信息,并以曾经在历史上表示传播电磁波的以太(Ether)来命名。不久,施乐公司与数字(Digital)装备公司以及英特尔(Intel)公司合作,提出了以太网的规范[ETHE 80],成为世界上第一个局域网产品的规范。实际上,IEE 802.3标准就是以这个规范为基础的。

传统以太网具有以下典型的特征:

• 采用灵活的无连接的工作方式;

• 采用曼彻斯特编码作为线路传输码型;

• 传统以太网属于共享式局域网,即传输介质作为各站点共享的资源;

• 共享式局域网要进行介质访问控制,以太网的介质访问控制方式为载波监听和冲突检测(CSMA/CD)技术。

2. CSMA/CD 控制方法

CSMA/CD是一种争用型协议,是以竞争方式来获得总线访问权的。

CSMA(Carrier Sense Multiple Access)代表载波监听多路访问。它是“先听后发”,也就是各站在发送前先检测总线是否空闲,当测得总线空闲后,再考虑发送本站信号。各站均按此规律检测、发送,形成多站共同访问总线的通信形式,故把这种方法称为载波监听多路访问(实际上采用基带传输的总线局域网,总线上根本不存在什么“载波”,各站可检测到的是其他站所发送的二进制代码。但大家习惯上称这种检测为“载波监听”)。

CD(Collision Detection)表示冲突检测,即“边发边听”,各站点在发送信息帧的同时,继续监听总线,当监听到有冲突发生时(即有其他站也监听到总线空闲,也在发送数据),便立即停止发送信息。

归纳起来CSMA/CD的控制方法为:

(1) 一个站要发送信息,首先对总线进行监听,看介质上是否有其他站发送的信息存在。如果介质是空闲的,则可以发送信息。

(2) 在发送信息帧的同时,继续监听总线,即“边发边听”。当检测到有冲突发生时,便立即停止发送,并发出报警信号,告知其他各工作站已发生冲突,防止它们再发送新的信息介入冲突(此措施称为强化冲突)。若发送完成后,尚未检测到冲突,则发送成功。

(3) 检测到冲突的站发出报警信号后，退让一段随机时间，然后再试。

3. 以太网标准

(1) 局域网参考模型

局域网参考模型如图 4-3 所示，为了比较对照，将 OSI 参考模型画在旁边。

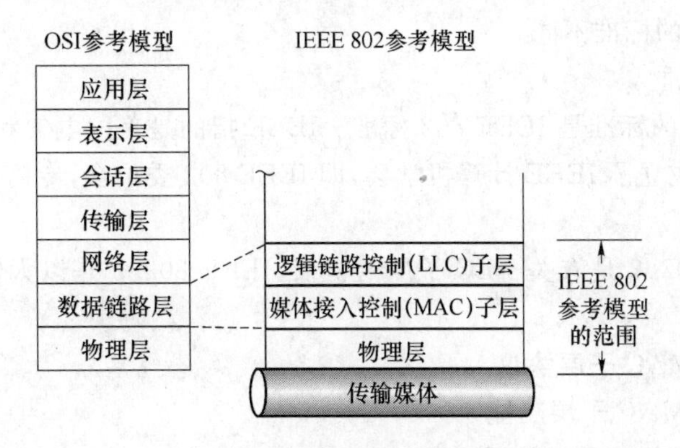

图 4-3　局域网参考模型

由于局域网只是一个通信网络，所以它没有第四层及以上的层次，按理说只具备面向通信的低三层功能，但是由于网络层的主要功能是进行路由选择，而局域网不存在中间交换，不要求路由选择，也就不单独设网络层，所以局域网参考模型中只包括 OSI 参考模型的最低两层，即物理层和数据链路层。

值得指出的是：进行网络互连时，需要涉及三层甚至更高层功能；另外，就局域网本身的协议来说，只有低二层功能，实际上要完成通信全过程，还要借助于终端设备的第四层及高三层功能。

① 物理层

物理层主要的功能为：

- 负责比特流的曼彻斯特编码与译码(局域网一般采用曼彻斯特码传输)；
- 为进行同步用的前同步码(后述)的产生与去除；
- 比特流的传输与接收。

② 数据链路层

局域网的数据链路层划分为两个子层，即介质访问控制或媒体接入控制(Medium Access Control，MAC)子层和逻辑链路控制(Logical Link Control，LLC)子层。

- 媒体接入控制(MAC)子层——数据链路层中与媒体接入有关的部分都集中在 MAC 子层，MAC 子层主要负责介质访问控制，其具体功能为：将上层交下来的数据封装成帧进行发送(接收时进行相反的过程，即帧拆卸)、比特差错检测和寻址等。
- 逻辑链路控制(LLC)子层——数据链路层中与媒体接入无关的部分都集中在

LLC子层。LLC子层的主要功能有:建立和释放逻辑链路层的逻辑连接、提供与高层的接口、差错控制及给帧加上序号等。

不同类型的局域网,其LLC子层协议都是相同的,所以说局域网对LLC子层是透明的。而只有下到MAC子层才看见了所连接的是采用什么标准的局域网,即不同类型的局域网MAC子层的标准不同。

(2) 以太网标准

局域网所采用的标准是IEEE 802标准。IEEE指的是美国电气和电子工程师学会,它于1980年2月成立了IEEE计算机学会,即IEEE 802委员会,专门研究和制定有关局域网的各种标准。

其中,IEEE 802.2是有关LLC子层的协议,IEEE 802.3是以太网MAC子层和物理层标准。

4. 以太网的MAC子层协议

(1)以太网的MAC子层功能

MAC子层有两个主要功能:

① 数据封装和解封

发送端进行数据封装,包括将LLC子层送下来的LLC帧加上首部和尾部构成MAC帧,编址和校验码的生成等。

接收端进行数据解封,包括地址识别、帧校验码的检验和帧拆卸,即去掉MAC帧的首部和尾部,而将LLC帧传送给LLC子层。

② 介质访问管理

发送介质访问管理包括:

- 载波监听;
- 冲突的检测和强化;
- 冲突退避和重发。

接收介质访问管理负责检测到达的帧是否有错(这里可能出现两种错误:一是帧的长度大于规定的帧最大长度;二是帧的长度不是8 bit的整倍数),并过滤冲突的信号(凡是其长度小于允许的最小帧长度的帧,都认为是冲突的信号而予以过滤)。

(2) MAC地址(硬件地址)

IEEE 802标准为局域网规定了一种48 bit的全球地址,即MAC地址(MAC帧的地址),它是指局域网上的每一台计算机所插入的网卡上固化在ROM中的地址,所以也叫硬件地址或物理地址。

MAC地址的前3个字节由IEEE的注册管理委员会RAC负责分配,凡是生产局域网网卡的厂家都必须向IEEE的RAC购买由这三个字节构成的一个号(即地址块)这个号的正式名称是机构唯一标识符OUI。地址字段的后3个字节由厂家自行指派,称为扩展标识符。一个地址块可生成 2^{24} 个不同的地址，用这种方式得到的 48 bit 地址称为 MAC-48 或 EUI-48。

IEEE 802.3 的 MAC 地址字段的示意图如图 4-4 所示。

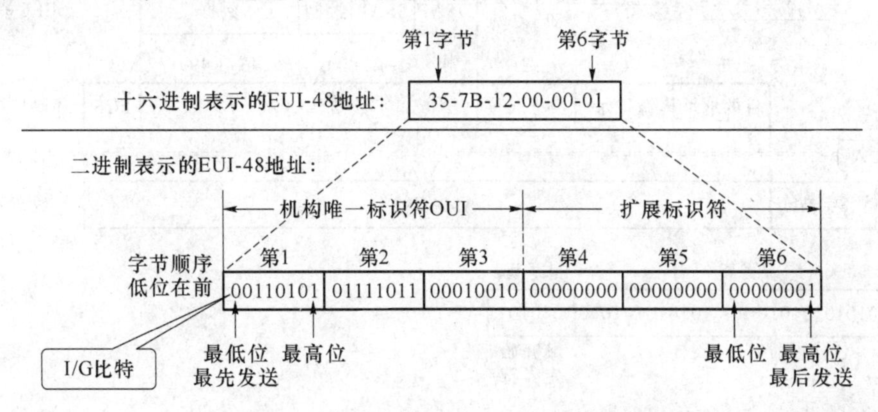

图 4-4　IEEE 标准规定的 MAC 地址字段

IEEE 规定地址字段的第一个字节的最低位为 I/G 比特(表示 Individual/Group)，当 I/G 比特为 0 时，地址字段表示一个单个地址；当 I/G 比特为 1 时，地址字段表示组地址，用来进行多播。考虑到也许有人不愿意向 IEEE 的 RAC 购买机构唯一标识符 OUI，IEEE 将地址字段的第一个字节的最低第 2 位规定为 G/L 比特(表示 Global/Local)，当 G/L 比特为 1 时是全球管理(厂商向 IEEE 购买的 OUI 属于全球管理)；当 G/L 比特为 0 时是本地管理，用户可任意分配网络上的地址。采用本地管理时，MAC 地址一般为 2 个字节。需要说明的是，目前一般不使用 G/L 比特。

(3) MAC 帧格式

目前以太网有两个标准：IEEE802.3 标准和 DIX Ethernet V2 标准。DIX Ethernet V2 标准的链路层不再设 LLC 子层，TCP/IP 体系一般使用 DIX Ethernet V2 标准。

以太网 MAC 帧格式有两种标准：IEEE 的 802.3 标准和 DIX Ethernet V2 标准。

① IEEE 802.3 标准规定的 MAC 子层帧结构

IEEE 802.3 标准规定的 MAC 子层帧结构如图 4-5 所示。

各字段的作用为：

• 地址字段——地址字段包括目的 MAC 地址字段和源 MAC 地址字段，都是 6 字节。

• 数据长度字段——数据长度字段是 2 字节，它以字节为单位指出后面的数据字段长度。

• 数据字段与填充字段(PAD)——数据字段就是 LLC 子层交下来的 LLC 帧，其长度是可变的，但最短为 46 字节，最长为 1500 字节。MAC 帧的首部和尾部共 18 字节，所以此时整个 MAC 帧的长度为 1518 字节。如果 LLC 帧(即 MAC 帧的数据字段)的长度小于此值，则应填充一些信息(内容不限)。

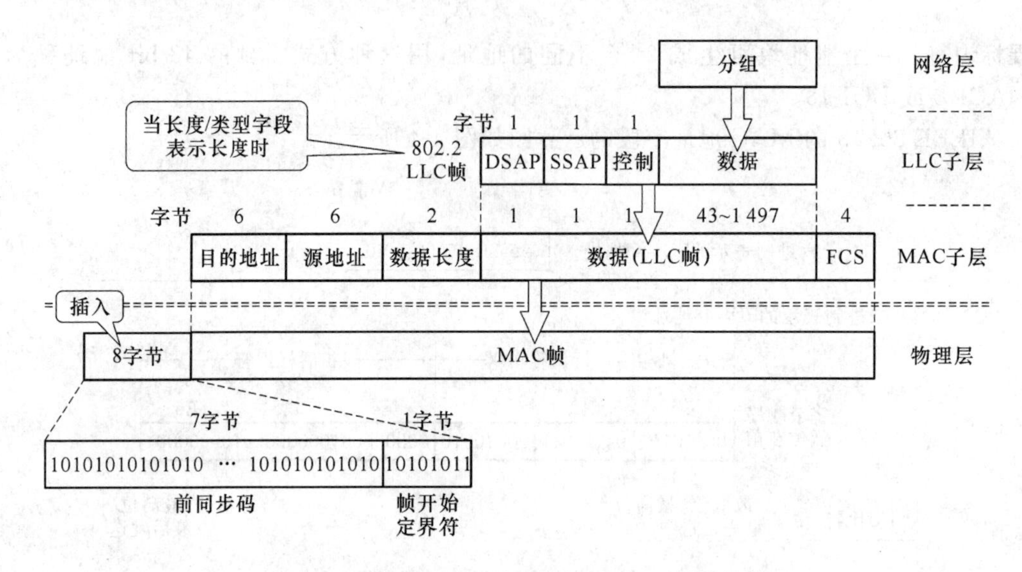

图 4-5 IEEE 802.3 标准规定的 MAC 子层帧结构

• 帧检验(FCS)字段——FCS 对 MAC 帧进行差错校验,FCS 采用的是循环冗余校验(CRC),长度为 4 字节。

• 前导码与帧起始定界符——由图 4-5 可以看出,在传输媒体上实际传送的要比 MAC 帧还多 8 个字节,即前导码与帧起始定界符。它们的作用是这样的:

当一个站在刚开始接收 MAC 帧时,可能尚未与到达的比特流达成同步,由此导致 MAC 帧的最前面的若干比特无法接收,而使得整个 MAC 帧成为无用的帧。为了解决这个问题,MAC 帧向下传到物理层时还要在帧的前面插入 8 个字节,它包括两个字段。第一个字段是前导码(PA),共有 7 字节,编码为 1010……,即 1 和 0 交替出现,其作用是使接收端实现比特同步前接收本字段,避免破坏完整的 MAC 帧。第二个字段是帧起始定界符(SFD)字段,它为 1 个字节,编码是 10101011,表示一个帧的开始。

② DIX Ethernet V2 标准的 MAC 帧格式

TCP/IP 体系经常使用 DIX Ethernet V2 标准的 MAC 帧格式,此时局域网参考模型中的链路层不再划分 LLC 子层,即链路层只有 MAC 子层。DIX Ethernet V2 标准的 MAC 帧格式如图 4-6 所示。

DIX Ethernet V2 标准的 MAC 帧格式由 5 个字段组成,它与 IEEE 802.3 标准的 MAC 帧格式除了类型字段以外,其他各字段的作用相同。

类型字段用来标志上一层使用的是什么协议,以便把收到的 MAC 帧的数据上交给上一层的这个协议。

另外,当采用 DIX Ethernet V2 标准的 MAC 帧格式时,其数据部分装入的不再是 LLC 帧(此时链路层不再分 LLC 子层),而是网络层的分组或 IP 数据报。

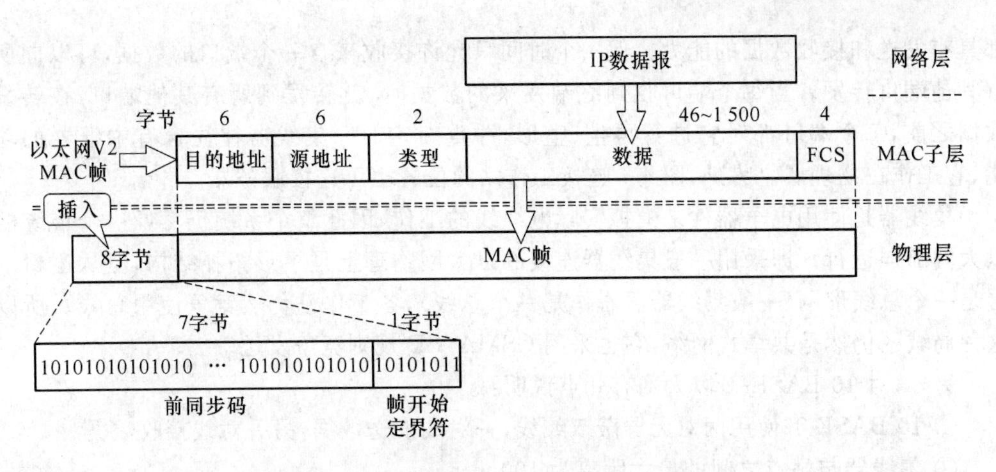

图 4-6 DIX Ethernet V2 标准的 MAC 帧格式

以上介绍了以太网的两种 MAC 帧格式，目前在 TCP/IP 环境下，DIX Ethernet V2 标准的 MAC 帧格式用得比较多。

5. 10 BASE-T 以太网

最早的以太网是粗缆以太网，这种以粗同轴电缆作为总线的总线形 LAN，后来被命名为 10 BASE 5 以太网。20 世纪 80 年代初又发展了细缆以太网，即10 BASE 2以太网。为了改善细缆以太网的缺点，接着又研制了 UTP(非屏蔽双绞线)以太网，即 10 BASE-T 以太网以及光缆以太网 10 BASE-F 等，其中应用最广泛的是 10 BASE-T，下面重点加以介绍。

1990 年，IEEE 通过 10 BASE-T 的标准 IEEE 802.3i，它是一个崭新的以太网标准。

(1) 10 BASE-T 以太网的拓扑结构

10 BASE-T 以太网采用非屏蔽双绞线将站点以星形拓扑结构连到一个集线器上，如图 4-7 所示。

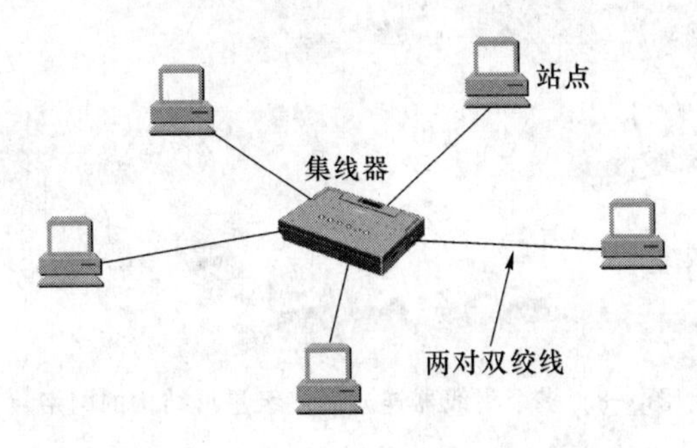

图 4-7 10 BASE-T 拓扑结构示意图

图 4-7 中的集线器为一般集线器(简称集线器)，它就像一个多端口转发器，每个端口

都具有发送和接收数据的能力。但一个时间只允许接收来自一个端口的数据,可以向所有其他端口转发。当每个端口收到终端发来的数据时,就转发到所有其他端口,在转发数据之前,每个端口都对它进行再生、整形,并重新定时。集线器往往含有中继器的功能,它工作在物理层。另外,图 4-7 连接工作站的位置也可连接服务器。

集线器是使用电子器件来模拟实际电缆线的工作,因此整个系统仍然像一个传统的以太网那样运行。即采用一般集线器连接的以太网物理上是星形拓扑结构,但从逻辑上看是一个总线形网(一般集线器可看作是一个总线),各工作站仍然竞争使用总线。所以这种局域网仍然是共享式网络,它也采用 CSMA/CD 规则竞争发送。

另外,对 10 BASE-T 以太网有几点说明:

① 10 BASE-T 使用两对无屏蔽双绞线,一对线发送数据,另一对线接收数据。

② 集线器与站点之间的最大距离为 100 m。

③ 一个集线器所连的站点最多可以有 30 个(实际目前只能达 24 个)。

④ 和其他以太网物理层标准一样,10 BASE-T 也使用曼彻斯特编码。

⑤ 集线器的可靠性很高,堆叠式集线器(包括 4～8 个集线器)一般都有少量的容错能力和网络管理功能。

⑥ 可以把多个集线器连成多级星形结构的网络,这样就可以使更多的工作站连接成一个较大的局域网(集线器与集线器之间的最大距离为 100 m),如图 4-8 所示。10 BASE-T一般最多允许有 4 个中继器(中继器的功能往往含在集线器里)级联。

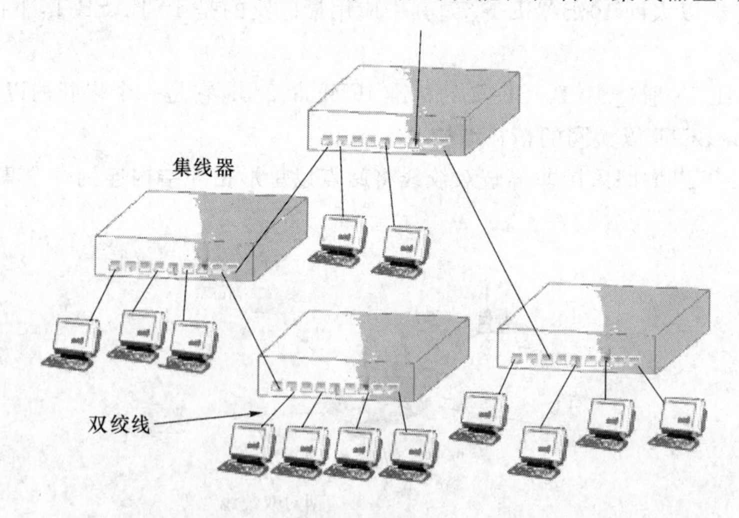

图 4-8 多个集线器连成的多级星形结构的网络

⑦ 若图 4-7 中的集线器改为交换集线器,此以太网则为交换式以太网(详情后述)。

(2) 10 BASE-T 以太网的组成

10 BASE-T 以太网的组成有:集线器、工作站、服务器、网卡、中继器和双绞线等。

4.2.2 高速以太网

一般称速率大于等于100 Mbit/s的以太网为高速以太网，目前应用的有100 BASE-T快速以太网、千兆位以太网和10 Gbit/s以太网等，下面分别加以介绍。

1. 100 BASE-T快速以太网

1993年出现了由英特尔公司和3COM公司大力支持的100 BASE-T快速以太网。1995年IEEE正式通过快速以太网/100 BASE-T标准，即IEEE 802.3u标准。

(1) 100 BASE-T的特点

① 传输速率高

100 BASE-T的传输速率可达100 Mbit/s。

② 沿用了10 BASE-T的MAC协议

100 BASE-T采用了与10 BASE-T相同的MAC协议，其好处是能够方便地付出很小的代价便可将现有的10 BASE-T以太网升级为100 BASE-T以太网。

③ 可以采用共享式或交换式连接方式

10 BASE-T和100 BASE-T两种以太网均可采用以下两种连接方式：

• 共享式连接方式

将所有的站点连接到一个集线器上，使这些站点共享10 M或100 M的带宽。这种连接方式的优点是费用较低，但每个站点所分得的频带较窄。

• 交换式连接方式

所谓交换式连接方式是将所有的站点都连接到一个交换集线器上。这种连接方式的优点是每个站点都能独享10 M或100 M的带宽，但连接费用较高(此种连接方式相当于交换式以太网)。采用交换式连接方式时可支持全双工操作模式而无访问冲突。

④ 适应性强

10 BASE-T以太网装置只能工作于10 Mbit/s这个单一速率上，而100 BASE-T以太网的设备可同时工作于10 Mbit/s和100 Mbit/s速率上。所以100 BASE-T网卡能自动识别网络设备的传输速率是10 Mbit/s还是100 Mbit/s，并能与之适应。也就是说此网卡既可作为100 BASE-T网卡，又可降格为10 BASE-T网卡使用。

⑤ 经济性好

快速以太网的传输速率是一般以太网的10倍，但其价格目前只是一般以太网的2倍(将来还会更低)，即性能价格比高。

⑥ 网络范围变小

由于传输速率升高，导致信号衰减增大，所以100 BASE-T比10 BASE-T的网络范围小。

(2) 100 BASE-T的标准

100 BASE-T快速以太网的标准为IEEE 802.3u，是现有以太网IEEE 802.3标准的扩展。

① MAC子层

100 BASE-T快速以太网的MAC子层标准与802.3的MAC子层标准相同。所以，100 BASE-T的帧格式、帧携带的数据量、介质访问控制机制、差错控制方式及信息管理等,均与10 BASE-T的相同。

② 物理层标准

IEEE 802.3u规定了100 BASE-T的四种物理层标准。

(a) 100 BASE-TX

100 BASE-TX是使用2对5类非屏蔽双绞线(UTP)或屏蔽双绞线(STP)、传输速率为100 Mbit/s的快速以太网。100 BASE-TX有以下几个要点:

• 使用2对5类非屏蔽双绞线(UTP)或屏蔽双绞线(STP),其中一对用于发送数据信号,另一对用于接收数据信号。

• 最大网段长度100 m。

• 100 BASE-TX采用4B/5B编码方法,以125 MHz的串行数据流来传送数据。实际上,100 BASE-TX使用"多电平传输3(MLT-3)"编码方法来降低信号频率。MLT-3编码方法是把125 MHz的信号除以3后建立起41.6 MHz的数据传输频率,这就有可能使用5类线。100 BASE-TX由于频率较高而要求使用较高质量的电缆。

• 100 BASE-TX提供了独立的发送和接收信号通道,所以能够支持可选的全双工操作模式。

(b) 100 BASE-FX

100 BASE-FX是使用光缆作为传输介质的快速以太网,有以下几个要点:

• 100 BASE-FX可以使用2对多模(MM)或单模(SM)光缆,一对用于发送数据信号,另一对用于接收数据信号。

• 支持可选的全双工操作方式。

• 光缆连接的最大网段长度因不同情况而异,对使用多模光缆的两个网络开关或开关与适配器连接的情况允许412 m长的链路,如果此链路是全双工型,则此数字可增加到2 000 m。对质量高的单模光缆允许10 km或更长的全双工式连接。100 BASE-FX中继器网段长度一般为150 m,但实际上与所用中继器的类型和数量有关。

• 100 BASE-FX使用与100 BASE-TX相同的4D/5B编码方法。

(c) 100 BASE-T4

100 BASE-T4是使用4对3类、4类或5类UTP的快速以太网,其要点为:

• 100 BASE-T4可使用4对音频级或数据级3类、4类或5类UTP,信号频率为25 MHz。3对线用来同时传送数据,而第4对线用作冲突检测时的接收信道。

• 100 BASE-T4的最大网段长度为100 m。

• 采用8B/6T编码方法,就是将8位一组的数据(8B)变成6个三进制模式(6T)的信号在双绞线上发送。该编码法比曼彻斯特编码法要高级得多。

• 100 BASE-T4 没有单独专用的发送和接收线，所以不可能进行全双工操作。

(d)100 BASE-T2

100 BASE-T4 有两个缺点：一个是要求使用 4 对 3 类、4 类或 5 类 UTP，而某些设施只有 2 对线可以使用；另一个是它不能实现全双工。IEEE 于 1997 年 3 月公布了 802.3Y 标准，即 100 BASE-T2 标准。100 BASE-T2 快速以太网有以下几个要点：

• 采用 2 对声音或数据级 3 类、4 类或 5 类 UTP，其中一对用于发送数据信号，另一对用于接收数据信号；

• 100 BASE-T2 的最大网段长度是 100 m；

• 100 BASE-T2 采用一种比较复杂的五电平编码方案，称为 PAM5X5，即将 MII 接口接收的 4 位半字节数据翻译成五个电平的脉冲幅度调制系统；

• 支持全双工操作。

(3) 100 BASE-T 快速以太网的组成

快速以太网和一般以太网的组成是相同的，即由工作站、网卡、集线器、中继器、传输介质及服务器等组成。

① 工作站

接入 100 BASE-T 快速以太网的工作站必须是较高档的微机，因为接入快速以太网的微机必须具有 PCI 或 EISA 总线。而低档的微机所用的老式的 ISA 总线不能支持 100 Mbit/s 的传输速率。

② 网卡

快速以太网的网卡有两种：一种是既可支持 100 Mbit/s 也可支持 10 Mbit/s 的传输速率；另一种是只能支持 100 Mbit/s 的传输速率。

③ 集线器

100 Mbit/s 的集线器是 100 BASE-T 以太网中的关键部件，分一般的集线器和交换式集线器，一般的集线器可带有中继器的功能。

④ 中继器

100 BASE-T 以太网中继器的功能与 10 BASE-T 中的相同，即对某一端口接收到的弱信号再生放大后，发往另一端口。由于在 100 BASE-T 中，网络信号速度已加快 10 倍，最多只能由 2 个快速以太网中继器级联在一起。

⑤ 传输介质

100 BASE-T 快速以太网的传输介质可以采用 3 类、4 类、5 类 UTP、STP 以及光纤。

(4) 100 BASE-T 快速以太网的拓扑结构

100 BASE-T 快速以太网基本保持了 10 BASE-T 以太网的网络拓扑结构，即所有的站点都连到集线器上，在一个网络中最多允许有两个中继器。

2. 千兆位以太网

(1) 千兆位以太网的要点

千兆位以太网是一种能在站点间以1 000 Mbit/s(1 Gbit/s)的速率传送数据的系统。IEEE于1996年开始研究制定千兆位以太网的标准,即IEEE 802.3z标准,此后不断加以修改完善,1998年IEEE 802.3z标准正式成为千兆位以太网标准。千兆位以太网的要点如下:

① 千兆位以太网的运行速度比100 Mbit/s快速以太网快10倍,可提供1 Gbit/s的基本带宽。

② 千兆位以太网采用星形拓扑结构。

③ 千兆位以太网使用和10 Mbit/s、100 Mbit/s以太网同样的以太网帧,与10 BASE-T和100 BASE-T技术向后兼容。

④ 当工作在半双工(共享介质)模式下,它使用和其他半双工以太网相同的CSMA/CD介质访问控制机制(其中作了一些修改以优化1 Gbit/s速度的半双工操作)。

⑤ 支持全双工操作模式。大部分千兆位以太网交换器端口将以全双工模式工作,以获得交换器间的最佳性能。

⑥ 千兆位以太网允许使用单个中继器。千兆位以太网中继器像其他以太网中继器那样能够恢复信号计时和振幅,并且具有隔离发生冲突过多的端口以及检测并中断不正常的超时发送的功能。

⑦ 千兆位以太网采用8B/10B编码方案,即把每8位数据净荷编码成10位线路编码,其中多余的位用于错误检查。8B/10B编码方案产生20%的信号编码开销,这表示千兆位以太网系统实际上必须以1.25 GBaud的速率在电缆上发送信号,以达到1 000 Mbit/s的数据率。

(2) 千兆位以太网的物理层标准

千兆位以太网的物理层标准有四种:

① 1 000 BASE-LX(IEEE 802.3z标准)

"LX"中的"L代表"长(Long)",因此它也被称为长波激光(LWL)光纤网段。1 000 BASE-LX网段基于的是波长为1 270~1 355 nm(一般为1 300 nm)的光纤激光传输器,它可以被耦合到单模或多模光纤中。当使用纤芯直径为62.5 μm和50 μm的多模光纤时,传输距离为550 m。使用纤芯直径为10 μm的单模光纤时,可提供传输距离长达5 km的光纤链路。

1 000 BASE-LX的线路信号码型为8B/10B编码。

② 1 000 BASE-SX(IEEE 802.3z标准)

"SX"中的"S"代表"短(Short)",因此它也被称为短波激光(SWL)光纤网段。1000 BASE-SX网段基于波长为770~860 nm(一般为850 nm)的光纤激光传输器,它可以被耦合到多模光纤中。使用纤芯直径为 62.5 μm 和 50 μm 的多模光纤时，传输距离分别为 275 m 和 550 m。

1 000 BASE-SX 的线路信号码型是 8B/10B 编码。

③ 1 000 BASE-CX(IEEE 802.3z 标准)

1 000 BASE-CX 网段由一根基于高质量 STP 的短跳接电缆组成，电缆段最长为 25 m。10 000 BASE-CX 的线路信号码型也是 8B/10B 编码。

以上介绍的 1 000 BASE-LX、1 000 BASE-SX 和 10 BASE-CX 可通称为 10 BASE-X。

④ 1 000 BASE-T(IEEE 802.3ab 标准)

1 000 BASE-T 使用 4 对五类 UTP，电缆最长为 100 m。线路信号码型是 PAM5X5 编码。

值得说明的是，千兆位以太网为了满足对速率和可靠性的要求，其物理介质优先使用光纤。

3. 10 Gbit/s 以太网

IEEE 于 1999 年 3 月年开始从事 10 Gbit/s 以太网的研究，其正式标准是 802.3ae 标准，它在 2002 年 6 月完成。

(1) 10 Gbit/s 以太网的特点

① 数据传输速率是 10 Gbit/s；

② 传输介质为多模或单模光纤；

③ 10 Gbit/s 以太网使用与 10 Mbit/s、100 Mbit/s 和 1 Gbit/s 以太网完全相同的帧格式；

④ 线路信号码型采用 8B/10B 和 MB810 两种类型编码；

⑤ 10 Gbit/s 以太网只工作在全双工方式，显然没有争用问题，也就不必使用 CSMA/CD 协议。

(2) 10 Gbit/s 以太网的物理层标准

吉比特以太网的物理层标准包括局域网物理层标准和广域网物理层标准。

① 局域网物理层标准(LAN PHY)

局域网物理层标准规定的数据传输速率是 10 Gbit/s。具体包括以下几种：

• 10000 BASE-ER

10000 BASE-ER 的传输介质是波长为 1 550 nm 的单模光纤，最大网段长度为 10 km，采用 64B/66B 线路码型。

• 10000 BASE-LR

10000 BASE-LR 的传输介质是波长为 1 310 nm 的单模光纤，最大网段长度为 10 km，也采用 64B/66B 线路码型。

• 10000 BASE-SR

10000 BASE-SR 的传输介质是波长为 850 nm 的多模光纤串行接口，最大网段长度采用 62.5 μm 多模光纤时为 28 m/160 MHz · km、35 m/200 MHz · km;采用 50 μm 多模光纤时为 69 m、86 m、300 m/0.4 GHz · km。10 000 BASE-SR 仍采用 64B/66B 线路码型。

② 广域网物理层 WAN PHY

为了使 10 吉比特以太网的帧能够插入到 SDH 的 STM-64 帧的有效载荷中,就要使用可选的广域网物理层,其数据速率为 9.95328 Gbit/s(约 10 Gbit/s)。具体包括以下几种:

• 10000 BASE-EW

10000 BASE-EW 的传输介质是波长为 1 550 nm 的单模光纤,最大网段长度为 10 km,采用 64B/66B 线路码型。

• 10000 BASE-L4

10000 BASE-L4 的传输介质为 1 310 nm 多模/单模光纤 4 信道宽波分复用(WWDM)串行接口,最大网段长度采用 62.5 μm 多模光纤时为 300 m/500 MHz · km;采用 50 μm 多模光纤时为 240 m/400 MHz · km、300 m/500 MHz · km;采用单模光纤时为 10 km。10000 BASE-L4 选用 8B/10B 线路码型。

• 10000 BASE-SW

10000 BASE-SW 的传输介质是波长为 850 nm 的多模光纤串行接口/WAN 接口,最大网段长度采用 62.5 μm 多模光纤时为 28 m/160 MHz · km、35 m/200 MHz · km;采用 50 μm 多模光纤时为 69 m、86 m、300 m/0.4 GHz · km。10000 BASE-SW 采用 64B/66B 线路码型。

4.2.3 交换式以太网

1. 交换式以太网的基本概念

对于共享式以太网,其介质的容量(数据传输能力)被网上的各个站点共享。例如采用 CSMA/CD 的 10 Mbit/s 以太网中,各个站点共享一条 10 Mbit/s 的通道,这带来了许多问题。如网络负荷重时,由于冲突和重发的大量发生,网络效率急剧下降,这使得网络的实际流通量很难超过 2.5 Mbit/s,同时由于站点何时能抢占到信道带有一定的随机性,使得 CSMA/CD 以太网不适于传送时间性要求强的业务。交换式以太网的出现解决了这个问题。

(1) 交换式以太网的概念

交换式以太网所有站点都连接到一个以太网交换机上,如图 4-9 所示。

以太网交换机具有交换功能,它们的特点是:所有端口平时都不连通,当工作站需要通信时,以太网交换机能同时连通许多对端口,使每一对端口都能像独占通信媒体那样无冲突地传输数据,通信完成后断开连接。由于消除了公共的通信媒体,每个站点独自使用一条链路,不存在冲突问题,可以提高用户的平均数据传输速率,即容量得以扩大。

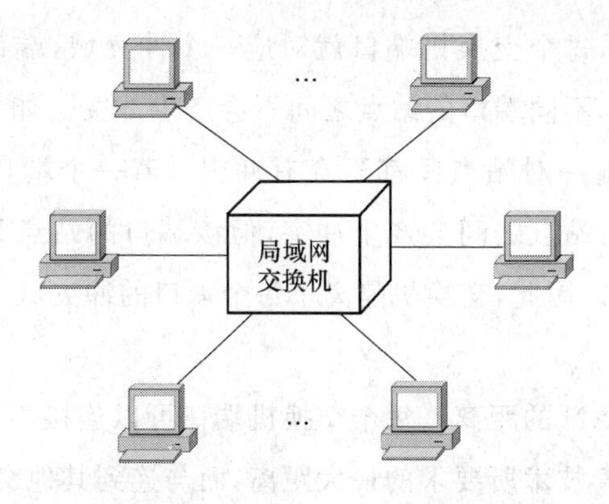

图 4-9　交换式局域网示意图

交换式以太网采用星形拓扑结构，其优点是十分容易扩展，而且每个用户的带宽并不因为互连的设备增多而降低。

交换式以太网无论是从物理上，还是逻辑上都是星形拓扑结构，多台以太网交换机可以串接，连成多级星形结构。

(2) 交换式以太网的功能

交换式以太网可向用户提供共享式以太网不能实现的一些功能，主要包括以下几个方面。

① 隔离冲突域

在共享式以太网中，使用 CSMA/CD 算法来进行介质访问控制。如果两个或更多站点同时检测到信道空闲而有帧准备发送，它们将发生冲突。一组竞争信道访问的站点称为冲突域，如图 4-10 所示。显然同一个冲突域中的站点竞争信道，便会导致冲突和退避。而不同冲突域的站点不会竞争公共信道，它们则不会产生冲突。

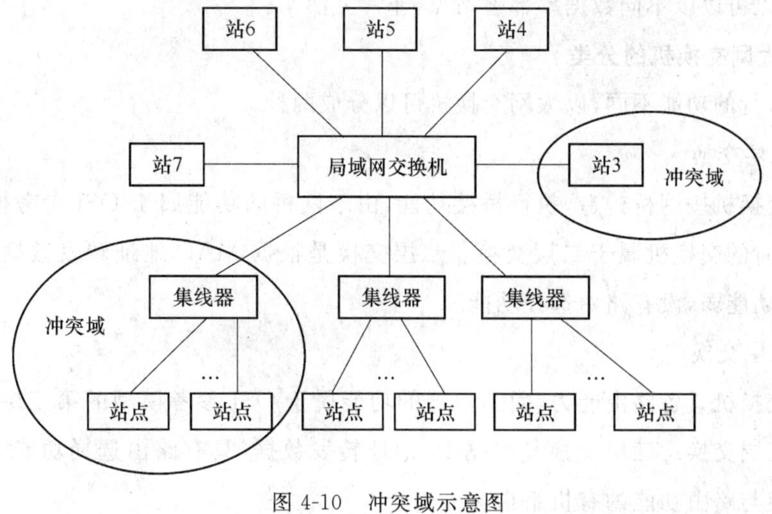

图 4-10　冲突域示意图

在交换式以太网中,每个交换机端口就对应一个冲突域,端口就是冲突域终点。由于交换机具有交换功能,不同端口的站点之间不会产生冲突。如果每个端口只连接一台计算机站点,那么在任何一对站点间都不会有冲突。若一个端口连接一个共享式以太网,那么在该端口的所有站点之间会产生冲突,但该端口的站点和交换机其他端口的站点之间将不会产生冲突。因此,交换机隔离了每个端口的冲突域。

② 扩展距离

交换机可以扩展LAN的距离。每个交换机端口可以连接不同的LAN,因此每个端口都可以达到不同LAN技术所要求的最大距离,而与连到其他交换机端口LAN的长度无关。

③ 增加总容量

在共享式LAN中,其容量(无论是10 Mbit/s、100 Mbit/s,还是1 000 Mit/s)是由所有接入设备分享。而在交换式以太网中,由于交换机的每个端口具有专用容量,交换式以太网总容量随着交换机的端口数量而增加,所以交换机提供的数据传输容量比共享式LAN大得多。例如,设以太网交换机和用户连接的带宽(或速率)为M,用户数为N,则网络总的可用带宽(或速率)为$N \times M$。

④ 数据率灵活性

对于共享式LAN,不同LAN可采用不同数据率,但连接到同一共享式LAN的所有设备必须使用同样的数据率。而对于交换式以太网,交换机的每个端口可以使用不同的数据率,所以可以以不同数据率部署站点,非常灵活。

2. 以太网交换机的分类

按所执行的功能不同,以太网交换机可以分成两种。

(1) 二层交换

如果交换机按网桥构造,执行桥接功能,由于网桥的功能属于OSI参考模型的第二层,所以此时的交换机属于二层交换。二层交换是根据MAC地址转发数据,交换速度快,但控制功能弱,没有路由选择功能。

(2) 三层交换

如果交换机具备路由能力,而路由器的功能属于OSI参考模型的第三层,此时的交换机属于三层交换。三层交换是根据IP地址转发数据,具有路由选择功能。三层交换是二层交换与路由功能的有机组合。

4.3　宽带IP城域网

4.3.1　宽带IP城域网基本概念

1. 宽带IP城域网的概念

城域网是指介于广域网和局域网之间，在城市及郊区范围内实现信息传输与交换的一种网络。

IP城域网是电信运营商或因特网服务提供商(ISP)在城域范围内建设的城市IP骨干网络。

宽带IP城域网是一个以IP和SDH、ATM等技术为基础，集数据、语音、视频服务为一体的高带宽、多功能、多业务接入的城域多媒体通信网络。

宽带IP城域网是基于宽带技术，以电信网的可管理性、可扩充性为基础，在城市的范围内汇聚宽、窄带用户的接入，面向满足集团用户(政府、企业等)、个人用户对各种宽带多媒体业务(互联网访问、虚拟专网等)需求的综合宽带网络，是电信网络的重要组成部分，向上与骨干网络互连。

从传输上来讲，宽带IP城域网兼容现有的SDH平台、光纤直连平台，为现有的PSTN(公众交换电话网)、移动网络、计算机通信网络和其他通信网络提供业务承载功能；从交换和接入来讲，宽带IP城域网为数据、话音、图像提供可以互连互通的统一平台；从网络体系结构来讲，宽带IP城域网综合传统TDM(时分复用)电信网络完善的网络管理和因特网开放互连的优点，采用业务与网络相分离的思想来实现统一的网络，用以管理和控制多种现有的电信业务，使之易于生成新的增值业务。

一个宽带IP城域网应该是“基础设施”、“应用系统”、“信息系统”三方面内容的综合。

- 基础设施——包括数据交换设备、城域传输设备、接入设备和业务平台设备。
- 应用系统——由基本服务和增值服务两部分组成，这些服务如同高速公路上的各种车辆，为用户运载各种信息。
- 信息系统——包括环绕科技、金融、教育、财政和商业等数据的各种信息系统。

2. 宽带IP城域网的特点

由宽带IP城域网的概念可以归纳出，它具有以下几个特点：

(1) 技术多样，采用IP作为核心技术

宽带IP城域网是一个集IP和SDH、ATM、DWDM等技术为一体的网络，而且以IP

技术为核心。

(2) 基于宽带技术

宽带IP城域网采用宽带传输技术、接入技术,以及高速路由技术,为用户提供各种宽带业务。

(3) 接入技术多样化、接入方式灵活

用户可以采用各种宽、窄带接入技术接入宽带IP城域网。

(4) 覆盖面广

从网络覆盖范围来看,宽带IP城域网比局域网的覆盖范围大得多;从涉及的网络种类来说,宽带IP城域网是一个包括计算机网、传输网、接入网等的综合网络。

(5) 强调业务功能和服务质量

宽带IP城域网可满足集团用户(政府、企业等)、个人用户的各种需求,为他们提供各种业务的接入。另外采取一些必要的措施保证服务质量,而且可以依据业务不同而有不同的服务等级。

(6) 投资量大

相对于局域网而言,要建设一个覆盖整个城市的宽带IP城域网,需增加一些相应的设备,因而投资量较大。

3. 宽带IP城域网提供的业务

宽带IP城域网以多业务的光传送网为开放的基础平台,在其上通过路由器、交换机等设备构建数据网络骨干层,通过各类网关、接入设备实现以下业务的接入。

- 话音业务;
- 数据业务;
- 图像业务;
- 多媒体业务;
- IP电话业务;
- 各种增值业务;
- 智能业务等。

宽带IP城域网还可与各运营商的长途骨干网互通形成本地综合业务网络,承担城域范围内集团用户、商用大楼、智能小区的业务接入和电路出租业务等。

4.3.2 宽带IP城域网的分层结构

为了便于网络的管理、维护和扩展,网络必须有合理的层次结构。根据目前的技术现状和发展趋势,一般将宽带IP城域网的结构分为三层:核心层、汇聚层和接入层。宽带IP城域网分层结构示意图如图4-11所示(此图只是举例说明)。

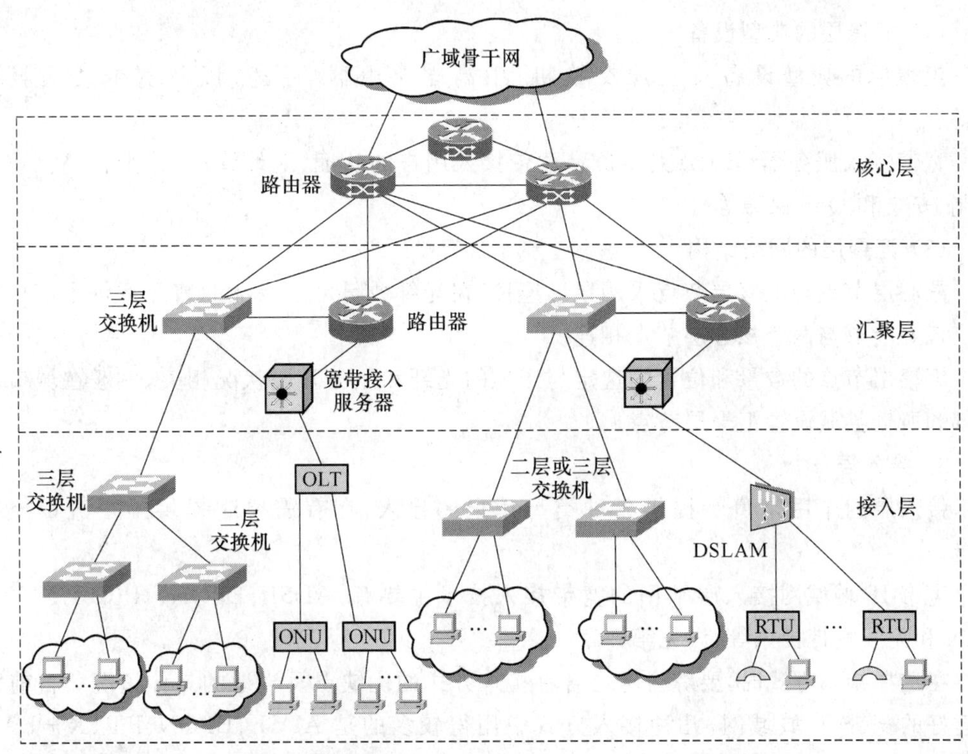

图 4-11 宽带 IP 城域网分层结构示意图

1. 核心层

核心层的作用主要是负责进行数据的快速转发以及整个城域网路由表的维护，同时实现与 IP 广域骨干网的互联，提供城市的高速 IP 数据出口。

核心层的设备一般采用高端路由器，其网络结构（核心层节点间的连接）原则上采用网状或半网状。

2. 汇聚层

（1）汇聚层的功能

汇聚层的功能主要包括：

① 汇聚接入节点，解决接入节点到核心层节点间光纤资源紧张的问题。

② 实现接入用户的可管理性，当接入层节点设备不能保证用户流量控制时，需要由汇聚层设备提供用户流量控制及其他策略管理功能。

③ 除基本的数据转发业务外，汇聚层还必须能够提供必要的服务层面的功能，包括带宽的控制、数据流 QoS 优先级的管理、安全性的控制、IP 地址翻译（NAT）等功能。

(2) 汇聚层的典型设备

汇聚层的典型设备有三层交换机、中高端路由器(后述)以及宽带接入服务器等。

宽带接入服务器(BAS)主要负责宽带接入用户的认证、地址管理、路由、计费、业务控制、安全和QoS保障等。

(3) 汇聚层的网络结构

核心层节点与汇聚层节点采用星形连接,在光纤数量可以保证的情况下每个汇聚层节点最好能够与两个核心层节点相连。

汇聚层节点的数量和位置的选定与当地的光纤和业务开展状况相关,一般在城市的远郊和所辖县城设置汇聚层节点。

3. 接入层

接入层的作用是负责提供各种类型用户的接入,在有需要时提供用户流量控制功能。

宽带IP城域网接入层常用的宽带接入技术主要有:ADSL、EPON、HFC、FTTX+LAN和无线宽带接入等(详见第5章)。

在选择接入方式时,要综合考虑各种接入方式的优缺点及当地的具体情况。目前已经建好的宽带IP城域网,几种接入方式中用得较多的是ADSL、EPON、FTTX+LAN(如图4-11所示)。ADSL适合零散用户的接入,而EPON和FTTX+LAN适合用户集中地区(如小区)的接入。

以上介绍了宽带IP城域网的分层结构,这里有几点说明:

• 图4-11只是宽带IP城域网分层结构的一个示意图,宽带IP城域网的组网是非常灵活的,不同的城市应该根据各自的实际情况考虑如何组网,比如核心层采用多少个高端路由器、汇聚层需要多少个节点、汇聚层节点如何与核心层路由器之间连接、接入层采用何种接入技术等。

• 目前一般的宽带IP城域网均规划为核心层、汇聚层和接入层三层结构,但对于规模不大的城域网,可视具体情况将核心层与汇聚层合并。

• 组建宽带IP城域网的方案有两种:一种是采用高速路由器为核心层设备,采用路由器和高速三层交换机作为汇聚层设备(如图4-11所示);另一种核心层和汇聚层设备均采用高速三层交换机。由于三层交换机的路由功能较弱,所以目前组建宽带IP城域网一般采用的是第一种方案。

• 在宽带IP城域网的分层结构中,核心层和汇聚层路由器之间(或路由器与交换机之间)的传输技术称为骨干传输技术。宽带IP城域网的骨干传输技术主要有:IP over ATM、IP over SDH、IP over DWDM和千兆以太网等。

• 宽带 IP 城域网还有业务控制层和业务管理层，它们并非是独立存在的，而是从核心层、汇聚层和接入层三个层次中抽象出来的而实际上是存在于这三个层次之中。

业务控制层主要负责用户接入管理、用户策略控制、用户差别化服务。对网络提供的各种业务进行控制和管理，实现对各类业务的接入、区分、带宽分配、流量控制以及 ISP 的动态选择等。

业务管理层提供统一的网络管理与业务管理、统一业务描述格式，根据业务开展的需要，实现业务的分级分权及网络管理，提供网络综合设备的拓扑、故障、配置、计费、性能和安全的统一管理。

4.3.3　宽带 IP 城域网的骨干传输技术

前已述及宽带 IP 城域网的骨干传输技术主要有：IP over ATM、IP over SDH、IP over DWDM 和千兆以太网等。

1. IP over ATM

(1) IP over ATM 的概念

IP over ATM(POA)是 IP 技术与 ATM 技术的结合，它是在 IP 路由器之间(或路由器与交换机之间)采用 ATM 网进行传输，其网络结构如图 4-12 所示。

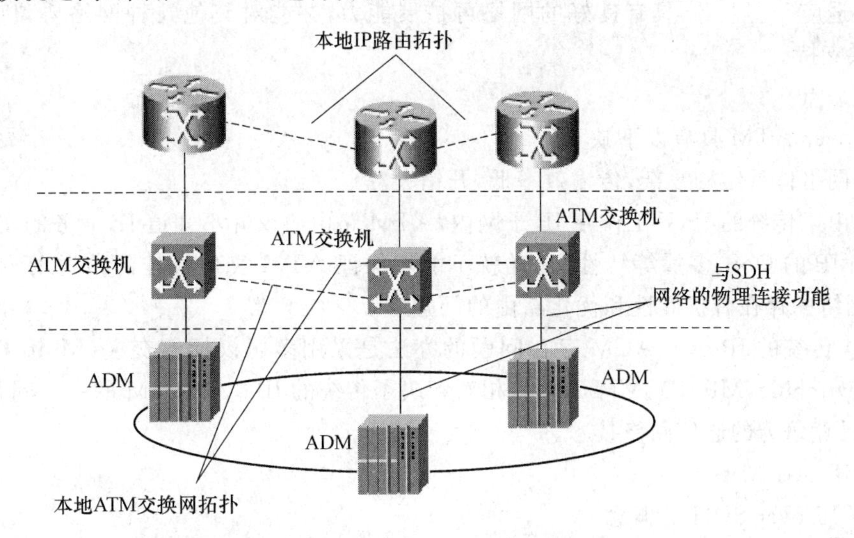

图 4-12　IP over ATM 的网络结构示意图

(2) IP over ATM 的分层结构

IP over ATM 将 IP 数据报首先封装为 ATM 信元，以 ATM 信元的形式在信道中传输；或者再将 ATM 信元映射进 SDH 帧结构中传输，其分层结构如图 4-13 所示。

IP层提供了简单的数据封装格式;ATM层重点提供端到端的QoS;SDH层重点提供强大的网络管理和保护倒换功能;DWDM光网络层主要实现波分复用,以及为上一层的呼叫选择路由和分配波长。但是由于IP层、ATM层、SDH层等各层自成一体,都分别有各自的复用、保护和管理功能,且实现方式又大有区别,所以实现起来不但有功能重叠的问题,而且有功能兼容且有功能兼容困难的问题。

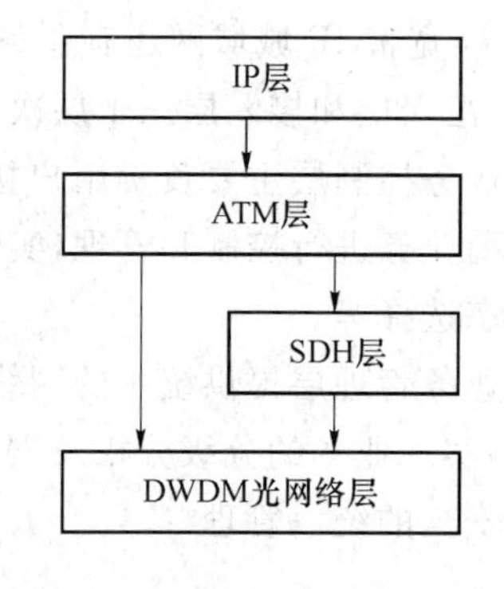

图4-13 IP over ATM的分层结构

这里有个问题说明一下,若进行波分复用则需要DWDM光网络层,否则这一层可以省略。

(3) IP over ATM的优缺点

① 优点

IP over ATM的主要优点有:

• ATM技术本身能提供QoS保证,具有流量控制、带宽管理、拥塞控制功能以及故障恢复能力,这些是IP所缺乏的,因而IP与ATM技术的融合,也使IP具有了上述功能。这样既提高了IP业务的服务质量,同时又能够保障网络的高可靠性。

• 适应于多业务,具有良好的网络可扩展能力,并能对其他几种网络协议(如IPX等)提供支持。

② 缺点

IP over ATM具有以下缺点:

• 网络体系结构复杂,传输效率低,开销大。

• 由于传统的IP只工作在IP子网内,ATM路由协议并不知道IP业务的实际传送需求,如IP的QoS、多播等特性,这样就不能够保证ATM实现最佳的传送IP业务,在ATM网络中存在着扩展性和优化路由的问题。

解决传统的IP over ATM存在问题的办法是采用多协议标签交换(Multi-Protocol Label Switching,MPLS),MPLS技术相对解决了传统的IP over ATM的一些问题,是下一代最具竞争力的通信网络技术。

2. IP over SDH

(1) IP over SDH的概念

IP over SDH(POS)是IP技术与SDH技术的结合,是在IP路由器之间采用SDH网进行传输。具体地说它利用SDH标准的帧结构,同时利用点到点传送等的封装技术把IP业务进行封装,然后在SDH网中传输。其网络结构如图4-14所示。

SDH网为IP数据包提供点到点的链路连接,而IP数据包的寻址由路由器来完成。

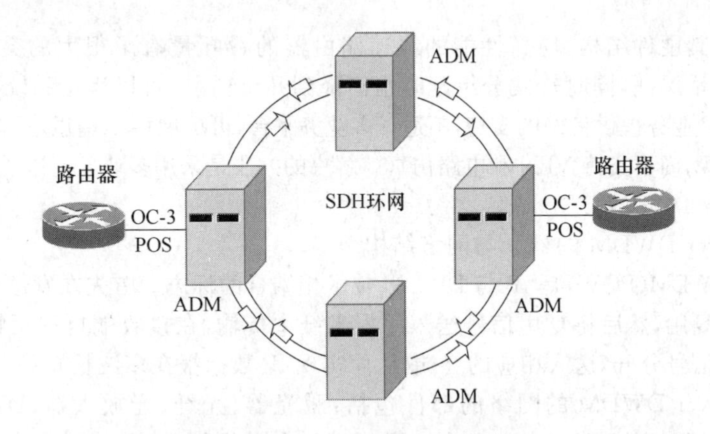

图 4-14　IP over SDH 的网络结构

(2) IP over SDH 的分层结构

IP over SDH 的基本思路是将 IP 数据报通过点到点协议(PPP)直接映射到 SDH 帧结构中,从而省去了中间的复杂的 ATM 层。其分层结构如图 4-15 所示。

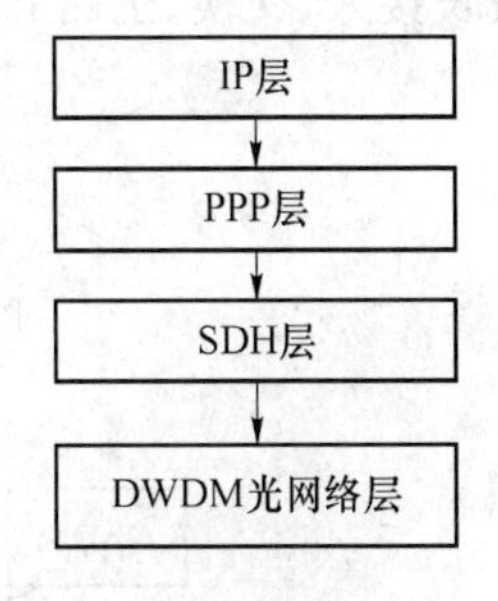

图 4-15　IP over SDH 的分层结构

具体作法是:首先利用 PPP 技术把 IP 数据报封装进 PPP 帧,然后再将 PPP 帧按字节同步映射进 SDH 的虚容器中,再加上相应的 SDH 开销置入 STM-N 帧中。若进行波分复用则需要 DWDM 光网络层,否则这一层可以省略。

(3) IP over SDH 的优缺点

① 优点

IP over SDH 的主要优点有:

• IP 与 SDH 技术的结合是将 IP 数据报通过点到点协议直接映射到 SDH 帧,其中省掉了中间的 ATM 层,从而简化了 IP 网络体系结构,减少了开销,提供更高的带宽利用率,提高了数据传输效率,降低了成本;

• 保留了 IP 网络的无连接特征,易于兼容各种不同的技术体系和实现网络互连,更适合于组建专门承载 IP 业务的数据网络;

• 可以充分利用 SDH 技术的各种优点,如自动保护倒换(APS),以防止链路故障而造成的网络停顿,保证网络的可靠性。

② 缺点

IP over SDH 的缺点为:

• 网络流量和拥塞控制能力差。

• 不能像 IP over ATM 技术那样提供较好的服务质量保障(QoS),在 IP over SDH 中,由于 SDH 是以链路方式支持 IP 网络的,因而无法从根本上提高 IP 网络的性能,但近来通过改进其硬件结构,使高性能的线速路由器的吞吐量有了很大的突破,并可以达到基本服务质量保证,同时转发分组延时也已降到几十微秒,可以满足系统要求。

• 仅对 IP 业务提供良好的支持,不适于多业务平台,可扩展性不理想,只有业务分级,而无业务质量分级,尚不支持 VPN 和电路仿真。解决的办法是采用多业务传送平台(MSTP)。

3. IP over DWDM

(1) IP over DWDM 的概念与网络结构

IP over DWDM(POW)是 IP 与 DWDM 技术相结合的标志。首先在发送端对不同波长的光信号进行复用,然后将复用信号送入一根光纤中传输,在接收端再利用解复用器将各不同波长的光信号分开,送入相应的终端,从而实现 IP 数据报在多波长光路上的传输。

构成 IP over DWDM 的网络的部件包括:激光器、光纤、光放大器、DWDM 光耦合器、光分插复用器(OADM)、光交叉连接器(OXC)和转发器等。在 IP over DWDM 网络中路由器通过 OADM、OXC 或者 DWDM 光耦合器直接连至 DWDM 光纤,由这些设备控制波长接入、交换、选路和保护。IP over DWDM 网络结构如图 4-16 所示。

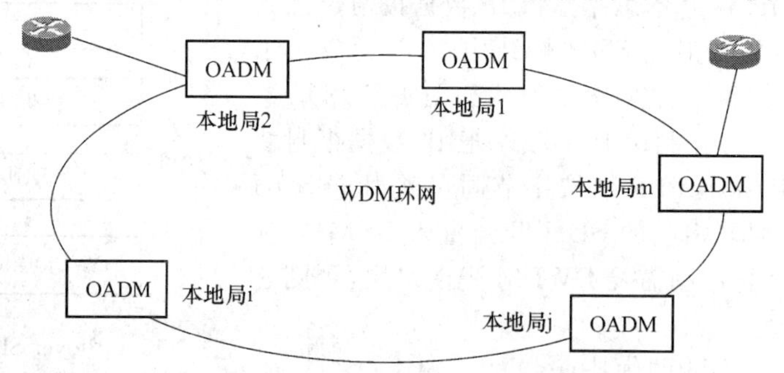

(a)路由器之间由OADM构成的小型DWDM光网络结构

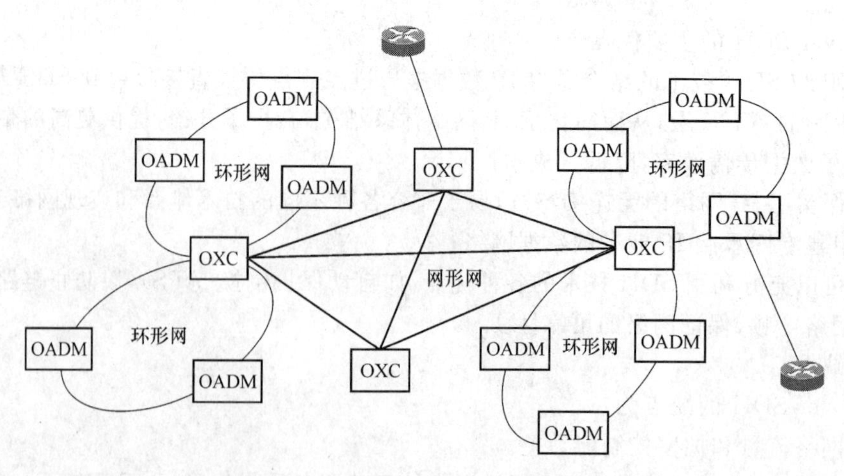

(b)路由器之间由OXC和OADM构成的大型DWDM光网络结构

图 4-16 IP over DWDM 网络结构

(2) IP over DWDM 分层结构

IP over DWDM 分层结构如图 4-17 所示。

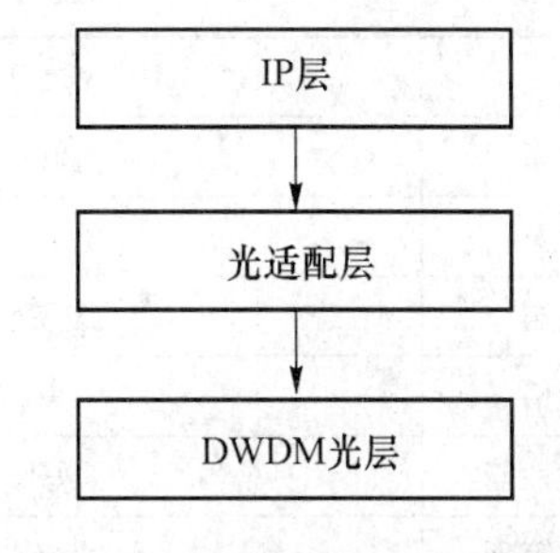

图 4-17　IP over DWDM 的分层结构

由图 4-17 可见，IP over DWDM 在 IP 层和 DWDM 光层之间省去了 ATM 层和 SDH 层，将 IP 数据包直接放到光路上进行传输。各层功能如下：

① IP 层产生 IP 数据报，其协议包括 IPv4、IPv6 等。

② 光适配层负责向不同的高层提供光通道，主要功能包括管理 DWDM 信道的建立和拆除，提供光层的故障保护/恢复等。

③ DWDM 光层包括光通道层、光复用段层和光传输段层。光通道层负责为多种形式的用户提供端到端的透明传输；光复用段层负责提供同时使用多波长传输光信号的能力；光传输段层负责提供使用多种不同规格光纤来传输信号的能力。这三层都具有监测功能，只是各自监测的对象不同。光传输段层监控光传输段中的光放大器和光中继器，而其他两层则提供系统性能监测和检错功能。

现在数据网络的速率远远低于光传输网络的速率，IP over DWDM 的关键在于如何进行数据网络层（IP 层）和光网络层的适配，IP 数据以何种方式成帧并通过 DWDM 传输。

具体的适配功能包括：数据网的运行维护与管理（OAM）可以适配到光网的 OAM，数据网中特定协议呼叫可映射到光网相应的信令信息。

IP over DWDM 传输时所采用的帧格式可以是以下几种：

- SDH 帧格式；
- GE 以太网帧格式；
- 数字包封帧格式（跳过 SDH 层把 IP 信号直接映射进光通道，正在研究）。

相应的网络方案：IP/SDH/DWDM 和 IP/GE/DWDM。值得说明的是，即使不使用 SDH 层但并不排除使用 SDH 的帧结构作为 DWDM 中数据流的封装格式。

(3) 优缺点

- IP over DWDM 简化了层次，减少了网络设备和功能重叠，从而减轻了网管复杂程度。
- 可充分利用光纤的带宽资源，极大地提高了带宽和相对的传输速率。
- 技术还不十分成熟。尽管目前 DWDM 已经运用于长途通信之中，但只提供终端复用功能，还不能动态地完成上、下复用功能，光信号的损耗与监控以及光通路的保护倒换与网络管理配置还停留在电层阶段。

以上介绍了 IP over ATM、IP over SDH 和 IP over DWDM，下面将这三种技术骨干

传输技术做个简单的比较,如表4-1所示。

表4-1　三种骨干传输技术技术的比较

	IP over ATM	IP over SDH	IP over DWDM
效率	低	中	高
带宽	中	中	高
结构	复杂	略简	极简
价格	高	中	较低
传输性能	好	可以	好
维护管理	复杂	略简	简单
应用场合	网络边缘多业务的汇集和一般IP骨干网	IP骨干网	核心IP骨干网

4. 千兆以太网技术(GE)

(1) 概念

在IP路由器之间(或路由器与交换机之间)可以采用千兆以太网技术进行传输。

千兆以太网是建立在标准的以太网基础之上的一种带宽扩容解决方案。它和标准以太网以及快速以太网技术一样,都使用以太网所规定的技术规范,如CSMA/CD协议、以太网帧、全双工、流量控制等,而且千兆以太网QoS服务质量可以得到保证,同时支持VLAN。

(2) 千兆以太网的优点

由于千兆以太网采用了与传统以太网、快速以太网完全兼容的技术规范,因此千兆以太网除了继承传统以太网的优点外,还具有以下一些优点:

- 升级平滑、实施容易;
- 传输距离较远,可达100 km;
- 性价比高和易管理;
- 原来以太网的不足,如多媒体应用及QoS、拓扑结构不可靠和多链路负载分享、虚拟网等,随着新技术和新标准的出现已得到部分解决。

基于千兆以太网的优势,目前它已经发展成为主流网络技术。大到成千上万人的大型企业,小到几十人的中小型企业,在建设企业局域网时都会把千兆以太网技术作为首选的高速网络技术。千兆以太网技术甚至正在取代ATM技术,成为城域网建设的主力军。

4.4　路由器及IP网的路由选择协议

IP网是遵照TCP/IP协议将世界范围内众多计算机网络(包括各种局域网、城域网和广域网)互连在一起,而互连设备主要采用的是路由器。下面介绍路由器的相关内容。

4.4.1 路由器

路由器(Router)是在网络层实现网络互连,可实现网络层、链路层和物理层协议转换。

1. 路由器的用途

路由器主要用于以下几个方面:

(1) 局域网之间的互连

① 同构型局域网的互连

利用路由器进行同构型局域网(从应用层到LLC子层采用相同的协议的局域网)的互连,可解决网桥所不能解决的问题,而且路由器可互连的数目比网桥的要多。但不足之处在于路由器互连是在网络层上实现的,会造成较大的时延。

② 不同类型的局域网的互连

利用路由器也可以互连不同类型的局域网。

(2) 局域网与广域网(WAN)之间的互连

局域网与WAN互连时,使用较多的互连设备是路由器,如图4-18所示。路由器能完成局域网与WAN低三层协议的转换。路由器的档次很多,其端口数从几个到几十个不等,所支持的通信协议也可多可少。图4-18所示的是一个局域网通过路由器与WAN相连,此时的路由器 R_1 和 R_2 只需支持一种局域网协议和一种WAN协议。如果某路由器能支持多种局域网协议和一种WAN协议,便可利用该路由器将多种不同类型的局域网连接到某一种WAN上。

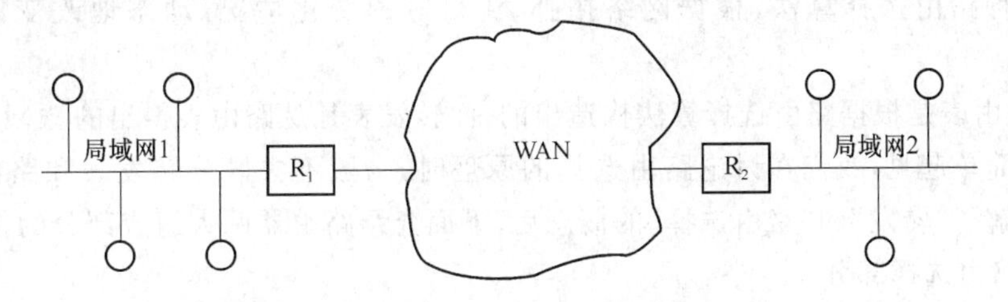

图4-18 利用路由器实现局域网与WAN的互连

其实,局域网与广域网之间的互连主要是为了实现通过广域网对两个异地局域网进行互连。用于连接局域网的广域网可以是分组交换网、帧中继网或ATM网等。

(3) WAN与WAN的互连

利用路由器互连WAN,要求两个WAN只是低三层协议不同。

2. 路由器的基本构成

路由器是一种具有多个输入端口和多个输出端口的专用计算机,其任务是对传输的分组进行路由选择并转发分组(网络层的数据传送单位是X.25分组或IP数据报,以后统称为分组)。

图4-19给出了一种典型的路由器的基本构成框图。

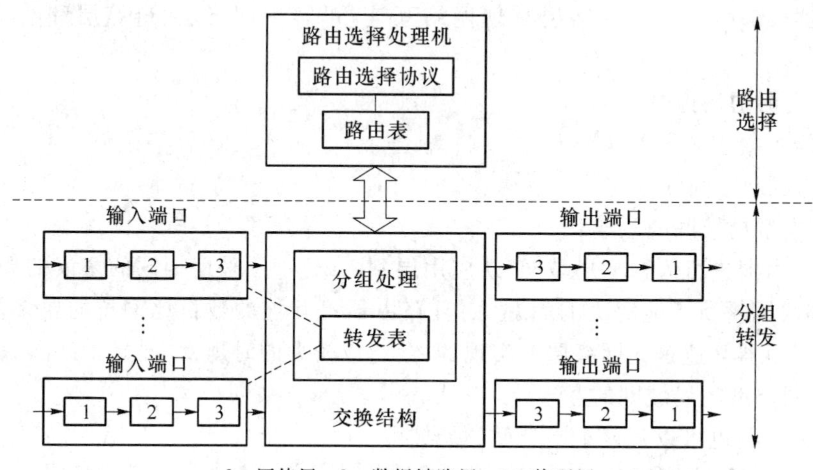

图4-19　典型的路由器的结构

由图4-19可见,整个路由器的结构可划分为两大部分:路由选择部分和分组转发部分。

这里首先要说明“转发”和“路由选择”的区别。

• “转发”是路由器根据转发表将用户的分组从合适的端口转发出去。“路由选择”是按照某种路由选择算法,根据网络拓扑、流量等的变化情况,动态地改变所选择的路由。

• 路由表是根据路由选择算法构造出的,而转发表是从路由表得出的。

为了简单起见,我们在讨论路由选择的原理时,一般不去区分转发表和路由表的区别。在了解了“转发”和“路由选择”的概念后,下面介绍路由器两大组成部分的作用。

(1) 路由选择部分

路由选择部分主要由路由选择处理机构成,其功能是根据所采取的路由选择协议建立路由表,同时经常或定期地和相邻路由器交换路由信息而不断地更新和维护路由表。

(2) 分组转发部分

分组转发部分包括三个组成部分:输入端口、输出端口和交换结构。

一个路由器的输入端口和输出端口就做在路由器的线路接口卡上。输入端口和输出端口的功能逻辑上均包括三层:物理层、数据链路层和网络层(以OSI参考模型为例),用图4-19方框中的1、2和3分别表示。

① 输入端口

输入端口对线路上收到的分组的处理过程如图 4-20 所示。

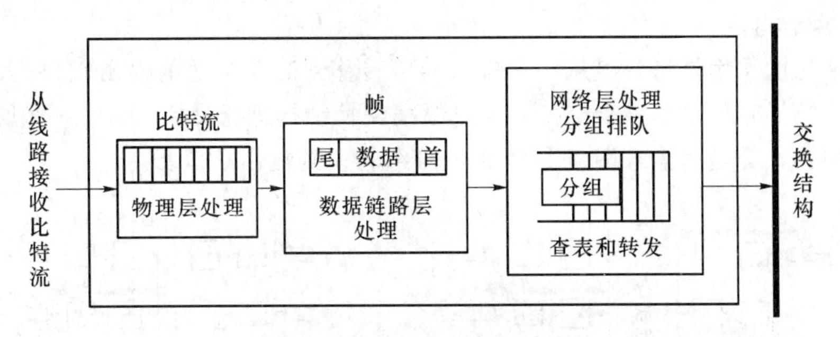

图 4-20　输入端口对线路上收到的分组的处理

输入端口的物理层收到比特流，数据链路层识别出一个个帧，完成相应的控制功能后，剥去帧的首部和尾部后，将分组送到网络层的队列中排队等待处理（当一个分组正在查找转发表时，后面又紧跟着从这个输入端口收到另一个分组，这个后到的分组就必须在队列中排队等待，这会产生一定的时延）。

为了使交换功能分散化，一般将复制的转发表放在每一个输入端口中，则输入端口具备查表转发功能。

② 输出端口

输出端口对分组的处理过程如图 4-21 所示。

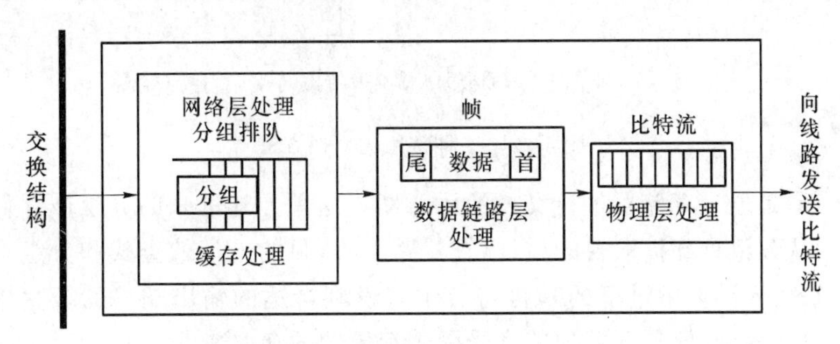

图 4-21　输出端口对分组的处理过程

输出端口对交换结构传送过来的分组（可能要进行分组格式的转换）先进行缓存处理，数据链路层处理模块将分组加上链路层的首部和尾部（相当于进行了链路层帧格式的转换），然后交给物理层后发送到外部线路（物理层也相应地进行了协议转换）。

从以上的讨论可以看出，分组在路由器的输入端口和输出端口都可能会在队列中排队等待处理。若分组处理的速率赶不上分组进入队列的速率，则队列的存储空间最终必将被占满，这就使后面再进入队列的分组由于没有存储空间而只能被丢弃（路由器中的输入或输出队列产生溢出是造成分组丢失的重要原因)。为了尽量减少排队等待时延，路由器必须以线速转发分组。

③ 交换结构

交换结构的作用是将分组从一个输入端口转移到某个合适的输出端口，其交换方式有三种:通过存储器、总线进行交换和通过纵横交换结构进行交换，如图 4-22 所示。图中假设这三种方式都是将输入端口 I_1 收到的分组转发到输出端口 O_2。

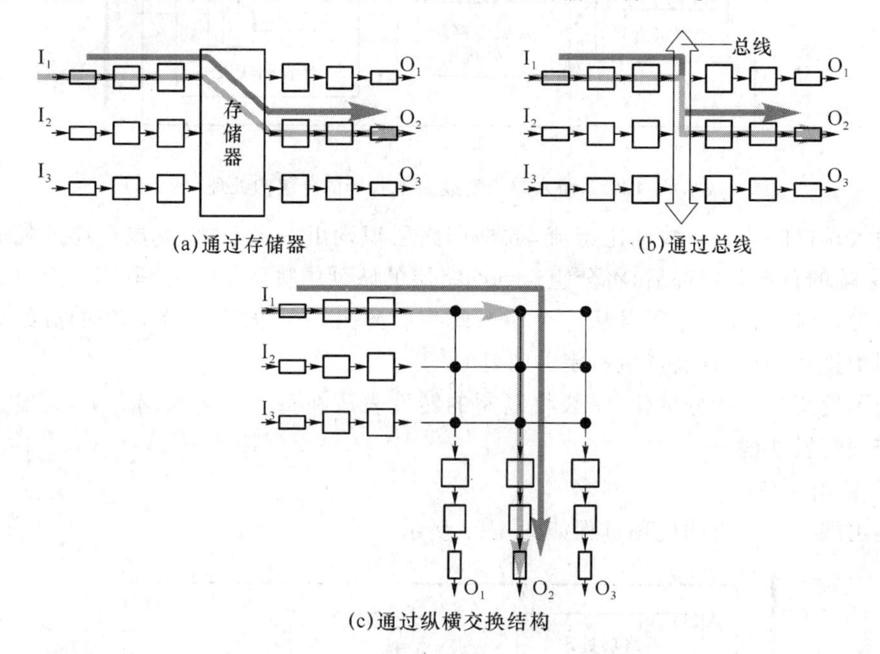

图 4-22　三种常用的交换方法

图 4-22(a)是通过存储器进行交换的示意图。这种方式进来的分组被存储在共享存储器中，然后从分组首部提取目的地址，查找路由表(目的地址的查找和分组在存储器中的缓存都是在输入端口中进行的)，再将分组转发到合适的输出端口的缓存中。此交换方式提高了交换容量，但是开关的速度受限于存储器的存取速度。

图 4-22(b)是通过总线进行交换的示意图。它是通过一条总线来连接所有输入和输出端口，分组从输入端口通过共享的总线直接传送到合适的输出端口，而不需要路由选择处理机的干预。这种方式的优点是简单方便，但缺点是其交换容量受限于总线的容量，而且可能会存在阻塞现象。因为总线是共享的，在同一时间只能有一个分组在总线上传送，当分组到达输入端口时若发现总线忙，则被阻塞而不能通过交换结构，要在输入端口排队等待。不过现代技术已经可以将总线的带宽提高到每秒吉比特的速率，相对解决了这些问题。

图 4-22(c)是通过纵横交换结构进行交换的示意图。纵横交换结构有 $2N$ 条总线，形成具备 $N \times N$ 个交叉点的交叉开关。如果某一个交叉开关是闭合的，则可以使相应的输入端口和输出端口相连接。当输入端口收到一个分组时，就将它发送到与该输入端口相连的水平总线上。若通向所要转发的输出端口的垂直总线是空闲的，则在这个节点将垂直总线与水平总线接通，然后将该分组转发到这个输出端口，这个过程是在调度器的控制下进行的。通过纵横交换结构进行交换同样会有阻塞，假如分组想去往的垂直总线已被占用(有另一个分组正在转发到同一个输出端口)，则后到达的分组就被阻塞，必须在输入端口排队。

3. 路由器的基本功能

路由器具有以下一些基本功能：

(1) 选择最佳传输路由

路由器涉及 OSI-RM 的低三层。当分组到达路由器，先在组合队列中排队，路由器依次从队列中取出分组，查看分组中的目的地址，然后再查路由表。一般到达目的站点前可能有多条路由，路由器应按某种路由选择策略，从中选出一条最佳路由，将分组转发出去。

当网络拓扑发生变化时，路由器还可自动调整路由表，并使所选择的路由仍然是最佳的。这一功能还可很好地均衡网络中的信息流量，避免出现网络拥挤现象。

(2) 实现 IP、ICMP、TCP、UDP 等互联网协议

作为 IP 网的核心设备，路由器应该可以实现 IP、ICMP、TCP、UDP 等 IP 网协议。

(3) 流量控制和差错指示

在路由器中具有较大容量的缓冲区，能控制收发双方间的数据流量，使两者更加匹配。而且当分组出现差错时，路由器能够辨认差错并发送 ICMP 差错报文报告必要的差错信息。

(4) 分段和重新组装功能

由路由器所连接的多个网络，它们所采用的分组大小可能不同，需要分段和重组。

(5) 提供网络管理和系统支持机制

包括存储/上载配置、诊断、升级、状态报告、异常情况报告及控制等。

4. 路由器的基本类型

从不同的角度划分，路由器有以下几种类型：

(1) 按能力划分

若按能力划分，路由器可分为中高端路由器和低端路由器。背板交换能力大于等于 50 Gbit/s 的路由器称为中高端路由器，而背板交换能力在 50 Gbit/s 以下的路由器称为低端路由器。

(2) 按结构划分

若按结构划分，路由器可分为模块化结构路由器和非模块化结构路由器。中高端路

由器一般为模块化结构,低端路由器则为非模块化结构。

(3) 按位置划分

若按位置划分,路由器可分为核心路由器与接入路由器。核心路由器位于网络中心,通常使用中高端路由器,是模块化结构。它要求快速的包交换能力与高速的网络接口。接入路由器位于网络边缘,通常使用低端路由器,是非模块化结构。它要求相对低速的端口以及较强的接入控制能力。

(4) 按功能划分

若按功能划分,路由器可分为通用路由器与专用路由器。一般所说的路由器为通用路由器。专用路由器通常为实现某种特定功能对路由器接口、硬件等作专门优化。

(5) 按性能划分

若按性能划分,路由器可分为线速路由器和非线速路由器。若路由器输入端口的处理速率能够跟上线路将分组传送到路由器的速率则称为线速路由器,否则是非线速路由器。一般高端路由器是线速路由器,而低端路由器是非线速路由器。但是,目前一些新的宽带接入路由器也有线速转发能力。

4.4.2 IP网的路由选择协议

1. 概述

(1) 路由选择算法分类

路由选择算法即路由选择的方法或策略。若按照其能否随网络的拓扑结构或通信量自适应地进行调整变化进行分类,路由选择算法可分为静态路由选择算法和动态路由选择算法。

① 静态路由选择算法

静态路由选择策略就是非自适应路由选择算法,这是一种不测量、不利用网络状态信息,仅按照某种固定规律进行决策的简单的路由选择算法。

静态路由选择算法的特点是简单和开销较小,但不能适应网络状态的变化。

静态路由选择算法主要包括扩散法和固定路由表法等。

② 动态路由选择算法

动态路由选择算法即自适应式路由选择算法,是依靠当前网络的状态信息进行决策,从而使路由选择结果在一定程度上适应网络拓扑与网络通信量的变化。

动态路由选择算法的特点是能较好地适应网络状态的变化,但实现起来较为复杂,开销也比较大。

动态路由选择算法主要包括分布式路由选择算法和集中式路由选择算法等。

• 分布式路由选择算法是每一节点通过定期地与相邻节点交换路由选择的状态信息来修改各自的路由表,这样使整个网络的路由选择经常处于一种动态变化的状况。

• 集中式路由选择算法是网络中设置一个节点，专门收集各节点定期发送的状态信息，然后由该节点根据网络状态信息，动态地计算出每个节点的路由表，再将新的路由表发送给各个节点。

(2) IP 网的路由选择协议的特点及分类

① 自治系统

由于 IP 网规模庞大，为了路由选择的方便和简化，一般将整个 IP 网划分为许多较小的区域，称为自治系统(AS)。

每个自治系统内部采用的路由选择协议可以不同，自治系统根据自身的情况有权决定采用哪种路由选择协议。

② IP 网的路由选择协议的特点

IP 网的路由选择协议具有以下几个特点：

• 属于自适应的(即动态的)；
• 是分布式路由选择协议；
• IP 网采用分层次的路由选择协议，即分自治系统内部和自治系统外部路由选择协议。

③ IP 网的路由选择协议分类

IP 网的路由选择协议划分为两大类，即：

• 内部网关协议(IGP)——在一个自治系统内部使用的路由选择协议。具体的协议有 RIP 和 OSPF 等。

• 外部网关协议(EGP)——两个自治系统(使用不同的内部网关协议)之间使用的路由选择协议。目前使用最多的是 BGP(即 BGP-4)。注意此处的网关实际指的是路由器。

图 4-23 显示了自治系统和内部网关协议、外部网关协议的关系。为了简单起见，图中自治系统内部各路由器之间的网络用一条链路表示。

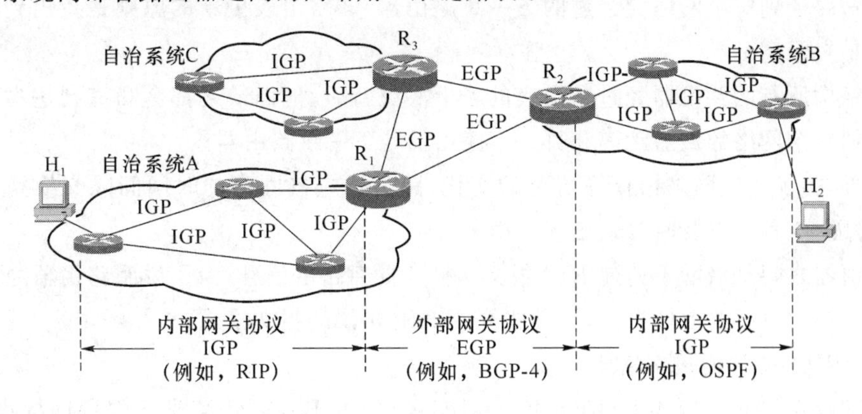

图 4-23　自治系统和内部网关协议、外部网关协议

图4-23示意了三个自治系统相连,各自治系统内部使用内部网关协议(IGP),例如自治系统A使用的是RIP,自治系统B使用的是OSPF。自治系统之间则采用外部网关协议(EGP),如BGP-4。每个自治系统均有至少一个路由器除运行本自治系统内部网关协议外,还运行自治系统间的外部网关协议,如图4-23中路由器R_1、R_2、R_3。

下面分别介绍几种常用的内部网关协议、外部网关协议。

2. 内部网关协议RIP(路由信息协议)

(1) RIP协议的概念

RIP是一种分布式的基于距离向量的路由选择协议,它要求网络中的每一个路由器都要维护从自己到其他每一个目的网络的最短距离记录。

RIP协议中"距离"(也称为"跳数")的定义为:

- 从一路由器到直接连接的网络的距离定义为1;
- 从一个路由器到非直接连接的网络的距离定义为所经过的路由器数加1(每经过一个路由器,跳数就加1)。

RIP所谓的"最短距离"指的是选择具有最少路由器的路由。RIP允许一条路径最多只能包含15个路由器。"距离"的最大值为16时即相当于不可达。

(2) 路由表的建立和更新

RIP协议路由表中的主要信息是到某个网络的最短距离及应经过的下一跳路由器地址。

路由器在刚刚开始启动工作时,只知道到直接连接的网络的距离(此距离定义为1)。以后,每一个路由器只和相邻路由器交换并更新路由信息,交换的信息是当前本路由器所知道的全部信息,即自己的路由表(具体是到本自治系统中所有网络的最短距离,以及沿此最短路径到每个网络应经过的下一跳路由器)。路由表更新的原则是找出到达某个网络的最短距离。

网络中所有的路由器经过路由表的若干次更新后,他们最终都会知道到达本自治系统中任何一个网络的最短距离和哪一个路由器是下一跳路由器。

另外,为了适应网络拓扑等情况的变化,路由器应按固定的时间间隔交换路由信息(例如每隔30秒),以及时修改更新路由表。

路由器之间是借助于传递RIP报文交换并更新路由信息,为了说明路由器之间具体是如何交换和更新路由信息的,下面先介绍RIP协议的报文格式。

(3) RIP2协议的报文格式

目前较新的RIP版本是1998年11月公布的RIP2,它已经成为因特网标准协议。RIP2的报文格式如图4-24所示。

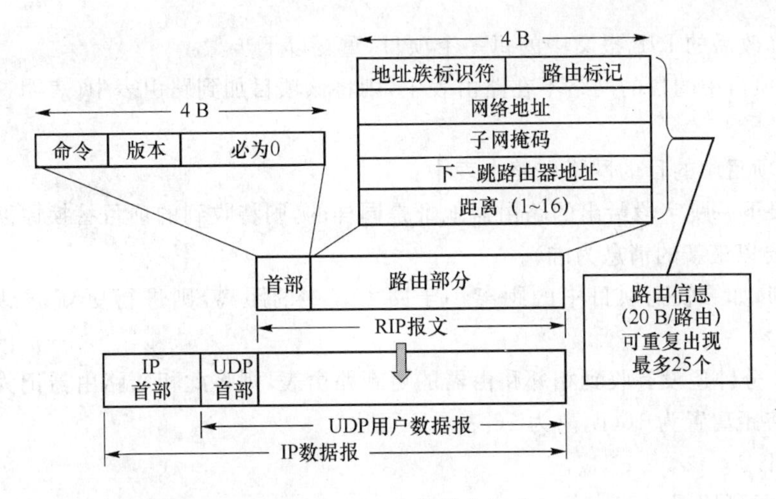

图 4-24　RIP2 的报文格式

RIP2 的报文由首部和路由部分组成。

① RIP2 报文的首部

RIP2 报文的首部有 4 个字节：命令字段占 1 个字节，用于指出报文的意义；版本字段占 1 个字节，指出 RIP 协议的版本；填充字段的作用是填“0”使首部补齐 4 字节。

② RIP2 报文的路由部分

RIP2 报文中的路由部分由若干个路由信息组成，每个路由信息需要用 20 个字节，用于描述到某一目的网络的一些信息。RIP 协议规定路由信息最多可重复出现 25 个。每个路由信息中各部分的作用如下：

- 地址族标识符(AFI，2 个字节)——用来标志所使用的地址协议，IP 的 AFI 为 2。
- 路由标记(2 个字节)——路由标记填入自治系统的号码，这是考虑使 RIP 有可能收到本自治系统以外的路由选择信息。
- 网络地址(4 个字节)——表示目的网络的 IP 地址。
- 子网掩码(4 个字节)——表示目的网络的子网掩码。
- 下一跳路由器地址(4 个字节)——表示要到达目的网络的下一跳路由器的 IP 地址。
- 距离(4 个字节)——表示到目的网络的距离。

在学习了 RIP 协议的报文格式后，下面来看看路由器之间具体是如何交换和更新路由信息的。

(4) 距离向量算法

设某路由器收到相邻路由器(其地址为 X)的一个 RIP 报文：

① 先修改此 RIP 报文中的所有项目：将“下一跳”字段中的地址都改为 X，并将所有的“距离”字段的值加 1。(这样做是为了便于进行路由表的更新)

② 对修改后的 RIP 报文中的每一个项目,重复以下步骤:

(a) 若项目中的目的网络不在路由表中,则将该项目加到路由表中(表明这是新的目的网络)。

(b) 若项目中的目的网络在路由表中:

• 如果下一跳字段给出的路由器地址是同样的,则将收到的项目替换原路由表中的项目(因为要以最新的消息为准)。

• 否则,如果收到项目中的距离小于路由表中的距离,则进行更新;否则,什么也不做。

③ 若 3 分钟还没有收到相邻路由器的更新路由表,则将此相邻路由器记为不可达的路由器,即将距离置为 16(距离为 16 表示不可达)。

④ 返回。

以上过程可用图 4-25 表示。

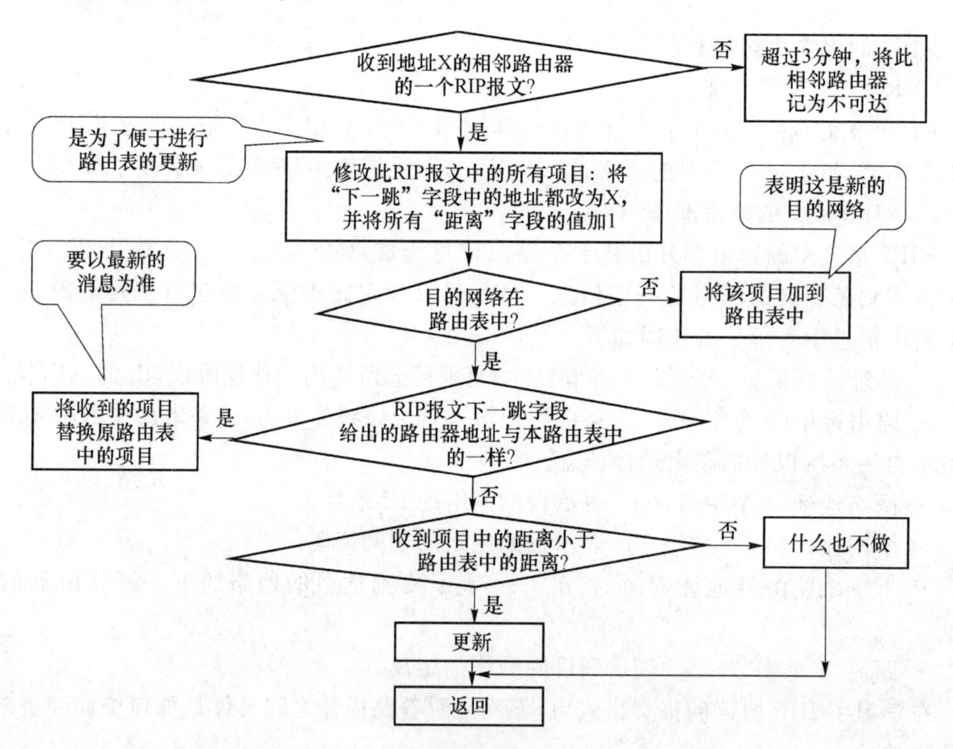

图 4-25 RIP 协议的距离向量算法

利用上述距离向量算法,互联网中的所有路由器都和自己的相邻路由器不断交换路由信息,并不断更新其路由表,这样,每一个路由器都知道到各个目的网络的最短路由。

下面举例说明因特网内部网关协议采用 RIP 时，各路由器路由表的建立、交换和更新情况。

例如，几个用路由器互连的网络结构如图 4-26 所示。

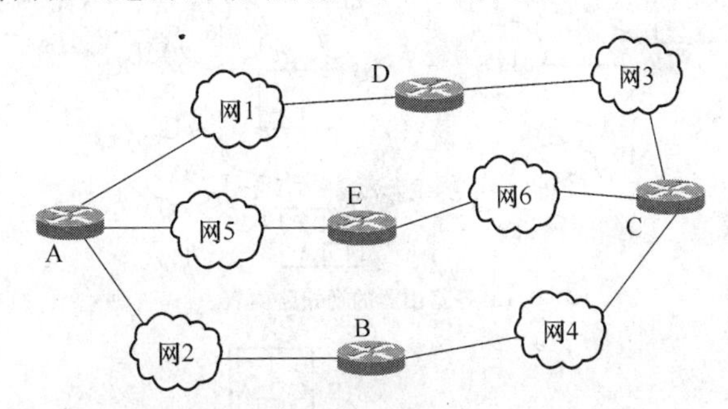

图 4-26 几个用路由器互连的网络结构

各路由器的初始路由表如图 4-27(a)所示，表中的每一行都包括三个字符，它们从左到右分别代表：目的网络、从本路由器到目的网络的跳数(即最短距离)，下一跳路由器("—"表示直接交付)。

收到了相邻路由器的路由信息更新后的路由表如图 4-27(b)所示。下面以路由器 D 为例说明路由器更新的过程：路由器 D 收到相邻路由器 A 和 C 的路由表。

A 说："我到网 1 的距离是 1"，但 D 没有必要绕道经过路由器 A 到达网 1，因此这一项目不变。A 说："我到网 2 的距离是 1"，因此 D 现在也可以到网 2，距离是 2，经过 A。A 说："我到网 5 的距离是 1"，因此 D 现在也可以到网 5，距离是 2，经过 A。

C 说："我到网 3 的距离是 1"，但 D 没有必要绕道经过路由器 C 再到达网 3，因此这一项目不变。C 说："我到网 4 的距离是 1"，因此 D 现在也可以到网 4，距离是 2，经过 C。C 说："我到网 6 的距离是 1"，因此 D 现在也可以到网 6，距离是 2，经过 C。

由于此网络比较简单，图 4-27(b)也就是最终路由表。但当网络比较复杂时，要经过几次更新后才能得出最终路由表，请读者注意这一点。

(5) RIP 协议的优缺点

RIP 协议的优点是实现简单，开销较小。但其存在以下一些缺点：

① 当网络出现故障时，要经过比较长的时间才能将此信息传送到所有的路由器，即坏消息传播得慢。

② 因为 RIP"距离"的最大值限制为 15，所以也影响了网络的规模。

③ 由于路由器之间交换的路由信息是路由器中的完整路由表，随着网络规模的扩大，开销必然会增加。

总之，RIP 协议适合规模较小的网络。为了克服 RIP 协议的缺点，1989 年开发了另一种内部网关协议——OSPF 协议。

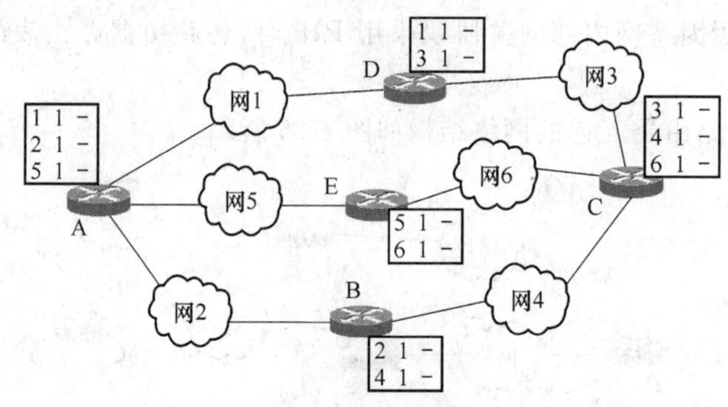

(a)各路由器的初始路由表

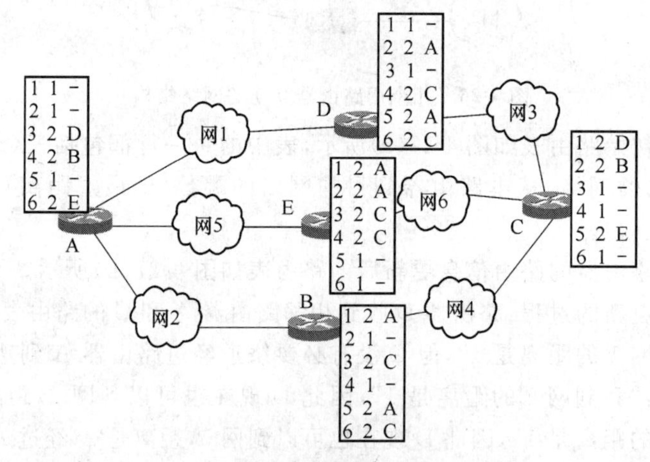

(b)各路由器的最终路由表

图 4-27 各路由器的路由表

3. 内部网关协议 OSPF(开放最短路径优先)

(1) OSPF 协议的要点

OSPF 是分布式的链路状态协议。"链路状态"是说明本路由器都和哪些路由器相邻,以及该链路的"度量"(表示距离、时延、费用等)。

归纳起来,OSPF 协议有以下几个要点:

① OSPF 使用洪泛法向本自治系统中的所有路由器发送信息,即每个路由器向所有其他相邻路由器发送信息(但不再发送给刚刚发来信息的那个路由器)。所发送的信息就是与本路由器相邻的所有路由器的链路状态。

② 只有当链路状态发生变化时,路由器才用洪泛法向所有路由器发送此信息。

③ 各路由器之间频繁地交换链路状态信息,所有的路由器最终都能建立一个链路状态数据库,它与全网的拓扑结构图相对应。每一个路由器使用链路状态数据库中的数据可构造出自己的路由表。

④ OSPF 还规定每隔一段时间(如 30 分钟)要刷新一次数据库中的链路状态,以确

保链路状态数据库的同步(即每个路由器所具有的全网拓扑结构图都是一样的)。

⑤ OSPF 支持三种网络的连接,即:

- 两个路由器之间的点对点连接;
- 具有广播功能的局域网;
- 无广播功能的广域网。

下面举例简单说明 OSPF 路由表的建立。

图 4-28(a)是一个自治系统的网络结构图,通过各路由器之间交换链路状态信息,图中所有的路由器最终将建立起一个链路状态数据库。实际的链路状态数据库是一个表,我们可以用一个有向图表示,如图 4-28(b)所示。其中每一个路由器、局域网或广域网都抽象为一个节点,每条链路用两条不同方向的边表示,边旁标出了这条边的代价(OSPF 规定,从网络到路由器的代价为 0)。

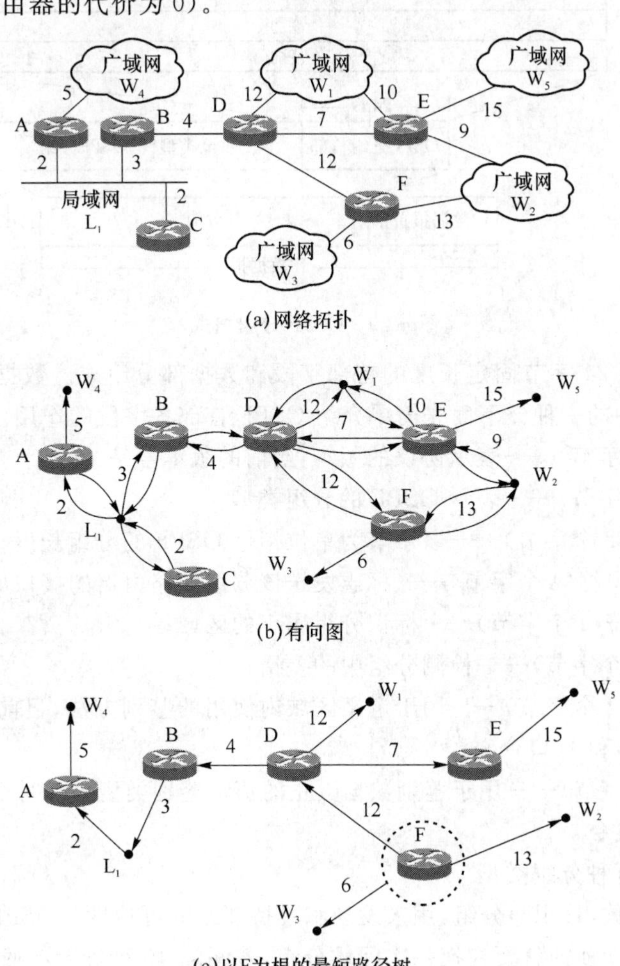

图 4-28　OSPF 路由表的建立过程示例

由图4-28(b)(表示该网络链路状态数据库的有向图)可得出以F路由器为根的最短路径树,如图4-28(c)所示,F路由器根据此最短路径树即可构造出自己的路由表。按照同样的方法,其他路由器均可得出各自的路由表。

(2) OSPF分组(OSPF数据报)

① OSPF分组格式

OSPF分组格式如图4-29所示。

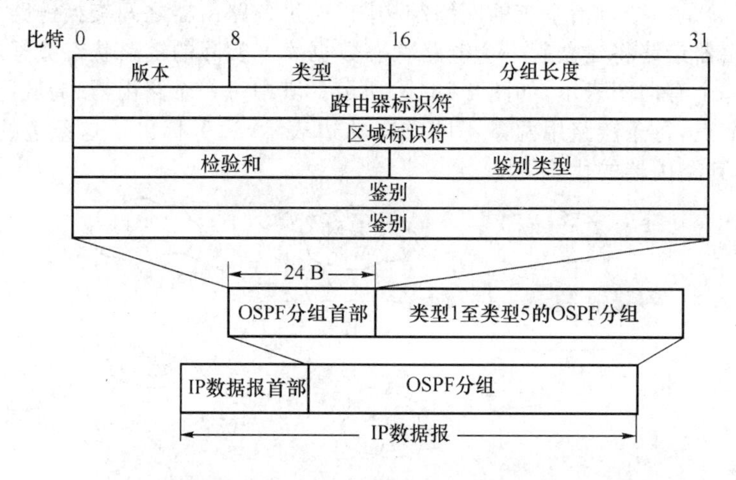

图4-29 OSPF分组格式

OSPF分组由24字节固定长度的首部字段和数据部分组成。数据部分可以是五种类型分组(后述)中的一种。下面先简单介绍OSPF首部各字段的作用。

- 版本(1个字节)——表示协议的版本,当前的版本号是2;
- 类型(1个字节)——表示OSPF的分组类型;
- 分组长度(2个字节)——以字节为单位指示OSPF的分组长度;
- 路由器标识符(4个字节)——标志发送该分组的路由器的接口的IP地址;
- 区域标识符(4个字节)——标识分组属于的区域;
- 校验和(2个字节)——检测分组中的差错;
- 鉴别类型(2个字节)——用于定义区域内使用的鉴别方法,目前只有两种类型的鉴别:0(没有鉴别)和1(口令);
- 鉴别(8个字节)——用于鉴别数据真正的值。鉴别类型为0时填0,鉴别类型为1时填8个字符的口令。

② OSPF的五种分组类型

- 类型1,问候(Hello)分组,用来发现和维持邻站的可达性。OSPF协议规定:两个相邻路由器每隔10秒钟就要交换一次问候分组,若间隔40秒钟没有收到某个相邻路由器发来的问候分组,就认为这个相邻路由器是不可达的。

• 类型 2，数据库描述（Database Description）分组，向邻站给出自己的链路状态数据库中的所有链路状态项目的摘要信息。

• 类型 3，链路状态请求（Link State Request）分组，向对方请求发送某些链路状态项目的详细信息。

• 类型 4，链路状态更新（Link State Update）分组，用洪泛法对全网更新链路状态。

• 类型 5，链路状态确认（Link State Acknowledgment）分组，对链路状态更新分组的确认。

类型 3、4、5 三种分组是当链路状态发生变化时，各路由器之间交换的分组，以达到链路状态数据库的同步。

（3）OSPF 的特点

① 由于一个路由器的链路状态只涉及与相邻路由器的连通状态，因而与整个互联网的规模并无直接关系，因此 OSPF 适合规模较大的网络。

② OSPF 是动态算法，能自动和快速地适应网络环境的变化。具体说就是链路状态数据库能较快地进行更新，使各个路由器能及时更新其路由表。

③ OSPF 没有“坏消息传播得慢”的问题，其响应网络变化的时间小于 100 ms。

④ OSPF 支持基于服务类型的路由选择。OSPF 可根据 IP 数据报的不同服务类型将不同的链路设置成不同的代价，即对于不同类型的业务可计算出不同的路由。

⑤ 如果到同一个目的网络有多条相同代价的路径，OSPF 可以将通信量分配给这几条路径——多路径间的负载平衡。

⑥ OSPF 有分级支持能力。OSPF 可将一个自治系统划分为若干区域，可将利用洪泛法交换链路状态信息的范围局限于每一个区域而不是整个的自治系统，减少了整个网络上的通信量。

⑦ 有良好的安全性。OSPF 协议规定，路由器之间交换的任何信息都必须经过鉴别，OSPF 支持多种认证机制，而且允许各个区域间的认证机制可以不同，这样就保证了只有可依赖的路由器才能广播路由信息。

⑧ 支持可变长度的子网划分和无分类编址 CIDR。

以上介绍了两种内部网关协议 RIP 和 OSPF，下面将这两种协议做个比较，如表 4-2 所示。

表 4-2　RIP 协议与 OSPF 协议的比较

	RIP	OSPF
发送信息的路由器	相邻路由器	所有路由器
发送信息内容	到所有网络的最短距离和下一跳路由器	与本路由器相邻的所有路由器的链路状态
路由器间交换信息时刻	定期交换路由信息	当链路状态发生变化时交换路由信息

续 表

	RIP	OSPF
路由器内容	到所有网络的最短"距离"和下一跳路由器	到所有网络的最短路径和下一跳路由器
坏消息传播速度	慢	快
报文或分组封装方式	RIP报文使用运输层的UDP用户数据报进行传送	OSPF分组用IP数据报传送
可选择的路由	一条	多条
网络规模	较小	较大

4. 外部网关协议BGP(边界网关协议)

(1) BGP协议的概念

BGP是不同自治系统的路由器之间交换路由信息的协议,它是一种路径向量路由选择协议。

BGP协议的路由度量方法可以是一个任意单位的数,它指明某一个特定路径中供参考的程度。可参考的程度可以基于任何数字准则,例如最终系统计数(计数越小时路径越佳)、数据链路的类型(链路是否稳定、速度快和可靠性高等)及其他一些因素。

因为因特网的规模庞大,自治系统之间的路由选择非常复杂,要寻找最佳路由很不容易实现。而且,自治系统之间的路由选择还要考虑一些与政治、经济和安全有关的策略。所以BGP与内部网关协议RIP和OSPF不同,它只能是力求寻找一条能够到达目的网络且比较好的路由,而并非要寻找一条最佳路由。

(2) BGP协议基本原理

① BGP协议的基本功能

BGP协议的基本功能是:

- 交换网络的可达性信息;
- 建立AS路径列表,从而构建出一幅AS和AS间的网络连接图。

BGP协议是通过BGP路由器来交换自治系统之间网络的可达性信息的。每一个自治系统要确定至少一个路由器作为该自治系统的BGP路由器,一般就是自治系统边界路由器。

BGP路由器和自治系统AS的关系如图4-30所示。

由图4-30可见,一个自治系统可能会有几个BGP路由器,且一个自治系统的某个BGP路由器可能会与其他几个自治系统相连。每个BGP路由器除了运行BGP协议外,还要运行该系统所使用的内部网关协议。

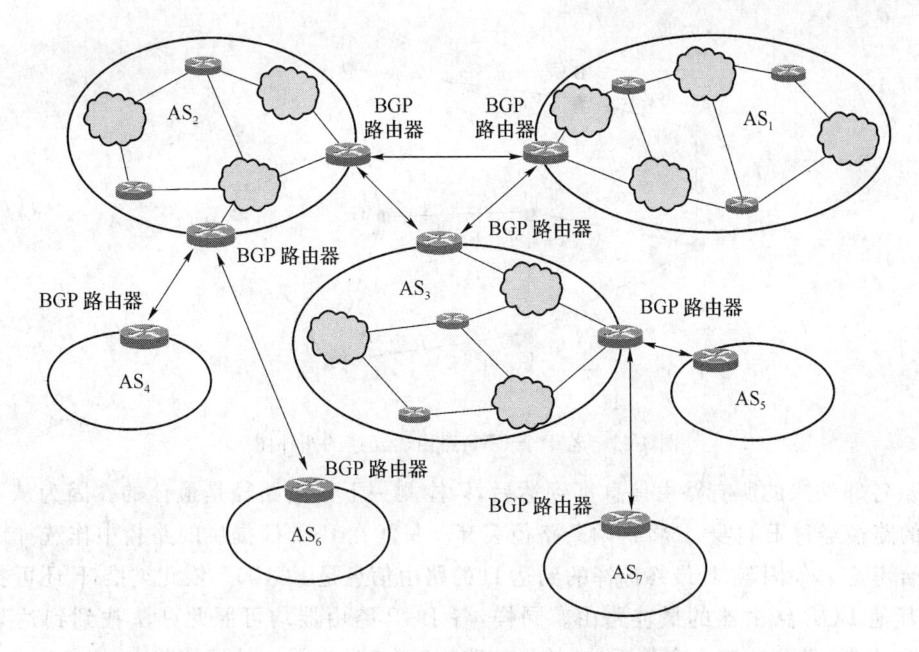

图 4-30　BGP 路由器和自治系统 AS 的关系

② BGP 交换路由信息的过程

一个 BGP 路由器与其他自治系统中的 BGP 路由器要交换路由信息，步骤为：

• 首先建立 TCP 连接(端口号 179)；

• 在此连接上交换 BGP 报文以建立 BGP 会话；

• 利用 BGP 会话交换路由信息，如增加了新的路由、撤销了过时的路由及报告出差错时情况等。

使用 TCP 连接交换路由信息的两个 BGP 路由器，彼此成为对方的邻站或对等站。

BGP 协议虽然基本上也是距离矢量路由协议，但它与 RIP 协议不同。每个 BGP 路由器记录的是使用的确切路由，而不是到某发目的地的开销。同样，每个 BGP 路由器不是定期地向它的邻站提供到每个可能目的地的开销，而是向邻站说明它正在使用的确切路由。图 4-31 是若干个 BGP 路由器(A、B、C 等)互连的拓扑图。

以 BGP 路由器 F 为例，它要找一条到达 D 的路由。F 从各邻站收到可到达 D 的路由信息，即

• 来自 B:"我使用 BCD"

• 来自 G:"我使用 GCD"

• 来自 I:"我使用 IFGCD"

• 来自 E:"我使用 EFGCD"

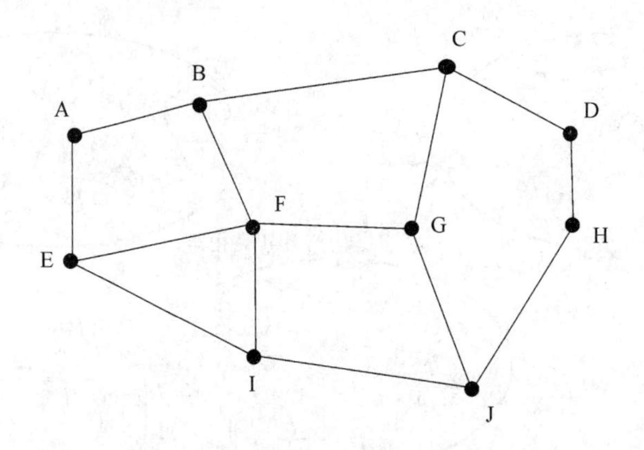

图4-31 若干个BGP路由器互连的拓扑图

从各邻站来的所有路由信息都到达后,F检测一下哪条路径是最佳的。因为从I和E来的路径经过F自身,F将这两条路径丢弃。只能在B和G提供的路径中作选择。假如综合考虑其他因素,F最终选择的到达D的路由信息是FGCD。依此类推,F还可找到到达其他BGP路由器的最佳路由。同样,各BGP路由器均可照此办法找到到达某个BGP路由器(即到达某个自治系统)的最佳路由(严格地说是比较好的路由)。

BGP路由器互相交换网络可达性的信息(就是要到达某个网络所要经过的一系列自治系统)后,各BGP路由器根据所采用的策略就可从收到的路由信息中找出到达各自治系统的比较好的路由,即构造出自治系统的连通图,图4-32所示的是对应图4-30的自治系统连通图。

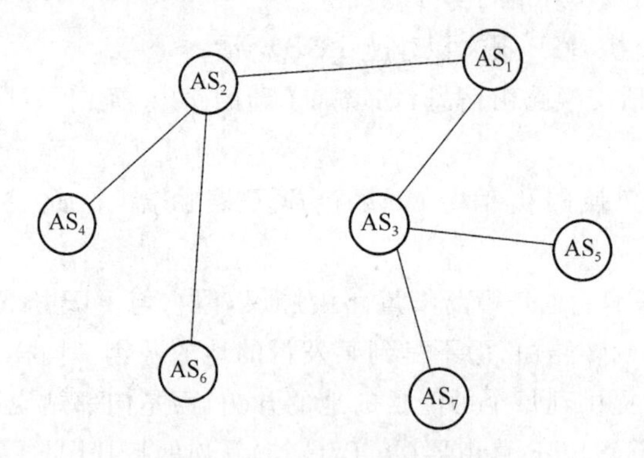

图4-32 自治系统的连通图

(3) BGP-4报文

① BGP-4报文类型

BGP-4共使用四种报文,即:

- 打开(Open)报文,用来与相邻的另一个BGP路由器建立关系;
- 更新(Update)报文,用来发送某一路由的信息,以及列出要撤销的多条路由;

- 保活(Keepalive)报文,用来确认打开报文和周期性地证实邻站关系；
- 通知(Notification)报文,用来发送检测到的差错。

② BGP 报文的格式

BGP 报文通用的格式如图 4-33 所示。

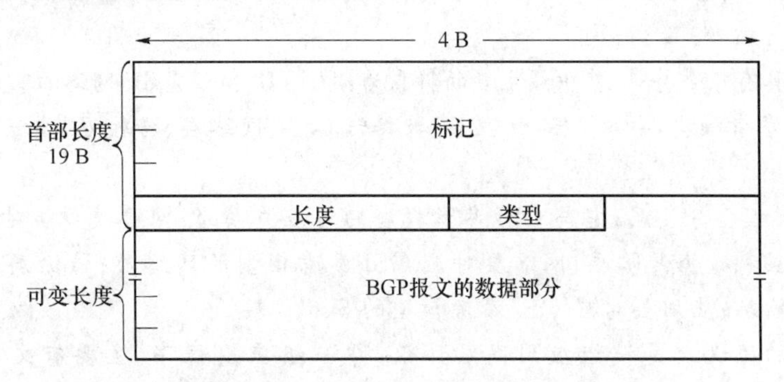

图 4-33　BGP 报文通用的格式

BGP 报文由首部和数据部分组成。

四种类型的 BGP 报文的首部都是一样的,长度为 19 个字节,分为三个字段：

- 标记字段(16 个字节)——将来用来鉴别收到的 BGP 报文。当不使用鉴别时,标记字段要置为全 1。
- 长度字段(2 个字节)——以字节为单位指示整个 BGP 报文的长度。
- 类型字段(1 个字节)——BGP 报文的类型,上述四种 BGP 报文的类型字段的值分别为 1～4。

BGP 报文的数据部分长度可变,四种 BGP 报文的数据部分各有其自已的格式,由于篇幅所限,在此不再加以介绍。

(4) BGP 协议的特点

BGP 协议的特点有：

① BGP 协议是在自治系统中 BGP 路由器之间交换路由信息,而 BGP 路由器的数目是很少的,这就使得自治系统之间的路由选择不致过分复杂。

② BGP 支持 CIDR,因此 BGP 的路由表也就应当包括目的网络前缀、下一跳路由器,以及到达该目的网络所要经过的各个自治系统序列。

③ 在 BGP 刚刚运行时,BGP 的邻站是交换整个的 BGP 路由表。以后只需要在发生变化时更新有变化的部分,即 BGP 协议不要求对整个路由表进行周期性刷新。这样做对节省网络带宽和减少路由器的处理开销方面都有好处。

④ BGP 协议寻找的只是一条能够到达目的网络且比较好的路由(不能兜圈子),而并非是最佳路由。

小结

1. 因特网是基于TCP/IP协议的网间网,也称为IP网络,即TCP/IP协议是IP网络的基础与核心。

IP网络具有几个特点,其中最主要的特点为:TCP/IP协议是IP网络的基础与核心。

2. OSI参考模型共分7层:物理层、数据链路层、网络层、传输层、会话层、表示层、应用层。

TCP/IP模型分4层,它与OSI参考模型的对应关系为:网络接口层对应OSI参考模型的物理层和数据链路层;网络层对应OSI参考模型的网络层;传输层对应OSI参考模型的传输层;应用层对应OSI参考模型的5、6、7层。

应用层的协议就是一组应用高层协议,即一组应用程序,主要有文件传送协议FTP、远程终端协议Telnet、简单邮件传输协议SMTP、超文本传送协议HTTP等;传输层的协议有:传输控制协议TCP和用户数据报协议UDP,传输层的数据传送单位是TCP报文段或UDP报文;网络层的核心协议是IP协议,其辅助协议有:ARP、PARP、ICMP等,网络层的数据传送单位是IP数据报;网络接口层没有规定具体的协议,网络接口层数据传送单位是物理帧。

3. 以太网是基于IP的通信网。传统以太网属于共享式局域网,介质访问控制方法采用的是载波监听和冲突检测(CSMA/CD)技术。CSMA代表载波监听多路访问,它是"先听后发";CD表示冲突检测,即"边发边听"。

IEEE 802标准为局域网规定了一种48 bit的全球地址,即MAC地址。它是指局域网上的每一台计算机所插入的网卡上固化在ROM中的地址,所以也叫硬件地址或物理地址。

以太网MAC帧格式有两种标准:IEEE 802.3标准和DIX Ethernet V2标准。TCP/IP体系经常使用DIX Ethernet V2标准的MAC帧格式,此时局域网参考模型中的链路层不再划分LLC子层,即链路层只有MAC子层。

传统以太网具体包括四种:10 BASE 5(粗缆以太网)、10 BA5E 2(细缆以太网)、10 BASE-T(双绞线以太网)和10 BASE-F(光缆以太网),其中10 BASE-T以太网应用最为广泛。

10 BASE-T使用两对无屏蔽双绞线,一对线发送数据,另一对线接收数据;采用一般集线器连接的以太网物理上是星形拓扑结构,但从逻辑上看是一个总线形网,各工作站仍然竞争使用总线。

4. 高速以太网有100 BASE-T、千兆位以太网和10吉比特以太网。

100 BASE-T快速以太网的特点是：传输速率高，沿用了10 BASE-T的MAC协议，可以采用共享式或交换式连接方式，适应性强，经济性好和网络范围变小。

100 BASE-T快速以太网的标准为IEEE 802.3u，规定了100 BASE-T的三种物理层标准：100 BASE-TX、100BASE-FX和100 BASE-T4。

千兆位以太网的标准是IEEE 802.3z标准。它使用和10 Mbit/s、100 Mbit/s以太网同样的以太网帧，与10 BASE-T和100 BASE-T技术向后兼容；当工作在半双工模式下，它使用CSMA/CD介质访问控制机制；支持全双工操作模式；允许使用单个中继器。

千兆位以太网的物理层有两个标准：1000 BASE-X(IEEE 802.3z标准，基于光纤通道)、1000 BASE-T(IEEE 802.3ab标准，使用4对五类UTP)。

10吉比特以太网的标准是802.3ae标准，其特点是：与10 Mbit/s、100 Mbit/s和1 Gbit/s以太网的帧格式完全相同；保留了802.3标准规定的以太网最小和最大帧长，便于升级；不再使用铜线而只使用光纤作为传输媒体；只工作在全双工方式，因此没有争用问题，也不使用CSMA/CD协议。

吉比特以太网的物理层标准包括局域网物理层标准和广域网物理层标准。

5. 交换式以太网是所有站点都连接到一个以太网交换机上，各站点独享带宽。交换式局域网的主要功能有：隔离冲突域、扩展距离、增加总容量和数据率灵活性。

以太网交换机按所执行的功能不同，可以分成两种：

- 二层交换——具有网桥功能，根据MAC地址转发数据，交换速度快，但控制功能弱，没有路由选择功能。
- 三层交换——具备路由功能，根据IP地址转发数据，具有路由选择功能。三层交换是二层交换与路由功能的有机组合。

6. 宽带IP城域网是一个以IP和SDH、ATM等技术为基础，集数据、语音、视频服务为一体的高带宽、多功能、多业务接入的城域多媒体通信网络。

7. 为了便于网络的管理、维护和扩展，一般将城域网的结构分为三层：核心层、汇聚层和接入层。

核心层的作用主要是负责进行数据的快速转发以及整个城域网路由表的维护，同时实现与IP广域骨干网的互联，提供城市的高速IP数据出口。核心层的设备一般采用高端路由器，网络结构采用网状或半网状连接。

汇聚层的功能主要包括：汇聚接入节点；实现接入用户的可管理性，提供用户流量控制及其他策略管理功能；提供必要的服务层面的功能，包括带宽的控制、数据流QoS优先级的管理、安全性的控制、IP地址翻译(NAT)等功能。汇聚层的典型设备有高中端路由器、三层交换机以及宽带接入服务器等。核心层节点与汇聚层节点采用星形连接。

接入层的作用是负责提供各种类型用户的接入,在有需要时提供用户流量控制功能。

8. 宽带IP城域网的骨干传输技术主要有:IP over ATM、IP over SDH、IP over DWDM等。

IP over ATM的主要优点有:ATM技术本身能提供QoS保证,具有流量控制、带宽管理、拥塞控制功能以及故障恢复能力;适应于多业务,具有良好的网络可扩展能力。但缺点是网络体系结构复杂,传输效率低,开销大。

IP over SDH的主要优点有:传输效率较高;保留了IP网络的无连接特征,易于兼容各种不同的技术体系和实现网络互连;可以充分利用SDH技术的各种优点,保证网络的可靠性。但缺点是网络流量和拥塞控制能力差,不能提供较好的服务质量保障(QoS),仅对IP业务提供良好的支持,不适于多业务平台,可扩展性不理想。

IP over DWDM的优缺点是简化了层次,减少了网络设备和功能重叠,从而减轻了网管复杂程度;充分利用光纤的带宽资源,极大地提高了带宽和相对的传输速率;技术还不十分成熟。

在IP路由器之间(或路由器与交换机之间)可以采用千兆以太网技术进行传输,具有设备便宜、建网方便和传输距离较远等优点。

9. 路由器是因特网的核心设备,它是在网络层实现网络互连,可实现网络层、链路层和物理层协议转换。它可用于局域网之间的互连、局域网与广域网之间的互连、广域网与广域网的互连。

路由器的结构可划分为两大部分:路由选择部分和分组转发部分。分组转发部分包括三个组成:输入端口、输出端口和交换结构。

路由器的基本功能有:选择最佳传输路由、能支持多种协议的路由选择、流量控制、分段和重新组装功能、网络管理功能等。

路由器可从不同的角度分类:按能力可分为中高端路由器和中低端路由器;按结构可分为模块化结构路由器和非模块化结构路由器;按位置可分为核心路由器与接入路由器;按功能可分为通用路由器与专用路由器;按性能可分为线速路由器和非线速路由器。

10. 因特网的路由选择协议划分为两大类,即内部网关协议IGP(具体有RIP和OSPF等)和外部网关协议EGP。

11. RIP是一种分布式的基于距离向量的路由选择协议,它要求网络中的每一个路由器都要维护从自己到其他每一个目的网络的最短距离记录。

RIP协议路由表中的主要信息是到某个网络的最短距离及应经过的下一跳地址。

RIP协议的优点是实现简单,开销较小。但缺点为:当网络出现故障时,要经过比较长的时间才能将此信息传送到所有的路由器;RIP限制了网络的规模;由于路由器之间交换的路由信息是路由器中的完整路由表,所以随着网络规模的扩大,开销也就增加。

12. OSPF是分布式的链路状态协议。“链路状态”是说明本路由器都和哪些路由器相邻,以及该链路的“度量”(表示距离、时延、费用等)。

OSPF的特点有:适合规模较大的网络,能自动和快速地适应网络环境的变化,没有“坏消息传播得慢”的问题,OSPF对于不同类型的业务可计算出不同的路由,可以进行多路径间的负载平衡,OSPF有分级支持能力,有良好的安全性,支持可变长度的子网划分和无分类编址CIDR。

13. BGP是不同自治系统的路由器之间交换路由信息的协议,它是一种路径向量路由选择协议。BGP与内部网关协议RIP和OSPF不同,它只能是力求寻找一条能够到达目的网络且比较好的路由,而并非要寻找一条最佳路由。

BGP协议的特点有:只是在自治系统中BGP路由器之间交换路由信息;BGP支持CIDR;BGP协议不要求对整个路由表进行周期性刷新,可节省网络带宽和减少路由器的处理开销;BGP协议寻找的只是一条能够到达目的网络且比较好的路由(不能兜圈子),而并非是最佳路由。

习　题

4-1　IP网络具有哪几个特点?

4-2　画图说明TCP/IP参考模型与OSI参考模型的对应关系。

4-3　简述TCP/IP模型各层的主要功能及协议。

4-4　传统以太网典型的特征有哪些?

4-5　简述CSMA/CD的控制方法。

4-6　100 BASE-T快速以太网的特点有哪些?

4-7　以太网交换机分成哪几种?各自的特点是什么?

4-8　宽带IP城域网分成哪几层?各层的作用分别是什么?

4-9　宽带IP城域网的骨干传输技术主要有哪几种?

4-10　路由器的基本功能有哪些?

4-11　路由器的用途有哪些?

4-12　因特网的路由选择协议划分为哪几类?

4-13 简述RIP协议的原理。

4-14 几个用路由器互连的网络结构图如题图4-1所示，设采用RIP协议，分别标出各路由器的初始路由表和最终路由表。

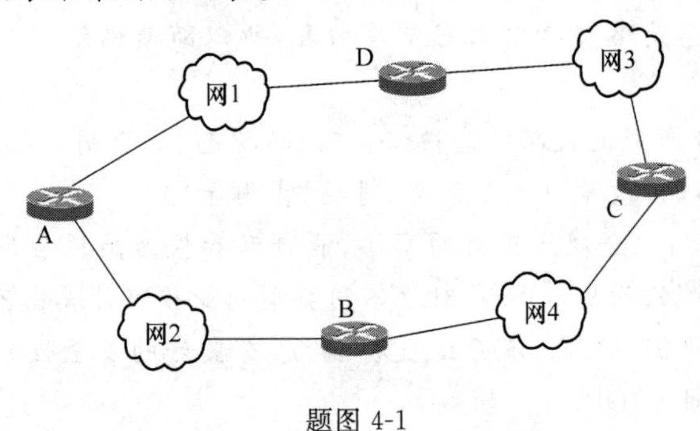

题图4-1

4-15 OSPF协议的特点是什么？

4-16 BGP协议的特点是什么？

第5章 接 入 网

随着通信技术的突飞猛进，电信业务向综合化、数字化、智能化、宽带化和个人化方向发展，人们对电信业务多样化的需求也不断提高，“最后一公里”解决方案是大家最关心的问题，因此接入网成为网络应用和建设的热点。

本章介绍接入网的相关内容，主要包括：

- 接入网概述；
- 铜线接入网；
- 混合光纤/同轴接入网；
- 以太网接入技术；
- 光纤接入网；
- 无线接入网。

5.1 接入网概述

5.1.1 接入网的定义与接口

1. 接入网的定义

电信业务网包括接入网、交换网和传输网三个部分，其中交换网和传输网合在一起称为核心网。

接入网是电信业务网的组成部分之一，负责将电信业务透明地传送到用户，即用户通过接入网的传输，能灵活地接入到不同的电信业务节点上。接入网与传输网和交换网的位置关系如图 5-1 所示。

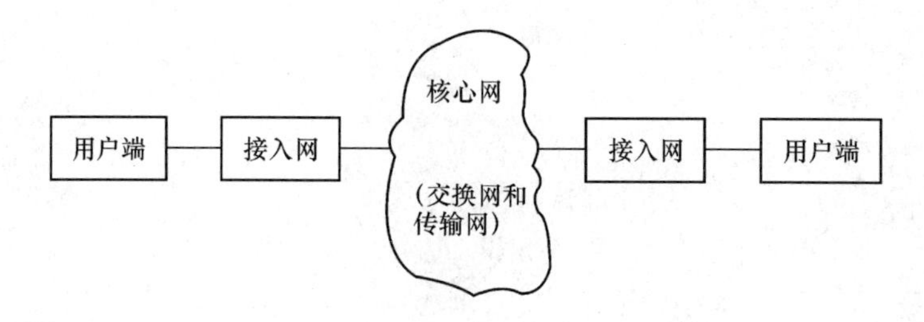

图 5-1 接入网、传输网和交换网的位置关系

国际电信联盟(ITU-T)13组于1995年7月通过了关于接入网框架结构方面的新建议G.902,其中对接入网的定义是:

接入网由业务节点接口和用户网络接口之间的一系列传送实体(如线路设施和传输设施)组成,为供给电信业务而提供所需传送承载能力的实施系统。

业务节点(SN)是提供业务的实体,是一种可以接入各种交换型或半永久连接型电信业务的网元,可提供规定业务的SN可以是本地交换机、租用线业务节点,也可以是路由器或特定配置情况下的点播电视和广播电视业务节点等。

接入网包括业务节点与用户端设备之间的所有实施设备与线路,通常它由用户线传输系统、复用设备、交叉连接设备等部分组成。

2. 接入网的接口

接入网有三种主要接口,即用户网络接口(UNI)、业务节点接口(SNI)和维护管理接口(Q3)。接入网所覆盖的范围就由这三个接口界定,如图5-2所示。

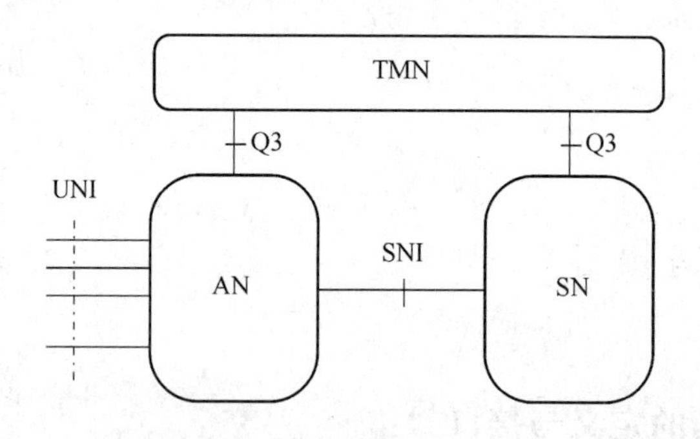

图 5-2 接入网的接口

(1) 用户网络接口(UNI)

用户网络接口是用户与接入网(AN)之间的接口,主要包括模拟2线音频接口、64 kbit/s接口、2.048 Mbit/s接口、ISDN基本速率接口(BRI)和基群速率接口(PRI)等。

(2) 业务节点接口(SNI)

业务节点接口是接入网(AN)和业务节点(SN)之间的接口。

AN允许与多个SN相连，这样AN既可以接入分别支持特定业务的单个SN，又可以接入支持相同业务的多个SN。而且如果AN-SNI侧和SN-SNI侧不在同一地方，可以通过透明传送通道实现远端连接。

业务节点接口主要有以下两种。

① 模拟接口（即Z接口）

它对应于UNI的模拟2线音频接口，提供普通电话业务或模拟租用线业务。

② 数字接口（即V5接口）

V5接口作为一种标准化的、完全开放的接口，用于接入网数字传输系统和数字交换机之间的配合。V5接口能支持公用电话网、ISDN（窄带、宽带）、帧中继、分组交换、DDN等业务。

V5接口包含V5.1接口、V 5.2接口、V 5.3以及支持宽带ISDN业务接入的VB5接口（包括VB5.1和VB5.2）。各种V5接口的特点及支持的业务如表5-1所示。

表5-1 各种V5接口的特点及支持的业务

分类	特点	支持接入的业务
V5.1接口	由一个2.048 Mbit/s链路组成，AN不含集线功能，没有通信链路保护功能	PSTN（包括单用户和PABX）接入、ISDN基本速率接入等
V5.2接口	支持1～16个2.048 Mbit/s链路，AN具有集线、时隙动态分配功能，可提供专门的保护协议进行通信链路保护	除了支持V5.1接口的业务外，还可支持ISDN基群速率接入
V5.3接口		STM-1速率业务的接入
VB5接口	包括VB5.1和VB5.2	宽带ISDN业务的接入 窄带ISDN业务的接入 广播业务的接入 不对称多媒体业务的接入（如VOD）

（3）维护管理接口（Q3）

维护管理接口是电信管理网（TMN）与电信网各部分的标准接口。接入网作为电信网的一部分也是通过Q3接口与TMN相连，便于TMN实施管理功能。

5.1.2 接入网的功能模型

接入网功能结构如图5-3所示。

接入网的功能结构分成用户口功能（UPF）、业务口功能（SPF）、核心功能（CF）、传送功能（TF）和AN系统管理功能（SMF）这五个基本功能组。

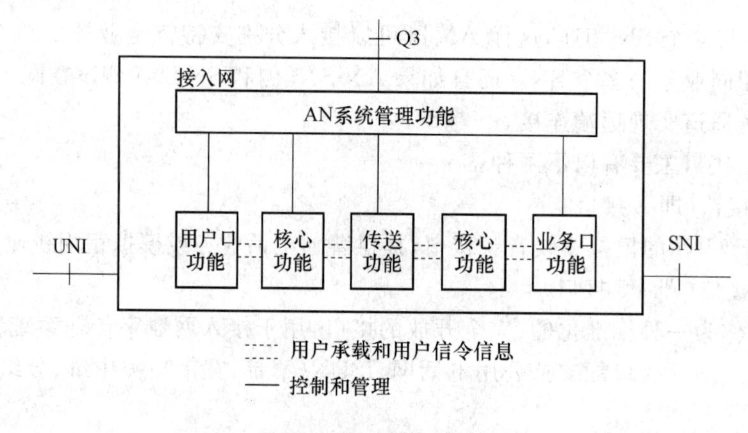

图5-3　接入网功能结构

1. 用户口功能

用户口功能的主要作用是将特定的UNI要求与核心功能和管理功能相适配,用户口所完成的主要功能是:

- 终结UNI功能;
- A/D转换和信令转换;
- UNI的激活/去激活;
- UNI承载通路/承载能力的处理;
- UNI的测试和UPF的维护;
- 管理和控制功能。

2. 业务口功能

业务口功能的主要作用是:将特定SNI规定的要求与公用承载通路相适配以便核心功能处理,也负责选择有关的信息以便在AN系统管理功能中进行处理,其主要功能是:

- 终结SNI功能;
- 将承载通路的需要和即时的管理及操作需要映射进核心功能;
- 对特定的SNI所需要的协议作协议映射;
- SNI的测试和SPF的维护;
- 管理和控制功能。

3. 核心功能

核心功能处于UPF和SPF之间,其主要作用是负责将个别用户承载通路或业务口承载通路的要求与公用传送承载通路相适配。其主要功能还包括了对AN传送所需要的协议适配和复用所进行的对协议承载通路的处理。核心功能可以在AN内分配。具体的核心功能是:

- 接入承载通路的处理;

- 承载通路集中；
- 信令和分组信息复用；
- ATM 传送承载通路的电路模拟；
- 管理和控制功能。

4. 传送功能

传送功能是为 AN 中不同地点之间公用承载通路的传送提供通道，也为所用传输媒介提供媒介适配功能，主要功能是：

- 复用功能；
- 交叉连接功能；
- 管理功能；
- 物理媒介功能。

5. AN 系统管理功能

AN 系统管理功能(AN-SMF)的主要作用是协调 AN 内 UPF、SPF、CF 和 TF 的指配、操作和维护，也负责协调用户终端(经 UNI)和业务节点(经 SNI)的操作功能，主要功能是：

- 配置和控制功能；
- 指配协调功能；
- 故障检测和指示功能；
- 用户信息和性能数据收集功能；
- 安全控制功能；
- 对 UPF 和 SN 协调的即时管理和操作功能；
- 资源管理功能。

AN-SMF 经 Q3 接口与 TMN 通信，以便接受监视/或接受控制，同时为了实时控制的需要也经 SNI 与 SN-SMF 进行通信。

5.1.3　接入网的分类

接入网可以从不同的角度分类。

1. 按照接入网的传输媒介分类

根据所采用的传输媒介分，接入网可以分为有线接入网和无线接入网。

(1) 有线接入网

有线接入网采用有线传输媒介，又分为铜线接入网、光纤接入网和混合光纤/同轴电缆接入网及以太网接入。

(2) 无线接入网

无线接入网是指从业务节点接口到用户终端全部或部分采用无线方式，即利用卫星、微波及超短波等传输手段向用户提供各种电信业务的接入系统。

无线接入网可又分为固定无线接入网和移动无线接入网。

2. 按照传输的信号形式分类

按照传输的信号形式分,接入网可以分为数字接入网和模拟接入网。

(1) 数字接入网

接入网中传输的是数字信号,如HDSL、光纤接入网、以太网接入等。

(2) 模拟接入网

接入网中传输的是模拟信号,如ADSL等。

3. 按照接入业务的速率分类

按照接入业务的速率分,接入网可以分为窄带接入网和宽带接入网。

对于宽带接入网,不同的行业有不同的定义,宽带与窄带的一般划分标准是用户网络接口上的速率,即将用户网络接口上的最大接入速率超过2 Mbit/s的用户接入称为宽带接入。

目前应用比较广泛的宽带接入技术主要有:ADSL(ADSL2、ADSL2+)、VDSL(VDSL2)、HFC、以太网接入技术、光纤接入网等有线宽带接入网,以及LMDS、WLAN、WiMAX等无线宽带接入网。

5.1.4 接入网支持的接入业务类型

接入网支持的接入业务类型可以从两个角度分类。

1. 按照业务本身的特性分类

接入网支持的接入业务若按照业务本身的特性分有话音类业务、数据类业务、图像通信类业务和多媒体业务。

(1) 话音类业务

话音类业务就是利用电信网为用户实时传送双向语音信息以进行会话的电信业务。具体包括:普通电话业务、程控电话新业务(如缩位拨号、呼叫等待、三方通话、呼叫转移、呼出限制等)、磁卡、IC卡电话业务、可视电话业务、会议电话业务、移动电话业务、智能网电话业务等。

(2) 数据类业务

数据业务主要包括:数据检索业务、数据处理业务、电子信箱业务、电子数据互换业务、无线寻呼业务等。

(3) 图像通信类业务

图像业务具体包括:普通广播电视业务、卫星电视业务、有线电视业务等。

(4) 多媒体业务

多媒体业务主要有:居家办公业务、居家购物业务、VOD(按需收视)业务、多媒体会议业务、远程医疗业务、远程教学业务等。

2. 按照业务的速率分类

接入网支持的接入业务若按照传输速率分有窄带业务和宽带业务。

(1) 窄带业务

接入网支持的窄带业务主要有:普通电话等电话业务、模拟租用线业务、ISDN 基本速率和基群速率业务、低速数据业务、$N\times 64$ kbit/s 数据租用业务等。

(2) 宽带业务

接入网支持的宽带业务主要有:高速数据业务(ATM 业务、以太网业务、IP 数据业务等)、视频点播(VOD)业务、数字电视分配业务、交互式图像业务、多媒体业务、远程医疗业务、远程教育业务等。

5.2 铜线接入网

前已述及,铜线接入网主要包括高速率数字用户线(HDSL)、不对称数字用户线(ADSL)接入技术和甚高速数字用户线(VDSL),其中 ADSL 接入技术应用较为广泛。下面重点介绍 ADSL 接入技术,然后探讨 VDSL 技术。

5.2.1 不对称数字用户线接入技术

ADSL 技术是由 Bellcore 的 Joe Lechleder 于 20 世纪 80 年代末首先提出的。它属于一种宽带接入技术,应用非常广泛。

1. ADSL 的定义

不对称数字用户线(Asymmetric Digital Subscriber Line,ADSL)是一种利用现有的传统电话线路高速传输数字信息的技术,以上、下行的传输速率不相等的 DSL 技术而得名。ADSL 下行传输速率接近 8 Mbit/s,上行传输速率接近 640 kbit/s,并且在同一对双绞线上可以同时传输上、下行数据信号和传统的模拟话音信号等。

ADSL 是一种利用现有的传统电话线路高速传输数字信息的技术。该技术将大部分带宽用来传输下行信号(即用户从网上下载信息),而只使用一小部分带宽来传输上行信号(即接收用户上传的信息),这样就出现了所谓不对称的传输模式。

ADSL 系统可提供三条信息通道:高速下行信道、中速双工信道和普通电话业务信道。即 ADSL 可以在相同的线路上同时容纳中高速数据信息和模拟的语音信息。

2. ADSL 的系统结构

ADSL 的系统结构如图 5-4 所示。它是在一对普通铜线两端,各加装一台 ADSL 局端设备和远端设备而构成。

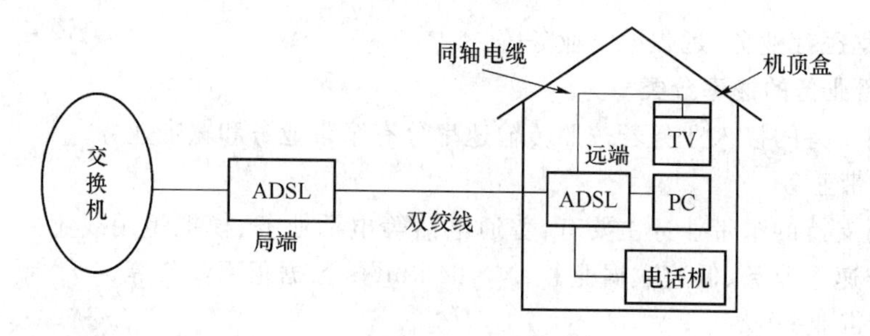

图 5-4 ADSL 的系统结构

ADSL 系统的核心是 ADSL 收发信机(即 ADSL 局端设备和远端设备),其原理框图如图 5-6 所示。

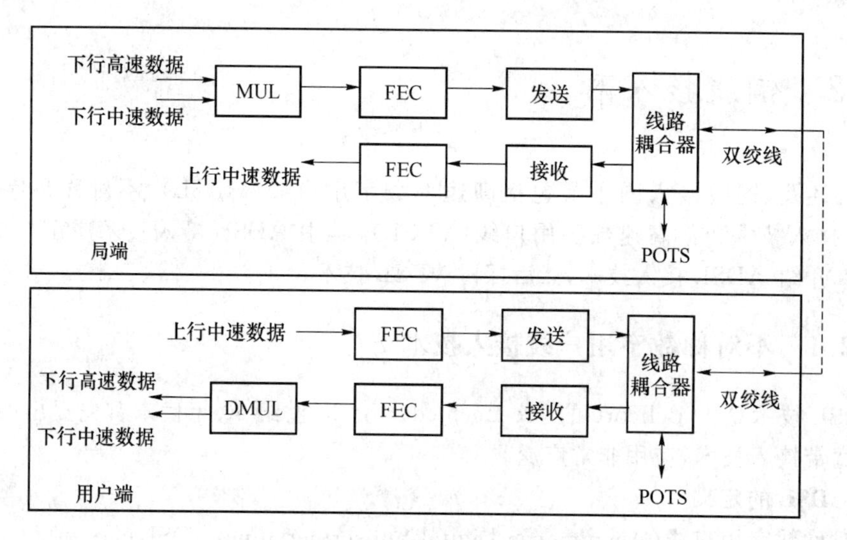

图 5-5 ADSL 收发信机原理框图

下面我们来看看具体工作过程。

局端 ADSL 收发信机:

• 下行方向——复用器(MUL)将下行高速数据与中速数据进行复接,经前向纠错(FEC)编码后送发信单元进行调制处理,最后经线路耦合器送到铜线上。

• 上行方向——线路耦合器将来自铜线的上行数据信号分离出来,经接收单元解调和 FEC 解码处理,恢复上行中速数据;线路耦合器还完成普通电话业务(POTS)信号的收、发耦合。

用户端 ADSL 收发信机:

• 下行方向——线路耦合器将来自铜线的下行数据信号分离出来,经接收单元解调和 FEC 解码处理,送分路器(DMUL)进行分路处理,恢复出下行高速数据和中速数据,分别送给不同的终端设备。

• 上行方向——来自用户终端设备的上行数据经 FEC 编码和发信单元的调制处理，通过线路耦合器送到铜线上；普通电话业务经线路耦合器进、出铜线。

3. ADSL 的频带分割

(1) 频分复用和回波抵消混合技术

采用频分复用(FDM)和回波抵消混合技术可实现 ADSL 系统的全双工和非对称通信。

① 频分复用

频分复用是将整个信道从频域上划分为独立的 2 个或多个部分，分别用于上行和下行传输，彼此之间不会产生干扰。

② 回波抵消技术

回波抵消方式是在 2 线传输的两个方向上同时间、同频谱地占用线路，即在线路上两个方向传输的信号完全混在一起。为了分开收、发两个方向，一般采用 2/4 线转换器(即混合电路)，其实现的原理框图如图 5-6 所示。

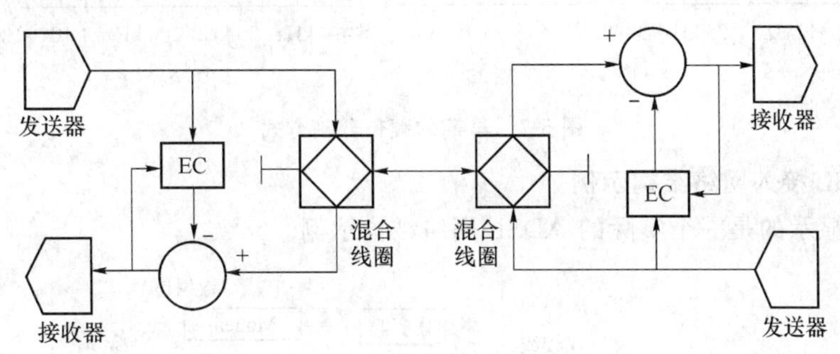

图 5-6　回波抵消方式原理框图

这种方式有一个问题，就是对传输速率较高的数字信号，2/4 线转换器的去耦效果是较差的，即对端衰减不可能很大。因此，本端的发送信号会折回到本端接收设备，对接收来的对端信号产生干扰，我们称这种折回的信号为近端回波。另外，已发送出去的信号在线路上遇到不均匀点，也会反射折回到发端的接收设备，这一反射折回信号称为远端回波。由这两部分回波构成的总回波将严重地干扰接收设备的工作。而由于来自远端的信号经过线路传输后会有衰减，信号电平下降，问题将会变得非常严重。

为了进行正常的通信，必须抑制回波干扰。所采取的措施是加回波抵消器(Echo Canceller，EC)(如图 5-6 所示)。其工作原理是利用发送信号来产生估计的回波，然后将这个估计的回波送到本侧的接收端，和接收信号相减，就是用估计的回波来抵消实际的回波，使接收端留下有用的信号。由于线路的特性比较复杂，再加上环境等因素的影响，回波随时间变化,所以很难精确地估计回波值,这将影响回波抵消的效果。为了解决这个问题,增加了一个反馈电路,将抵消之后的接收信号反馈回给回波抵消器,回波抵消器检查这个信号内是否还有回波存在,并根据检查的结果来调节回波的估计值,以便进一步抑制回波。

回波抵消技术用于上、下行传输频段相同的通信系统,模拟和数字系统都可以采用此技术。

(2) 频带分割

早期的频带分割如图 5-7(a)所示,不采用回波抵消技术,频带有所浪费。

目前使用 FDM 和回波抵消混合技术,如图 5-7(b)所示,部分上下频带交错,在频带交错部分采用回波抵消技术来降低相互影响(G. 992.1 和 G. 992.2 标准)。

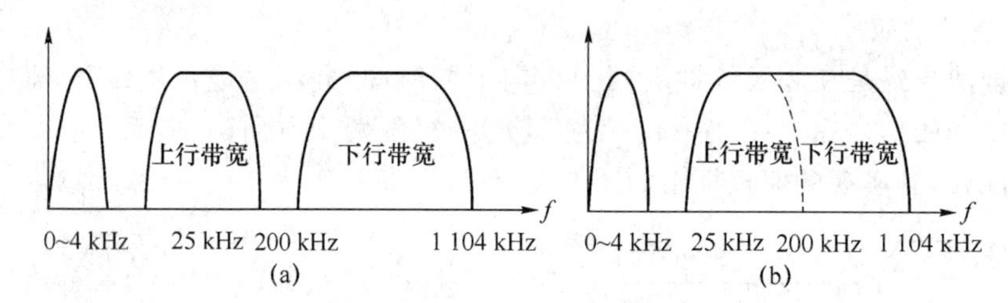

图 5-7 早期的频带分割方式

4. ADSL 接入网络结构示例

图 5-8 显示的是一个实际的 ADSL 网络结构示例。

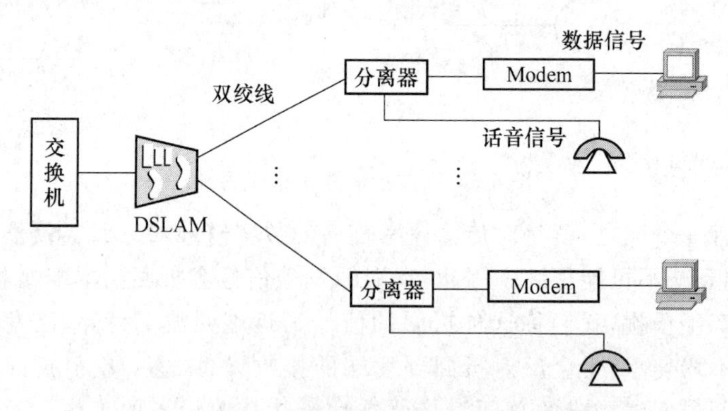

图 5-8 ADSL 网络结构示例

图 5-8 中局端的 DSLAM(DSL 多路接入复用器)是接入多路复合系统中心的 Modem 组合,它从多重 DSL 连接收取信号,将其转换到一条高速线上,用以支持视频、广播电视、快速因特网接入及其他高价值应用。归纳起来,DSLAM 的具体功能有:多路复用、调制解调、分离器等。

5. ADSL调制技术

ADSL常用的调制技术有QAM调制、CAP调制和DMT调制，ADSL主要考虑采用的是CAP调制和DMT调制。

(1) QAM调制

正交幅度调制(Quadrature Amplitude Modulation,QAM)又称正交双边带调制，是将两路独立的基带信号分别对两个相互正交的同频载波进行抑制载频的双边带调制，所得到的两路已调信号叠加起来的过程，称为正交幅度调制。常见的有4QAM、16QAM、64QAM、256QAM(有关QAM的详细内容参见《数据通信原理》)。

(2) CAP调制

无载波波幅相位调制(Carrierless Amplitude & Phase Modulation,CAP)技术是以QAM调制技术为基础发展而来的，是QAM技术的一个变种。

输入数据被送入编码器，在编码器内，m位输入比特被映射为$k=2m$个不同的复数符号$A_n=a_n+\mathrm{j}b_n$，由k个不同的复数符号构成k-CAP线路编码。编码后a_n和b_n被分别送入同相和正交数字整形滤波器，求和后送入D/A转换器，最后经低通滤波器信号发送出去。

CAP也有CAP-4、CAP-16、CAP-64等不同调制模式，其坐标图与QAM相似。CAP调制的基本原理与QAM一样，较明显的差异是CAP符号经过编码之后，x值及y值会各经过一个数字滤波器，然后才合并输出。CAP中的“Carrierless(无载波)”是指生成载波(Carrier)的部分(电路和DSP的固件模块)不独立，它与调制/解调部分合为一体，使结构更加精炼。

CAP技术用于ADSL的主要技术难点是要克服近端串音对信号的干扰。一般可通过使用近端串音抵消器或近端串音均衡器来解决这一问题。

(3) DMT调制

DMT(Discrete MultiTone,离散多音频)是一种多载波调制技术，其核心思想是将整个传输频带分成若干子信道，每个子信道对应不同频率的载波，在不同载波上分别进行QAM调制，不同信道上传输的信息容量(即每个载波调制的数据信号)根据当前子信道的传输性能决定。

DMT调制系统可以根据各子信道的瞬时衰减特性、群时延特性和噪声特性等情况使用这255个子信道，在每个子信道分配1～15 bit的数据，并关闭不能传输数据的信道，从而使通信容量达到可用的最高传输能力。

与CAP方式相比，DMT具有以下优点：

① 带宽利用率更高。DMT技术可以自适应地调整各个子信道的比特率，可以达到比单频调制高得多的信道速率。

② 可实现动态带宽分配。DMT技术将总的传输带宽分成大量的子信道，这就有可

能根据特定业务的带宽需求,灵活地选取子信道的数目,从而达到按需分配带宽的目的。

③ 抗窄带噪声能力强。在DMT方式下,如果线路中出现窄带噪声干扰,可以直接关闭被窄带噪声覆盖的几个信道,系统传送性能不会受到太大影响。

④ 抗脉冲噪声能力强。根据傅里叶分析理论,频域中越窄的信号其时域延续时间越长。DMT方式下各子信道的频带都非常窄,因而各子信道信号在时域中都是延续时间较长的符号,因而可以抵御短时脉冲的干扰。

从性能看,DMT是比较理想的调制方式,优点是信噪比高、传输距离远(同样距离下传输速率较高)。但DMT也存在一些问题,比如DMT对某个子信道的比特率进行调整时,会在该子信道的频带上引起噪声,对相邻子信道产生干扰,而且比CAP实现复杂。目前DMT产品较为成熟。基于DMT的优势,ADSL一般采用高性能的DMT调制技术。

6. ADSL的优缺点

(1) ADSL技术的主要优点

① 可以充分利用现有铜线网络,只要在用户线路两端加装ADSL设备即可为用户提供服务;

② ADSL设备随用随装,施工简单,节省时间,系统初期投资小,且ADSL设备拆装容易,方便用户转移,非常灵活;

③ ADSL设备采用先进的调制技术和数字处理技术,提供高速远程接收或发送信息,充分利用双绞线上的带宽;

④ 在一对双绞线上可同时传输高速数据和普通电话业务。

(2) ADSL技术的主要缺点

① 对线路质量要求较高;

② 抵抗天气干扰的能力较差;

③ 带宽可扩展的潜力不大。

7. 影响ADSL性能的因素

(1) 衰耗

衰耗是指在传输系统中,发射端发出的信号经过一定距离的传输后,其信号强度都会减弱。衰耗跟传输距离、传输线径以及信号所在的频率点有密切关系。传输距离越远,线径越细;频率越高,其衰耗越大。ADSL Modem的衰耗适应范围在0~55 dB之间。

(2) 反射干扰(回波干扰)

ADSL系统从局端设备到用户,至少有两个桥接点,每个接头的线径会相应改变,再加上电缆损失等造成阻抗的突变会引起功率反射或反射波损耗。在话音通信中其表现是回声,即产生反射干扰(回波干扰),在ADSL中复杂的调制方式很容易受到反射信号的干扰。

(3) 串音干扰

串音干扰是指相邻线路间的电磁干扰。由于电容和电感的耦合,处于同一主干电缆中的双绞线发送器的发送信号可能会串入其他发送端或接收器,造成串音。

(4) 噪声干扰

噪声产生的原因很多,主要有:

- 家用电器的开关;
- 电话摘机和挂机;
- 其他电动设备的运动等。

第一代 ADSL 技术随着运营商网络部署的扩大以及用户业务量的逐渐增加,在业务开展、网络维护等方面逐渐暴露出一些难以克服的弱点。例如,较低的下行传输速率难以满足流媒体等高带宽业务的需求;线路诊断能力较弱,在线路开通前难以快速确定线路质量;单一的 ATM 传送模式难以适应网络 IP 化的发展趋势。这些不良现状,促使技术界对第一代 ADSL 技术的传输性能、抗线路损伤和射频干扰能力、线路诊断、运行维护等多方面进行了改进,先后推出了新一代 ADSL 技术:遵循 ITU-T G. 992. 3/G. 992. 4 标准的 ADSL2 和遵循 ITU-T G. 992. 5 标准的 ADSL2+,即第二代 ADSL 技术。

8. ADSL2 和 ADSL2+

(1) ADSL2 的标准

ADSL2 的标准为 G. 992. 3/G. 992. 4。

(2) ADSL2 的特点

ADSL2 具有以下突出特点:

① 速率与距离的提高

ADSL2 通过提高调制效率、减小帧开销、提高编码增益、采用更高级的信号处理算法等,可使下行速率达到 12 Mbit/s,上行速率达到 1 Mbit/s 的速率;ADSL2 的距离为 3~5 km(在相同速率的条件下,ADSL2 增加了传输距离约为 180 m)。

② 增强的功率管理

ADSL2 可以根据系统的工作状态(高速连接、低速连接、离线等),灵活、快速地转换工作功率,节省功耗,降低线路串扰(而且其切换时间可 3 秒之内完成,以保证业务不受影响)。

③ 增强的抗噪声能力

ADSL2 增加子通道(TONE)的禁止功能,当某些子通道的噪声干扰非常大时,这些子通道将会被禁止使用,从而提高系统稳定性。另外增强了子通道排序,接收端根据各子通道噪声的大小,将子通道进行重新排序,然后进行编码,从而将噪声的影响降到最小。

④ 故障诊断和线路测试

ADSL2 提供实时监测,提高运行维护水平。系统可提供对线路噪声、线路衰减、信噪比等重要参数的测量功能。

⑤ 速率自适应技术

电话线之间串话会严重影响ADSL的数据速率,且串话电平的变化会导致ADSL掉线。调幅广播(AM)无线电干扰、温度变化、潮湿等因素也会导致ADSL掉线。ADSL2通过采用SRA(Seamless Rate Adaptation)技术来解决这些问题,使ADSL2系统可以在工作时在没有任何服务中断和比特错误的情况下改变连接的速率。ADSL2通过检测信道条件的变化来改变连接的数据速率,以符合新的信道条件,改变对用户是透明的。

⑥ 多线对绑定

ADSL2支持绑定两条甚至更多线对的物理端口,以形成一条ADSL逻辑链路,从而实现高速数据接入。

⑦ 其他新特点

与ADSL相比,ADSL2还具有以下新的技术特点:

• 除了支持传统的STM(同步传送模式)和ATM(异步传送模式),增加了PTM(分组传送模式)以实现IP业务的高效传输;

• 定义了更灵活的帧结构以支持四种延迟通道、四个承载信道,支持对误码和时延的配置,提高了QoS支持能力;

• 增强了在线重配置能力,如比特交换和无缝的速率调整;

• 增加了全数字模式,即在没有POTS业务时用话带传送数据,从而提高上行带宽。

9. ADSL2+

ADSL2+是在ADSL2的基础上发展起来的,ADSL2+拥有ADSL2所具有的一切特性(即ADSL2+具有上述ADSL2的特点),ADSL2+标准G.992.5初稿于2003年1月通过。

ADSL2+将频谱加倍,从1.104 MHz扩展至2.208 MHz,其下行速率大大提高,理论上可达到25 Mbis/s,上行速率与ADSL2相同。另外,ADSL2+的距离可以达5.0 km。

以上简单介绍了ADSL2和ADSL2+特性,下面探讨一下ADSL2和ADSL2+的应用策略。

运营商可以通过对现有设备的升级来实现新技术应用部署,而不是淘汰现有设备,同时更好地支持新的应用和服务。因此,在有条件的地方可以逐步应用ADSL2/ADSL2+技术,通过对现有ADSL设备的升级,使其具有ADSL2/ADSL2+的能力。例如,在一些用户线距离较远的地区可以利用ADSL2/ADSL2+对用户进行覆盖;而对部分带宽需求高于ADSL提供能力的地方,也可以部署ADSL2+;对于出线率较低的地区,ADSL2+也可以作为一种解决方法进行部署,以减少线束之间的干扰,提高出线率。

5.2.2　甚高速数字用户线接入技术

ADSL 技术在提供话音和数据接入方面具有优于 HDSL 技术的性能，但还不能满足用户对视频业务的需求，于是又诞生了一种称为甚高速数字用户线（Very high speed Digital Subscriber Line，VDSL）的技术。

1. VDSL 系统结构

VDSL 系统结构如图 5-9 所示。

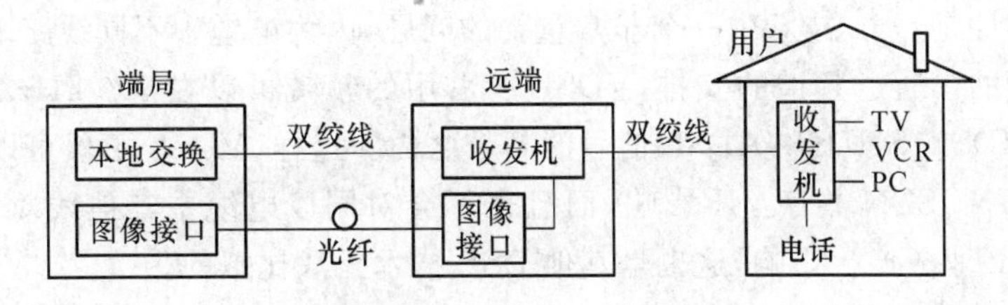

图 5-9　VDSL 系统结构

VDSL 收发机通常采用 DMT 调制（也考虑 CAP 码），在双绞线上，其上行传输速率至少可达 1.6 Mbit/s；而下行速率可以扩展至 26 Mbit/s 甚至 52 Mbit/s，能够容纳 4～8 个 6 Mbit/s 的 MPEG-2 信号，同时允许普通电话业务继续工作于 4 kHz 以下频段，通过频分复用方式将电话信号和 26 Mbit/s 或 52 Mbit/s 的数字信号结合在一起送往双绞线。当然，其传输距离分别缩短至 1 km 或 300 m 左右。

2. VDSL 的特点

VDSL 具有以下特点：

（1）传输速率高

VDSL 可在对称或不对称速率下运行，每个方向最高对称速率是 26 Mbit/s，而不对称速率的下行最高速率可达 52 Mbit/s。

（2）能较好地支持各种应用

VDSL 的使用频段是 1.1～20 MHz，正好在 ADSL 所用频段之上。VDSL 采用 OFDM 方式进行通信，即上行和下行使用不同的频率范围。通常频谱分配如下（以 QAM 为例）：下行 0.9～3.4 MHz；上行 4.0～7.75 MHz。其他常用的低频业务，如 ISDN、普通电话和 ADSL，完全可以和 VDSL 同时在一对线上传送。一般情况下，这两个频带的中心频率和带宽都可以调整，会对 VDSL 系统的数据速率产生影响。

（3）技术相对成熟

VDSL 使用 QAM 或 DMT 线路编码技术。QAM 属于单载波调制方式，DMT 属于多载波编码技术。目前用得较多的是 DMT 技术，这一技术和 ADSL 使用的线路编码完全相同。

(4) 经济性好

VDSL 由于传输距离的缩短,码间干扰大大减少,线路信号处理的技术复杂度也大大降低。在目前市场还没有大规模应用的情况下,VDSL 线路收发器的成本已与 ADSL 基本持平应有望进一步下降,因而此时将宽带光纤接入技术与 VDSL 技术相结合,可以提供光纤敷设成本、网络设备成本和提供网络带宽能力的较佳平衡,是一种比较理想的带宽混合接入方案。

(5) 具有较好的频谱兼容性

频谱兼容性是 DSL 技术中一个非常重要的问题,因为电缆中不同线路之间的信号串扰是不可避免的。通过频谱的安排,VDSL 所占用的频带可以在 900 kHz 之上,其产生的串音不在 HDSL/SHDSL/ADSL 信号的频带之内。这样,VDSL 不仅可以在同一根用户线上与 POTS/ISDN 共存互不影响,而且也不会对同以电缆中其他线对上的 HDSL/SHDSL/ADSL 业务产生影响,这也是其他 DSL 技术无法比拟的。

3. VDSL 的速率配置与传输距离

甚高速数字用户线(VDSL)的系统可在对称或不对称速率下运行,其速率配置及对应的传输距离为:

- 26 Mbit/s 的对称速率,传输距离约为 300 m;
- 13 Mbit/s 的对称速率,传输距离约为 800 m;
- 52 Mbit/s 的下行速率和 6.4 Mbit/s 的上行速率,传输距离约为 300 m;
- 26 Mbit/s 的下行速率和 3.2 Mbit/s 的上行速率,传输距离约为 800 m;
- 13 Mbit/s 的下行速率和 1.6 Mbit/s 的上行速率,传输距离约为 1.2 km。

4. VDSL 的传输模式

VDSL 的设计目标是进一步利用现有的光纤满足居民对宽带业务的不断需求,以 ATM 作为多种宽带业务的统一传输方式。除了 ATM 外,实现 VDSL 还有其他的几种方式。VDSL 标准中以铜线/光纤为线路方式定义了 5 种主要的传输模式,如图 5-10 所示。

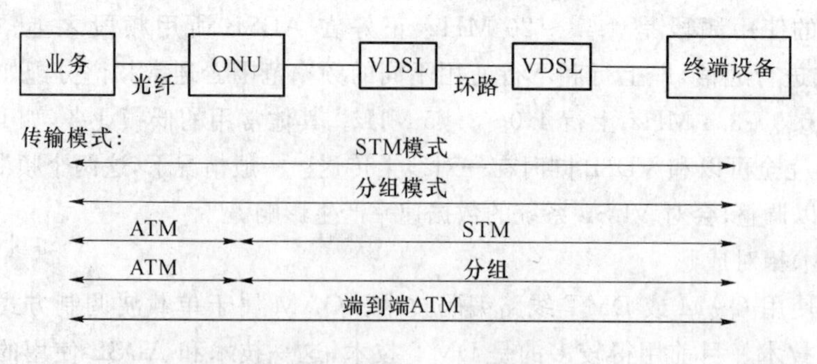

图 5-10 VDSL 的传输模式

(1) STM模式

这是最简单的一种传输方式,也称STM为时分复用(TDM),不同设备和业务的比特流在传输过程中被分配固定的带宽。

(2) 分组模式

在这种模式中,不同业务和设备间的比特流被分成不同长度不同地址的分组包进行传输,所有的分组包在相同的"信道"上以最大的带宽传输。

(3) ATM模式

ATM在VDSL网络中可以有3种形式。

第一种是ATM端到端模式,它与分组包类似,每个ATM信元都带有自身的地址,并通过非固定的线路传输,不同的是ATM信元长度比分组包小,且有固定的长度。

第二、三种分别是将ATM与STM、ATM与分组模式的混合使用,这两种形式从逻辑上讲是VDSL在ATM设备间形成了一个端到端的传输通道。VDSL可以在提供服务端采用ATM传输模式以配合原来环路上的光纤网络单元和STM传输模式,光纤网络单元可以用于实现各功能的转换。利用现在广泛使用的IP网络,VDSL也支持ATM于光纤网络单元和分组模式的混合传输方式。

5. VDSL的应用

VDSL技术完全可以提供传统的xDSL的所有通用业务,主要包括:

(1) 通过高速数据接入业务功能,用户可以快速地浏览因特网上的信息、收发电子邮件、上传下载文件;

(2) 通过视频点播业务功能,用户可以在线收看影视,收听音乐,同时还可以进行交互式的在线游戏点播;

(3) 通过家庭办公业务功能,用户可以高速接入公司的内部网络,查阅公司的信息,参加公司内部会议;

(4) 通过远程业务功能,用户可以通过网络接收异地实时教学,医院可以通过网络完成异地医疗会诊,用户也可以通过网络完成购物等。

6. VDSL2

随着高清视频等高带宽业务的出现,ADSL、ADSL2+由于其上行带宽能力有限,很难满足这些业务需求。在ADSL2、第一代VDSL(简称VDSL1)基础上发展了VDSL2技术。

VDSL2的标准是G.993.2,通过扩展频谱、改善发射功率谱密度等措施,可支持更高的传输速率和更远的传输距离,以及在不需要增加成本的基础上,满足用户和业务的高带宽需求。

与VDSL1相比,VDSL2技术突出特点和主要改进如下:

(1) 调制方式统一为DMT

VDSL2(G.993.2)将调制方式强制统一为DMT,从调制技术上实现了与ADSL、

ADSL2+的统一,为VDSL2互联互通和后向兼容奠定了坚实基础。

(2) 传输性能大大增强

VDSL2频谱范围从12 MHz扩展到12~30 MHz,支持时域均衡(TEQ)和回波抵消(EC)机制等措施,VDSL2传输性能大大增强。VDSL2最大上、下行速率可达100 Mbit/s,而且与VDSL1相比,VDSL2的覆盖范围有所提升,长距离条件下可实现类似ADSL的传输性能。

(3) 抗噪能力更强

由于强制支持网格(trellis)编码,支持高达16个符号(symbol)的脉冲噪声保护(INP),支持完善的功率谱密度控制等功能,VDSL2抗噪声干扰能力更强。

(4) 综合业务承载能力更强

在QoS方面,VDSL2更多地考虑了对视频、语音等业务的支持,在标准中支持双时延通道和交织深度的动态调整(GCI)。

双时延通道主要是考虑到不同业务对丢包、时延的敏感度不同提出的,因此,VDSL2标准建议在多业务应用环境中,如果不同业务对时延、丢包、INP的要求有显著不同,使用双时延通道以满足多业务的不同需求。

另外,为了更好地支持视频业务,VDSL2定义了动态调整交织深度的机制,在VDSL2工作状态(SHOWTIME),上层软件可根据视频误码情况调节交织深度,提高或降低脉冲噪声保护长度,减少语音信道开关切换时对视频业务的影响。

(5) 结合了ADSL2和第一代VDSL的特点并进行扩展

VDSL2充分吸收了ADSL2和第一代VDSL优点,主要体现在:改善了管理功能,增加了线路自适应能力及线路诊断功能,支持基于ADSL2的线路诊断模式、测试参数和功率管理等。

(6) 可兼容现有主要DSL技术

VDSL2在应用上具有很强的灵活性:适合新部署的VDSL2终端,兼容现网部署的ADSL2+、ADSL、VDSL1(DMT)终端,既适应短距离范围内高带宽需求,又可提供长距离接入。

5.3 HFC接入网

5.3.1 混合光纤/同轴电缆网的概念

混合光纤/同轴电缆(HFC)网是一种以模拟频分复用技术为基础,综合应用模拟和数字传输技术、光纤和同轴电缆技术、射频技术等的宽带接入网络,是CATV网和电话网结合的产物，也是将光纤逐渐推向用户的一种新的经济的演进策略。

HFC 可以提供除 CATV 业务以外的语声、数据和其他交互型业务，称之为全业务网(FSN)。当然，HFC 网也可以只用于传送 CATV 业务，即所谓单向 HFC 网，但通常指双向 HFC。

5.3.2　HFC 的网络结构

HFC 网的典型结构如图 5-11 所示。

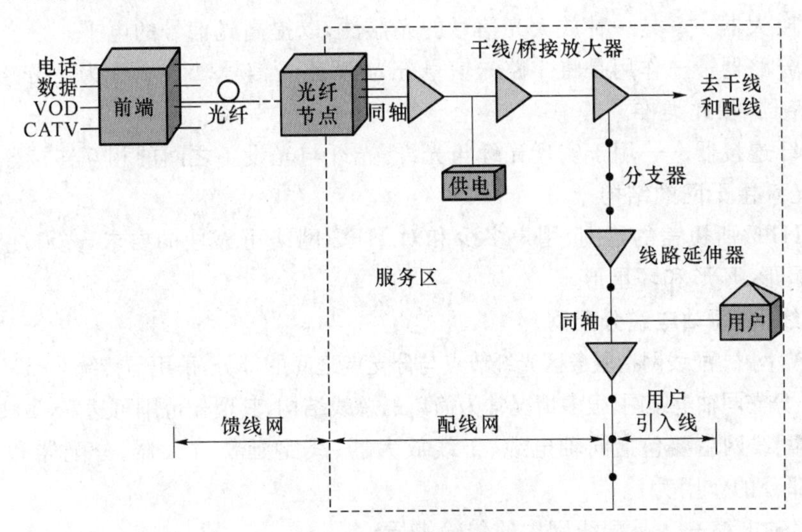

图 5-11　HFC 网的典型结构

HFC 由信号源、前端(可能还有分前端)、馈线网(光纤主干网)、配线网(同轴电缆分配网)和用户引入线等组成(HFC 线路网的组成包括馈线网、配线网和用户引入线)。

这种 HFC 网干线部分采用光纤以传输高质量的信号，而配线网部分仍基本保留原有的树形——分支型模拟同轴电缆网，这部分同轴电缆网还负责收集来自用户的回传信号经若干双向放大器到光纤节点再经光纤传送给前端。下面具体介绍各部分的作用。

1. 前端

前端设备主要包括天线放大器、频道转换器、卫星电视接收系统、滤波器、调制器、解调器、混合器和导频信号发生器等。

前端的功能主要有：调制、解调、频率变换、电平调整、信号编解码、信号处理、低噪声放大、中频处理、信号混合、信号监测与控制、频道配置和信号加密等。

2. 馈线网(光纤主干网)

HFC 的馈线网指前端至服务区 SA(服务区的范围如图 5-11 所示)的光纤节点之间的部分。

(1) 光纤主干网的组成

光纤主干网主要由光发射机、光放大器、光分路器、光缆、光纤连接器和光接收机等组成。各部分的作用如下：

① 光发射机——作用是把被传输的信号经过调制处理后得到强度随输入信号变化的已调光信号,送入光纤网中传输。

② 光接收机——是把从光纤传输来的光信号进行解调,还原成射频电视信号后送入用户电缆分配网而到达各用户终端。

③ 光放大器——是一种放大光信号的光器件,以提高光信号的电平。

④ 光分路器——作用是将1路光信号分为 N 路光信号, $N=2$ 称为2分路器, $N=4$ 称为4分路器,依此类推。

⑤ 光纤连接器——用于实现光纤与光纤、光纤与光设备之间的相互连接。

(2) 光纤主干网的结构

根据 HFC 所覆盖的范围、用户多少和对 HFC 网络可靠性的要求,光纤主干网的结构主要有星形、环形和环星形。

3. 配线网(同轴电缆分配网)

在 HFC 网中,配线网指服务区光纤节点与分支点之间的部分,采用与传统 CATV 网基本相同的树形一分支同轴电缆网,很多情况常为简单的总线结构,其覆盖范围可达5～10 km。

HFC 配线网主要包括同轴电缆、干线放大器、线路延长放大器、分配器和分支器等部件。各部分的作用为：

(1) 同轴电缆——是配线网中的传输媒质。

(2) 干线放大器——用于补偿干线电缆的损耗,使信号进行长距离传输,其增益一般在20～30 dB。

(3) 线路延长放大器——用于补偿支路损耗,每个为几十个至二百个用户提供足够的信号电平。

(4) 分配器——其作用是将一路信号电平(电压或功率)平均分成几路输出,常见的有2、3、4、6、8、18几种分配器。

(5) 分支器——其作用是将一路信号分成多路输出。与分配器平均分配信号电平不同,分支器多路输出的信号电平可以不相同,例如大电平信号分配给主干线路,小电平信号分配给支路。在配线网上一般平均每隔40～50 m 就有一个分支器,常用的有4路、16路和32路分支器。

4. 用户引入线

用户引入线指分支点至用户之间的部分,因而与传统 CATV 网相同,分支点的分支器是配线网与用户引入线的分界点。

用户引入线的作用是将射频信号从分支器经无源引入线送给用户,与配线网使用的同轴电缆不同,引入线电缆采用灵活的软电缆以便适应住宅用户的线缆敷设条件及作为电视、录像机、机顶盒之间的跳线连接电缆。引入线的传输距离一般为几十米。

5. 电缆调制解调器

电缆调制解调器(Cable Modem,CM)是一种可以通过有线电视 HFC 网络实现高速数据接入(如高速 Internet 接入)设备,其作用是在发送端对数据进行调制,将其频带搬移到一定的频率范围内,利用有线电视网线缆将信号传输出去;接收端再对这一信号进行解调,还原出原来的数据。

CM 放在用户家中,属于用户端设备。一般 CM 至少有两个接口,一个用来接墙上的有线电视端口,另一个与计算机相连。根据产品型号的不同,CM 可以兼有普通以太网集线器功能、桥接器功能、路由器功能或网络控制器功能等。

CM 的引入,对从有线电视(CATV)网络发展为 HFC 起着至关重要的作用,所以有时将 HFC 接入网也叫做 CM 接入网。

5.3.3　HFC 网的工作过程

下行方向:模拟电视和数字电视、电话和数据业务(分别调制后)在中心局进行综合,然后由一台光发射机将这些下行业务发往光纤传输至相应的光节点。在光节点处,将下行光信号变换成射频信号送往配线网。射频信号经配线网、用户引入线传输到达用户,由用户家中的 CM 将射频信号解调还原为模拟电视和数字电视、电话和数据等信号,被不同的用户终端所接收。

上行方向:从用户来的电话和数据信号在综合业务用户单元(ISU,含 CM)处变换为上行射频信号,经用户引入线、配线网传输到达光节点。光节点通过上行发射机将上行射频信号变换成光信号,通过光纤传回中心局。在中心局由光接收机接收上行光信号并变换成射频信号,(解调后)将电话信号送至主数字终端 HDT 和 PSTN 电话网互连,将数据信号送到路由器与数据网互连,将 VOD 的上行控制信号送到 VOD 服务器。

5.3.4　HFC 网络双向传输的实现

1. HFC 网的双向传输方式

在双向 HFC 网络中下行信号包括广播电视信号、数据广播信号等;上行信号有电视上传、数据上传、控制信号上传等。

在 HFC 网络中实现双向传输,需要从光纤通道和同轴电缆通道这两方面来考虑。

(1) 光纤通道双向传输方式

从前端到光节点这一段光纤通道中实现双向传输可采用空分复用(SDM)和波分复用(WDM)两种方式,用得比较多的是波分复用(WDM)。对于 WDM 来说,通常是采用 1 310 nm 和 1 550 nm 这两个波长。

(2) 同轴电缆通道双向传输方式

同轴电缆通道实现双向传输方式主要有:空间分割方式、频率分割方式和时间分割方式等。在HFC网络中一般采用空间分割方式和频率分割方式。

① 空间分割方式

空间分割法是采用双电缆完成光节点以下信号的上下行传输。可是对有线电视系统来说,铺设双同轴电缆完成双向传输,成本太高,所以这几乎是不可能的。实际上,空间分割法的实施是采用有线电视网与普通电话网相结合,即传送下行信号采用HFC网络,而利用电话模拟调制解调器通过PSTN网传送交互式上行信号,甚至光节点以下直接采用五类UTP进户,单独构成与同轴电缆无关的数据通信线路。

尽管这种混合双向接入方式有助于加快高速因特网接入和交互电视业务的开展,但用一个电话模拟调制解调器通过PSTN网提供上行通道还存在许多问题。目前解决双向传输的主要手段是频率分割方式。

② 频率分割方式

频率分割方式将HFC网络的频谱资源划分为上行频带(低频段)和下行频带(高频段),上行频带用于传输上行信号,下行频带用于传输下行信号。以分割频率高低的不同HFC的频率分割可分为低分割(分割频率30～42 MHz)、中分割(分割频率100 MHz左右)和高分割(分割频率200 MHz左右)。

高、中、低三种分割方式的选取主要根据系统的功能和所传输的信息量而定。通常,低分割方式主要适用于节点规模较小、上行信息量较少的应用系统(如点播电视、因特网接入和数据检索等);而中、高频分割方式主要适用于节点规模较大、上行信息量较多的应用系统(如可视电话、会议电视等)。

2. HFC的频谱分配方案

各种图像、数据和语音信号通过调制解调器同时在同轴电缆上传输。建议的频谱方案有多种,其中一种低分割方式如图5-12所示。

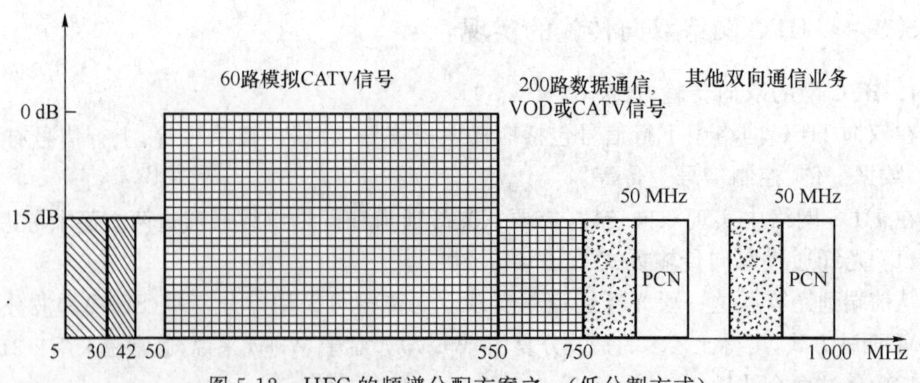

图5-12 HFC的频谱分配方案之一(低分割方式)

其中：

5～30 MHz＝25 MHz 上行通道，即回传通道，主要传输话音信号。

5～42 MHz＝37 MHz 是上行扩展频带。其中 5～8 MHz 传状态检视信息，8～12 MHz 传 VOD 信令，15～40 MHz＝25 MHz 传电话信号。

50～1 000 MHz：下行信道。其中 50～550 Hz 频段传输现有的模拟 CATV 信号，每路6～8 MHz，总共可以传输各种不同制式的电视节目 60～80 路。550～750 MHz 频段传输附加的模拟 CATV 信号或数字电视信号，也有建议传输双向交互式通信业务，特别是点播电视业务。高端 750～1 000 MHz 频段，传输各种双向通信业务，其中 2×50 MHz 用于个人通信业务，其他用于未来可能的新业务等。

3. HFC 的调制技术

HFC 采用副载波频分复用方式，即采用模拟调制技术，将各路信号分别用不同的调制频率调制到不同的射频段（电信号的调制），然后对此模拟射频段信号进行光调制。

HFC 网络的下行信号所采用的调制方式（电信号的调制）主要是 64QAM 或 256QAM 方式，上行信号所采用的调制方式主要是 QPSK 和 16QAM 方式。

5.3.5 HFC 的优缺点

1. HFC 的优点

(1) 成本较低。与 FTTC 相比，仅线路设备低 20％～30％；

(2) HFC 频带较宽，能适应未来一段时间内的业务需求，并能向光纤接入网发展；

(3) HFC 适合当前模拟制式为主体的视像业务及设备市场，用户使用方便；

(4) 与现有铜线接入网相比，运营、维护、管理费用较低。

2. HFC 的不足之处

(1) 成本虽然低于光纤接入网，但要取代现存的铜线环境投入将很大，需要对 CATV 网进行双向改造；

(2) 建设周期长；

(3) 拓扑结构需进一步改进，以提高网络可靠性，一个光电节点为 500 用户服务，出问题影响面大；

(4) 漏斗噪声难以避免；

(5) 当用户数多时每户可用的带宽下降。

5.4 以太网接入技术

5.4.1 以太网接入的概念

以太网接入也称为 FTTX＋LAN 接入,它是指光纤加交换式以太网的方式实现用户高速接入互联网,可实现的方式是光纤到路边(FTTC)、光纤到大楼(FTTB)、光纤到户(FTTH),泛称为 FTTX。目前一般实现的是光缆到路边或光纤到大楼。

如果接入网也采用以太网,将可以形成从局域网、接入网、城域网到广域网全部是以太网的结构。采用与 IP 一致的统一的以太网帧结构,各网之间无缝连接,中间不需要任何格式转换,将可以提高运行效率、方便管理、降低成本。

5.4.2 以太网接入的网络结构

FTTX＋LAN(以太网接入)的网络结构采用星形或树形,以接入宽带 IP 城域网的汇聚层为例,以太网接入典型的网络结构如图 5-13 所示。

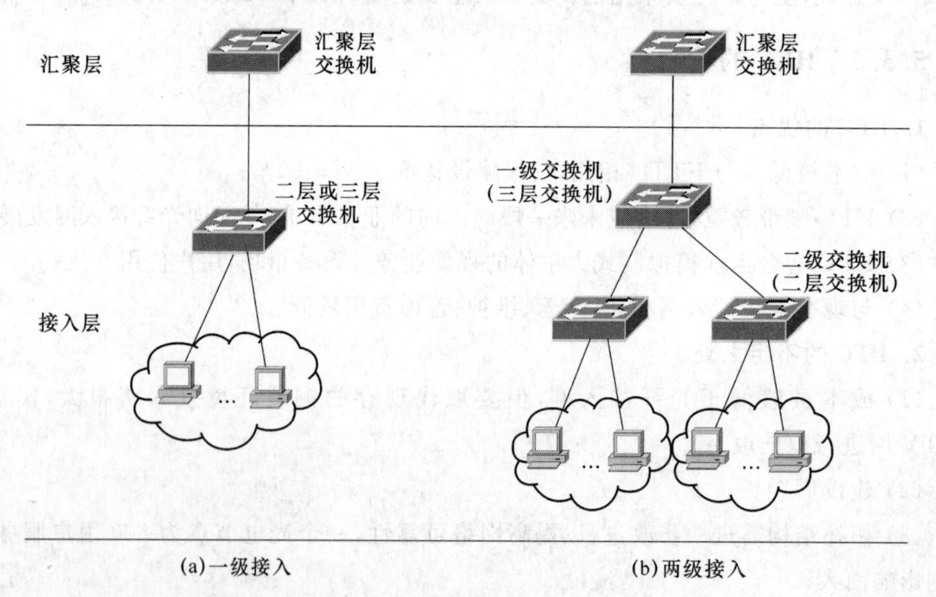

图 5-13 FTTX＋LAN(以太网接入)典型的网络结构

以太网接入的网络结构根据用户数量及经济情况等可以采用图 5-13(a)所示的一级接入或图 5-13 (b)所示的两级接入。

图 5-13(a)所示的以太网接入网，适合于小规模居民小区，交换机只有一级，采用三层交换或二层交换都可以。二/三层交换机上行与汇聚层节点采用光纤相连，速率一般为 100 Mbit/s；下行与用户之间一般采用双绞线连接，速率一般为 10 Mbit/s，若用户数超过交换机的端口数，可采用交换机级联方式。

图 5-13 (b)所示的以太网接入网，适合于中等或大规模居民小区，交换机分两级：第一级交换机采用具有路由功能的三层交换，第二级交换机采用二层交换。

对于中等规模居民小区来说，三层交换机具备一个千兆或多个百兆上联光口，上行与汇聚层节点采用光纤相连(光口直连，电口经光电收发器连接)；三层交换机下联口既可以提供百兆电口(100 m 以内)，也可以提供百兆光口。下行与二层交换机相连时，若距离大于 100 m，采用光纤；距离小于 100 m，则采用双绞线。二层交换机与用户之间一般采用双绞线连接。

对于大规模居民小区来说，三层交换机具备多个千兆光口直联到宽带 IP 城域网，下联口既可以提供百兆光口，也可以提供千兆光口。其他情况与中等规模居民小区相同。

5.4.3　以太网接入的优缺点

1. 以太网接入的优点

(1) 高速传输

用户上网速率目前可以达到 10 Mbit/s 以上，以后根据用户需要升级。

(2) 网络可靠、稳定

楼道交换机和小区中心交换机、小区中心交换机和局端交换机之间通过光纤相连，网络稳定性高、可靠性强。

(3) 用户投资少价格便宜

用户只需一台带有网络接口卡(NIC)的 PC 即可上网。

(4) 安装方便

小区、大厦、写字楼内采用综合布线，用户端采用五类网线方式接入，即插即用。

(5) 技术成熟

以太网接入技术已经出现了很长时间，是一种基本成熟的技术。

(6) 应用广泛

由于中国特色的民宅大多数非常集中，符合以太网的应用特点，所以说以太网接入技术是具有中国特色的接入技术。

通过以太网接入方式即可实现高速上网，远程办公、VOD 点播、VPN 等多种业务。

2. 以太网接入的缺点

(1) 五类线布线问题

五类线本身只限于室内使用，限制了设备的摆设位置，致使工程建设难度已成为阻碍以太网接入的重要问题。

(2) 故障定位困难

以太网接入网络层次复杂,网络层次多导致故障点增加且难以快速判断排除,使得线路维护难度大。

(3) 用户隔离方法较为烦琐且广播包较多。

5.5 光纤接入网

近些年随着各种新业务的迅速涌现,在巨大的市场潜力驱动下,产生了各种各样的接入网技术。光纤通信具有通信容量大、质量高、性能稳定、防电磁干扰、保密性强等优点,光纤接入网将成为接入网发展的重点。

5.5.1 光纤接入网基本概念

1. 光纤接入网的定义

光纤接入网(Optical Access Network,OAN)是指在接入网中用光纤作为主要传输媒介来实现信息传送的网络形式,或者说是业务节点与用户之间采用光纤通信或部分采用光纤通信的接入方式。

2. 光纤接入网的功能参考配置

ITU-T G.982 建议给出的光纤接入网(OAN)的功能参考配置如图5-14所示。

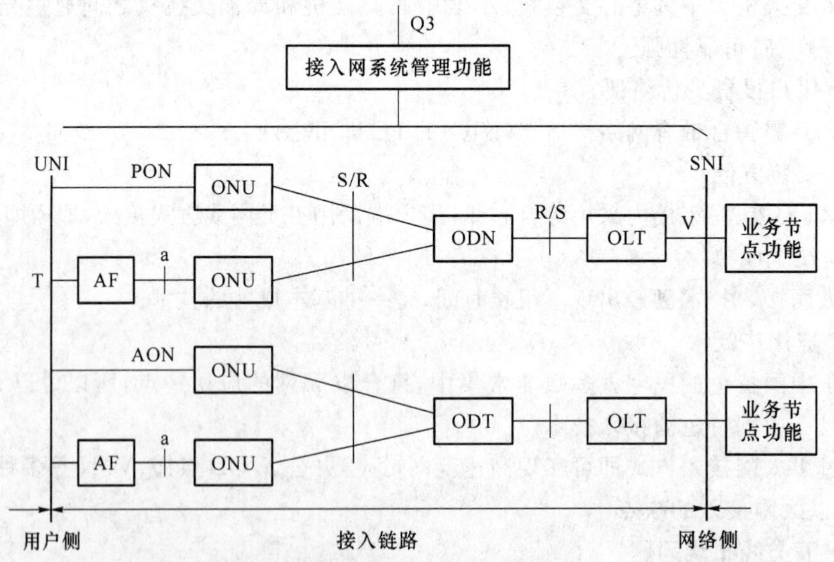

OLT: 光线路终端; ODN: 光分配网络; ONU: 光网络单元; ODT: 光远程终端
AF: 适配功能; R/S: 光收发参考点; PON: 无源光网络; AON: 有源光网络

图5-14 光纤接入网的功能参考配置

AON 主要包含如下配置。

• 四种基本功能模块：即光线路终端(OLT)，光分配网络(ODN)/光远程终端(ODT)，光网络单元(ONU)，AN 系统管理功能块。

• 五个参考点：即光发送参考点 S，光接收参考点 R，与业务节点间的参考点 V，与用户终端间的参考点 T，AF 与 ONU 间的参考点 a。

• 三个接口：即网络维护接口 Q3，用户网络接口 UNI 和业务节点接口 SNI。

各功能块的基本功能分述如下。

(1) OLT 功能块

OLT(Optical Line Termination)的作用是为光接入网提供网络侧与本地交换机之间的接口，并经过一个或多个 ODN 与用户侧的 ONU 通信，OLT 与 ONU 的关系为主从通信关系。OLT 对来自 ONU 的信令和监控信息进行管理，从而为 ONU 和自身提供维护与供电功能。

(2) ONU 功能块

ONU(Optical Distribution Network)位于 ODN 和用户之间，ONU 的网络侧具有光接口，而用户侧为电接口，因此需要具有光/电和电/光变换功能，并能实现对各种电信号的处理与维护管理功能。

(3) ODN/ODT 功能块

ODN/ODT 为 ONU 和 OLT 提供光传输媒介作为其间的物理连接，即传输设施。

根据传输设施中是否采用有源器件，光纤接入网分为有源光网络(AON)和无源光网络(PON)。

有源光网络(AON)则指的是 OAN 的传输设施中含有源器件，即为光远程终端(ODT)；而无源光网络(PON)指的是 OAN 中的传输设施全部由无源器件组成，即为光分配网络(ODN)。

(4) AN 系统管理功能块

AN 系统管理功能块是对光纤接入网进行维护管理的功能模块，其管理功能包括配置管理、性能管理、故障管理、安全管理及计费管理。

3. 光纤接入网的分类

前面提到，光纤接入网根据传输设施中是否采用有源器件分为有源光网络和无源光网络。

(1) 有源光网络

有源光网络是传输设施中采用有源器件。有源光网络由 OLT、ONU、光远程终端(ODT)和光纤传输线路构成，ODT 可以是一个有源复用设备，远端集中器(HUB)，也可以是一个环网。

AON 通常用于电话接入网，其传输体制有 PDH 和 SDH，一般采用 SDH(或 MSTP

技术)。网络结构大多为环形,ONU兼有SDH环形网中ADM设备的功能。

(2) 无源光网络

无源光网络中传输设施ODN是由无源光元件组成的无源光分配网,主要的无源光元件有:光纤、光连接器、无源光分路器OBD(分光器)和光纤接头等。

根据采用的技术不同,无源光网络又可以分为以下几类。

- APON——基于ATM技术的无源光网络,后更名为宽带PON(BPON);
- EPON——基于以太网的无源光网络;
- GPON——GPON业务是BPON的一种扩展。

AON较PON传输距离长,传输容量大,业务配置灵活;不足之处是成本高、需要供电系统、维护复杂。而PON结构简单,易于扩容和维护,得到越来越广泛的应用。后面将重点介绍PON的相关内容。

4. 光纤接入网的拓扑结构

在光纤接入网中ODN/ODT的配置一般是点到多点方式,即指多个ONU通过ODN/ODT与一个OLT相连。多个ONU与一个OLT的连接方式即决定了光纤接入网的结构。

光纤接入网采用的基本拓扑结构有星形、树形、总线形、链形和环形结构等。无源光网络与有源光网络常用的拓扑结构有所不同,下面介绍无源光网络的拓扑结构。

无源光网络的拓扑结构一般采用星形、树形和总线形。

(1) 星形结构

星形结构包括单星形结构和双星形结构。

① 单星形结构

单星形结构是指用户端的每一个光网络单元(ONU)分别通过一根或一对光纤与OLT相连,形成以光线路终端(OLT)为中心向四周辐射的星形连接结构,如图5-15所示。

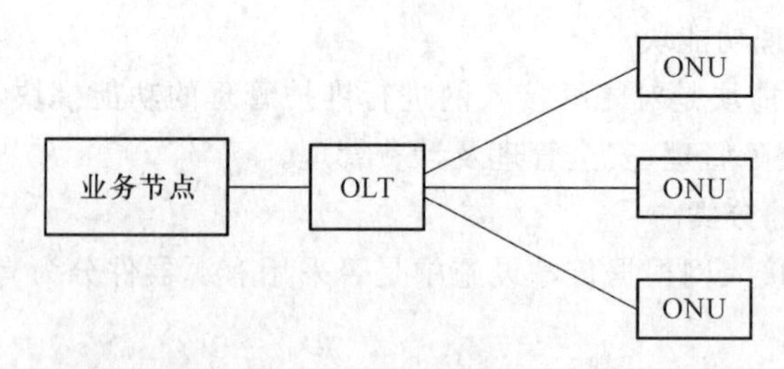

图5-15 单星形结构

此结构的特点是:

- 在光纤连接中不使用光分路器,不存在由分路器引入的光信号衰减,网络覆盖的范围大;

- 线路中没有有源电子设备，是一个纯无源网络，线路维护简单；
- 采用相互独立的光纤信道，ONU 之间互不影响且保密性能好，易于升级；
- 光缆需要量大，光纤和光源无法共享，所以成本较高。

② 双星形结构

双星形结构是单星形结构的改进，多个光网络单元（ONU）均连接到无源光分路器 OBD（分光器），然后通过一根或一对光纤再与 OLT 相连，如图 5-16 所示。

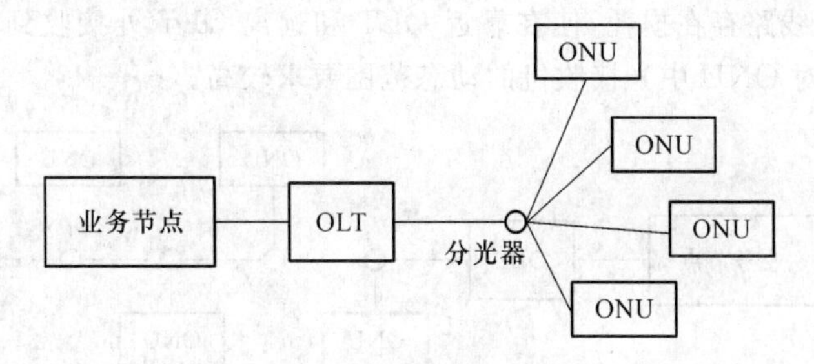

图 5-16　双星形结构

双星形结构适合网径更大的范围，而且具有维护费用低、易于扩容升级、业务变化灵活等优点，是目前采用比较广泛的一种拓扑结构。

(2) 树形结构

树形结构是的光纤接入网星形结构的扩展，如图 5-17 所示。连接 OLT 的第 1 个光分路器（OBD）将光分成 n 路，下一级连接第 2 级 OBD 或直接连接 ONU，最后一级的 OBD 连接 n 个 ONU。树形结构的特点是：

- 线路维护容易；
- 不存在雷电及电磁干扰，可靠性高；
- 由于 OLT 的一个光源提供给所有 ONU 的光功率，光源的功率有限，这就限制了所连接 ONU 的数量以及光信号的传输距离。

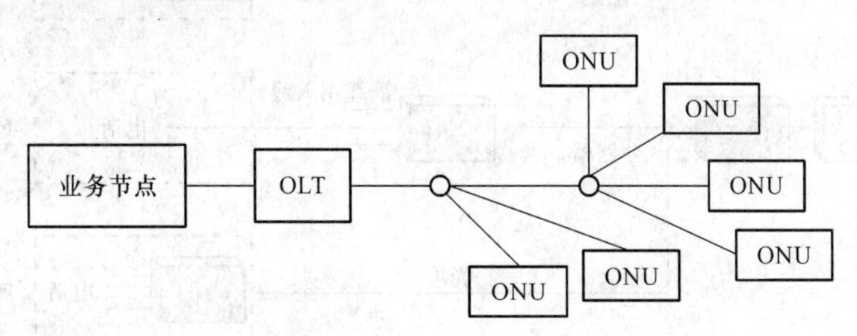

图 5-17　树形结构

树形结构的光分路器可以采用均匀分光（即等功率分光，分出的各路光信号功率相等）和非均匀分光（即不等功率分光，分出的各路光信号功率不相等）两种。

(3) 总线形结构

总线形结构的光纤接入网如图5-18所示。这种结构适合于沿街道、公路线状分布的用户环境。它通常采用非均匀分光的光分路器(OBD)沿线状排列。OBD从光总线中分出OLT传输的光信号,将每个ONU传出的光信号插入到光总线。这种结构的特点是:

• 非均匀的光分路器只引入少量的损耗给总线,并且,只从光总线中分出少量的光功率;

• 由于光纤线路存在损耗,使在靠近OLT和远离OLT处接收到的光信号强度有较大差别,因此,对ONU中光接收机的动态范围要求较高。

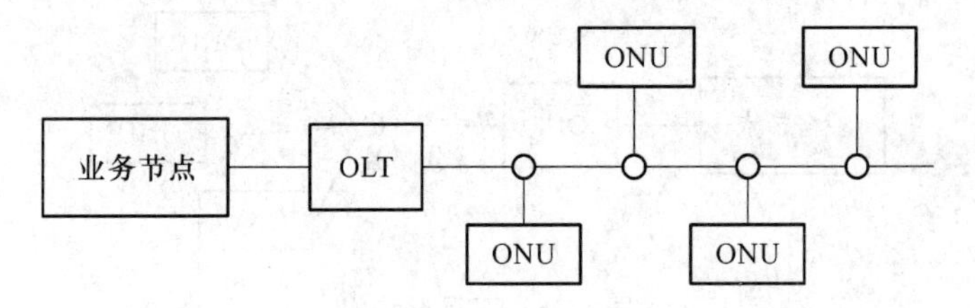

图5-18 总线形结构

以上介绍了PON的几种基本拓扑结构,在实际建设光纤接入网时,采用哪一种拓扑结构,要综合考虑当地的地理环境、用户群分布情况、经济情况等因素。

5. 光纤接入网的应用类型

按照光纤接入网的参考配置,根据光网络单元(ONU)设置的位置不同,光纤接入网可分成不同种应用类型,主要包括:光纤到路边(FTTC)、光纤到大楼(FTTB)、光纤到家(FTTH)或光纤到办公室(FTTO)等。图5-19示出了三种不同应用类型。

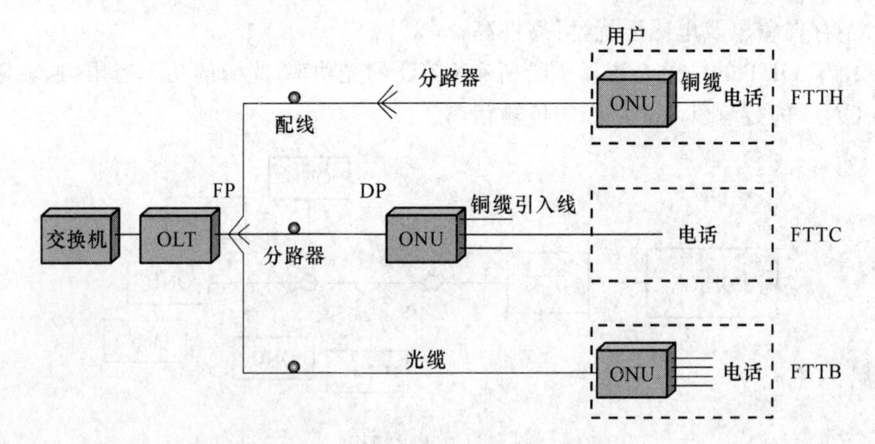

图5-19 光纤接入网的三种应用类型

(1) 光纤到路边(FTTC)

在 FTTC 结构中,ONU 设置在路边的人孔或电线杆上的分线盒处,即 DP 点。从 ONU 到各用户之间的部分仍用铜双绞线对。若要传送宽带图像业务,则除距离很短的情况之外,这一部分可能会需要同轴电缆。

FTTC 结构主要适用于点到点或点到多点的树形——分支拓扑结构,用户为居民住宅用户和小企事业用户。

(2) 光纤到大楼(FTTB)

FTTB 也可以看作是 FTTC 的一种变形,不同处在于将 ONU 直接放到楼内(通常为居民住宅公寓或小企事业单位办公楼),再经多对双绞铜线将业务分送给各个用户。FTTB 是一种点到多点结构,通常不用于点到点结构。FTTB 的光纤化进程比 FTTC 更进一步,光纤已敷设到楼,因而更适合于高密度用户区,也更接近于长远发展目标。

(3) 光纤到家(FTTH)和光纤到办公室(FTTO)

在前述的 FTTC 结构中,如果将设置在路边的 ONU 换成无源光分路器,然后将 ONU 移到用户房间内即为 FTTH 结构。如果将 ONU 放置在大企事业用户的大楼终端设备处并能提供一定范围的灵活的业务,则构成所谓的光纤到办公室(FTTO)结构。

FTTO 主要用于大企事业用户,业务量需求大,因而结构上适于点到点或环形结构,而 FTTH 用于居民住宅用户,业务量需求很小,因而经济的结构必须是点到多点方式。

6. 光纤接入网的传输技术

(1) 双向传输技术(复用技术)

光纤接入网的传输技术主要提供完成连接 OLT 和 ONU 的手段。双向传输技术(复用技术)是上行信道(ONU 到 OLT)和下行信道(OLT 到 ONU)的区分,下面介绍几种常用的双向传输的应用技术。

① 光空分复用(OSDM)

OSDM 就是双向通信的每一方向各使用一根光纤的通信方式,即单工方式,如图5-20所示。

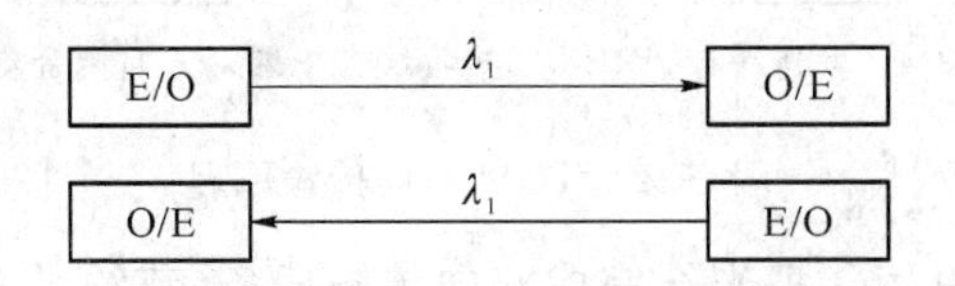

图 5-20　OSDM 双向传输方式

在 OSDM 方式中,两个方向的信号在两根完全独立的光纤中传输,互不影响,传输性能最佳,系统设计也最简单,但需要一对光纤和分路器及额外跳线和活动连接器才能完成双向传输的任务。这种方式在传输距离较长时不够经济,但对于 OLT 与 ONU 相距很近的应用场合,则由于光纤价格的不断下降,SDM 方式仍不失为一种可考虑的双向传输方案。

② 光波分复用(OWDM)

OWDM 类似于电信号传输系统中的频分复用(FDM)。当光源发送光功率不超过一定门限时,光纤工作于线性传输状态。不同波长的信号只要有一定间隔就可以在同一根光纤上独立地进行传输而不会发生相互干扰,这就是波分复用的基本原理。对于双向传输而言,只需将两个方向的信号分别调制在不同波长上即可实现单纤双向传输的目的,称为异波长双工方式,其双向传输原理如图 5-21 所示。

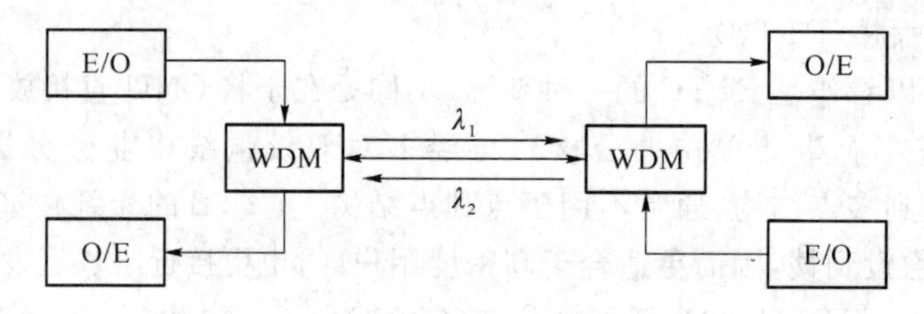

图 5-21　OWDM 双向传输原理

WDM 的优点是双向传输使用一根光纤,可以节约光纤、光纤放大器、再生器和光终端设备。但单纤双向 WDM 需要在两端波分复用器件来区分双向信号,从而引入至少 6 dB(2×3 dB)损耗。而且利用光纤放大器实现双工传输时会有来自反射和散射的多径干扰影响。

③ 时间压缩复用方式

时间压缩复用(Time Compression Multiplexing,TCM)又称"光乒乓传输"。在一根光纤上以脉冲串形式的时分复用技术,每个方向传送的信息,首先放在发送缓存中,然后每个方向在不同的时间间隔内发送到单根光纤上。接收端收到时间上压缩的信息在接收缓存中解除压缩。时间压缩复用方式的双向传输原理如图 5-22 所示。

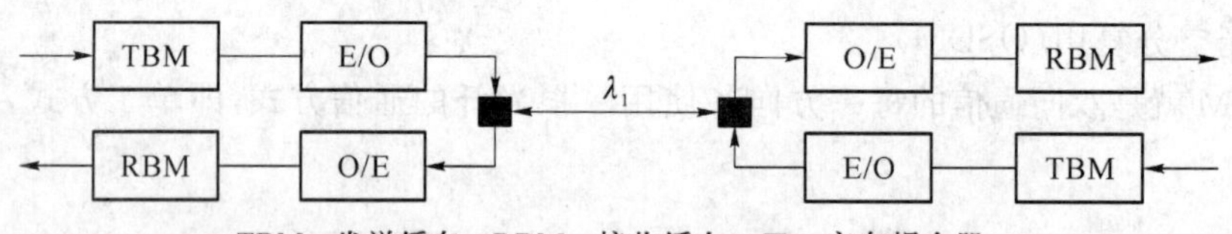

TBM: 发送缓存; RBM: 接收缓存; ■: 方向耦合器

图 5-22　TCM 双向传输原理

采用 TCM 方式可以用一根光纤完成双向传输任务,节约了光纤、分路器和活动连接器,而且网管系统判断故障比较容易,因而获得了广泛的应用。但这种系统的缺点是两端的耦合器各有 3 dB 功率损失,而且 OLT 和 ONU 的电路比较复杂。此外,由于线路速率大致比信源信息速率高一倍以上,因而不太适于信息率较高的应用场合。

④ 光副载波复用(OSCM)

在 OSCM 中,首先将两个方向的信号分别调制到不同频率的射频波上,然后两个方向的信号再各自调制一个光载波(可以使用一个波长)。在接收端同样也需要两步解调，首先利用光/电探测器从光信号中得到两个方向各自的射频信号,然后再将各射频波解调恢复出两个方向各自的信号。OSCM 双向传输原理如图 5-23 所示。

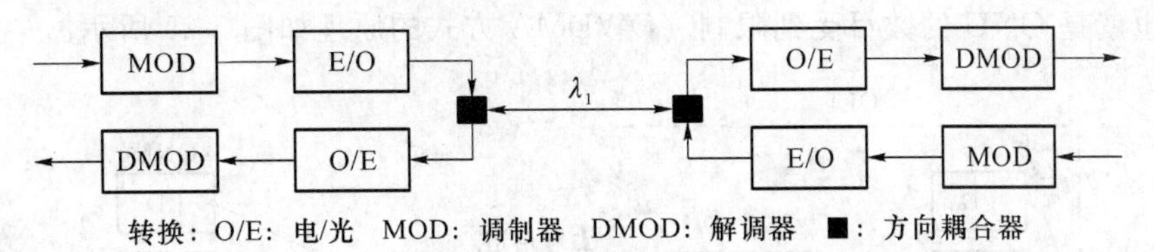

图 5-23　OSCM 双向传输原理

因为上、下行信号分别占用不同频段,所以系统对反射不敏感,电路较简单。但由于是采用模拟频分方式也会有一些不可避免的缺点,其最主要的是所有 ONU 的光功率都叠加在 OLT 接收机上,若某些激光器的波长较小时会引起互调(光差拍噪声)而导致信噪比恶化。

(2) 多址接入技术

在典型的光纤接入网点到多点的系统结构中,通常只有一个 OLT 却有多个 ONU,即 OLT 与 ONU 的连接方式采用点到多点的连接方式时,为了使每个 ONU 都能正确无误地与 OLT 进行通信,反向的用户接入,即多点用户的上行接入需要采用多址接入技术。

多址接入技术主要有光时分多址(OTDMA)、光波分多址(OWDMA)、光码分多址(OCDMA)和光副载波多址(OSCMA),下面分别加以介绍。

① 光时分多址接入(OTDMA)方式

OTDMA(Optical Time Division Multiple Access)方式是指将上行传输时间分为若干时隙,在每个时隙只安排一个 ONU 发送的信息,各 ONU 按 OLT 规定的时间顺序依次以分组的方式向 OLT 发送。为了避免与 OLT 距离不同的 ONU 所发送的上行信号在 OLT 处合成时发生重叠,OLT 需要有测距功能,不断测量每一个 ONU 与 OLT 之间的传输时延(与传输距离有关),指挥每一个 ONU 调整发送时间使之不致产生信号重叠。OTDMA 方式的原理如图 5-24 所示。

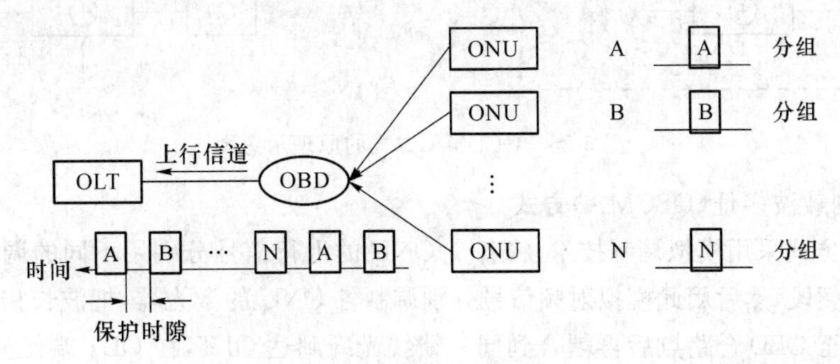

图 5-24　OTDMA 方式的原理示意图

② 光波分多址(OWDMA)方式

OWDMA方式是每个ONU使用不同的工作波长,OLT接收端通过分波器来区分来自不同ONU的信号。WDMA方式各个上行信道完全透明,而且带宽可以很宽,但波长数目也就是ONU的数目受到限制。OWDMA方式的原理如图5-25所示。

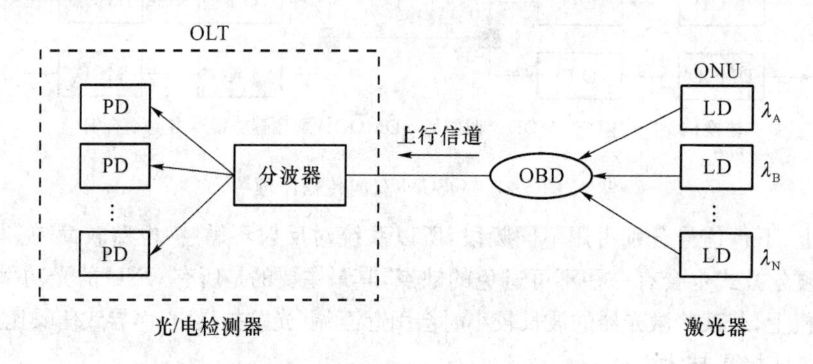

图5-25 OWDMA方式的原理示意图

③ 光码分多址(OCDMA)

光码分多址(CDMA)方式是给每个ONU分配一个唯一的多址码,将各ONU的上行信号码元与自己的多址码进行模二加,再调制相同波长的激光器,在OLT用各ONU的多址码恢复各ONU的信号。OCDMA方式的原理如图5-26所示。

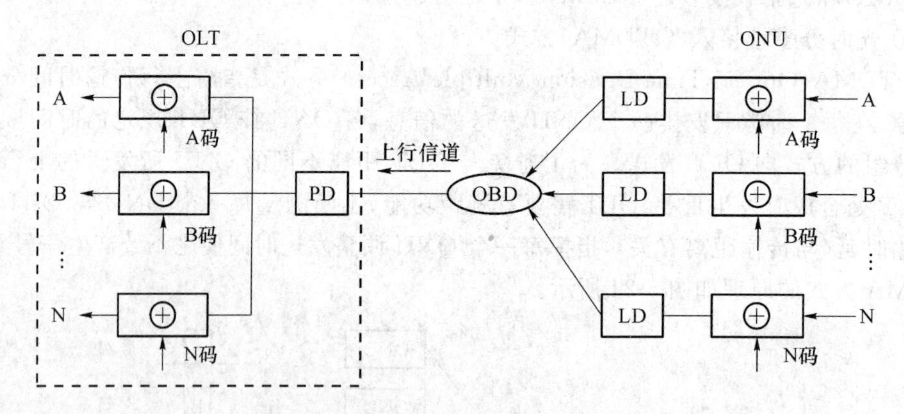

图5-26 OCDMA方式的原理示意图

④ 光副载波多址(OSCMA)方式

SCMA方式采用模拟调制技术,将各个ONU的上行信号分别用不同的调制频率调制到不同的射频段,然后用此模拟射频信号分别调制各ONU的激光器,把波长相同的各模拟光信号传输至OBD合路点后再耦合到同一馈线光纤到达OLT,在OLT端经光/电探测器后输出的电信号通过不同的滤波器和鉴相器分别得到各ONU的上行信号。SCMA方式原理如图 5-27 所示。

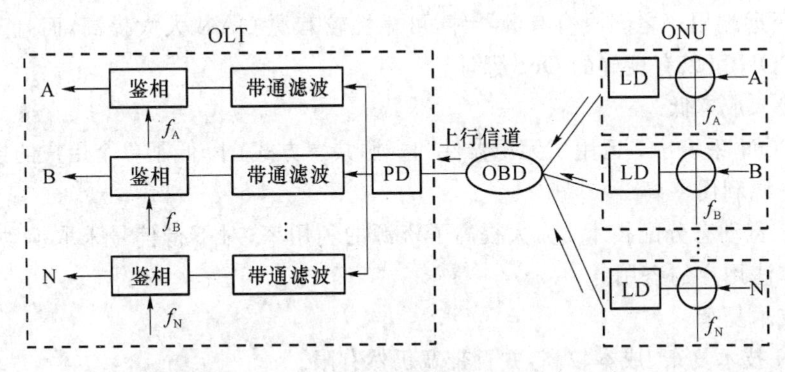

图 5-27 SCMA 方式原理示意图

以上介绍了几种多址接入技术，目前光纤接入网主要采用的多址接入技术是 OTDMA。

5.5.2 ATM 无源光网络

1. APON 的概念

APON(ATM-PON，ATM 无源光网络)是 PON 技术和 ATM 技术相结合的产物，即在 PON 上实现基于 ATM 信元的传输。

APON 是在 20 世纪 90 年代中期由全业务接入网络组织(Full-Services Access Network，FSAN)最初运作开发的。FSAN 是一个由 21 个大型电信公司组成的集团，它们共同合作，研究和开发一种新型的支持数据、视频和语音信息的宽带接入系统。当时，ATM 是人们公认的最佳链路层协议，PON 是人们公认的最佳的物理层协议，两者理所当然的结合产生了 APON 技术。

经过 FSAN 集团的不懈努力，1998 年 10 月通过了全业务接入网采用的 APON 格式标准 ITU-T G. 985.1；2000 年 4 月批准其控制通道规范的标准 ITU-T G. 985.2；2001 年又发布了关于波长分配的标准 ITU-T G. 985.3，利用波长分配增加业务能力的宽带光接入系统。目前在北美、日本和欧洲都有 APON 产品的实际应用。

2. APON 的特点

在无源光网络上使用 ATM，不仅可以利用光纤的巨大带宽提供宽带服务，也可以利用 ATM 进行高效的业务管理，特别是 ATM 在实现不同业务的复用以及适应不同带宽的需要方面有很大的灵活性。APON 具有以下主要特点：

(1) 综合接入能力

APON 综合了 ATM 技术和无源光网络技术，可以提供现有的从窄带到宽带等各种业务。APON 的对称应用上行和下行数据率都可达到 155 Mbit/s，非对称应用下行方向的数据率可达到 622 Mbit/s，用户的接入速率可以从 64 kbit/s 到 155 Mbit/s 间灵活分配。

(2) 高可靠性

局端至远端用户之间没有有源器件,可靠性较有源OAN大大提高,而且基于ATM技术的APON可以有良好的QoS保证。

(3) 接入成本低

在APON系统中,运用了无源器件和资源共享方式,降低了单个用户的接入成本。

(4) 资源利用率高

采用带宽动态分配技术,大大提高了资源的利用率;对下行信号采取搅动等加密措施,防止非法用户的盗用。

(5) 技术复杂

APON技术复杂、成本较高,并且带宽仍然有限。

5.5.3 以太网无源光网络

以太网无源光网络(EPON)是基于以太网的无源光网络,即采用PON的拓扑结构实现以太网帧的接入,EPON的标准为IEEE 802.3ah。

1. EPON的网络结构

EPON的网络结构一般采用双星形或树形,其示意图如图5-28所示。

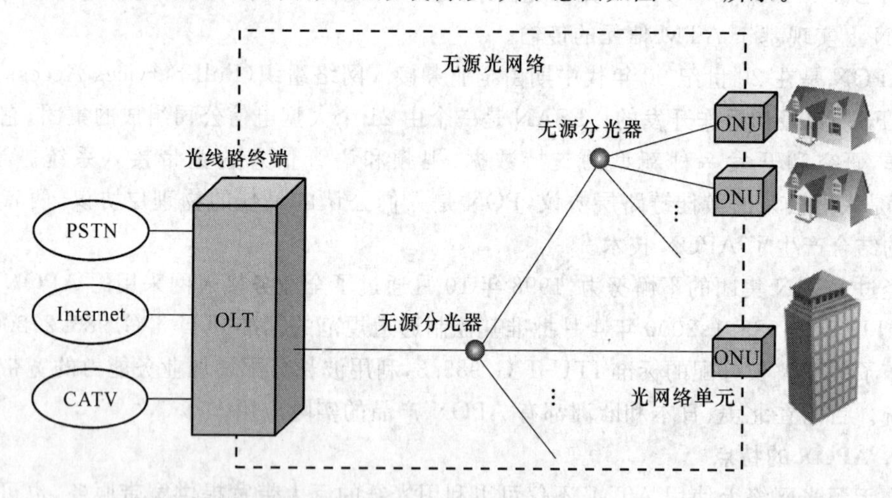

图5-28 EPON的网络结构示意图

EPON中包括无源网络设备和有源网络设备。

• 无源网络设备——无源网络设备指的是光分配网络(ODN),包括光纤、无源分光器、连接器和光纤接头等。它一般放置于局外,称为局外设备。

• 有源网络设备——包括光线路终端(OLT)、光网络单元(ONU)和设备管理系统(EMS)。

EPON 中较为复杂的功能主要集中于 OLT，而 ONU 的功能较为简单，这主要是为了尽量降低用户端设备的成本。

2. EPON 的设备功能

(1) 光线路终端(OLT)

在 EPON 中，OLT 既是一个交换机或路由器，又是一个多业务提供平台(Multiple Service Providing Platform，MSPP)，提供面向无源光纤网络的光纤接口。OLT 将提供多个吉比特每秒和 10 Gbit/s 的以太网口，支持 WDM 传输，与多种业务速率相兼容。

OLT 根据需要可以配置多块 OLC(Optical Line Card)，OLC 与多个 ONU 通过分光器连接，分光器是一个简单设备，它不需要电源，可以置于全天候的环境中。

OLT 的具体功能为：

① 提供 EPON 与服务提供商核心网的数据、视频和话音网络的接口，具有复用/解复用功能；

② 光/电转换、电/光转换；

③ 分配和控制信道的连接，并有实时监控、管理及维护功能；

④ 具有以太网交换机或路由器的功能。

OLT 布放位置一般有 3 种方式：

• OLT 放置于局端中心机房(交换机房、数据机房等)——这种布放方式，OLT 的覆盖范围大，便于维护和管理，节省运维成本，利于资源共享。

• OLT 放置于远端中心机房——这种布放方式，OLT 的覆盖范围适中，便于操作和管理，同时兼顾容量和资源。

• 户外机房或小区机房——这种布放方式，节省光纤，但管理和维护困难，OLT 的覆盖范围比较小，需要解决供电问题，一般不建议采用这种方式。

OLT 位置的选择，主要取决于实际的应用场景，一般建议将 OLT 放置于中心机房。

(2) 分光器

分光器是光分配网络(ODN)中的重要部件，其作用是将 1 路光信号分为 N 路光信号。其具体功能为分发下行数据，并集中上行数据。分光器带有一个上行光接口，若干下行光接口。从上行光接口过来的光信号被分配到所有的下行光接口传输出去，从下行光接口过来的光信号被分配到唯一的上行光接口传输出去。

EPON 中，分光器的分光比一般为 1∶8、1∶16、1∶32、1∶64(一般最高到 1∶32)。

分光器的布放方式有三种：

① 一级分光——分光器采用一级分光时 PON 端口一次利用率高，易于维护，其典型应用于需求密集的城镇，如大型住宅区或商业区。

② 二级分光——分光器采用二级分光时，故障点增加，维护成本高，熔接点/接头增加，分布较灵活。典型应用于需求分散的城镇，如小型住宅区或中小城市。

③ 多级分光——分光器采用多级分光时,同样故障点增加,维护成本很高,熔接点/接头增加,分布非常灵活,其典型应用于成带状分布的农村或商业街。

(3) 光网络单元(ONU)

① ONU的功能

ONU放置在用户侧,其功能为:

• 给用户提供数据、视频和语音与PON之间的接口(若用户业务为模拟信号,ONU应具有模/数、数/模转换功能);

• 光/电(以太网帧格式)转换、电/光转换;

• 提供以太网二层、三层交换功能——ONU采用了技术成熟的以太网络协议,在中带宽和高带宽的ONU中,实现了成本低廉的以太网第二层、第三层交换功能。此类ONU可以通过层叠来为多个最终用户提供共享高带宽。在通信过程中,不需要协议转换,就可实现ONU对用户数据透明传送。ONU也支持其他传统的TDM协议,而且不增加设计和操作的复杂性。

② ONU布放的位置

根据ONU布放的位置,可将EPON分为以下几种情况:

• 光纤到户(FTTH)——适用于用户居住比较分散且用户对带宽的要求较高的区域。

• 光纤到大楼(FTTB)——适用于在单栋商务楼用户相对数量不多、带宽要求不高的场景。

• 光纤到路边(FTTC)——是带宽与投资的折中。

(4) 设备管理系统(EMS)

EPON中的OLT和所有的ONU被设备管理系统(EMS)管理,设备管理系统提供与业务提供者核心网络运行的接口。管理功能有故障管理、配置管理、计费管理、性能管理和安全管理。

3. EPON的工作原理及帧结构

EPON系统采用WDM技术,实现单纤双向传输。使用两个波长时,下行(OLT到ONU)使用1 510 nm,上行(ONU到OLT)使用1 310 nm,用于分配数据、语音和IP交换式数字视频(SDV)业务。

使用三个波长时,下行使用1 510 nm,上行使用1 310 nm,增加一个下行1 550 nm波长,携带下行CATV业务。

(1) 下行通信

EPON下行采用时分复用(TDM)+广播的传输方式。EPON下行传输原理如图5-29所示。

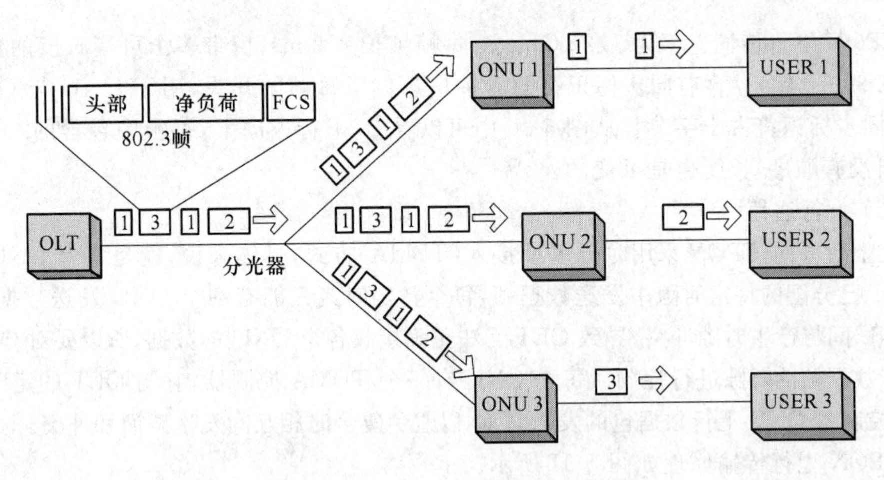

图 5-29　EPON 下行传输原理示意图

在光信号上进行的时分复用是指在发送端(OLT),将发给各支路(ONU)的电信号各自经过一个相同波长的激光器转变为支路光信号,各支路的光信号再分别经过延时调整后,经合路器合成一路高速光复用信号并馈入光纤;在接收端,收到的光复用信号首先经过光分路器分解为支路光信号,各支路的光信号再分送到各支路(ONU)的光接收机转换为各支路电信号。

具体地说,在 OLT 将时分复用后的信号发给分光器,分光器采用广播方式将信号发给所有的 ONU。在 EPON 中,根据 IEEE 802.3 以太网协议,传送的是可变长度的数据包(MAC 帧),最长可为 1 518 字节。每个数据包带有一个 EPON 包头(逻辑链路标识 LLID),唯一标识该信息包是发给 ONU 1、ONU 2 还是 ONU 3 等,也可标识为广播数据包发给所有 ONU 或发给特定的 ONU 组(多点传送数据包)。当数据包到达 ONU 时,ONU 通过地址匹配,接受并识别发给它的数据包,丢弃发给其他 ONU 的数据包。

EPON 下行传输的数据流被组成固定长度的帧,其帧结构如图 5-30 所示。

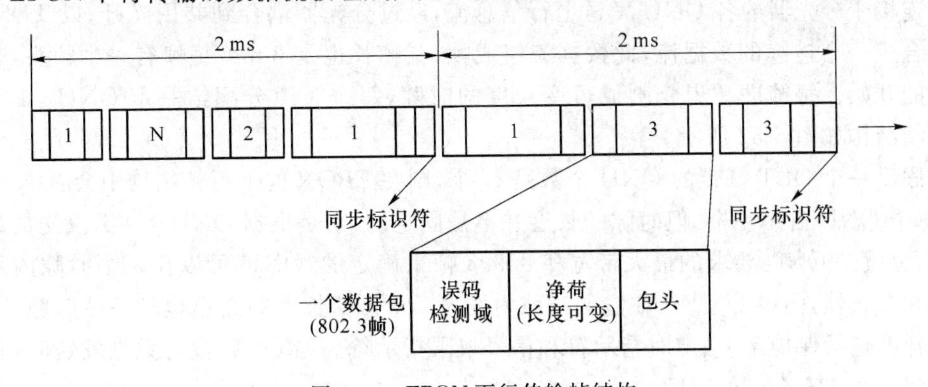

图 5-30　EPON 下行传输帧结构

EPON 下行传输速率为 1.25 Gbit/s,每帧帧长为 2 ms,携带多个可变长度的数据包(IEEE 802.3 帧)。含有同步标识符的时钟信息位于每帧的开头,用于 ONU 与 OLT 的同步,同步标识符占 1 字节。从图 5-30 中可以看出,下行方向上,每帧中包含的 ONU 数据分组没有顺序,长度也是可变的。

(2) 上行通信

在上行方向,EPON 采用时分多址接入(TDMA)方式,具体来说,就是每个 ONU 只能在 OLT 已分配的特定时隙中发送数据帧,每个特定时刻只能有一个 ONU 发送数据帧,否则,ONU 间将产生时隙冲突,导致 OLT 无法正确接收各个 ONU 的数据,所以要对 ONU 发送上行数据帧的时隙进行控制。每个 ONU 有一个 TDMA 控制器,它与 OLT 的定时信息一起,控制各 ONU 上行数据包的发送时刻,以避免复合时相互间发生碰撞和冲突。

EPON 上行传输原理如图 5-31 所示。

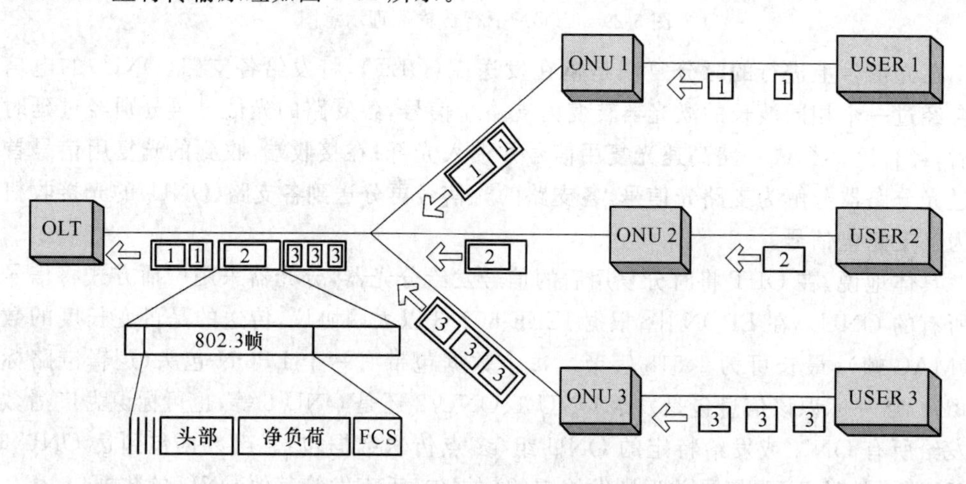

图 5-31　EPON 上行传输原理示意图

连接于分光器的各 ONU 发送上行信息流,经过分光器耦合到共用光纤,以 TDM 方式复合成一个连续的数据流,此数据流组成帧,其帧长也是 2 ms,每帧有一个帧头,表示该帧的开始。每帧进一步分割成可变长度的时隙,每个时隙分配给一个 ONU。EPON 上行帧结构如图 5-32 所示。

假设一个 OLT 携带的 ONU 个数是 N 个,则在 EPON 的上行帧结构中会有 N 个时隙,每个 ONU 占用一个,但时隙的长度并不是固定的,它是根据 ONU/ONT 发送的最长消息,也就是 ONU 要求的最大带宽和 802.3 帧来确定的,ONU 可以在一个时隙内发送多个 802.3 帧,图中 ONU 3 在它的时隙内发送 2 个可变长度的数据包和一些时隙开销。时隙开销包括保护字节、定时指示符和信号权限指示符。当 ONU 没有数据发送时,它就用空闲字节填充自己的时隙。

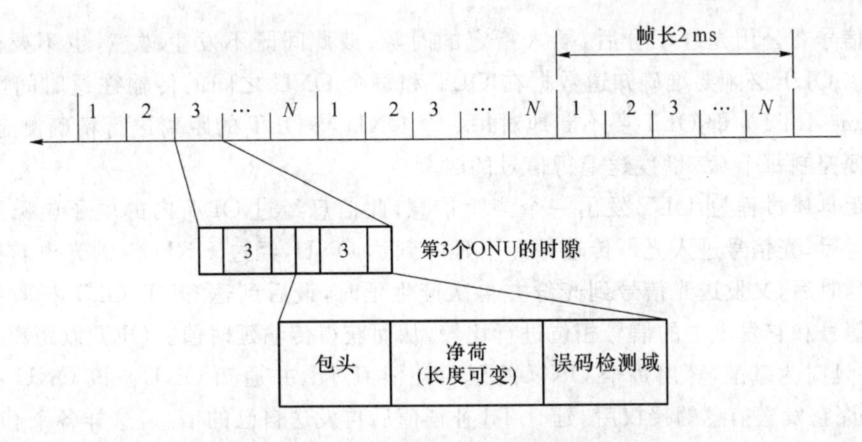

图 5-32　EPON 上行帧结构

EPON 系统中一个 OLT 携带多个 ONU，通过引入逻辑链路标识(LLID)来区分各个 ONU。当每个 ONU 注册成功后，OLT 会为它分配唯一的 LLID，并以 LLID 为单位进行上行带宽的分配。因此，在 EPON 系统内，LLID 是 ONU 的唯一标识，也是上行带宽分配和控制的单元。

4. EPON 的关键技术

EPON 与 APON 都属于共享带宽的无源光网络，多个 ONU 与一个 OLT 相连，所以 EPON 的关键技术与 APON 一样，也包括时分多址接入的控制(测距技术)、快速比特同步、突发信号的收发和动态带宽分配等，其实现原理是类似的。在此首先介绍多点控制协议(MPCP)，然后主要阐述 EPON 关键技术中的时分多址接入的控制(测距技术)。

(1) 多点控制协议

多点控制协议(Multi-Point Control Protocol，MPCP) 是解决 EPON 系统技术难点的关键协议。它通过定义特定的控制帧消息结构，可以解决上行信道复用、测距及时延补偿等 EPON 的难点问题。

MPCP 是整个 EPON 系统正常工作的核心，是对 IEEE 802.3 标准的重要扩展。采用 MPCP，可以实现一个可控制的网络配置，如光网络单元(ONU)的自动发现，终端站点的带宽分配及查询、监控等。MPCP 的具体作用为：

- 规定了 OLT 和 ONU 之间的控制机制；
- 提供 ONU 控制管理信息；
- 提供 ONU 带宽管理信息；
- 提供业务监控信息控制。

(2) 时分多址接入的控制(测距技术)

EPON 中，一个 OLT 可以接 16～64 个 ONU，ONU 至 OLT 的距离有长有短，最短的可以是几米，最长的可以达 20 km。EPON 采用 TDMA 方式接入，必须使每一个 ONU

的上行信号在公用光纤汇合后,插入指定的时隙,彼此间既不发生碰撞,也不要间隔太大。所以OLT必须要准确知道数据在OLT和每个ONU之间的传输往返时间(Round Trip Time,RTT),即OLT要不断地对每一个ONU与OLT的距离进行精确测定(即测距),以便控制每个ONU发送上行信号的时刻。

测距具体过程为:OLT发出一个测距信息,此信息经过OLT内的电子电路和光电转换延时后,光信号进入光纤传输并产生延时到达ONU,经过ONU内的光电转换和电子电路延时后,又发送光信号到光纤并再次产生延时,最后到达OLT,OLT把收到的传输延时信号和它发出去的信号相位进行比较,从而获得传输延时值。OLT以距离最远的ONU的延时为基准,算出每个ONU的延时补偿值Td,并通知ONU。该ONU在收到OLT允许它发送信息的授权后,延时Td补偿值后再发送自己的信息,这样各个ONU采用不同的Td补偿时延调整自己的发送时刻,以便使所有ONU到达OLT的时间都相同。G.983.1建议要求测距精度为±1 bit。

5. EPON的优缺点

(1) EPON的优点

EPON的优点主要表现在以下几个方面。

① 相对成本低,维护简单,容易扩展,易于升级

EPON结构在传输途中不需电源,没有电子部件,因此容易铺设,基本不用维护,长期运营成本和管理成本的节省很大;EPON系统对局端资源占用很少,模块化程度高,系统初期投入低,扩展容易,投资回报率高。

② 提供非常高的带宽

EPON目前可以提供上下行对称的1.25 Gbit/s的带宽,并且随着以太技术的发展可以升级到10 Gbit/s。

③ 服务范围大

EPON作为一种点到多点网络,可以利用局端单个光模块及光纤资源,服务大量终端用户。

④ 带宽分配灵活,服务有保证

对带宽的分配和保证都有一套完整的体系。EPON可以通过DBA(动态带宽算法)、DiffServ、PQ/WFQ、WRED等来实现对每个用户进行带宽分配,并保证每个用户的QoS。

(2) EPON的缺点

① 受政策制约及运营商之间竞争的影响,小区信息化接入的开展存在较多的变数;

② 设备需要一次性投入,在建设初期如果用户数较少时相对成本较高。

5.5.4　吉比特无源光网络

1. GPON 的概念

前面介绍了 APON 的概念，2001 年年底，FSAN 更新网页把 APON 更名为 BPON，即“宽带 PON”。

在 2001 年 1 月左右 EFMA(Ethernet in the First Mile Alliance，第一英里以太网联盟）提出 EPON 概念的同时，FSAN 也开始进行 1 Gbit/s 以上的 PON-GPON 标准的研究。

吉比特无源光网络（GPON）业务是 BPON 的一种扩展，相对于其他的 PON 标准而言，GPON 标准提供了前所未有的高带宽（下行速率近 2.5 Gbit/s），上、下行速率有对称和不对称两种，其非对称特性更能适应宽带数据业务市场。

与 EPON 直接采用以太网帧不同，GPON 标准规定了一种特殊的封装方法：GEM (GPON Encapsulation Method)。GPON 可以同时承载 ATM 信元和（或）GEM 帧，有很好的提供服务等级、支持 QoS 保证和全业务接入的能力；在承载 GEM 帧时，可以将 TDM 业务映射到 GEM 帧中，使用标准的 8 kHz(125 μs) 帧能够直接支持 TDM 业务。作为一种电信级的技术标准，GPON 还规定了在接入网层面上的保护机制和完整的 OAM 功能。

2. GPON 的技术特点

归纳起来，GPON 具有以下技术特点：

(1) 业务支持能力强，具有全业务接入能力

相对 EPON 技术，GPON 更注重对多业务的支持能力。GPON 系统用户接口丰富，可以提供包括 64 kbit/s 业务、E1 电路业务、ATM 业务、IP 业务和 CATV 等在内的全业务接入能力，是提供语音、数据和视频综合业务接入的理想技术。

(2) 可提供较高带宽和较远的覆盖距离

GPON 可以提供 1 244 Mbit/s、2 488 Mbit/s 的下行速率和 155 Mbit/s、622 Mbit/s、1 244 Mbit/s 和 2 488 Mbit/s 的上行速率，能灵活地提供对称和非对称速率。

此外，GPON 系统中一个 OLT 可以支持最多 64(或 128) 个 ONU，GPON 的物理传输距离最长可达到 20 km，逻辑传输距离最长可达到 60 km。

(3) 带宽分配灵活，有服务质量保证

GPON 系统中采用的 DBA 算法可以灵活调用带宽，能够保证各种不同类型和等级业务的服务质量。

动态带宽分配(Dynamically Bandwidth Assignment，DBA）是一种能在微秒或毫秒级的时间间隔内完成对上行带宽动态分配的机制。采用 DBA 的好处有：可以提高 PON 端口的上行线路带宽利用率，在 PON 口上增加更多的用户；用户可以享受到更高带宽的

服务,特别是那些对带宽突变比较大的业务。

(4) 具有保护机制和OAM功能

GPON具有保护机制和完整的OAM功能,另外ODN的无源特性减少了故障点,便于维护。

(5) 安全性高

GPON系统下行采用高级加密标准AES加密算法,对下行帧的负载部分进行加密,可以有效地防止下行数据被非法ONU截取。同时,GPON系统通过PLOAM通道随时维护和更新每个ONU的密钥。

(6) 系统扩展容易,便于升级

GPON系统模块化程度高,对局端资源占用很少,树形拓扑结构使系统扩展容易。

(7) 技术相对复杂、设备成本较高

GPON承载有QoS保障的多业务和强大的OAM能力等优势很大程度上是以技术和设备的复杂性为代价换来的,从而使得相关设备成本较高。但随着GPON技术的发展和大规模应用,GPON设备的成本可能会有相应地下降。

3. GPON协议层次模型

GPON协议层次模型如图5-33所示。

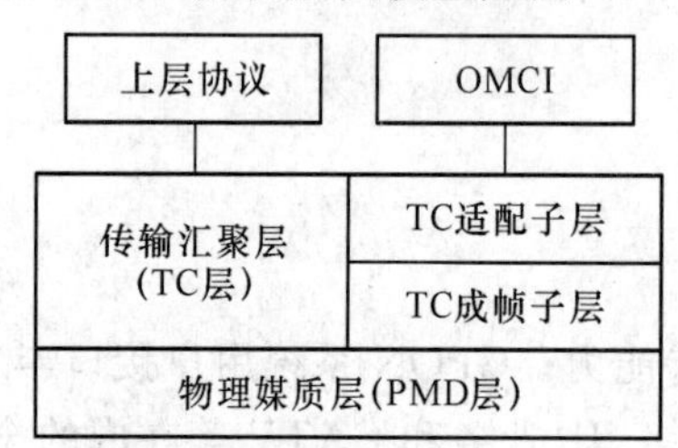

图5-33 GPON协议层次模型

GPON协议层次模型主要包括3层:物理媒质相关层(PMD层)、传输汇聚层(TC层)和系统管理控制接口(OMCI)层,各层主要功能如下。

(1) PMD层

PMD层提供了在GPON物理媒质上传输信号的手段,其要求参见G. 984. 2标准,其中规定了光接口的规范,包括上下行速率、工作波长、双工方式、线路编码、链路预算以及光接口的其他详细要求。

(2) TC层

TC层是GPON技术的核心,G. 984. 3规定了帧结构、动态带宽分配DBA、ONU激活、OAM功能、安全性等方面的要求。TC层包括两个子层:成帧子层(Framing Sublayer)和适配子层(Adaptation Sublayer)。

• 成帧子层的主要作用是提供GPON传输汇聚(GTC)净荷和物理层操作管理维护(PLOAM)的复用和解复用、GTC帧头的生成和解码(即在发送端封装成GTC帧,在接收端进行帧拆卸),以及嵌入式OAM的处理;另外成帧子层还完成测距、带宽分配、保护倒换等功能。

• 适配子层的主要作用是利用GEM提供对上层协议和OMCI的适配(即GEM帧的封装和拆卸),同时还提供DBA控制等功能。

(3) OMCI层

OMCI提供了对ONU进行远程控制和管理的手段，其要求在G.984.4和G.988标准中规定。

4. GPON的标准

2003年3月ITU-T颁布了描述GPON总体特性的G.984.1和ODN物理媒质相关(PMD)子层的G.984.2 GPON标准；2004年2月和6月发布了规范传输汇聚(TC)层的G.984.3和系统管理控制接口(OMCI)的G.984.4标准；2008年3月ITU-T发布了新的G.984.1和G.984.3。

各种GPON标准的具体内容如下。

(1) G.984.1(G.gpon.gsr)

G.984.1标准的名称是千兆比无源光网络的总体特性，该标准主要规范了GPON系统的总体要求，包括光纤接入网(OAN)的体系结构、业务类型、业务节点接口(SNI)和用户网络接口(UNI)、物理速率、逻辑传输距离以及系统的性能目标。

G.984.1对GPON提出了总体目标，要求ONU的最大逻辑距离差可达20 km，支持的最大分路比为16、32或64，不同的分路比(分光比)对设备的要求不同。从分层结构上看，ITU定义的GPON由PMD层和TC层构成，分别由G.984.2和G.984.3进行规范。

(2) G.984.2(G.gpon.pmd)

G.984.2标准规定了GPON系统的上、下行速率，有对称和不对称几种，具体包括：

- 下行1244.16 Mbit/s，上行155.52 Mbit/s；
- 下行1244.16 Mbit/s，上行622.08 Mbit/s；
- 下行1244.16 Mbit/s，上行1244.16 Mbit/s；
- 下行2488.32 Mbit/s，上行155.52 Mbit/s；
- 下行2488.32 Mbit/s，上行622.08 Mbit/s；
- 下行2488.32 Mbit/s，上行1244.16 Mbit/s；
- 下行2488.32 Mbit/s，上行2488.32 Mbit/s。

(3) G.984.3(G.gpon.gtc)

G.984.3标准名称为千兆比无源光网络的传输汇聚(TC)层规范，于2003年完成。该标准规定了GPON的TC子层的GTC帧格式、封装方法、适配方法、测距机制、QoS机制、安全机制、动态带宽分配(DBA)、操作维护管理功能等。

G.984.3是GPON系统的关键技术要求，它引入了一种新的传输汇聚子层，用于承载ATM业务流和GEM业务流。GEM是一种新的封装结构，主要用于封装那些长度可变的数据信号和TDM业务。

(4) G.984.4(GPON OMCI规范)

G.984.4标准的名称为GPON系统管理控制接口(OMCI)规范，2004年6月正式完成。该标准提出了对OMCI的要求,目标是实现多厂家OLT和ONT设备的互通性。而且该标准指定了协议无关的MIB管理实体,模拟了OLT和ONT之间信息交换的过程。

5. GPON的系统结构

GPON系统与其他PON接入系统相同,也是由OLT、ONU、ODN三部分组成。GPON可以灵活地组成树形、星形、总线形等拓扑结构,其中典型结构为树形结构。GPON的系统结构示意图如图5-34所示。

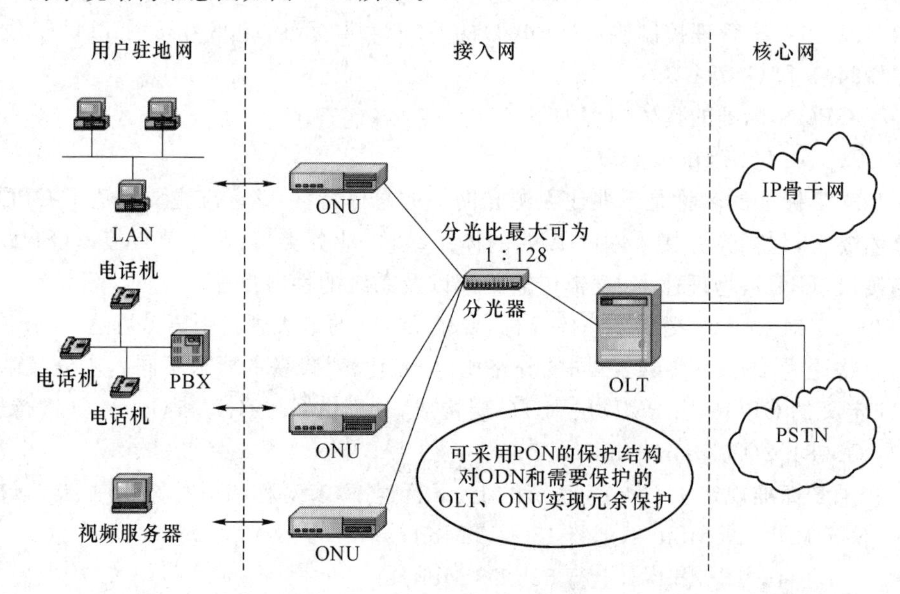

图5-34　GPON的系统结构示意图

6. GPON的设备功能

(1) 光线路终端(OLT)

OLT位于局端,是整个GPON系统的核心部件,其功能与APON和EPON中的OLT类似,OLT的具体功能为:

① 向上提供广域网接口(包括千兆以太网、ATM和DS-3接口等);

② 集中带宽分配、控制光分配网(ODN);

③ 光/电转换、电/光转换;

④ 实时监控、运行维护管理光网络系统的功能。

(2) 光网络单元(ONU)

ONU放置在用户侧,具体功能为:

- 为用户提供10/100 Base-T、T1/E1和DS-3等应用接口;
- 光/电(以太网帧格式)转换、电/光转换;
- 可以兼有适配功能。

(3) 光分配网络(ODN)

ODN是一个连接OLT和ONU的无源设备,其中最重要的部件是分光器,其作用与APON和EPON中的一样。

GPON系统支持的分光比为1∶16、1∶32、1∶64,随着光收发模块的发展演进,支持的分光比将达到1∶128。

7. GPON的工作原理

GPON的工作原理与EPON一样(只是帧结构不同)。GPON系统要求OLT和ONU之间的光传输系统使用符合ITU-T G.652标准的单模光纤,上下行一般采用波分复用技术实现单纤双向的上下行传输,上行使用波长范围为1 260～1 360 nm(标称波长是1 310 nm),下行使用波长范围为1 480～1 500 nm(标称波长1 490 nm)。此外,GPON系统还可以采用第三波长方式(波长范围为1 540～1 560 nm波长(标称波长1 550 nm),实现CATV业务的承载。

GPON在下行方向(OLT到ONU)采用TDM＋广播方式。OLT以广播方式将由数据包组成的帧经由无源光分路器发送到各个ONU。GPON的下行帧长为固定的125 μs,所有ONU都能收到相同的数据,但通过ONU ID来区分属于各自的数据。

上行方向(ONU到OLT),多个ONU共享信道容量和信道资源,GPON也采用TDMA(时分多址接入)方式。上行链路被分成不同的时隙,根据下行帧的US BW Map(Upstream Bandwidth Map,上行带宽映射)字段来给每个ONU分配上行时隙,这样所有ONU就可以按照一定的秩序发送自己的数据,不会产生为了争抢时隙而发生的数据冲突。

5.6 无线接入网

5.6.1 无线接入网的概念及分类

1. 无线接入网的概念

无线接入网是指从业务节点接口到用户终端全部或部分采用无线方式,即利用卫星、微波及超短波等传输手段向用户提供各种电信业务的接入系统。

2. 无线接入网的分类

无线接入网可分为固定无线接入网和移动无线接入网两大类。

(1) 固定无线接入网

固定无线接入网主要为固定位置的用户或仅在小区内移动的用户提供服务,其用户终端主要包括电话机、传真机或数据终端(如计算机)等。

宽带固定无线接入技术代表了宽带接入技术的一种新的不可忽视的发展趋势,不仅开通快、维护简单、用户密度较大时成本低,而且改变了本地电信业务的传统观念,最适于新的本地网竞争者与传统电信公司与有线电视公司展开有效竞争,也可以作为电信公司有线接入的重要补充而得到应有的发展。

固定无线接入网的实现方式主要包括:直播卫星(DBS)系统、多路多点分配业务(MMDS)系统、本地多点分配业务(LMDS)系统、无线局域网(WLAN)及微波存取全球互通(WiMAX)系统等。

(2) 移动无线接入网

移动无线接入网是为移动体用户提供各种电信业务。由于移动接入网服务的用户是移动的,因而其网络组成要比固定网复杂,需要增加相应的设备和软件等。

移动接入网使用的频段范围很宽,其中可有高频(3～30 MHz)、甚高频(30～300 MHz)、特高频(300～3 000 MHz)和微波(3～300 GHz)频段等。例如,我国陆地移动电话通信系统通常采用160 MHz、450 MHz、800 MHz及900 MHz频段;地空之间的航空移动通信系统通常采用108～136 MHz频段;岸站与航站的海上移动通信系统常采用150 MHz频段。

实现移动无线接入的方式有许多种类,如蜂窝移动通信系统、卫星移动通信系统及微波存取全球互通(WiMAX)系统等。

值得说明的是,微波存取全球互通系统,它们既可以提供固定无线接入,也可以提供移动无线接入。

各种无线接入方式中应用比较广泛的有WLAN、LMDS及WiMAX系统,下面重点加以介绍。

5.6.2 本地多点分配业务系统

1. LMDS的概念

本地多点分配业务(Local Multipoint Distribute Service,LMDS)系统是一种崭新的宽带无线接入技术,它利用高容量点对多点微波传输,其工作频段为24～39 GHz,可用带宽达1.3 GHz。

LMDS几乎可以提供任何种类的业务接入,如双向话音、数据、视频及图像等,其用户接入速率可以从64 kbit/s到2 Mbit/s,甚至高达155 Mbit/s。而且LMDS能够支持ATM、TCP/IP和MPEG-Ⅱ等标准,因此被比喻为“无线光纤”技术。

LMDS的上行和下行根据它们所传的业务不同而具有不同的带宽,下行可以使用TDM接入方式,而上行使用TDMA方式来共享一个载波,因而使它能灵活提供更高带宽数据以及较容易地实现动态带宽分配。

2. LMDS技术的优缺点

(1) LMDS技术的优点

LMDS技术除具有一般的宽带接入技术的特性外,还具有无线系统所固有的优点,具体体现在以下几个方面。

① 频率复用度高、系统容量大

LMDS在10 GHz以上的频段上工作，这一频段的技术实现难度大，过去很少使用，频带较为宽松，可用频带至少1 GHz，较适合宽带数据传输。目前，大部分国家的LMDS频谱分配一般集中在24、26、28、31和38 GHz等几个频段，其中27.5～29.5 GHz最为集中，差不多80％的国家都将本国的频谱分配在这一频段之内。

另外，LMDS系统可以采用的调制方式为相移键控PSK（包括BPSK、DQPSK、QPSK等）和正交幅度调QAM。目前可以提供6AQM、16QAM等大大提高频道利用率的调制技术。这样，LMDS就可提供更高的扇区容量。

② 可支持多种业务的接入

LMDS的宽带特性决定了它几乎可以承载任何业务，包括话音、数据、视频和图像等业务。

③ 适合于高密度用户地区

由于LMDS基站的容量可能会超过其覆盖区内的用户业务总量，因此LMDS系统特别适于在高密度用户地区使用。

④ 扩容方便灵活

LMDS无线网络为蜂窝覆盖，每个蜂窝的覆盖可根据该蜂窝内业务量的增大划分为多个扇区，亦可在扇区内增加信道，所以扩容非常方便灵活。

（2）LMDS的缺点

LMDS具有以下一些缺点。

① LMDS采用微波传输且频率较高，其传输质量和距离受气候等条件的影响较大。

② 由于LMDS采用的微波波段的直线传输，只能实现视距接入，所以在基站和用户之间不能存在障碍物。对于发展中的城市，新兴建筑物的出现有可能影响LDMS的无线传输，给运营和维护带来困难。

③ 与光纤传输相比，传输质量在无线覆盖区边缘不够稳定。

④ LMDS仍属于固定无线通信，缺乏移动灵活性。

⑤ 在我国LMDS的可用频谱还没有划定。

3. LMDS接入网络结构

LMDS接入网络包括多个小区，采用一种类似蜂窝的服务区（小区）结构，每个小区由一个基站和众多用户终端组成，基站设备经点到多点无线链路与服务区内的用户端通信，每个服务区覆盖范围为几千米至十几千米，并可相互重叠。各基站之间通过骨干网络相连，LMDS接入网络结构如图5-35所示。

由图5-35可见，LMDS网络系统由四个部分组成：骨干网络、基站、用户终端设备和网络运行中心（NOC）。现将各部分的具体情况介绍如下。

(1) 骨干网络

骨干网络是用来连接基站的。它可以由光纤传输网、基于ATM交换或IP的骨干传输网等所组成。各个基站的信号送入骨干网络,完成各种业务交换等。

(2) 基站

基站负责进行用户端的覆盖,并提供骨干网络的接口,包括PSTN、Internet、帧中继(Frame Relay)、ATM和ISDN等网络的接口,具体完成编码/解码、压缩、纠错、复接/分接、路由、调制解调、合路/分路等功能。

为了更有效地利用频谱,进一步扩大系统容量。LMDS系统的基站采用多扇区覆盖,每个基站都由若干个扇区组成(最少4个扇区,最多可达24个扇区),可容纳较多数量的用户终端。

(3) 用户终端设备

用户终端设备包括室外单元(ODU)和室内单元(IDU)两部分。ODU包括定向天线、微波收发设备;IDU包括调制解调模块以及与用户室内设备相连的网络接口模块(NIU),用户端网络接口单元为各种用户、业务提供接口,并完成复用/解复用功能。

(4) 网络运行中心

网络运行中心(NOC)以软件平台为基础,它负责管理多个区域的用户网络,完成包括故障诊断和告警、系统配置管理、计费管理、性能分析管理、安全管理等基本功能。大型的LMDS系统应有多个网络运行中心,分为中心管理和多个本地管理。

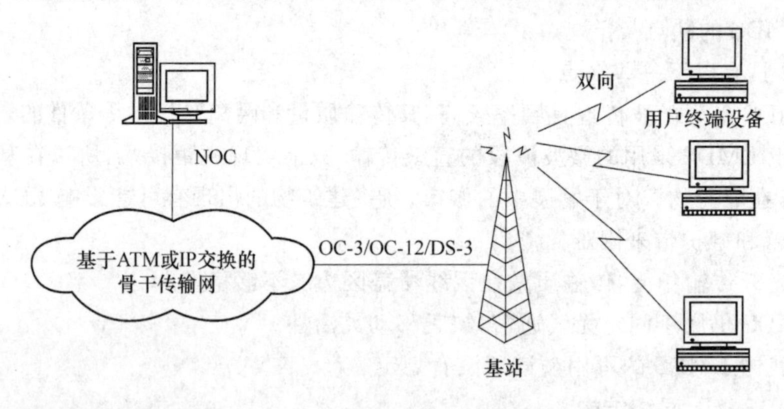

图5-35 LMDS接入网络结构

5.6.3 无线局域网

无线局域网是近些年来推出的一种新的宽带无线接入技术。

1. 无线局域网的概念

无线局域网(Wireless Local Area Network,WLAN)是无线通信技术与计算机网络相结合的产物，一般来说，凡是采用无线传输媒介的计算机局域网都可称为无线局域网，即使用无线电波或红外线在一个有限地域范围内的工作站之间进行数据传输的通信系统。

一个无线局域网可当作有线局域网的扩展来使用，也可以独立作为有线局域网的替代设施。

无线局域网标准有最早制定的 IEEE 802.11 标准，后来扩展的 802.11a 标准、802.11b 标准、802.11g 及 802.11n 标准等(后述)。

2. 无线局域网的分类

根据无线局域网采用的传输媒体来分类，主要有两种：采用无线电波的无线局域网和采用红外线的无线局域网。

(1) 采用无线电波(微波)的无线局域网

在采用无线电波为传输媒体的无线局域网按照调制方式不同，又可分为窄带调制方式与扩展频谱方式。

① 基于窄带调制的无线局域网

窄带调制方式是数据基带信号的频谱被直接搬移到射频上发射出去。其优点是在一个窄的频带内集中全部功率，无线电频谱的利用率高。

窄带调制方式的无线局域网采用的频段一般是专用的，需要经过国家无线电管理部门的许可方可使用。也可选用不用向无线电管理委员会申请的 ISM(Industrial、Scientific、Medical，工业、科研、医疗)频段，但带来的问题是，当邻近的仪器设备或通信设备也使用这一频段时，会产生相互干扰，严重影响通信质量，即通信的可靠性无法得到保障。

② 基于扩展频谱方式的无线局域网

采用无线电波的无线局域网一般都要扩展频谱(简称扩频)。所谓扩频是基带数据信号的频谱被扩展至几倍到几十倍后再被搬移至射频发射出去。这一做法虽然牺牲了频带带宽，却提高了通信系统的抗干扰能力和安全性。由于单位频带内的功率降低，对其他电子设备的干扰也减少了。

采用扩展频谱方式的无线局域网一般选择 ISM 频段。如果发射功率及带外辐射满足无线电管理委员会的要求，则无须向相应的无线电管理委员会提出专门的申请即可使用这些 ISM 频段。

扩频技术主要分为“跳频技术”及“直接序列扩频”两种方式(由于篇幅所限，在此不再介绍扩频技术，读者可参阅其他相关书籍)。

(2) 基于红外线的无线局域网

基于红外线(Infrared，IR)的无线局域网技术的软件和硬件技术都已经比较成熟，具有传输速率较高、移动通信设备所必需的体积小和功率低、无须专门申请特定频率的使用执照等主要技术优势。

可IR是一种视距传输技术,这在两个设备之间是容易实现的,但多个电子设备间就必须调整彼此位置和角度等。另外,红外线对非透明物体的透过性极差,这导致传输距离受限。

目前一般用得比较多的是采用无线电波的基于扩展频谱方式的无线局域网。

3. 无线局域网的拓扑结构(网络配置)

无线局域网的拓扑结构可以归结为两类:一类是自组网拓扑,另一类是基础结构拓扑。不同的拓扑结构,形成了不同的服务集(Service Set)。

服务集用来描述一个可操作的完全无线局域网的基本组成,在服务集中需要采用服务集标识(Service Set Identification,SSID)作为无线局域网一个网络名,它由区分大小写的232个字符长度组成,包括文字和数字的值。

(1) 自组网拓扑网络

自组网拓扑(或者叫做无中心拓扑)网络由无线客户端设备组成,它覆盖的服务区称独立基本服务集(Independent Basic Service Set,IBSS)。

IBSS是一个独立的BSS,它没有接入点作为连接的中心。这种网络又叫做对等网或者非结构组网,网络结构如图5-36所示。

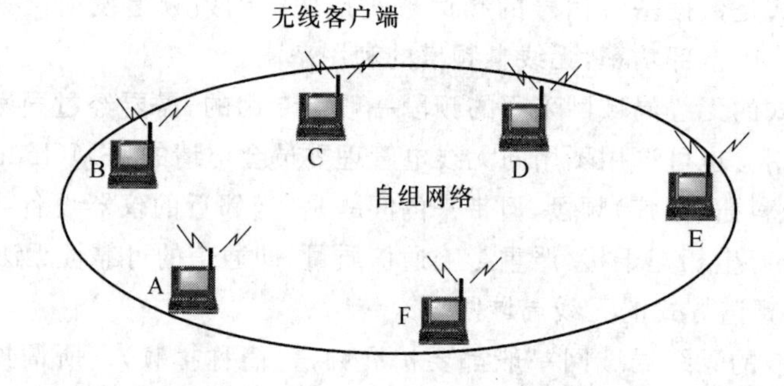

图5-36 自组网拓扑网络

这种方式连接的设备互相之间都直接通信,但无法接入有线局域网(特殊的情况下,可以将其中一个无线客户端配置成为服务器,实现接入有线局域网的功能)。在IBSS网络中,只有一个公用广播信道,各站点都可竞争公用信道,采用CSMA/CA协议(后述)。

自组网拓扑结构的优点是建网容易、费用较低,且网络抗毁性好。但为了能使网络中任意两个站点可直接通信,则站点布局受环境限制较大。另外当网络中用户数(站点数)过多时,信道竞争将成为限制网络性能的要害。基于IBSS网络的特点,它适用于不需要访问有线网络中的资源,而只需要实现无线设备之间互相通信的且用户相对少的工作群网络。

(2) 基础结构拓扑网络

基础结构拓扑(有中心拓扑)网络由无线基站、无线客户端组成,覆盖的区域分基本服务集(BSS)和扩展服务集(ESS)。

这种拓扑结构要求一个无线基站充当中心站,网络中所有站点对网络的访问和通信均由它控制。由于每个站点在中心站覆盖范围之内就可与其他站点通信，所以在无线局域网构建过程中站点布局受环境限制相对较小。

位于中心的无线基站称为无线接入点(Access Point，AP)，它是实现无线局域网接入有线局域网一个逻辑接入点，其主要作用是将无线局域网的数据帧转化为有线局域网的数据帧，比如以太网帧。

这种基础结构拓扑网络的无线局域网的弱点是抗毁性差，中心点的故障容易导致整个网络瘫痪，并且中心站点的引入增加了网络成本。

① 基本服务集(Basic Service Set，BSS)

当一个无线基站被连接到一个有线局域网或一些无线客户端的时候，这个网络称为基本服务集(BSS)。一个基本服务集仅仅包含1个无线基站(只有1个)和1个或多个无线客户端，如图5-37所示。

BSS网络中每一个无线客户端必须通过无线基站与网络上的其他无线客户端或有线网络的主机进行通信，不允许无线客户端对无线客户端的传输。

② 扩展服务集(Extended Service Set，ESS)

扩展服务集(ESS)被定义为通过一个普通分布式系统连接的两个或多个基本服务集，这个分布系统可能是有线的、无线的、局域网、广域网或任何其他网络连接方式，所以ESS网络允许创建任意规模和复杂的无线局域网。图5-38展示了一个ESS的结构。

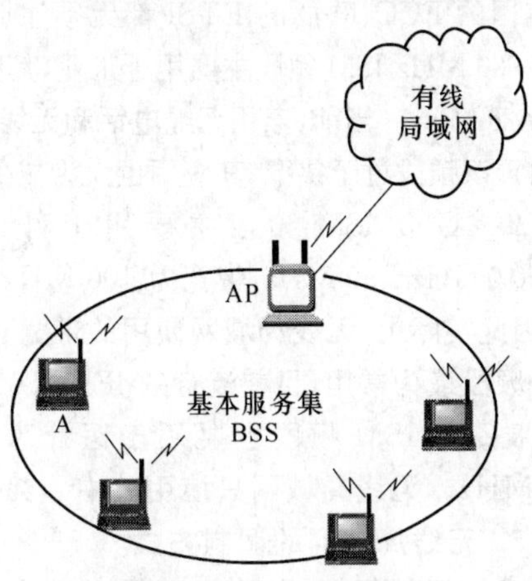

图5-37　基本服务集

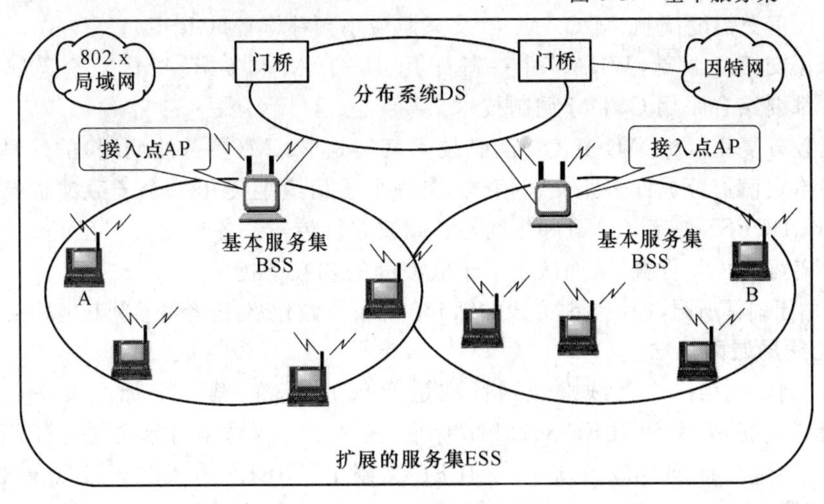

图5-38　扩展服务集结构

这里还有几个问题需要说明：一是在一个扩展服务集ESS内的几个基本服务集也可能有相交的部分；二是扩展服务集ESS还可为无线用户提供到有线局域网或因特网的接入。这种接入是通过叫做门桥的设备来实现的，门桥的作用类似于网桥。

4. 无线局域网的频段分配

无线局域网大都采用微波作为其传输媒介，微波频段范围很宽，无线局域网则选用其中的ISM(工业、科学、医学)频段。ISM频段由美国联邦通信委员会(FCC)规定该频段不需要许可证即可使用，但功率不能超过1 W。

ISM频段由三个频段组成：工业用频段(900 MHz)、科学研究用频段(2.4 GHz)、医疗用频段(5 GHz)。许多工业、科研和医疗设备使用的频率都集中在该频段。无线局域网使用的频段在科学研究和医疗频段范围内，这些频段在各个国家的无线管理机构中，如美国的FCC、欧洲的ETSI都无须注册即可使用。

900 MHz ISM频段主要用于工业，其频率范围为902～928 MHz，记为(915±13) MHz，带宽为26 MHz。当前，家用无绳电话和无线监控系统使用此频段，无线局域网曾使用过此频段，但由于该频段过于狭窄，其应用也大为减少。

2.4 GHz ISM频段主要用于科学研究，其频率范围为2.4～2.5 GHz，记为2.450 0 GHz±50 MHz，带宽为100 MHz。由于FCC限定了2.4 GHz ISM频段的输出功率，因此实际上，无线局域网使用的带宽只有83.5 MHz，频率范围为2.400 0～2.483 5 GHz。这一频段最为常用，目前流行的IEEE 802.11b、IEEE 802.11g等标准都在此频段内。

5 GHz ISM频段主要用于医疗事业，其频率范围为5.15～5.825 GHz，带宽为675 MHz。无线局域网只使用其中一部分频段。

5. 无线局域网的调制方式

无线局域网常采用的调制方式有：差分二相相移键控(DBPSK)、四相相对调相(DQPSK)、正交幅度调制(M-QAM)以及高斯最小频移键控(GFSK)。

对于正交幅度调制，WLAN中一般采用16-QAM和64-QAM，无论是16-QAM或64-QAM都要结合采用OFDM调制技术。

正交频分复用(OFDM)多载波调制技术其实是MCM(多载波调制)的一种，它是在频域内将给定信道分成许多正交子信道，在每个子信道上使用一个子载波进行调制(采用DBPSK、DQPSK或者QAM)，并且各子载波并行传输。各子载波相互正交，使扩频调制后的频谱可以相互重叠，从而减小了子载波间的相互干扰。

(注：由于篇幅所限，各种调制方式的细节在此不再做介绍，读者可参阅其他相关书籍。)

6. 无线局域网标准

IEEE制定的第一个无线局域网标准是802.11标准，第2个标准被命名为IEEE 802.11标准的扩展，称为IEEE 802.11b标准，第3个无线局域网标准也是IEEE 802.11标准的扩展，称为IEEE 802.11a，后来IEEE又制定了IEEE 802.11g标准等，最新又推出了IEEE 802.11n。下面具体介绍介绍IEEE 802.11标准系列。

(1) IEEE 802.11 标准

IEEE 802.11 标准是 IEEE 在 1997 年 6 月 16 日制定的，它定义了使用红外线技术、跳频扩频和直接序列扩频技术，是一个工作在 2.4 GHz(2.4～2.483 5 GHz) ISM 频段内，数据传输速率为 1 Mbit/s 和 2 Mbit/s 的无线局域网的全球统一标准。在研究改进了一系列草案之后，这个标准于 1997 年中期定稿。具体来说，IEEE 802.11 标准有以下三种实现方法：

① 采用直接序列扩频

采用直接序列扩频时，调制方式若用差分二相相移键控(DBPSK)，数据传输速率为 1 Mbit/s；若用差分四相相移键控(DQPSK)，数据传输速率为 2 Mbit/s。

② 采用跳频扩频

采用跳频扩频时，调制方式为 GFSK 调制。当采用二元高斯频移键控 GFSK 时，数据传输速率为 1 Mbit/s；当采用四元高斯频移键控 GFSK 时，数据传输速率为 2 Mbit/s。

③ 使用红外线技术

使用红外线技术时，红外线的波长为 850～950 nm，用于室内传输数据，速率为 1～2 Mbit/s。

(2) IEEE 802.11b 标准

IEEE 802.11b 标准制定于 1999 年 9 月，IEEE 802 委员会扩展了原先的 IEEE 802.11 规范，称之为 IEEE 802.11b 扩展版本。IEEE 802.11b 标准也工作在 2.4 GHz(2.4～2.483 5 GHz)的 ISM 频段。

工作于 2.4 GHz 的 WLAN 信道分配如图 5-39 所示。

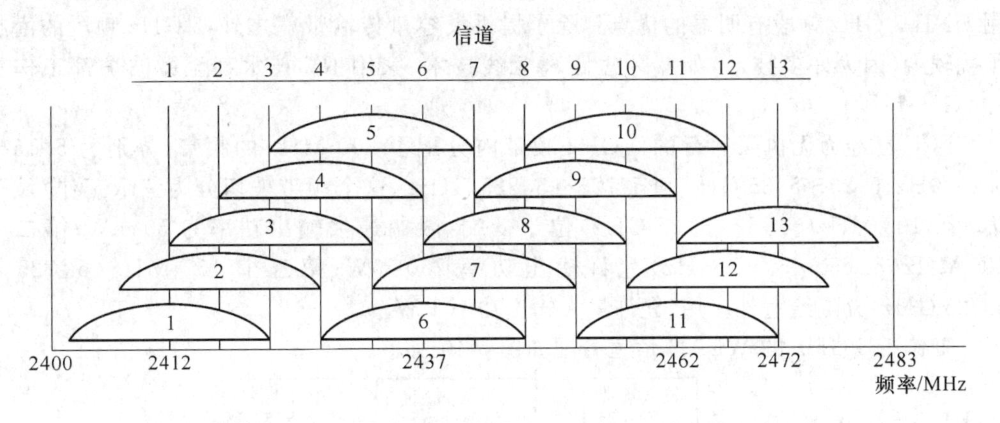

图 5-39　工作于 2.4 GHz 的 WLAN 信道分配

由图可见，在 2.4～2.483 5 GHz 频段配置了 13 个频道，其中互不重叠的频道有 3 个，即 1、6、11 频道，每个频道的带宽为 20 MHz。

IEEE 802.11b 标准规定调制方式采用基于基于补码键控(CCK)的 DQPSK、基于分组二进制卷积码(PBCC)的 DBPSK 和 DQPSK 等。

补偿编码键控(Complementary Code Keying，CCK)技术，它的核心编码中有一个 64

个8位编码组成的集合。5.5 Mbit/s使用一个CCK串来携带4位的数字信息,而11 Mbit/s的速率使用一个CCK串来携带8位的数字信息。两个速率的传送都利用DQPSK作为调制的手段。

在分组二进制卷积码(Packet Binary Convolutional Code,PBCC)调制中,数据首先进行BCC编码(由于篇幅所限不再介绍BCC编码,读者可参阅相关书籍),然后映射到DBPSK或DQPSK调制的点群图上,即再进行DBPSK或DQPSK调制。

IEEE 802.11b标准支持多种数据传输速率能力和动态速率调节技术,IEEE 802.11b支持的速率有1 Mbit/s、2 Mbit/s、5.5 Mbit/s和11 Mbit/s四个等级。

IEEE 802.11b的动态速率调节技术,允许用户在不同的环境下自动使用不同的连接速度,以补偿环境的不利影响。

IEEE 802.11b标准在无线局域网协议中最大的贡献就在于它通过使用新的调制方法(即CCK技术)将数据速率增至为5.5 Mbit/s和11 Mbit/s。为此,DSSS被选作该标准的唯一的物理层传输技术,这是由于FHSS在不违反FCC原则的基础上无法再提高速度了。所以,IEEE 802.11b可以与1 Mbit/s和2 Mbit/s的IEEE 802.11 DSSS系统互操作,但是无法与1 Mbit/s和2 Mbit/s的FHSS系统一起工作。

(3) IEEE 802.11a标准

802.11a标准是IEEE 802.11标准的第二次扩展。与IEEE 802.11和IEEE 802.11b标准不同的是,IEEE 802.11a标准工作在最近分配的不需经许可的国家信息基础设施(Unlicensed National Information Infrastructure,UNII)5 GHz频段,比起2.4 GHz频段,使用UNII 5 GHz频段有明显的优点。除了提供大容量传输带宽之外,5 GHz频段的潜在干扰较少(因为许多技术,如蓝牙短距离无线技术、家用RF技术甚至微波炉都工作在2.4 GHz频段)。

FCC已经为无执照运行的5 GHz频带内分配了300 MHz的频带,分别为5.15～5.25 GHz、5.25～5.35 GHz和5.725～5.825 GHz。这个频带被切分为三个工作"域"。第一个100 MHz(5.15～5.25 GHz)位于低端,限制最大输出功率为50 mW;第二个100 MHz(5.25～5.35 GHz)允许输出功率250 mW;第三个100 MHz(5.725～5.825 GHz)分配给室外应用,允许最大输出功率1 W。

工作于5 GHz的WLAN信道分配如图5-40所示。

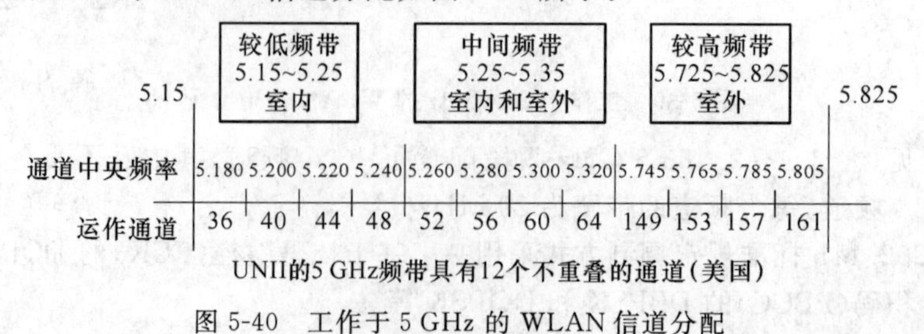

图5-40 工作于5 GHz的WLAN信道分配

在5 GHz(5.15～5.35 GHz,5.725～5.825 GHz)频段互不重叠的频道有12个,一般配置13个或19个频道,每个频道的带宽为20 MHz。

IEEE 802.11a标准使用正交频分复用(OFDM)技术。IEEE 802.11a标准定义了OFDM物理层的应用,数据传输率为6 Mbit/s、9 Mbit/s、12 Mbit/s、18 Mbit/s、24 Mbit/s、36 Mbit/s、48 Mbit/s和54 Mbit/s。6 Mbit/s和9 Mbit/s使用DBPSK调制,12 Mbit/s和18 Mbit/s使用DQPSK调制,24 Mbit/s和36 Mbit/s使用16-QAM调制,48 Mbit/s和54 Mbit/s使用64-QAM调制。

虽然IEEE 802.11a标准将无线局域网的传输速率扩展到54 Mbit/s,可是IEEE 802.11a标准规定的运行频段为5 GHz频段。由此带来了两个问题:

• 向下兼容问题。IEEE 802.1a标准和先前的IEEE标准之间的差异使其很难提供向下兼容的产品。为此,IEEE 802.11a设备必须在两种不同频段上支持OFDM和DSSS,这将增加全功能芯片集成的费用。

• 覆盖区域问题。因为频率越高,衰减越大,如果输出功率相等的话,显然5.4 GHz设备覆盖的范围要比2.4 GHz设备的少。

为了解决这两个问题,IEEE建立了一个任务组,将802.11b标准的运行速率扩展到22 Mbit/s,新扩展标准被称为802.11g标准。

(4) IEEE 802.11g标准

IEEE 802.11g扩展标准类似于基本的IEEE 802.11标准和IEEE 802.11b扩展标准,因为它也是为在2.4 GHz频段上运行而设计的。因为802.11g扩展标准可提供与使用DSSS的11 Mbit/s网络兼容性,这一扩展将会比IEEE 802.11a扩展标准更普及。

IEEE 802.11g标准既达到了用2.4 GHz频段实现IEEE 802.11a水平的数据传送速度,也确保了与IEEE 802.11b产品的兼容。IEEE 802.11g其实是一种混合标准,它既能适应传统的IEEE 802.11b标准,在2.4 GHz(2.4～2.483 5 GHz)频率下提供每秒11 Mbit/s数据传输率,也符合IEEE 802.11a标准在5 GHz频率下提供54 Mbit/s数据传输率。但IEEE 802.11g标准一般工作在2.4 GHz(2.4～2.483 5 GHz)频率。

除此之外,IEEE 802.11g标准比IEEE 802.11a标准的覆盖范围大,所需要的接入点较少。

一般来说,IEEE 802.11a接入点覆盖半径为90英尺①,而IEEE 802.11g接入点将提供200英尺或更大的覆盖半径。因为圆的面积是πr^2,IEEE 802.11a网络需要的接入点数大约是IEEE 802.11g网络的4倍。

(5) IEEE 802.11n标准

近年来IEEE成立了802.11n工作小组,制定了一项新的高速无线局域网标准IEEE 802.11n,该

① 1英尺=0.304 8米。

工作小组计划在 2003 年 9 月召开首次会议。在 2006 年 1 月 15 日于美国夏威夷举办的工作会议上进行了投票,最终高票通过了传输方式草案,长期争论不休的 IEEE 802.11n 基本传输方式基本得到确定。此后经过 7 年的奋战,美国电气和电子工程师协会(Institute of Electrical and Electronics Engineers,IEEE)于 2009 年 9 月 14 日终于正式批准了最新的无线标准 IEEE 802.11n,IEEE 计划于 2009 年 10 月中旬正式公布 IEEE 802.11n 最终标准。

与以往的 IEEE 802.11 标准不同,IEEE 802.11n 协议为双频工作模式(包含 2.4 GHz和 5 GHz 两个工作频段)。这样 IEEE 802.11n 保障了与以往的 IEEE 802.11a、b、g 标准兼容。

IEEE 802.11n 采用了 MIMO(多入多出)技术。MIMO(Multiple Input Multiple Output,多入多出)技术相对于传统的 SISO(单入单出)技术被提出,它通过在发送端和接收端设置多副天线,使得在不增加系统带宽的情况下成倍地提高通信容量和频谱利用率。

当 MIMO 技术与 OFDM 技术相结合时,由于 OFDM 技术将给定的宽带信道分解成多个子信道,将高速数据信号转换成多个并行的低速子数据流,低速子数据流被各自信道彼此相互正交的子载波调制再进行传输,MIMO 技术就可以直接应用到这些子信道上。因此将 MIMO 和 OFDM 技术结合起来,既可以克服由频率选择性衰落造成的信号失真,提高系统可靠性,又同时获得较高的系统传输速率。

由于 IEEE 802.11n 采用 MIMO(多入多出)与 OFDM 相结合,使传输速率成倍提高。它将 WLAN 的传输速率从 IEEE 802.11a 和 IEEE 802.11g 的 54 Mbit/s 增加至 108 Mbit/s 以上,最高速率可达 300～600 Mbit/s。

另外,先进的天线技术及传输技术,使得无线局域网的传输距离大大增加,可以达到几千米(并且能够保障 100 Mbit/s 的传输速率)。IEEE 802.11n 标准全面改进了 IEEE 802.11 标准,优化数据帧结构,提高网络的吞吐量性能。

(6) IEEE 802.11 系列主要标准的比较

几种主要的 IEEE 802.11 系列标准的比较如表 5-2 所示。

表 5-2 几种主要的 IEEE 802.11 系列标准的比较

标准	IEEE 802.11	IEEE 802.11b	IEEE 802.11a	IEEE 802.11g	IEEE 802.11n
工作频段/GHz	2.4～2.483 5	2.4～2.483 5	5.15～5.35 5.725～5.825	2.4～2.483 5	2.4～2.483 5 5.15～5.35 5.725～5.825
扩频技术	DSSS/FHSS	DSSS	DSSS	DSSS	DSSS
调制方式	DBPSK DQPSK GFSK	基于 CCK 的 DQPSK,基于 PBCC 的 DBPSK 和 DQPSK	基于 OFDM 的 DBPSK、DQPSK、16-QAM、64-QAM	基于 CCK 的 DQPSK,基于 PBCC 和 OFDM DBPSK、DQPSK、16-QAM、64-QAM	802.11g 的调制方式,MIMO 与 OFDM 技术结合

续表

标准	IEEE 802.11	IEEE 802.11b	IEEE 802.11a	IEEE 802.11g	IEEE 802.11n
数据速率/($Mbit \cdot s^{-1}$)	1	1、2、5.5、11	6、9、12、18、24、36、48、54	1、2、5.5、6、9、11、12、18、22、24、36、48、54	最高速率可达300～600
频道数量	13(其中 3 个频道互不重叠)	13(其中 3 个频道互不重叠)	13 或 19(其中 12 个频道互不重叠)	13(其中 3 个频道互不重叠)	13 或 19(其中 15 个频道互不重叠)
带宽/频道	20 MHz	20 MHz	20 MHz	20 MHz	20/40 MHz(自适应)

7. 无线局域网的硬件

无线局域网的硬件设备包括接入点(Access Point，AP)、LAN 适配卡、网桥和路由器。

(1) 无线接入点(AP)

① 无线接入点的功能

一个无线接入点实际就是一个二端口网桥，这种网桥能把数据从有线网络中继转发到无线网络，也能从无线网络中继转发到有线网络。因此，一个接入点为在地理覆盖范围内的无线设备和有线局域网之间提供了双向中继能力，即无线接入点的作用是提供 WLAN 中无线工作站对有线局域网的访问以及其覆盖范围内各无线工作站之间的互通。其具体功能如下：

- 管理其覆盖范围内的移动终端，实现终端的联结、认证等处理；
- 实现有线局域网和无线局域网之间帧格式的转换；
- 调制、解调功能；
- 对信息进行加密和解密；
- 对移动终端在各小区间的漫游实现切换管理，并具有操作和性能的透明性。

移动的计算机可通过一个或多个接入点接入有线局域网，图 5-41 所示是使用接入点将一些移动的计算机接入到有线局域网的例子。

无线接入点是用电缆连接到集线器(或局域网交换机)的一个端口上。就像任何其他的 LAN 设备一样，从集线器端口到无线局域网接入点之间最大的电缆距离是 100 m(指的是采用 UTP)。

② AP 提供的连接

无线局域网接入点可以提供与因特网 10 Mbit/s 的连接、10 Mbit/s 或 100 Mbit/s 自适应的连接、10 BASE-T 集线器端口的连接，或 10 Mbit/s 与 100 Mbit/s 双速的集线器或交换机端口的连接。

③ AP的客户端支持

接入点实际可支持的客户端数与该接入点所服务的客户端的具体要求有关。如果客户端要求较高水平的有线局域网接入,那么一个接入点一般可容纳10～20个客户端站点;如果客户端要求低水平的有线局域网接入,则一个接入点有可能支持多达50个客户端站点,并且还可能支持一些附加客户。

④ AP的传输距离

因为无线局域网的传输功率显著低于移动电话的传输功率,所以一个无线局域网站点的发送距离只是一个蜂窝电话可达传输距离的一小部分。实际的传输距离与所采用的传输方法、客户与接入点间的障碍有关。在一个典型的办公室或家庭环境中,大部分接入点的传输距离为30～60 m(室内)。

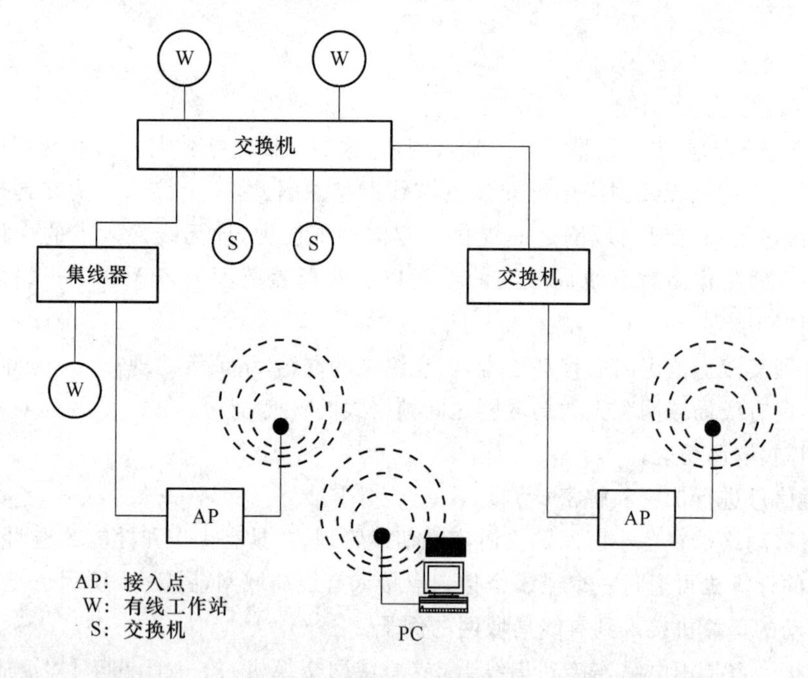

图5-41 使用接入点将一些移动的计算机接入到有线局域网

(2) 无线局域网网卡

无线局域网网卡是一个安装在台式计算机和笔记本式计算机上的收发器。通过使用一个无线局域网网卡,台式计算机和笔记本式计算机便可具有一个无线网络节点的性能。

无线局域网网卡有两种:

- 只支持某一种标准的无线网卡;
- 同时支持多种无线通信标准的网卡,即多模无线网卡,如能够同时支持

IEEE 802.11b/a 的双模无线网卡、能够同时支持 IEEE 802.11b/g/a 的三模无线网卡或者同时支持移动通信标准 CDMA 和 WLAN 的双模无线网卡等。

(3) 无线网桥

无线网桥是一种在两个传统有线局域网间通过无线传输实现互连的设备。大多数有线网桥仅仅支持一个有限的传输距离。因此，如果某个单位需要互连两个地域上分离的 LAN 网段，可使用无线网桥。

图 5-42 是使用无线网桥互连两个有线局域网的示意图。一个无线网桥有两个端口，一个端口通过电缆连接到一个有线局域网，而第 2 个端口可以认为是其天线，提供一个 RF 频率通信的能力。

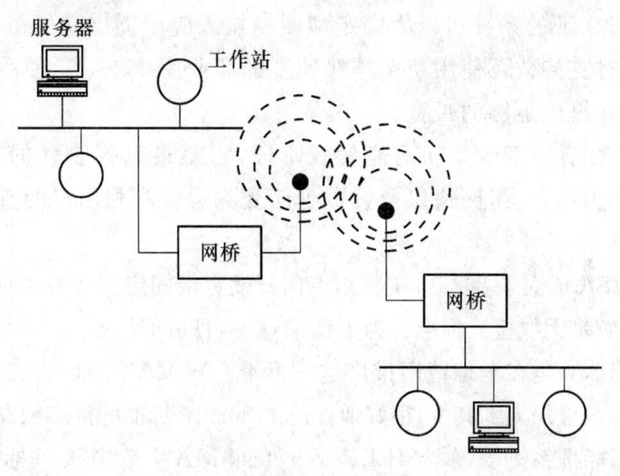

图 5-42 使用无线网桥互连两个有线局域网

无线网桥的工作原理与有线网中的网桥相似，其主要功能也是扩散、过滤和转发等。

(4) 无线路由器/网关

许多台移动计算机可通过一个无线路由器或网关，再利用有线连接，如 DSL 或电缆调制解调器等接入到因特网或其他网络，如图 5-43 所示。

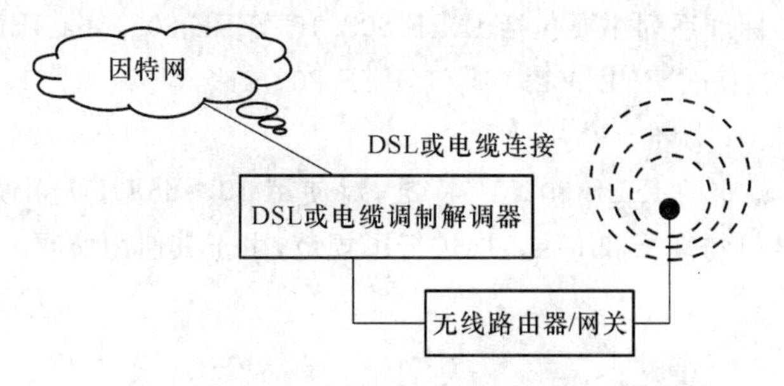

图 5-43 无线路由器/网关设备

5.6.4 微波存取全球互通系统

1. WiMAX的概念

微波存取全球互通(World Interoperability for Microwave Access,WiMAX)是一种可用于城域网的宽带无线接入技术,它是针对微波和毫米波段提出的一种新的空中接口标准。WiMAX的频段范围为2~11 GHz。WiMAX的主要作用是提供无线"最后一公里"接入,覆盖范围可达50 km,最大数据速率达75 Mbit/s。

WiMAX将提供固定、移动、便携形式的无线宽带连接,并最终能够在不需要直接视距基站的情况下提供移动无线宽带连接。在典型的4.83~15.1 km里半径单元部署中,获得WiMAX论坛认证的系统可以为固定和便携接入应用提供高达每信道40 Mbit/s的容量,能够满足同时支持数百使用T-1连接速度的商业用户或数千使用DSL连接速度的家庭用户的需求,并提供足够的带宽。

WiMAX技术目前处于试验和迅速发展阶段,它是最具代表性的宽带接入技术,以其高带宽、容量大、多业务、组网快以及投资少而受到运营商和用户的青睐。

2. WiMAX标准

1999年,IEEE-SA成立了802.16工作组专门开发宽带固定无线技术标准,目标就是要建立一个全球统一的宽带无线接入标准。为了促进这一目的的达成,几家世界知名企业还发起成立了WiMAX论坛,力争在全球范围推广这一标准。WiMAX论坛的成立很快得到了厂商和运营商的关注,并积极加入到其中,很好地促进了802.16标准的推广和发展。

IEEE 802.16标准系列又称为IEEE Wireless MAN空中接口标准,是工作于2~66 GHz无线频带的空中接口规范。由于它所规定的无线系统覆盖范围可高达50 km,因此802.16系统主要应用于城域网,符合该标准的无线接入系统被视为可与DSL竞争的"最后一公里"宽带接入解决方案。根据使用频带高低的不同,IEEE 802.16系统可分为应用于视距和非视距两种,其中使用2~11 GHz频带的系统应用于非视距(NLOS)范围,而使用10~66 GHz频带的系统应用于视距(LOS)范围。

IEEE 802.16标准系列主要包括IEEE 802.16、IEEE 802.16a、IEEE 802.16c、IEEE 802.16d、IEEE 802.16e、IEEE 802.16f和IEEE 802.16g等。

(1) IEEE 802.16标准

2001年12月颁布的IEEE 802.16标准,对使用10~66 GHz频段的固定宽带无线接入系统的空中接口物理层和MAC层进行了规范,由于其使用的频段较高,因此仅能应用于视距范围内。

(2) IEEE 802.16a标准

2003年1月颁布的IEEE 802.16a标准对之前颁布的IEEE 802.16标准进行了扩

展，对使用2～11 GHz许可和免许可频段的固定宽带无线接入系统的空中接口物理层和MAC层进行了规范，该频段具有非视距传输的特点，覆盖范围最远可达50 km，通常小区半径为6～10 km。另外，IEEE 802.16a的MAC层提供了QoS保证机制，可支持语音和视频等实时性业务。这些特点使得IEEE 802.16a标准与IEEE 802.16标准相比更具有市场应用价值，真正成为适合应用于城域网的无线接入手段。

(3) IEEE 802.16c标准

2002年正式发布的IEEE 802.16c标准是对IEEE 802.16标准的增补文件，是使用10～66 GHz频段IEEE 802.16系统的兼容性标准，它详细规定了10～66 GHz频段IEEE 802.16系统在实现上的一系列特性和功能。

(4) IEEE 802.16d标准

IEEE 802.16d标准是IEEE 802.16标准系列的一个修订版本，是相对比较成熟并且最具有实用性的一个标准版本，在2004年下半年正式发布。IEEE 802.16d对2～66 GHz频段的空中接口物理层和MAC层进行了详细规定，定义了支持多种业务类型的固定宽带无线接入系统的MAC层和相对应的多个物理层。

该标准对前几个IEEE 802.16标准进行了整合和修订，但仍属于固定宽带无线接入规范。它保持了IEEE 802.16、IEEE 802.16a等标准中的所有模式和主要特性同时未增加新的模式，增加或修改的内容用来提高系统性能和简化部署，或者用来更正错误、不明确或不完整的描述，其中包括对部分系统信息的增补和修订。同时，为了能够后向平滑过渡到支持用户站以车辆速度移动的IEEE 802.16e标准，IEEE 802.16d增加了部分功能以支持用户的移动性。

(5) IEEE 802.16e标准

IEEE 802.16e标准是IEEE 802.16标准的增强版本，该标准后向兼容IEEE 802.16d，规定了可同时支持固定和移动宽带无线接入的系统，工作在2～6 GHz之间适宜于移动性的许可频段，可支持用户站以车辆速度移动，同时IEEE 802.16a规定的固定无线接入用户能力并不因此受到影响。同时该标准也规定了支持基站或扇区间高层切换的功能。

(6) IEEE 802.16f标准

IEEE 802.16f标准定义了IEEE 802.16系统MAC层和物理层的管理信息库(MIB)以及相关的管理流程。

(7) IEEE 802.16g标准

IEEE 802.16g标准制定的目的是为了规定标准的IEEE 802.16系统管理流程和接口，从而能够实现IEEE 802.16设备的互操作性和对网络资源、移动性和频谱的有效管理。

3. WiMAX 的技术优势

WiMAX 具有以下技术优势。

(1) 设备的良好互用性

由于 WiMAX 中心站与终端设备之间具有交互性,使运营商能从多个设备制造商处购买 WiMAX 相应设备,从而降低网络运营维护费用,而且一次性投资成本较小。

(2) 应用频段非常宽

WiMAX 系统可使用的频段包括 10～66 GHz 频段、低于 11 GHz 许可频段和低于 11 GHz 的免许可频段,不同频段的物理特性不同。对于 802.16e 系统而言,为了支持移动性应工作在低频段。

(3) 频谱利用率高

在 IEEE 802.16 标准中定义了三种物理层实现方式,即单载波、OFDM 和 OFDMA。其中 OFDM 和 OFDMA 是最典型的物理层传输方式,可使系统在相同的载波带宽下提供更高的传输速率。

(4) 抗干扰能力强

由于 OFDM 技术具有很强的抗多径衰落、频率选择性衰落以及窄带干扰的能力,因此可实现高质量数据传输。

(5) 可实现长距离下的高速接入

在 WiMAX 中可采用 Mesh 组网方式、MIMO 等技术来改善非视距覆盖问题,从而使 WiMAX 基站的每扇区最高吞吐量可达到 75 Mbit/s,同时能为超过 60 个 T1 级别的商业用户和上百个 DSL 家庭用户提供接入服务。每个基站的覆盖范围最大可达 50 km。典型的基站覆盖范围为 6～10 km。

(6) 系统容量可升级,新增扇区简易

WiMAX 灵活的信道带宽规划适应于多种频率分配情况,使容量达到最大化,新增扇区简易,允许运营商根据用户的发展随时扩容网络。

(7) 提供有效的 QoS 控制

IEEE 802.16 的 MAC 层是依靠请求/授予协议来实现基于业务接入的,它支持不同服务水平的服务,例如专线用户可使用 T1/E1 来完成接入,而住宅用户则可采用尽力而为服务模式。该协议能支持数据、语音以及视频等对时延敏感的业务,并可以根据业务等级,提供带宽的按需分配。

4. WiMAX 无线接入的网络结构

(1) WiMAX 网络组成

WiMAX 网络是由核心网络和接入端网络构成,如图 5-44 所示。

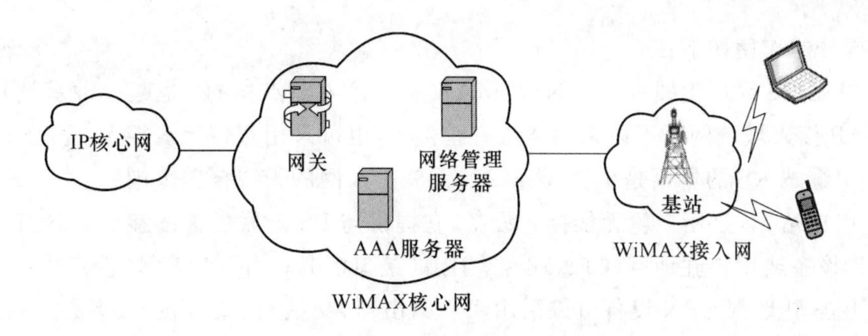

图 5-44 WiMAX 网络构成

① WiMAX 核心网络

所谓 WiMAX 的核心网络主要设备包括路由器、认证、授权、计费(AAA)代理或服务器、用户数据库、因特网网关等。该网络可以是新建的一个网络实体,也可以现有的通信网络为基础构建的网络。

WiMAX 核心网络具有如下功能:

- 可满足不同业务及应用的 QoS 需求,充分利用端到端的网络资源;
- 具有可扩展性、伸缩性、灵活性等,能够满足电信级组网要求;
- 支持终端用户固定式、游牧式、便携式、简单移动和全移动接入能力;
- 具有移动性管理功能,如呼叫、位置管理、异构网络间的切换、安全性管理和全移动模式下的 QoS 保障;
- 支持与现有的 3GPP/3GPP2/DSL 等系统的互联。

② WiMAX 接入端网络

WiMAX 接入端网络由基站(BS)、中继站(RS)、用户站(SS)、用户侧驻地网 CPN 设备或用户终端设备(TE) 等组成,其示意图如图 5-45 所示。

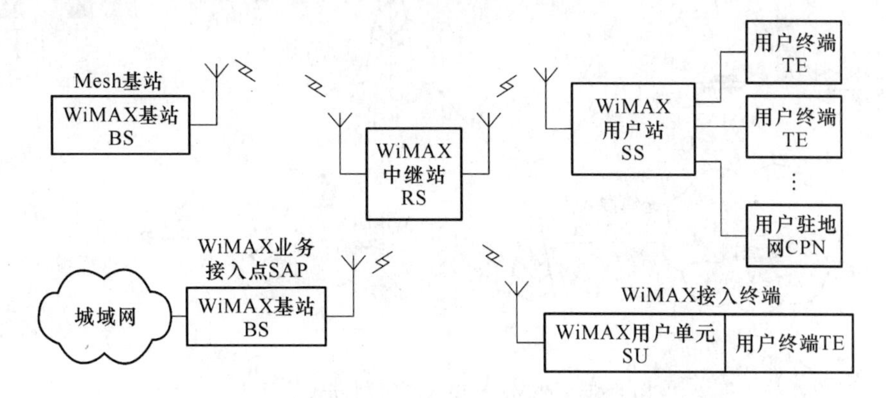

图 5-45 WiMAX 无线接入的网络组成示意图

各部分的作用如下：

• 基站BS采用无线方式通过WiMAX业务接入节点SAP(也是一种基站)接入城域网,SAP接入城域网既可以采用宽带有线接入,也可采用宽带无线接入；

• 中继站RS的作用是扩大WiMAX无线接入网的无线覆盖范围；

• 用户站SS是用户侧无线接入设备,它提供与BS上联的无线接口,同时还提供与用户终端设备或用户驻地网(CPN)设备相连的接口(如以太网接口、E1接口等)；

• 用户驻地网CPN设备可以采用用户路由器、交换机、集线器,或者是另一种无线接入节点以组成用户专用网络；

• 用户终端设备(TE)可使用户直接接入WiMAX网络,必须配置符合WiMAX接口标准的用户单元(SU),用户单元一般是无线网卡或无线模块。

(2) WiMAX接入端组网方式

在WiMAX中可支持三种接入端组网方式:点到点(P2P)、点到多点(PMP)和Mesh组网方式,如图5-46所示。

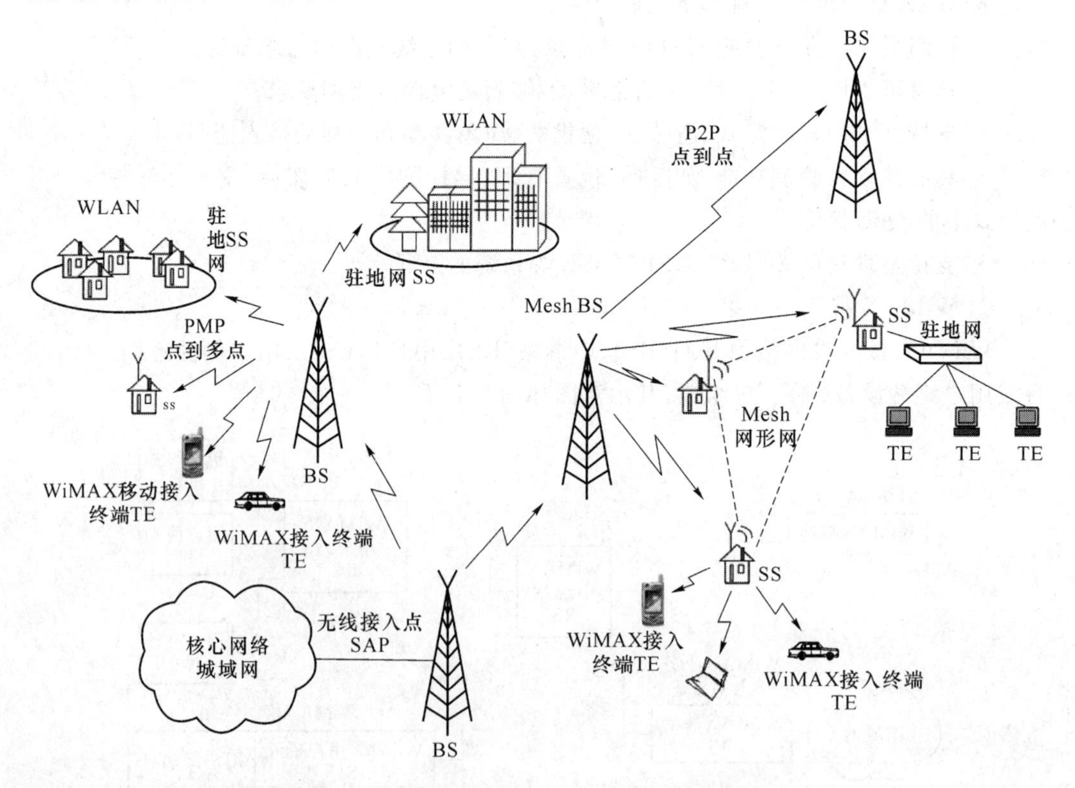

图5-46　WiMAX接入端组网方式示意图

① 点到点宽带无线接入方式

点到点宽带无线接入方式主要应用于基站BS之间点到点的无线传输和中继服务之中。这种工作方式既能使网络覆盖范围大大增加，同时又能够为运营商的2G/3G网络基站以及WLAN热点提供无线中继传输，为企业网的远程接入提供宽带服务。

② 点到多点宽带无线接入方式

点到多点宽带无线接入方式可以实现基站BS与其他BS、用户站SS、WiMAX用户终端设备之间的无线连接。用户站SS与SS之间或WiMAX用户终端设备之间不能直接通信，需经过基站BS才能相互通信。

该域主要应用于固定、游牧和便携工作模式下，因为此时若采用xDSL或者HFC等有线接入技术很难实现接入，而WiMAX无线接入技术很少会受到距离和社区用户密度的影响，特别是一些临时聚会地，例如会展中心和运动会赛场，使用WiMAX技术能够做到快速部署，从而保证高效、高质量的通信。

③ Mesh组网方式

Mesh应用模式采用多个用户站SS、一个基站BS以网状网的方式连接，以扩大无线覆盖。其中基站BS可以与无线接入点SAP相连接，进而接入城域网。这样任何一个用户站SS可通过Mesh基站BS实现与城域网的互联，也可以与Mesh基站所管辖范围内的任意其他用户站SS直接进行通信。该组网方式的特点在于运用网状网结构，使系统可根据实际情况进行灵活部署，从而实现网络的弹性延伸。这种应用模式非常适用于市郊等远离骨干网，并且有线网络不易覆盖到的地区。

小结

1. 接入网由业务节点接口（SNI）和用户网络接口（UNI）之间的一系列传送实体组成，为供给电信业务而提供所需传送承载能力的实施系统。

接入网有三种主要接口，即用户网络接口、业务节点接口和维护管理接口（Q3）。

2. 接入网的功能结构分成用户口功能（UPF）、业务口功能（SPF）、核心功能（CF）、传送功能（TF）和AN系统管理功能（SMF）这五个基本功能组。

3. 接入网可以从不同的角度分类。

根据所采用的传输媒介分，接入网可以分为有线接入网和无线接入网两大类。有线接入网包括铜线接入网、光纤接入网、混合光纤/铜轴接入网以及以太网接入；无线接入网包括固定无线接入网和移动无线接入网。

按照传输的信号形式分,接入网可以分为数字接入网和模拟接入网。

按照接入业务的速率分,接入网可以分为窄带接入网和宽带接入网。

4. ADSL是一种利用现有的传统电话线路高速传输数字信息的技术,下行传输速率接近8 Mbit/s,上行传输速率理论上可达1 Mbit/s,并且在同一对双绞线上可以同时传输上、下行数据信号和传统的模拟话音信号等。

ADSL系统采用频分复用(FDM)和回波抵消混合技术实现的全双工和非对称通信,常用的调制技术有QAM调制、CAP调制和DMT调制,ADSL主要考虑采用的是DMT调制。

ADSL的技术的主要优点是:可以充分利用现有铜线网络为用户提供服务;ADSL设备随用随装,施工简单,节省时间,系统初期投资小;ADSL设备采用先进的调制技术和数字处理技术,提供高速远程接收或发送信息,充分利用双绞线上的带宽;在一对双绞线上可同时传输高速数据和普通电话业务。ADSL技术的主要缺点有:对线路质量要求较高,抵抗天气干扰的能力较差,带宽可扩展的潜力不大等。

5. 为了改进ADSL的弱点,推出了新一代ADSL技术:即遵循ITU-T G.992.3/G.992.4标准的ADSL2和遵循ITU-T G.992.5标准的ADSL2+。

ADSL2/ ADSL2+具有以下突出特点:速率与距离的提高,增强的功率管理,增强的抗噪声能力,故障诊断和线路测试,速率自适应技术,多线对绑定等。

6. VDSL的特点主要有传输速率高,能较好地支持各种应用,技术相对成熟,经济性好,具有较好的频谱兼容性。

VDSL可在对称或不对称速率下运行,每个方向最高对称速率是26 Mbit/s,而不对称速率的下行最高速率可达52 Mbit/s。

VDSL2的标准是G.993.2,通过扩展频谱、改善发射功率谱密度等措施,可支持更高的传输速率和更远的传输距离,以及在不需要增加成本的基础上,满足了用户和业务的高带宽需求。

7. HFC网是一种以模拟频分复用技术为基础,综合应用模拟和数字传输技术、光纤和同轴电缆技术、射频技术以及高度分布式智能技术的宽带接入网络。

HFC网由信号源、前端、馈线网、配线网和用户引入线等组成(HFC线路网的组成包括馈线网、配线网和用户引入线)。

在HFC网络中光纤通道双向传输方式可采用空分复用(SDM)和波分复用(WDM)两种方式,用得比较多的是波分复用(WDM);同轴电缆通道实现双向传输方式主要有空间分割方式、频率分割方式和时间分割方式等，在HFC网络中一般采用空间分割方式和频率分割方式。

HFC的优点主要有：成本较低，HFC频带较宽，用户使用方便，运营、维护、管理费用较低；HFC的不足之处为：需要对CATV网进行双向改造，建设周期长，拓扑结构需进一步改进以提高网络可靠性，漏斗噪声难以避免，当用户数多时每户可用的带宽下降。

8. 以太网接入也称为FTTX+LAN接入，它是指光纤加交换式以太网的方式实现用户高速接入互联网。

以太网接入的网络结构采用星形或树形，根据用户数量及经济情况等可以采用的一级接入或两级接入。

以太网接入的优点有：高速传输，网络可靠、稳定，用户投资少价格便宜，安装方便，技术成熟及应用广泛；缺点为：五类线布线问题，故障定位困难，用户隔离方法较为烦琐且广播包较多。

9. 光纤接入网(OAN)是指在接入网中采用光纤作为主要传输媒介来实现信息传送的网络形式，包括四种基本功能块，即光线路终端(OLT)、光配线网(ODN)、光网络单元(ONU)以及适配功能块(AF)。

光纤接入网根据传输设施中是否采用有源器件分为有源光网络(AON)和无源光网络(PON)。

无源光网络的拓扑结构一般采用星形、树形和总线形。

根据光网络单元(ONU)设置的位置不同，光纤接入网可分成不同种应用类型，主要包括：光纤到路边(FTTC)、光纤到大楼(FTTB)、光纤到家(FTTH)或光纤到办公室(FTTO)等。

光纤接入网的双向传输技术有：光空分复用(OSDM)、光波分复用(OWDM)、时间压缩复用方式(TCM)及光副载波复用(OSCM)。

光纤接入网的多址接入技术主要有：光时分多址(OTDMA)、光波分多址(OWDMA)、光码分多址(OCDMA)、光副载波多址(OSCMA)，目前主要采用的多址接入技术是OTDMA。

10. APON(ATM-PON)是PON技术和ATM技术相结合的产物，即在PON上实现基于ATM信元的传输。APON具有综合接入能力、高可靠性、接入成本低、资源利用率高和技术复杂等特点。

11. EPON是基于以太网的无源光网络，其标准为IEEE 802.3ah。

EPON的网络结构一般采用双星形或树形，其中无源网络设备(光分配网络ODN)包括光纤、无源分光器、连接器和光纤接头等。有源网络设备包括光线路终端(OLT)、光网络单元(ONU)和设备管理系统(EMS)。

12. EPON系统采用WDM技术实现单纤双向传输。EPON下行采用时分复用(TDM)+广播的传输方式，传输速率为1.25 Gbit/s，每帧帧长为2 ms，携带多个可变长度的数据包(MAC帧)；EPON上行方向采用时分多址接入(TDMA)方式，其帧长也是2 ms。

13. GPON是BPON的一种扩展，提供了前所未有的高带宽(下行速率近2.5 Gbit/s)，上、下行速率有对称和不对称两种。GPON标准规定了一种特殊的封装方法：GEM。

GPON具有以下技术特点：业务支持能力强，具有全业务接入能力；可提供较高带宽和较远的覆盖距离；带宽分配灵活，有服务质量保证；具有保护机制和OAM功能；安全性高；系统扩展容易，便于升级；技术相对复杂、设备成本较高。

14. GPON系统与其他PON接入系统相同，也是由OLT、ONU、ODN三部分组成。GPON可以灵活地组成树形、星形、总线形等拓扑结构，其中典型结构为树形结构。GPON的工作原理与EPON一样(只是帧结构不同)。

15. 无线接入网是指从业务节点接口到用户终端全部或部分采用无线方式，即利用卫星、微波及超短波等传输手段向用户提供各种电信业务的接入系统。无线接入网分为固定无线接入网、移动无线接入网。

固定无线接入网主要包括直播卫星(DBS)系统、多路多点分配业务(MMDS)系统、本地多点分配业务(LMDS)系统、无线局域网(WLAN)；实现移动无线接入的方式有蜂窝移动通信系统、卫星移动通信系统；另外还有一种既可以提供固定无线接入也可以提供移动无线接入的宽带接入技术WiMAX。

16. LMDS是一种崭新的宽带无线接入技术，它利用高容量点对多点微波传输，其工作频段为24～39 GHz，可用带宽达1.3 GHz。

LMDS技术的优点具体体现在：频率复用度高、系统容量大，可支持多种业务的接入，适合于高密度用户地区，扩容方便灵活。缺点有：LMDS传输质量和距离受气候等条件的影响较大，在基站和用户之间不能存在障碍物，传输质量在无线覆盖区边缘不够稳定，缺乏移动灵活性，在我国LMDS的可用频谱还没有划定等。

LMDS网络系统由四个部分组成：骨干网络、基站、用户终端设备和网络运行中心(NOC)。

17. 凡是采用无线传输媒介的计算机局域网都可称为无线局域网(WLAN)。根据无线局域网采用的传输媒体来分类，主要有两种：采用无线电波的无线局域网和采用红外线的无线局域网。采用无线电波为传输媒体的无线局域网按照调制方式不同，又可分为窄带调制方式与扩展频谱方式。

无线局域网的拓扑结构有两种：自组网拓扑网络和基础结构拓扑（有中心拓扑）网络。

WLAN的工作频段有两段：一个是2.4 GHz频段，其频率范围为2.4～2.5 GHz；另一个是5 GHz频段。

无线局域网常采用的调制方式有：差分二相相移键控（DBPSK）、四相相对调相（DQPSK）、正交幅度调制（M-QAM）以及高斯最小频移键控（GFSK）。

无线局域网标准有IEEE 802.11、IEEE 802.11b、IEEE 802.11a、IEEE 802.11g和IEEE 802.11n。

无线局域网的硬件设备包括接入点（AP）、LAN适配卡、网桥和路由器等。

18. WiMAX是一种可用于城域网的宽带无线接入技术，它是针对微波和毫米波段提出的一种新的空中接口标准。WiMAX的频段范围为2～11 GHz。WiMAX的主要作用是提供无线“最后一公里”接入，覆盖范围可达50 km，最大数据速率达75 Mbit/s。

IEEE 802.16标准系列主要包括IEEE 802.16、IEEE 802.16a、IEEE 802.16c、IEEE 802.16d、IEEE 802.16e、IEEE 802.16f和IEEE 802.16g等。

WiMAX技术优势为：设备的良好互用性；应用频段非常宽；频谱利用率高；抗干扰能力强；可实现长距离下的高速接入；系统容量可升级，新增扇区简易；提供有效的QoS控制。

WiMAX网络是由核心网络和接入端网络构成。WiMAX接入端网络由基站（BS）、中继站（RS）、用户站（SS）、用户侧驻地网（CPN）设备或用户终端设备（TE）等组成。在WiMAX中可支持三种接入端组网方式：点到点（P2P）、点到多点（PMP）和Mesh组网方式。

习　题

5-1　接入网有哪几种主要接口？具体说明各自的情况。

5-2　接入网的功能结构包括哪几部分？

5-3　简述ADSL的概念及系统构成。

5-4　ADSL技术的主要优点有哪些？

5-5　影响ADSL性能的因素有哪些？

5-6 VDSL的特点有哪些?

5-7 简述HFC的概念及系统构成。

5-8 HFC的优缺点有哪些?

5-9 画出两级以太网接入的示意图,并说明两级交换机分别采用什么类型的交换机。

5-10 以太网接入的优缺点有哪些?

5-11 光纤接入网包括哪几种基本功能块?

5-12 光纤接入网的应用类型有哪几种?

5-13 光纤接入网的多址接入技术有哪几种?各自的概念如何?

5-14 APON的概念是什么?其特点有哪些?

5-15 EPON的设备有哪些?其功能分别是什么?

5-16 简述EPON的工作原理。

5-17 GPON的技术特点有哪些?

5-18 说明固定无线接入网和移动无线接入网分别包括哪几种?

5-19 LMDS技术的优缺点有哪些?

5-20 LMDS网络系统由哪几部分组成?

5-21 说明无线局域网使用的频段有哪些?

5-22 无线局域网的标准有哪些?其工作频段及数据速率分别为多少?

5-23 WLAN中无线接入点的作用是什么?

5-24 WiMAX的概念是什么?其标准主要有哪几种?

5-25 WiMAX的技术优势有哪些?

第6章　电信支撑网

现代电信网按功能可以分为业务网、传送网和支撑网，其中支撑网是指支撑电信网正常运行的，并能增强网络功能以提高全网服务质量的网络。传统的电信支撑网包括信令网、同步网和电信管理网，在支撑网中传送的是相应的控制、监测等信号。本章对No.7信令网、数字同步网和电信管理网进行概要介绍，主要包括以下几个方面的内容：

- No.7信令简介、No.7信令网的组成与网络结构、我国No.7信令网的结构与组网；
- 数字同步网的基本概念、同步网的同步方式、同步网中的时钟源、我国数字同步网的结构和组网原则；
- 电信管理网的基本概念、电信管理网的体系结构、电信管理网的逻辑模型及我国电信管理网的现状概述。

6.1　No.7信令网

No.7信令网是现代电信网的重要组成部分，是电信网重要支撑网之一，是发展综合业务、智能业务以及其他各种新业务的必需条件。

6.1.1　信令的概念及分类

1. 信令的基本概念

信令是在通信网的两个实体之间，为了建立连接和进行各种控制而传送的信息。信令方式是指为传送信令而制定的一些规定，包括信令的格式、传送方式和控制方式等。而用以产生、发送和接收信令信息的硬件及相应执行的控制、操作等程序的集合体就称为信令系统。

下面以本地电话网中两个用户通过两个交换机进行通信为例,说明电话接续的基本信令流程,如图 6-1 所示。

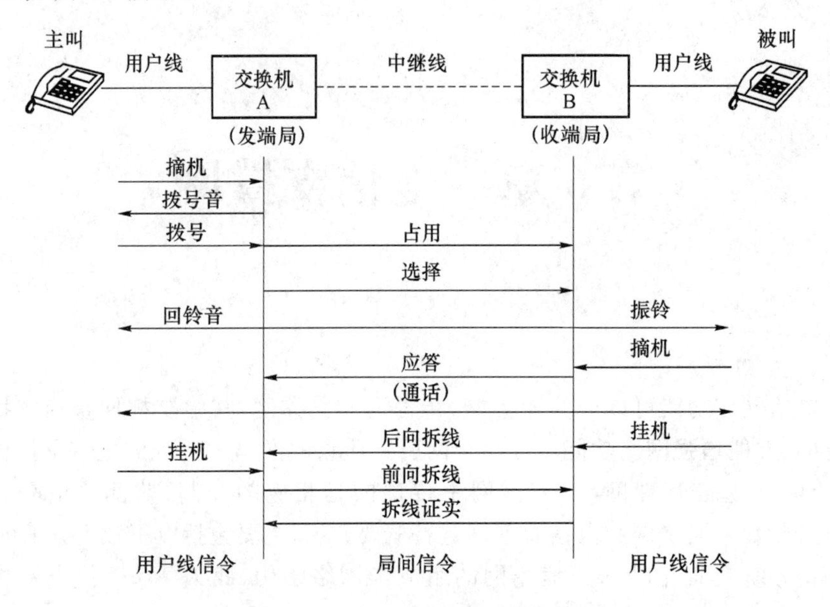

图 6-1　电话接续基本信令流程

其接续过程简单说明如下:

① 主叫用户摘机后,用户话机与发端交换机之间建立起直流通路,用户摘机信号送到发端交换机。

② 发端交换机收到用户摘机信号后,向主叫用户送出拨号音。

③ 主叫用户拨号,被叫用户号码送到发端交换机。

④ 发端交换机根据被叫用户号码选择一条到收端交换机的空闲中继线,并向其发送占用信令;经过收端交换机证实后,再通过选择信令发送被叫用户号码。

⑤ 收端交换机与被叫用户建立连接(被叫用户空闲时),向被叫用户发送振铃信号,向主叫用户发送回铃音。

⑥ 被叫用户摘机应答后,应答信号送到收端交换机,收端交换机再将应答信号转发给发端交换机。

⑦ 用户双方进入通话状态。

⑧ 如果被叫用户先挂机,收端交换机收到用户挂机信号后,向发端交换机发送后向拆线信令;发端交换机通知主叫用户挂机。

⑨ 如果主叫用户先挂机,发端交换机向收端交换机发送前向拆线信令,收端交换机拆线后,回送一个拆线证实信号,一切设备复原。

以上是电话接续过程中最基本的信令流程，而实际电话网中的通信过程和使用的信令要复杂得多。

2. 信令的分类

信令的分类有多种方式，常见的有以下三种：

(1) 按工作区域的不同来划分

- 用户线信令：是用户终端和网络节点之间的信令，如摘、挂机信令等。
- 局间信令：是在网络节点之间传送的信令，如前、后向拆线信令等。

(2) 按信令的功能来划分

- 线路信令：用来监视主、被叫的摘挂机状态及设备的忙闲，又称监视信令。
- 路由信令：具有选择路由的功能，又称选择信令。
- 管理信令：具有可操作性，用于电话网的管理与维护，又称维护信令。

(3) 按信令通路与话音通路之间的关系来划分

- 随路信令：传送信令的通路与话音通路之间有固定的关系。
- 公共信道信令：信令通路与话音通路在逻辑上或物理上是分开的。

图 6-2 为公共信道信令方式的示意图，两个网络间的信令通路与话音通路是分开的，各话路的信令集中在信令链路上传送，而信令链路是由两端的信令终端设备和它们之间的数据链路组成。

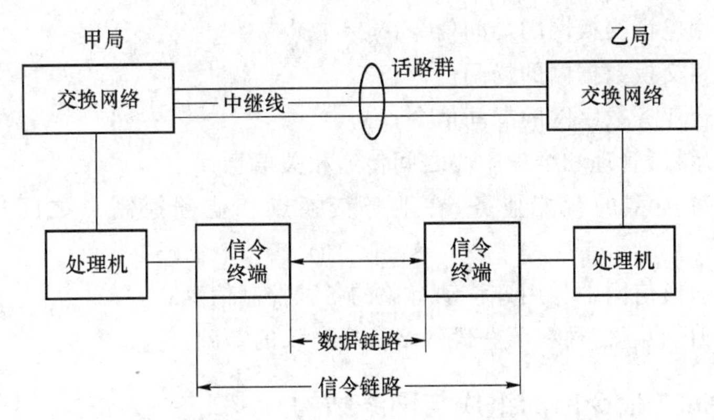

图 6-2 公共信道信令方式示意图

公共信道信令方式的特点是传送速度快，信令容量大，可靠性高，具有改变和增加信令的灵活性，方便新业务的开展，可适应现代通信网的发展。本章接下来介绍的 No.7 信令即为一种广泛使用的公共信道信令。

6.1.2 No.7 信令简介

No.7 信令是 CCITT(现 ITU-T)提出的一种数字式公共信道信令方式。CCITT 于

1980年提出了No.7信令的Q.700系列建议书,加上1984年及1988年共计三个版本的建议书,基本上完成了电话网、电路交换的数据网和ISDN基本业务的应用建议。经过此后不断的完善,No.7信令系统成为一种国际性标准化的公共信道信令系统,其标准在国际和国内电信网上得到了广泛的应用。

1. No.7信令系统的特点

No.7信令系统的基本特点有:

- 采用公共信道信令方式。局间信令链路是由两端的信令终端设备和它们之间的数据链路组成,数据链路是速率为64 kbit/s的双向数据通道。
- No.7信令系统的本质是一个分组交换系统。信令系统之间通过信令链路以分组的形式交换各类业务控制信息,提高了信号传输的可靠性。
- 采用模块化功能结构。应用范围广,并且扩充方便,可适应未来信息技术和业务发展的要求。
- 信令容量大。No.7信令采用消息形式传送信令,编码十分灵活;消息最大长度为272个字节,可包含多种消息。

2. No.7信令系统的应用

No.7信令系统采用了模块化功能结构,能够满足多种通信业务的要求,当前的主要应用有:

- 传送公用电话交换网的局间信令;
- 传送电路交换数据网的局间信令;
- 传送综合业务数字网的局间信令;
- 为各种运行、管理和维护中心之间传递相关信息;
- 支持各种类型的智能业务,在业务交换点和业务控制点之间传送各种控制信息;
- 传送移动通信网中与用户移动有关的各种控制信息;
- 是基于IP的通信网和下一代网络信令协议的基础。

6.1.3 No.7信令网的组成与网络结构

电信网采用No.7信令系统之后,除原有网络之外还有一个寄生、并存的起支撑作用的专门传送信令的No.7信令网。该信令网除了在电话网、电路交换的数据网、ISDN、移动网及智能网中传送呼叫控制等信令外,还可以传送其他如网络管理和维护等方面的信息,所以No.7信令网实际上是个载送各种信息的数据传输系统。

1. No.7信令网的组成

No.7信令网由信令点(Signaling Point,SP)、信令转接点(Signaling Transfer Point,STP)及连接它们的信令链路(Signaling Link,SL)组成。

(1) 信令点

信令点是信令消息的源点和目的节点，可以是具有 No. 7 信令功能的各种交换局、操作管理和维护中心、移动交换局、智能网的业务控制节点和业务交换节点等。

(2) 信令转接点

信令转接点是将一条信令链路上的信令消息转发至另一条信令链路上去的信令转接中心。

有两种类型的信令转接点：

- 独立信令转接点：只具有信令消息转接功能的信令转接点。
- 综合信令转接点：具有用户部分功能的信令转接点，即具有信令点功能的信令转接点。

独立信令转接点是一种高度可靠的分组交换机，是信令网中的信令汇接点。其特点是容量大、易于维护、可靠性高，在分级信令网中用来组建信令骨干网，用来汇接、转发信令区内、区间的信令业务。

综合信令转接点容量较小，可靠性不高，但传输设备利用率高，价格便宜。

(3) 信令链路

信令链路是信令网中连接信令点的最基本部件，目前基本上是 64 kbit/s 数字信令链路，随着通信业务量的增大，也可以使用 2 Mbit/s 的数字信令链路。从物理实现上看，可以是数字通路，也可以是高质量的模拟通路；可以采用有线传输方式，也可以采用无线传输方式。

2. 信令网的工作方式

信令网的工作方式是指信令消息的传送路径与消息所属的信令关系（如果两个信令点的用户之间有直接的通信，则称这两个信令点存在信令关系）之间的对应关系。

No. 7 信令网采用直联和准直联两种工作方式。

(1) 直联工作方式

直联方式如图 6-3(a)所示，即两个信令点之间的信令消息，通过直接连接两个信令点的信令链路来传送。

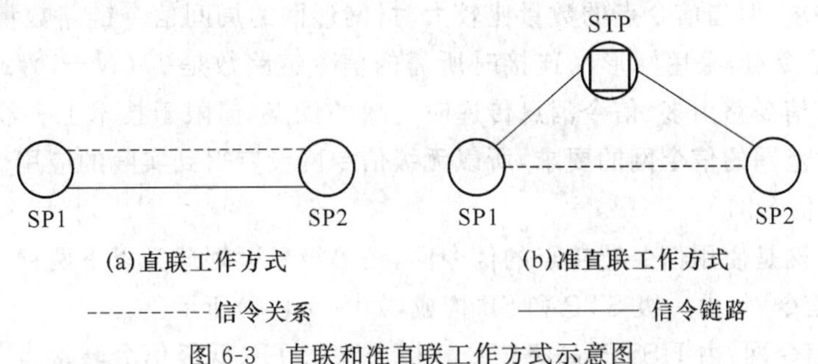

图 6-3　直联和准直联工作方式示意图

(2) 准直联工作方式

准直联方式如图 6-3(b)所示,即属于某信令关系的信令消息,要经过一个或几个信令点转接点来传送,但通过信令网的消息所取的通路在一定时间是预先确定和固定的。

3. 信令网的结构

信令网的结构有无级信令网和分级信令网两种,如图 6-4 所示。

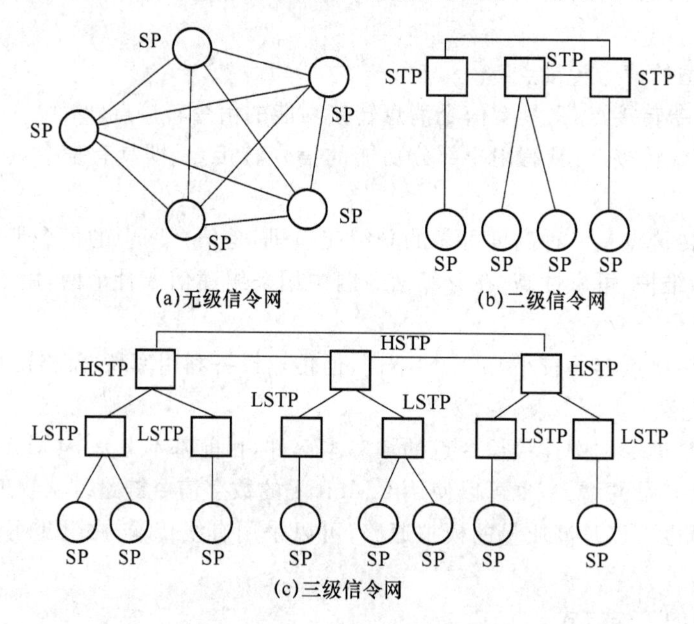

图 6-4 信令网的结构示意图

(1) 无级信令网

无级信令网是指未引入信令转接点的信令网,即全部采用直联工作方式的直联信令网,如图 6-4(a)所示。

从对信令网的基本要求来看,信令网中每个信令点或信令转接点的信令路由尽可能多,信令接续中所经过的信令点和信令转接点的数量尽可能少。无级网中的网形网虽可以满足上述要求,但当信令点的数量比较大时,网形网的局间信令链路数量会明显增加。如果有 N 个信令点,采用网形网连接时所需的信令链路数是 $N(N-1)/2$ 条。所以,虽然网形网具有信令路由多、信令消息传递时延短的优点,但限于技术上和经济上的原因,不能适应较大范围的信令网的要求,所以无级信令网没有得到实际的应用。

(2) 分级信令网

分级信令网是使用信令转接点的信令网,按等级又可划分为以下两种。

- 二级信令网:由一级 STP 和 SP 构成,如图 6-4(b)所示。
- 三级信令网:由 HSTP(高级信令转接点)、LSTP(低级信令转接点)和 SP 三级构成，如图 6-4(c)所示。

二级信令网相比三级信令网的优点是：经过信令转接点少及信令传递时延短。通常在信令网容量可以满足要求的条件下，都是采用二级信令网。但是对信令网容量要求大的国家，若信令转接点可以连接的信令链路数量受到限制而不能满足信令网容量要求时，就必须使用三级信令网。

分级信令网中，当信令点之间的信令业务量足够大时，可以设置直联信令链路，以使信令传递快、可靠性高，并可减少信令转接点的业务负荷。

(3) 信令网结构的选择

目前，大多数国家都采用分级信令网，但具体是采用二级信令网还是采用三级信令网，主要取决于以下几个因素：

① 信令网要包含的信令点的数量

应包括预测的各种交换局、特服中心以及其他专用通信网纳入公用网时所应设置的信令点的数量。

② 信令转接点设备的容量

可用两个参数表示：

- 该信令转接点可以连接的信令链路的最大数量；
- 信令处理能力，即每秒可以处理的最大消息信令单元的数量(MSU/s)。

在考虑信令网分级时，应当同时核算信令链路数量和工作负荷能力两个参数，即根据信令链路的负荷核算，在提供最大信令处理能力的情况下可以提供的最大信令链路数量。

③ 信令网的冗余度

信令网的冗余度是指信令网的备份程度。通常有信令链路、信令链路组、信令路由等多种备份形式。一般情况下，信令网的冗余度越大，其可靠性也就越高，但所需费用也会相应增加，控制难度也会加大。

在信令点之间采用准直联工作方式时，当每个信令点连接到两个信令转接点，并且每个信令链路组内至少包含一条信令链路时，称为双倍冗余度，如图 6-5(a)所示。如果每个信令链路组内至少包含两条信令链路时，则称为四倍冗余度，如图 6-5(b)所示。

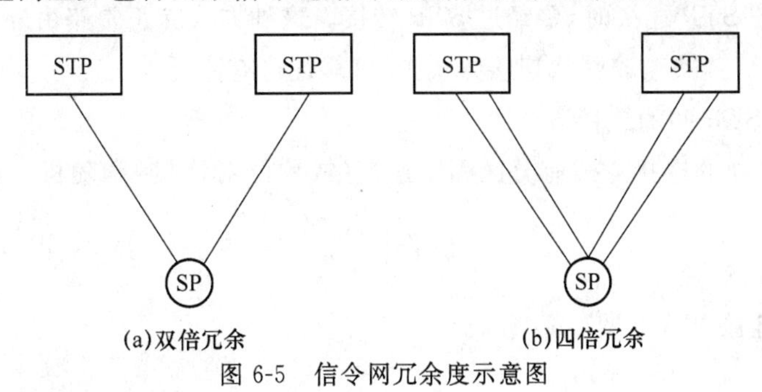

图 6-5　信令网冗余度示意图

4. 信令网中节点的连接方式

信令网中节点的连接方式是指信令转接点之间的连接方式及信令点与信令转接点之间的连接方式。

(1) STP 间的连接方式

对 STP 间的连接方式的基本要求是:在保证信令转接点信令路由尽可能多的同时,信令连接过程中经过的信令转接点转接的次数尽可能的少。符合这一要求且得到实际应用的连接方式有网状连接方式和 A、B 平面连接方式,如图 6-6 所示。

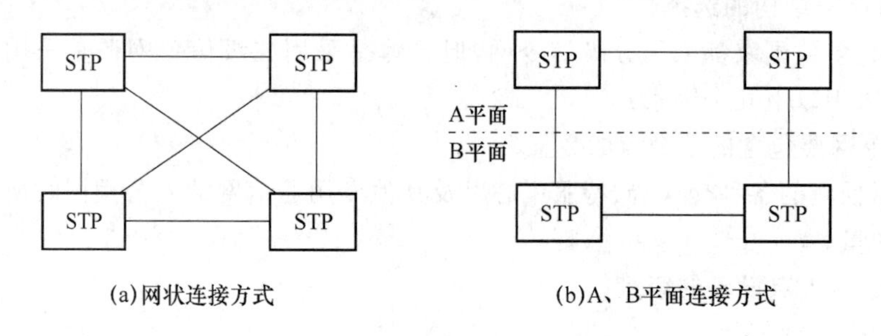

(a)网状连接方式　　(b)A、B平面连接方式

图 6-6　STP 间的连接方式示意图

① 网状连接方式

网状连接方式的主要特点是各 STP 间都设置直达信令链路,在正常情况下 STP 间的信令连接可不经过 STP 的转接,但为了信令网的可靠,还需设置迂回路由。这种网状连接方式的特点是:可靠性高且信令连接中转接次数少,但是所需信令链路数多,经济性较差。

② A、B 平面连接方式

A、B 平面连接方式是网状连接方式的简化。A、B 平面连接的主要特点是:A 平面或 B 平面内的各个 STP 间采用网状相连,A 平面和 B 平面之间的 STP 则成对的相连。在正常情况下,同一平面内的 STP 间信令连接不经过其他 STP 的转接。在故障情况下需经由不同平面的 STP 连接时,要经过 STP 转接。这种方式除正常路由外,也需设置迂回路由,其所需信令链路数较网状连接方式少,可靠性略有降低。

(2) SP 与 STP 间的连接方式

SP 与 STP 间的连接方式有分区固定连接(或称配对连接)和随机自由连接(或称按业务量大小连接)。

① 分区固定连接方式

分区固定连接方式如图 6-7 所示。

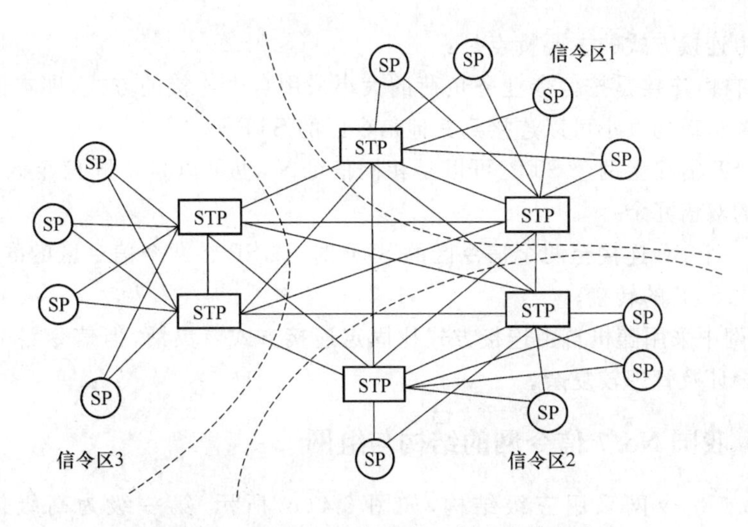

图 6-7　SP 与 STP 间的分区固定连接方式

分区固定连接方式的主要特点是：

• 每一信令区内的 SP 间的准直联连接必须经过本信令区的 STP 的转接，且每个 SP 需连接到本信令区的两个 STP，这是保证信令可靠转接的双倍冗余；

• 两个信令区之间的 SP 间的准直联连接至少需经过两个 STP 的转接；

• 某个信令区的一个 STP 故障时，该信令区的全部信令业务负荷都转到另外一个 STP，如果某个信令区的两个 STP 同时故障，则该信令区的全部信令业务中断；

• 采用分区固定连接时，信令网的路由设计及管理方便。

② 随机自由连接方式

随机自由连接方式如图 6-8 所示。

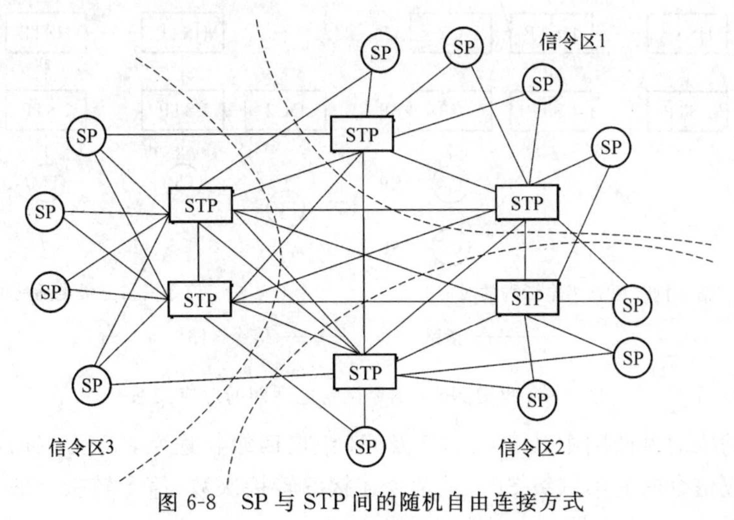

图 6-8　SP 与 STP 间的随机自由连接方式

随机自由连接方式的主要特点是：

• 随机自由连接是按信令业务负荷的大小采用自由连接的方式，即本信令区的 SP 根据信令业务负荷的大小可以连接到其他信令区的 STP；

• 每个 SP 需接至两个 STP(可以是相同信令区，也可以是不同信令区)，以保证信令可靠转接的双倍冗余；

• 当某一个 SP 连接至两个信令区的 STP 时，该 SP 在两个信令区的准直联连接可以只经过一次 STP 的转接；

• 信令网中采用随机自由连接方式比固定连接方式要灵活，但信令路由相对复杂，所以其路由设计及管理较复杂。

6.1.4 我国 No.7 信令网的结构与组网

我国 No.7 信令网采用三级结构，如图 6-4(c)所示：第一级为高级信令转接点 HSTP，第二级为低级信令转接点 LSTP，第三级为信令点。

1. 信令网与电话网的关系

No.7 信令网为多种业务网提供支撑，下面就以电话网为例，说明信令网与电话网之间的关系。

No.7 信令网寄生并存于电话网，它们物理实体是同一个网络，但在逻辑功能上又是独立的。我国 No.7 信令网与电话网的对应关系如图 6-9 所示。

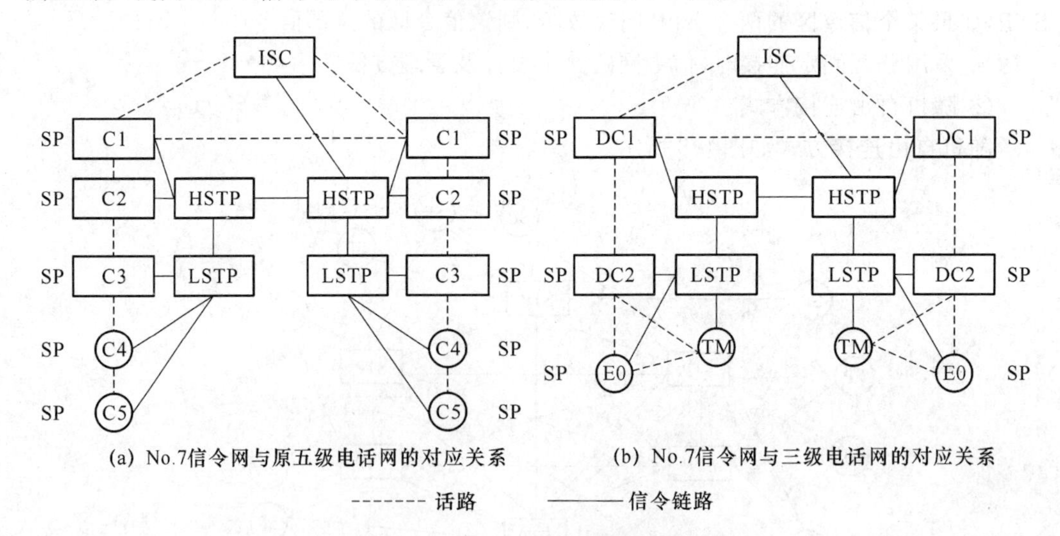

图 6-9 我国 No.7 信令网与电话网的对应关系

在五级结构的电话网中，C1、C2、C3 及 C4 组成四级长途网，C5 为端局，所有这些交换中心都构成信令网的第三级 SP。从信令连接的转接次数、信令转接点的负荷、信令网能容纳的信令点数量等方面出发，结合我国信令区的划分及整个信令网的网络管理等因素综合考虑：HSTP设置在C1和C2交换中心所在地，汇集C1和C2的信令点业务及其下属的LSTP的信令转接业务；LSTP设置在C3交换中心所在地，汇集C3、C4及C5的信令点业务。

我国目前基本完成由长途网四级网向二级网的过渡(C1和C2合并成DC1，C3和C4合并成DC2)，从上述的具体连接可以看出，这种电话网等级结构的演变不会影响信令网的结构及连接方式。

2. 我国No.7信令网的结构

我国三级结构的No.7信令网是由长途信令网和大、中城市本地信令网组成。其中，大、中城市本地信令网为二级结构信令网，相当于全国信令网的第二级(LSTP)和第三级(SP)。我国No.7信令网的连接方式如图6-10所示。

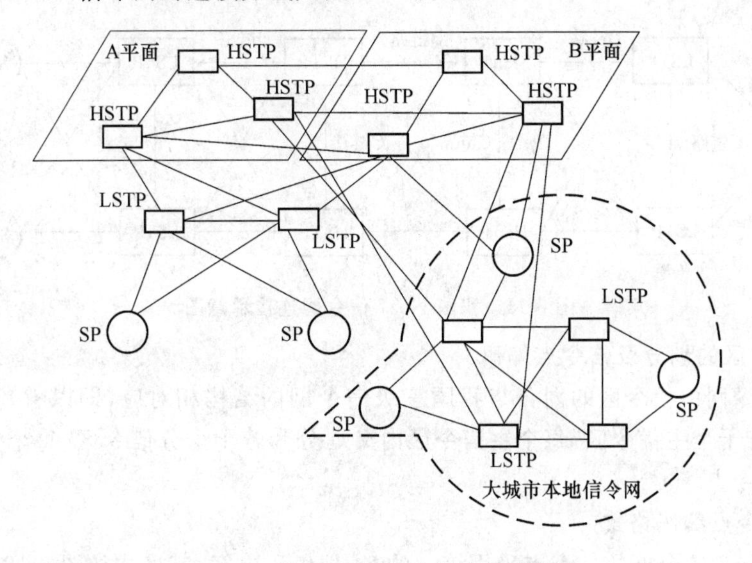

图6-10　我国No.7信令网连接示意图

从图6-10可以看出，我国No.7信令网连接方式的特点如下：

① HSTP间采用A、B平面连接方式，即A和B平面内的各个HSTP网状相连，A、B平面间成对的HSTP相连。这样既能保证一定的可靠性，又能降低费用。

② LSTP与HSTP间采用分区固定的连接方式，即每个LSTP分别连接至A、B平面内成对的HSTP(路由冗余)。

③ 各信令区内的LSTP间采用网状连接，保证大、中城市本地网的高可靠性。

④ 各大、中城市的二级本地信令网中SP至LSTP的连接，根据情况可以采用随机自由连接方式，也可采用分区固定连接方式。

⑤ 未采用二级信令网结构的中、小城市的信令网中的SP至LSTP间的连接采用分

区固定连接方式。

⑥ 每个信令链路组至少应包括两条信令链路(链路冗余,图中未画出),信令链路间尽可能采用分开的物理通路。

⑦ 若两个信令点之间信令业务大,可以设立直达信令链路。

3. 信令链路组织

信令链路的组织方案如图6-11所示,各类链路的定义为:

- A链路(Access Link):为SP至所属STP(HSTP或LSTP)间的信令链路。
- B链路(Bridge Link):为两对STP(HSTP或LSTP)间的信令链路。
- C链路(Cross Link):为一对STP(HSTP或LSTP)间的信令链路。
- D链路(Diagonal Link):为LSTP至所属HSTP间的信令链路。
- F链路(Fully Associated Link):为SP间的直连信令链路。

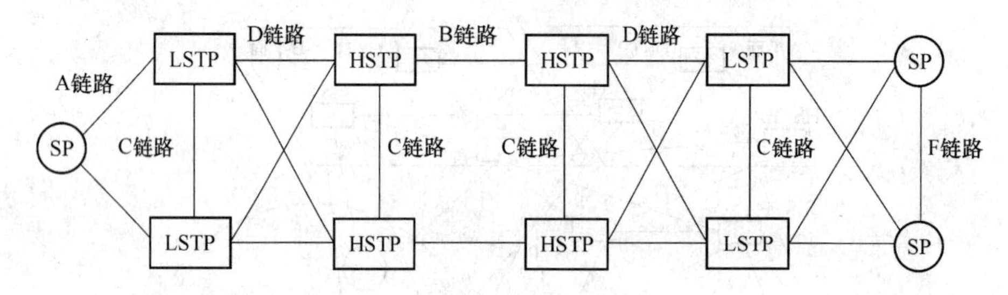

图6-11 我国No.7信令网连接示意图

4. 信令区的划分及信令点编码

我国信令网中信令区的划分与我国三级信令网的结构相对应,即以省、直辖市为单位,划分成若干个主信令区,每个主信令区内又划分为若干个分信令区,每个分信令区包含若干个信令点。

(1) 信令点编码格式

我国No.7信令网的信令点采用统一的24位编码方案,其格式如图6-12所示。

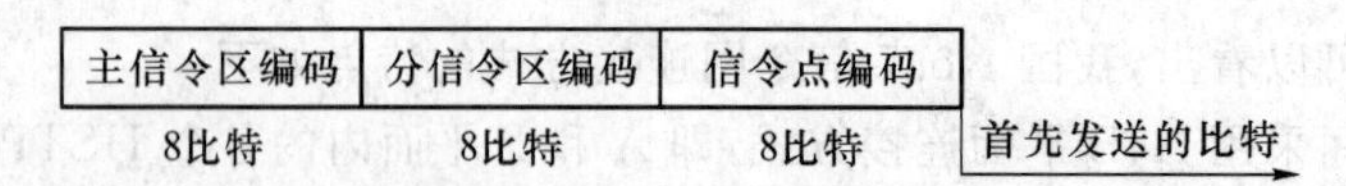

图6-12 我国国内信令网信令点编码格式

由图6-12可以看出,每个信令点的编码由三个部分组成:主信令区编码、分信令区编码和信令点编码,每个部分都是8比特。

(2) 信令区的划分原则

各主信令区、分信令区及信令转接点的设置原则是:

① 主信令区按直辖市、省和自治区设置,其HSTP一般设在直辖市、各省省会和自

治区首府。一个主信令区内一般只设一对 HSTP,由于信令负荷较大,故应尽量采用独立信令转接点方式。如果某些主信令区内信令业务量较大,一对 HSTP 不能满足信令点容量的要求,也可设置两对及两对以上的 HSTP。

② 分信令区原则上是以一个地区或一个地级市为单位来划分。每个主信令区不能超过 256 个分信令区,每个分信令区不能超过 256 个信令点(对于信令点数超过 256 个的地区,需再分配一个分信令区编码)。一个分信令区通常设置一对 LSTP,既可采用独立信令转接点方式,也可采用综合信令转接点方式。如果信令区所对应的本地网较大,也应尽量采用独立信令转接点方式。

6.2 数字同步网

在数字通信网中,要求各数字设备内的时钟源相互同步,使他们能够协调一致地收发及处理数字信号。数字同步网即向网内的通信设备提供统一的时钟参考信号,确保数字通信网的同步工作。

6.2.1 同步网概述

1. 同步的基本概念

在数字通信网中,传输、复用及交换等过程都要求实现同步,即信号之间在频率或相位上保持某种严格的特定关系。按照同步的功能和作用,数字通信中的同步可以分为位同步、帧同步和网同步。

(1) 位同步

数字通信中最基本的同步就是位同步,即收发两端的位定时信号频率相等且满足一定的相位关系。位同步的目的是使接收端接收信号的频率与发送端保持一致,并在正确的时刻对收到的电平进行判决以正确地识别每一位码元。

(2) 帧同步

帧同步是指收发两端的帧定时信号频率相等且满足一定的相位关系。在数字通信中,数字信号是按照一定的格式组成帧进行传输的,帧同步的作用是使接收端能够确定每一帧的起始位置,从而正确地对每一帧消息进行处理。例如 PCM30/32 路系统中,收端正确识别出偶帧 TS0 时隙的帧同步码后,即可正确区分每一路语音信号。

(3) 网同步

网同步是指网中各个节点设备的时钟之间的同步,从而实现各个节点之间的位同步、帧同步。其中,需要同步的节点设备除了数字交换机外,还包括 SDH 传输网、DDN、No.7 信令网和 TMN 等网络中所有需要同步的网元设备。

2. 滑动的产生及对通信的影响

数字网中的传输、交换及控制都需要时钟来驱动,网同步的主要任务就是要将数字网中各种数字设备的时钟频率偏差和相位偏差控制在一定的容限之内。下面通过一个基本的数字交换网来分析滑动的产生及数字网同步的必要性,如图 6-13 所示。

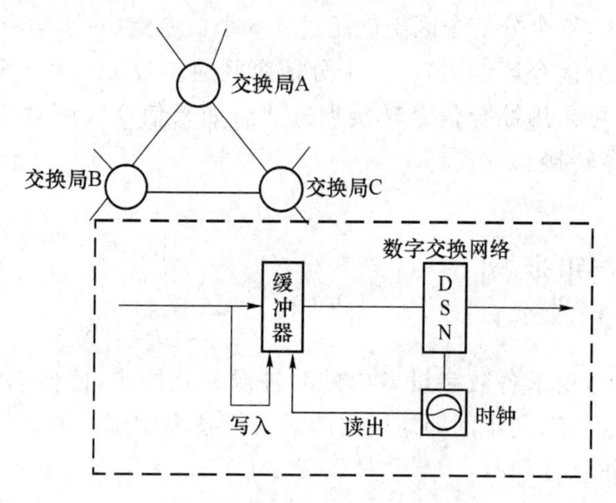

图 6-13　数字交换网示意图

图 6-13 所示为多个交换局内的数字交换机之间通过数字传输系统相连,每个数字交换机都以一定的比特率将消息发送给传输系统,经传输链路传入另一个数字交换机。由于各交换局之间的时钟频率存在偏差,传输系统也会引入一定的时延,所以发送信号和接收信号之间会存在相位差,一般通过在数字交换机前设置缓冲存储器来解决相位同步的问题。

下面以 C 局接收 B 局的信号为例说明滑动的产生。此时,数字信息流是以其流入的比特率接收并存储在缓冲器中,即缓冲器的写入时钟频率为 B 局的时钟频率 f_B;而进入数字交换网络(DSN)的信息流的比特率又必须与本局的时钟频率一致,故缓冲器的读出时钟频率为 C 局时钟频率 f_C。很明显,缓冲器的写入时钟频率和读出时钟频率必须相同,否则,将会产生以下两种传输信息差错的情况:

① $f_B > f_C$,将会造成存储器溢出,致使输入信息码元丢失;

② $f_B < f_C$,将会造成某些码元被读出两次,即重复读出。

产生以上两种情况都会造成帧错位,这种帧错位的产生就会使接收的信息流出现滑动。所以,在数字通信网中,输入各交换节点的数字信息流的比特率必须与交换设备的时钟频率一致,否则在进行存储和交换处理时将会产生滑动。滑动将使所传输的信号受到损伤,影响通信质量,若速率相差过大,还可能使信号产生严重误码,直至中断通信。

3. 数字同步网的基本概念

如前所述,为了使通信网内的设备协调一致的工作,必须向它们提供统一的时钟参考信号。数字同步网即是由节点时钟设备和定时传送链路组成的物理网络,它能准确地将定时参考信号从基准时钟源向同步网络的各个节点传送，使得整个网络的时钟稳定在统一的基准频率上，从而满足电信网络对于传输、交换及控制的性能要求。

6.2.2　同步网的同步方式

下面分别介绍三种常用的网同步方式：准同步方式、主从同步方式和互同步方式。

1. 准同步方式

准同步方式工作时，各局都具有独立的时钟，且互不控制，为了使两个节点之间的滑动率低到可以接受的程度，应要求各节点都采用高精度与高稳定度的原子钟。

准同步方式的优点是：简单且容易实现，网络的增设与改动都较灵活，发生故障也不会影响全网。

准同步方式的缺点是：

- 对时钟源性能要求高、价格昂贵；
- 准同步方式工作时由于没有时钟的相互控制，节点间的时钟总会有差异，所以准同步方式工作时总会发生滑动。

国际数字网的连接通常是采用准同步方式运行。在 ITU-T 的 G.811 建议中已规定了所有国际数字连接的国家出口数字交换局时钟稳定度指标为 1×10^{-11}，这意味着在国际数字连接中的两个出口交换机之间，每隔 70 天才可能出现一次滑动。

2. 主从同步方式

主从同步方式是在网内某一主交换局设置高精度和高稳定度的时钟源，并以其作为主基准时钟的频率控制其他各局从时钟的频率，也就是数字网中的同步节点和数字传输设备的时钟都受控于主基准同步信息。

主从同步方式中同步信息可以包含在传送信息业务的数字比特流中，采用时钟提取的办法提取，也可以用指定的链路专门传送主基准时钟源的时钟信号。在从时钟节点及数字传输设备内，通过锁相环电路使其时钟频率锁定在主时钟基准源的时钟频率上，从而使网内各节点时钟都与主节点时钟同步。

主从同步网主要由主时钟节点、从时钟节点及传送基准时钟的链路组成，从连接方式看，主从同步方式可以分为两种，如图 6-14 所示。

(1) 直接主从同步方式

图 6-14(a)为直接主从同步方式，各从时钟节点的基准时钟信号都由同一个主时钟源节点获取。这种方式一般用于同一通信楼内设备的主从同步方式。

(2) 等级主从同步方式

图 6-14(b)是等级主从同步方式，基准时钟是通过树状时钟分配网络逐级向下传送。在正常运行时，通过各级时钟的逐级控制，可以使网内各节点时钟都锁定于基准时钟，从而达到全网时钟的统一。

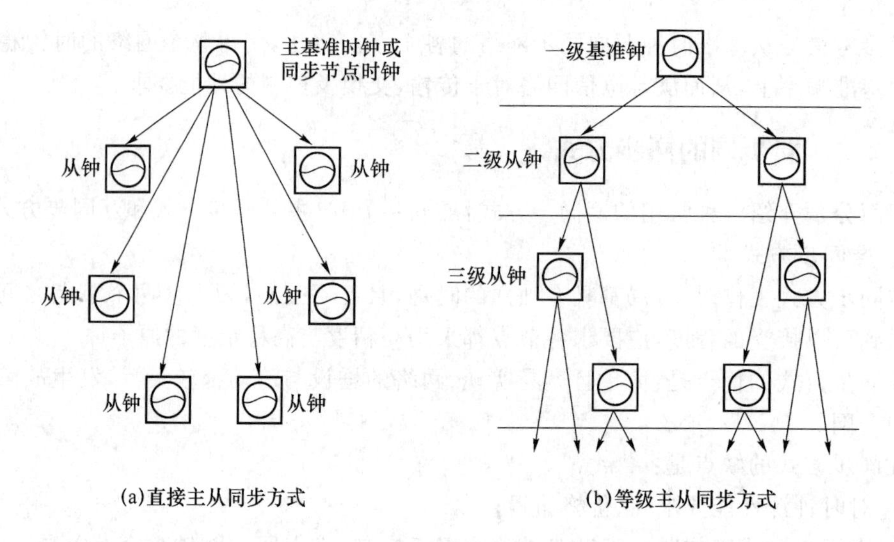

(a)直接主从同步方式　　(b)等级主从同步方式

图 6-14　主从同步的连接方式

等级主从同步方式的优点是：

• 各同步节点和设备的时钟都直接或间接地受控于主时钟源的基准时钟，在正常情况下能保持全网的时钟统一，因而在正常情况下可以不发生滑动；

• 除了对基准时钟源的性能要求较高之外，对从时钟源的性能要求较低（相比于准同步方式中的独立时钟源），可以降低网络的建设费用。

等级主从同步方式的缺点是：

• 在传送基准时钟信号的链路和设备中，如有故障或干扰，将影响同步信号的传送，而且产生的扰动会沿传输途径逐段累积，产生时钟偏差；

• 当等级主从同步方式用于较复杂的数字网络时，必须避免形成时钟传送的环路；尤其是在环形或网形的 SDH 传输网中，由于有保护倒换和主备用定时信号的倒换，使同步网的规划和设计变得更为复杂。

3. 互同步方式

采用互同步方式实现网同步时，网内各同步节点无主、从之分。在节点相互连接时，它们的时钟是相互影响、相互控制的，即在各节点设置多输入端加权控制的锁相环电路，在各节点时钟的相互控制下，如果网络参数选择适当，则全网的时钟频率可以达到一个统一的稳定频率，从而实现网内各节点时钟的同步。

采用互同步方式的网络如图 6-15 所示。

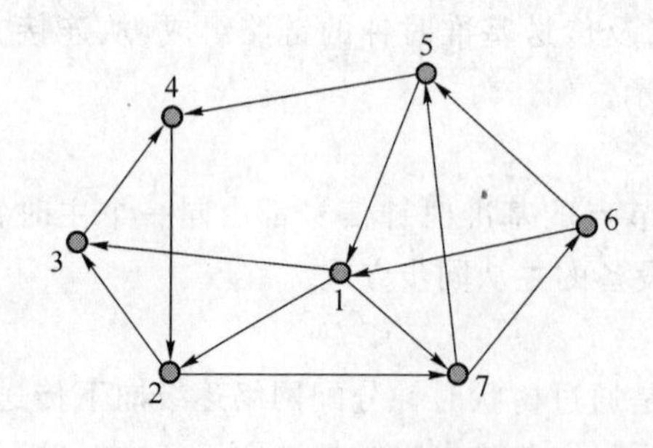

图 6-15　互同步方式示意图

互同步方式的缺点是：各个时钟的锁相环连在一起，容易引起自激，而且设备较为复杂。实际应用中，由于高稳定度、高精度的基准时钟的出现，互同步方式很少采用。

6.2.3　同步网中的时钟源

1. 同步网中的几种时钟

(1) 铯原子钟

铯原子钟，即铯束原子频率标准，是根据原子物理学和量子力学的原理制造的高准确度、高稳定度的振荡器，在各种频率系统中作为基准频率源使用。

图 6-16 所示为采用三套铯原子钟和相应装置构成的基准时钟源的框图。该基准时钟系统由三套铯原子钟及相应的 2 048 kHz 处理器、频率转换装置、转换开关和频率测量单元组成。各套铯钟可以独立工作，也可以互相调换。振荡源产生具有良好的频率偏移率的频率标准，2 048 kHz 处理器和频率变换单元把频率基准变换成规定频率的定时信号。为了满足对基准时钟源可靠性、稳定性的要求，三套铯钟独立工作，由频率测量单元进行比较或采用三中取二的大数判决方式选一套铯钟作为基准时钟。标准输出为 2 048 kHz，也可根据应用需要配置 64 kHz、1 MHz、5 MHz 及 10 MHz 等信号。

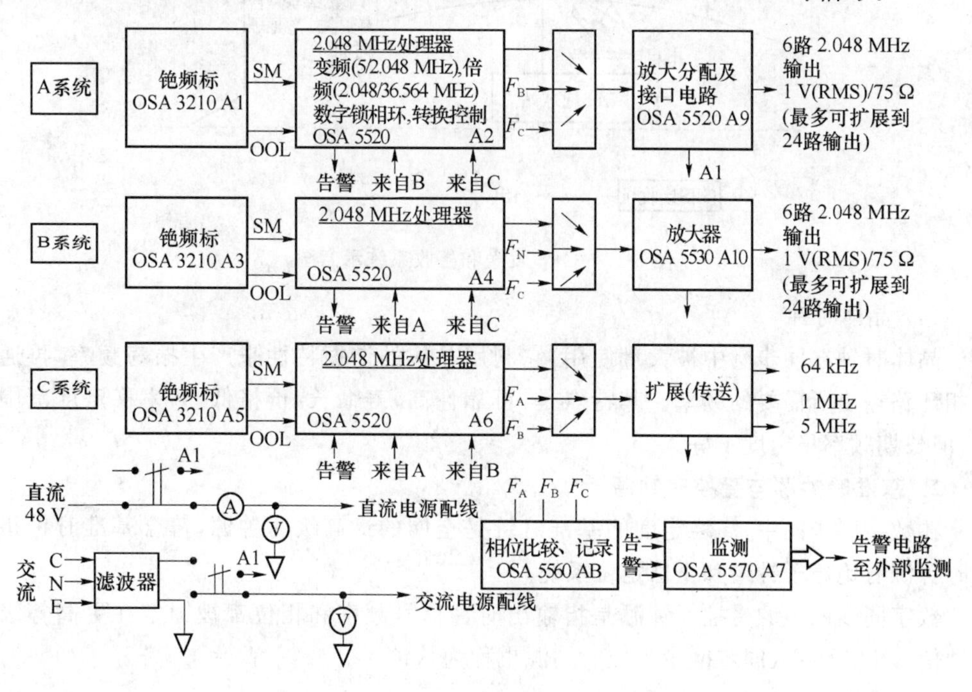

图 6-16　铯原子钟构成的基准时钟源

(2) 铷原子钟

铷原子钟的基本工作原理与铯原子钟类似。其特点是体积小、预热时间短、短期稳定度高、价格便宜,但准确度差、频率漂移比较大,一般用作主从同步网中从节点的时钟源。

(3) 全球定位系统(GPS)

GPS(Globe Positioning System)是美国海军天文台设置的一套高精度全球卫星定位系统,提供的时间信号对世界协调时(UTC)跟踪精度优于50 ns,收到的信号经处理后可作为本地基准频率使用。

GPS设备体积较小,其天线可装架在楼顶上,通过电缆引至机架上的接收器,可用来提供2.048 Mbit/s的基准时钟信号。

GPS发送和接收系统示意图如图6-17所示。

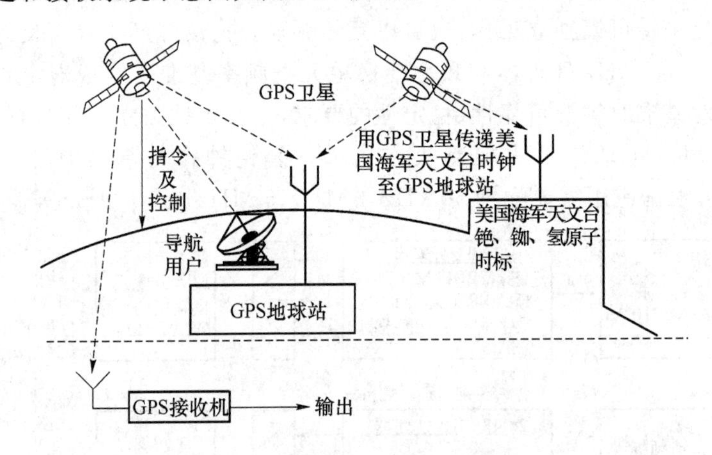

图6-17 GPS发送和接收系统示意图

(4) 晶体时钟

晶体时钟在同步网中被大量使用,它利用晶体的谐振特性来产生振荡频率,再通过锁相环路输出所需要的频率。其特点是:可靠性高,寿命长,价格低,频率稳定度范围很宽,但长期频率稳定度不好。

2. 基准时钟源与受控时钟源

在数字同步网中,高稳定度的基准时钟是全网的最高级时钟源,符合基准时钟指标的时钟源有铯原子钟组和全球定位系统。

数字同步网中的受控时钟源是指输出时钟信号频率和相位都被锁定在更高等级的时钟信号上,在主从同步网中受控时钟源也称为从钟。

(1) 受控时钟源的构成

在主从同步数字网中从节点的时钟源都是受控时钟源,它们都是受高一级的基准时钟或从输入的数字流中提取的基准时钟信息所控制，受控时钟源的核心部件是锁相环路，受控时钟源的构成框图如图 6-18 所示。

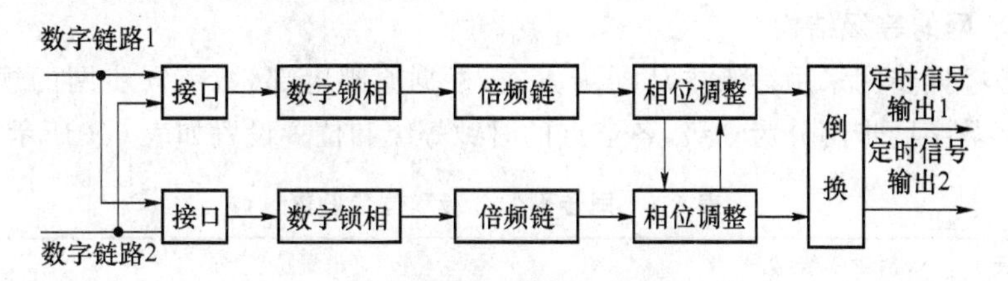

图 6-18 受控时钟源构成框图

为了保证从节点时钟的可靠性和准确性，通常是由 2～3 个锁相环路构成时钟系统。对这 2～3 个锁相环路的输出是通过频率监测或采用大数判决方式选择准确度最好的经倒换开关倒换输出。

(2) 锁相环路

锁相环路又称锁相振荡器，基本构成如图 6-19 所示。

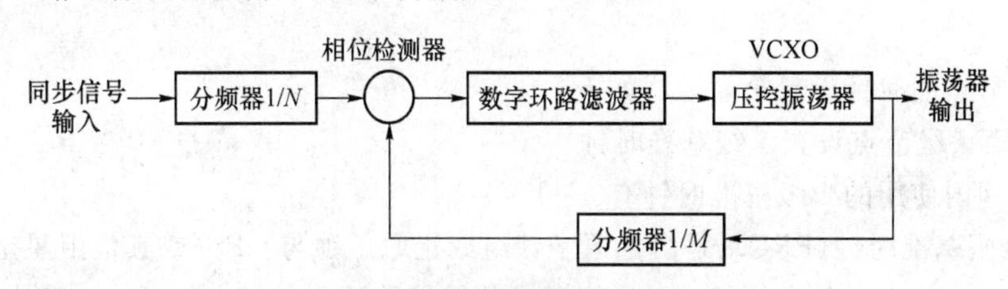

图 6-19 锁相振荡器构成框图

锁相振荡器主要由相位检测器、环路滤波器以及压控振荡器组成。为了配合外同步频率和压控振荡器的频率变换，使输入相位检测器的两个信号频率相等，还需要设置分频器，如图 6-19 中的 $1/N$ 分频器和 $1/M$ 分频器。

3. BITS 及其应用

在通信节点较多的通信大楼等重要的通信枢纽，单独设立时钟系统以支撑本楼所有通信节点，这种提供高质量的时钟基准信号的设备就是通信楼综合定时供给系统，其缩写为 BITS(Building Integrated Timing Supply)。BITS 受上一级时钟的控制，输出信号锁定于上一级基准信号；同时作为该通信枢纽的时钟源，向其内的各种设备提供时钟信号。

BITS 时钟的具体应用如下：

- 各种数字交换设备(电路交换、分组交换、ATM 交换等)；
- 各种 SDH 传输设备(TM、SDXC、ADM、REG 等)；
- 各种数字交叉连接设备(DDN 中的 DXC 等)；
- No. 7 信令网设备、IN 设备及 TMN 设备等；
- 移动通信网的设备。

6.2.4　我国同步网的结构和组网原则

1. 同步网的等级结构

我国数字同步网采用等级主从同步方式，根据原邮电部《数字同步网的规划方法与组织原则》，数字同步网分为 3 级，各节点的时钟等级和位置设置如表 6-1 所示。

表 6-1　同步网的分级和位置设置

同步网分级	时钟等级	设置位置
第一级	1 级基准时钟	设置在各省、自治区和直辖市的长途通信枢纽
第二级	2 级节点时钟	设置在各省、自治区和直辖市的长途通信楼，地、市长途通信楼和汇接长途话务量且具有多种业务要求的重要汇接局所在的通信楼
第三级	3 级节点时钟	设置在本地网内的汇接局和端局所在通信楼

注 1：基准时钟有两种：一种是含铯原子钟的全国基准时钟(PRC)，另一种是在同步供给单元上配置的全球定位系统 GPS 组成的区域基准(LPR)时钟，它可以接受 PRC 的同步。

注 2：除采用 2 级节点时钟的主要汇接局以外，其他汇接局设置 3 级节点时钟，端局根据需要也可以设置 3 级节点时钟。

各级节点的时钟设置简要说明如下：

(1) 第一级节点设置 1 级基准时钟

同步网内使用的 1 级基准时钟有：

• 全国基准时钟(PRC)：是由铯原子钟组或铯原子钟与 GPS(或其他卫星定位系统)构成。它产生的定时基准信号通过定时基准传输链路送到各省、自治区、直辖市。

• 区域基准时钟(LPR)：由同步供给单元和 GPS(或其他卫星定位系统)构成。其同步供给单元既能接受 GPS 的同步，也能接受 PRC 的同步。

(2) 第二级节点设置 2 级节点时钟

2 级节点时钟具有保持功能的高稳定度时钟，由受控的铷钟或高稳定度晶体钟实现。在地、市级长途通信楼和汇接长途话务量大的、重要的汇接局(例如，有图像业务、高速数据业务、No.7 信令网的 STP 等)应设置 2 级节点时钟。

(3) 第三级节点设置 3 级节点时钟

具有保持功能的高稳晶体时钟，其频率稳定度可低于 2 级时钟，通过同步链路受 2 级时钟控制并与之同步。在本地网内，除采用 2 级节点时钟的汇接局以外，其他汇接局应设置 3 级节点时钟，端局根据需要(例如，有高速数据业务、SDH 设备等)也应设置 3 级节点时钟。

2. 同步网的分区

为了加强管理，全国的同步网划分成若干个同步区，如图 6-20 所示。

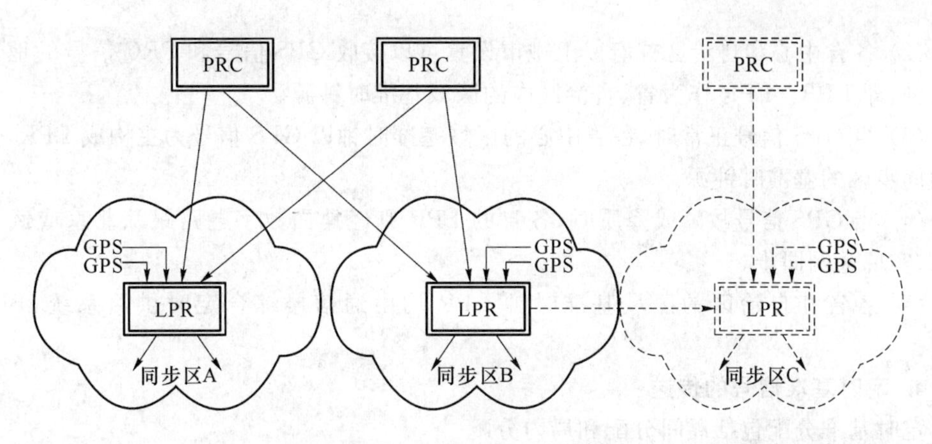

图 6-20　同步网分区示意图

同步区是同步网的子网，可以作为一个独立的实体对待。在不同的同步区内，按同步时钟等级也可以设置同步链路传递同步基准信息以作为备用。目前我国的同步区是以省、自治区和直辖市来划分的，各同步区设区域基准时钟源(LPR)。

3. 全国同步网的结构

我国数字同步网主要由基准时钟源、通信楼综合定时供给系统(BITS)及定时基准信号传送电路构成，如图 6-21 所示，为分布式多基准主从同步网。

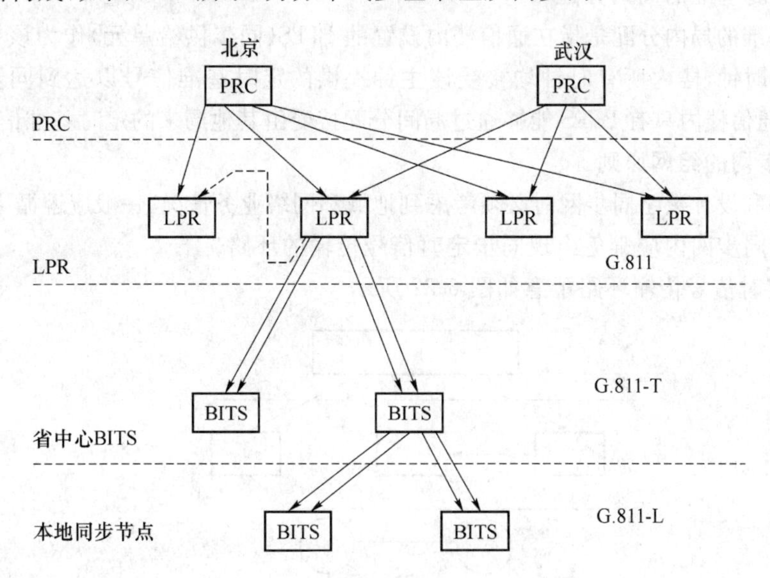

图 6-21　全国数字同步网的构成

其主要特点是：

(1) 在北京、武汉各设置了一个铯原子钟组作为高精度的基准时钟源，即 PRC。

(2) 各省中心和自治区首府以上城市设置可以接收 GPS 信号和 PRC 信号的地区基准时钟,即 LPR。LPR 作为省、自治区内的区域基准时钟源。

(3) 当 GPS 信号正常时,各省中心的区域基准时钟以 GPS 信号为主构成 LPR,作为省内同步区的基准时钟源。

(4) 当 GPS 信号故障或降质时,各省的 LPR 则经地面数字电路跟踪北京或武汉的 PRC,实现全网同步。

(5) 各省和自治区的区域基准时钟 LPR 均由通信楼综合定时供给系统(BITS)构成。

4. 定时基准信号的传送

定时基准分配包括局间分配和局内分配。

(1) 定时基准的局间分配

定时基准的局间分配可以对相互连接的各同步网节点提供同步。在一个同步区内,定时基准局间分配采用树状结构,传送定时基准信号的方式有:

- 利用 PDH 2 048 kbit/s 专线;
- 利用 SDH STM-*N* 线路信号;
- 利用 PDH 2 048 kbit/s 业务电路,经时钟提取电路提取同步定时基准信号。

(2) 定时基准的局内分配

定时基准的局内分配是指在通信楼内设置的 BITS(同步供给单元)作为该楼内各种设备时钟的主时钟,楼内所有时钟均接受该主钟提供的定时基准信号以达到同步运行。因此,在一个通信楼内只有 BITS 能够通过局间分配接受由其他局来的定时基准信号的同步。

5. 同步网的组网原则

在规划和设计数字同步网时必须考虑到地域和网络业务情况,一般应遵循下列原则:

(1) 在同步网内应避免出现同步定时信号传输的环路。

所谓定时信号传输环路示意如图 6-22 所示。

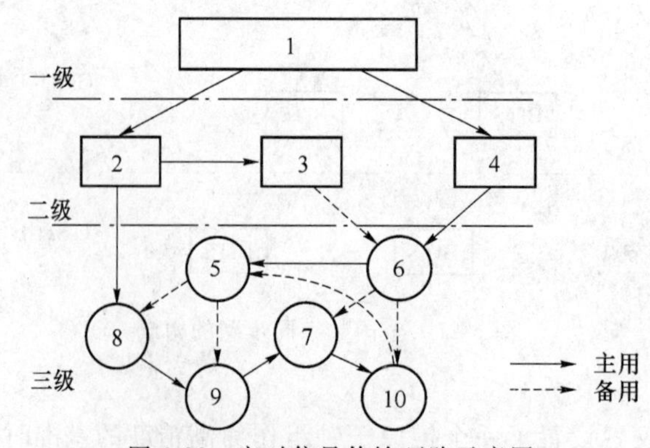

图 6-22　定时信号传输环路示意图

如图6-22所示，在三级同步网络中，当5局和8局或者5局和9局的主用定时链路发生故障，倒换至备用定时链路时，将在5局、8局、9局、7局和10局之间，或者在5局、9局、7局和10局之间形成定时信号传输环路。

定时环路的出现所造成的影响：

• 定时信号传输发生环路后，环路内的定时时钟都脱离了上一级基准时钟的同步控制，影响了时钟输出信号的准确度；

• 环路内时钟形成自反馈，会造成频率不稳。

(2) 选择可用度最高的传输系统传送同步定时基准信号，并应尽量缩短同步定时链路的长度，以提高可靠性。

(3) 主、备用定时基准信号的传输应设置在分散的路由上，以防止主、备用定时基准传输链路同时出现故障。

(4) 受控时钟应从其高一级设备或同级设备获取定时基准时钟，不能从下一级设备中获取定时基准时钟。

(5) 同步网中同步性能的决定因素之一是通路上介入时钟同步设备的数量，因此，应尽量减少定时链路中介入时钟同步设备的数量。

6.3 电信管理网

随着电信网的飞速发展，网络的类型、网络提供的业务类型在快速地增加和更新，电信网的规模也变得更加庞大、结构更加复杂。这使得网络的维护、管理工作变得异常复杂，传统的网络管理方式已经不能适应网络发展的要求。

ITU-T在20世纪80年代提出了电信管理网(TMN)的概念，建议构建一个具有标准协议、接口和结构的管理网对电信网进行统一的操作、管理和维护。电信管理网是电信支撑网的一个重要组成部分。

6.3.1 电信管理网的基本概念

1. 网络管理的含义及演变

(1) 网络管理的含义

网络管理是实时或近实时地监视电信网络的运行，必要时采取控制措施，以达到在任何情况下，最大限度地使用网络中一切可以利用的设备，使尽可能多的通信得以实现。

电信网络管理的目标是最大限度地利用电信网络资源，提高网络的运行质量和效率向用户提供良好的服务。

(2) 电信网络管理的演变

电信网络管理的思想随着电信网络的发展而不断演进。

传统的网络管理思想是将整个电信网络分成不同的“专业网”进行管理。如分成用户接入网、信令网、交换网、传输网等分别进行管理,如图6-23所示。

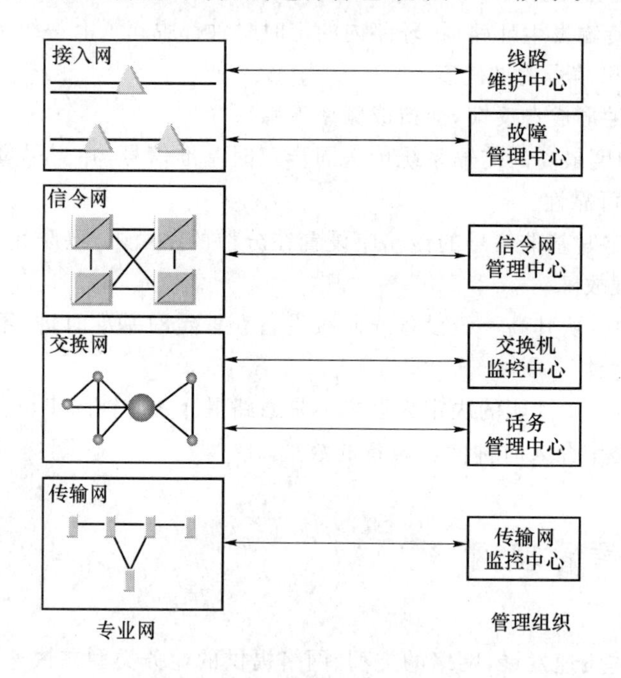

图6-23 传统网络管理示意图

这种管理结构是对不同的“专业网络”设置不同的监控管理中心,这些监控管理中心只对本专业网络中的设备及运行情况进行监控和管理。由于这些监控管理中心往往属于不同部门,缺乏统一的管理目标,另外这些专业网络往往又使用了仅用于其专业网内的专用管理系统,有时还可能在同一专业网内由于设备制式不同而采用不同的管理系统,故这些系统之间很难互通,各中心不能共享数据和管理信息。而且在一个专业网中出现的故障或降质还可能影响到其他专业网的性能。采用这种专业网络管理方式会增加对整个网络故障分析和处理的难度,将导致故障排除缓慢和效率低下。

为解决传统网络管理方法的缺陷,现代网络管理思想采用系统控制的观点,将整个电信网络看作是一个由一系列传送业务的互相连接的动态系统构成的模型。

网络管理的目标就是通过实时监视和控制各子系统资源,以确保端到端用户业务的质量。为了适应电信网络及业务当前和未来发展的需要,人们提出了电信管理网的概念。

2. 电信管理网的定义及应用

ITU-T 在 M.3010 建议中指出：电信管理网(TMN)是提供一个有组织的网络结构，以取得各种类型的操作系统之间、操作系统与电信设备之间的互连，其目的是通过一致的具有标准协议和信息的接口来交换管理信息，如图 6-24 所示。

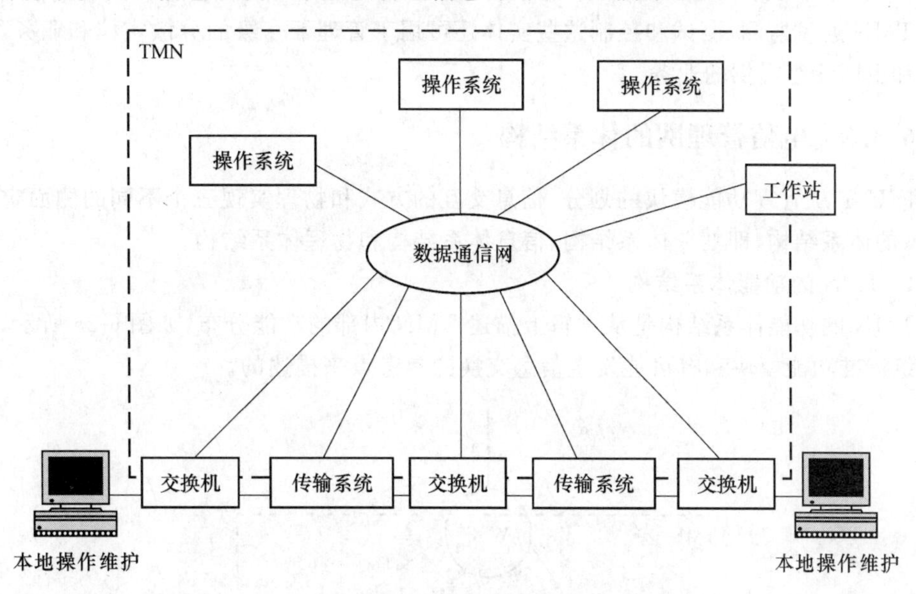

图 6-24　TMN 与电信网的关系

TMN 由操作系统(OS)、工作站(WS)、数据通信网(DCN)和网元(NE)组成。其中，操作系统和工作站构成网络管理中心；数据通信网提供传输网络管理数据的通道，例如我国通过 DDN 实现电信管理网的 DCN；网元则是 TMN 要管理的网络中的各种通信设备。

TMN 的应用可以涉及电信网及电信业务管理的许多方面，从业务预测到网络规划；从电信工程、系统安装到运行维护、网络组织；从业务控制和质量保证到电信企业的事务管理等，都是它的应用范围。

TMN 可进行管理的比较典型的电信业务和电信设备有：

- 公用网和专用网(包括固定电话网、移动电话网、ISDN、数字数据网、分组交换数据网、虚拟专用网以及智能网等)；
- TMN 本身；
- 各种传输终端设备(复用器、交叉连接设备、ADM 等)；
- 数字和模拟传输系统(电缆、光纤、无线、卫星等)；
- 各种交换设备(程控交换机、分组交换机、ATM 交换机等)；
- 承载业务及电信业务；

- PBX 接入及用户终端;
- ISDN 用户终端;
- 相关的电信支撑网(No. 7 信令网、数字同步网);
- 相关的支持系统(测试模块、动力系统、空调、大楼告警系统等)。

TMN 通过监测、测试和控制这些实体还可用于管理下一级的分散实体和业务,诸如电路和由网元组提供的业务。

6.3.2 电信管理网的体系结构

ITU-T 从管理功能模块的划分、信息交互的方式和物理实现三个不同的侧面定义了 TMN 的体系结构,即功能体系结构、信息体系结构和物理体系结构。

1. TMN 的功能体系结构

TMN 的功能体系结构是从逻辑上描述 TMN 内部的功能分布,如图 6-25 所示,是通过一组标准功能模块和有可能发生信息交换的参考点来描述的。

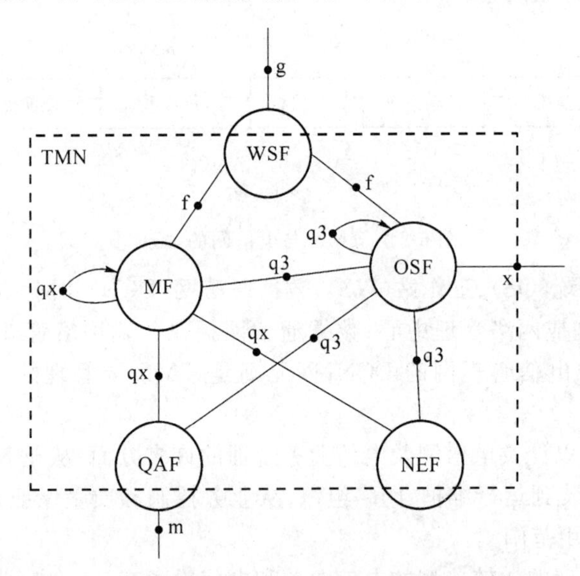

图 6-25 TMN 的功能体系结构

TMN 标准的功能模块有五个:

(1) 操作系统功能(Operations Systems Function,OSF)

处理与电信相关的信息,支持和控制电信设备管理功能的实现,分为事务 OSF、业务 OSF、网络管理 OSF 和网元 OSF。

(2) 网元功能(Network Element Function,NEF)

向 TMN 描述其通信功能和支持功能,支持网元被管理,这一部分是 TMN 组成部分;NEF 还包括了被管电信网络所需的电信功能,这部分是被管理的,不是 TMN 的组成部分。

(3) Q 适配功能(Q-Adapter Function,QAF)

将不具备标准 TMN 接口的 NEF 和 OSF 连接到 TMN 上。

(4) 中介功能(Mediation Function,MF)

用于支持各功能块的互通。

(5) 工作站功能(Work Station Function,WSF)

提供 TMN 与用户之间的交互,提供 TMN 信息翻译功能,使管理用户可以识别。

图 6-25 中未标出数据通信功能(Data Communication Function,DCF),它提供各功能模块之间的数据通信,具有 OSI 参考模型中第 1～3 层的功能。

为了描述各功能模块之间的关系,引入参考点 q、f、x;为了描述 TMN 与外界的边界,引入参考点 g、m:

- q 分为 q3 和 qx 参考点,q3 在 OSF 与 OSF 之间、OSF 与 MF 之间、OSF 与 NEF 之间;qx 在 MF 与 MF 之间、MF 与 NEF 之间、NEF 与 QAF 之间。
- f 参考点在 WSF 与 OSF 之间、WSF 与 MF 之间。
- x 参考点在两个 TMN 的 OSF 之间、OSF 与其他网络的类 OSF 功能之间。
- m 参考点在 QAF 与非 TMN 的被管理单元之间。

2. TMN 的信息体系结构

TMN 的信息体系结构采用了 OSI 管理系统中的管理者/代理(MANAGER/AGENT)模型,描述了 TMN 中不同类型的管理信息的特征,主要包括管理信息模型和管理信息交换模型两个方面。其中,管理信息模型描述了管理对象(MO)及其特性,规定了用什么消息来管理所选择的目标,以及这些消息的含义;管理信息交换模型描述 TMN 实体间信息交换的过程。

TMN 主要用来描述网络管理中管理任务的分配和组织,即描述管理者和代理的能力以及管理者和代理之间的相互关系。管理者的任务是发送管理命令和接收代理回送的通知;代理的任务是直接管理有关的管理目标,响应管理者发来的命令并回送反映目标行为的通知给管理者。图 6-26 描述了管理者、代理及管理对象之间的关系。

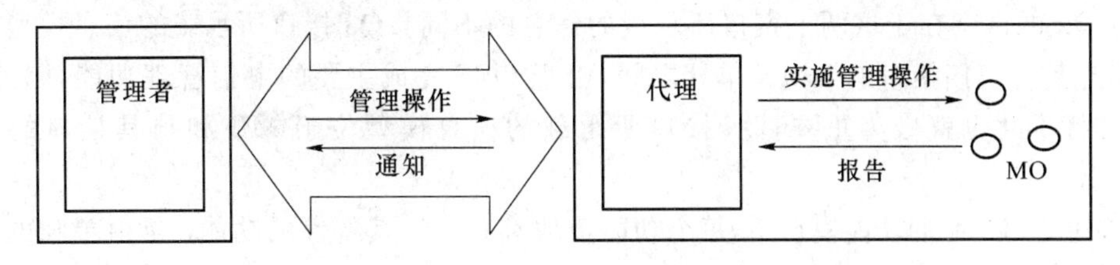

图 6-26　管理者、代理及管理对象之间的关系

3. TMN的物理体系结构

TMN的物理体系结构反映的是实现TMN的功能所需要的各种物理配置的结构。根据TMN的功能模型,可以确定物理实体与TMN功能组件之间的对应关系,以及功能实体间的通信接口。图6-27所示为一个简单的TMN物理体系结构模型。

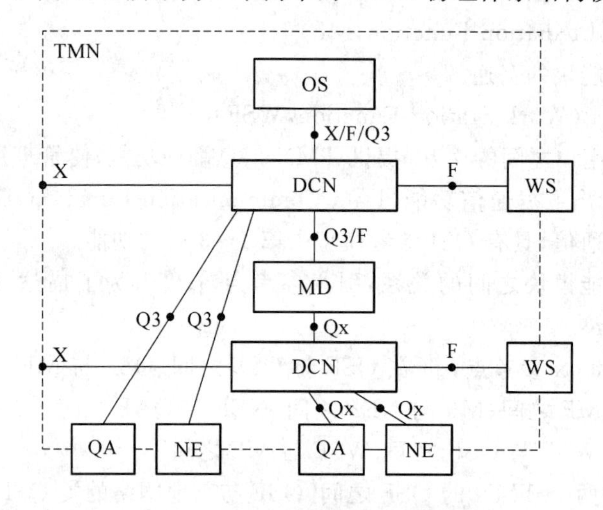

图6-27　TMN物理体系结构示意图

图6-27中方框代表一个物理实体,物理实体间的点代表接口。TMN的标准接口是根据相应的参考点来定义的,q3参考点对应Q3接口。只有实现了接口和协议的标准化,才能使各参考点的互连互通成为可能,才能使管理应用可以进行互操作。

其中,OS是操作系统,完成OSF;MD(中介设备)是独立设备,完成MF,可以用一系列级联的装置实现MD;DCN是数据通信网,为各接口提供OSI参考模型中低3层的通信功能;WS(工作站)是单独系统,执行WSF功能;NE(网元)由电信设备组成,实现TMN中的NEF。

标准接口是实现TMN的关键,在TMN的物理体系结构中定义了一个互操作的接口集合,分别为Qx、Q3、X、F等,每个接口,都有对应的TMN协议族。

在TMN的体系结构中,最为重要的是Q3接口协议,包含了完整的OSI七层协议。Q3与Qx的区别在于这两个接口所承载的信息的不同。Q3接口所承载的信息模型位于OS和与其有直接接口的TMN单元之间,由于OSF完成主要的电信管理功能,因此Q3接口的标准化也就极为重要;Qx接口所承载的信息模型位于MD和与其接口的网元之间。

在上述TMN的功能模型中,每个功能模块都有标识其特性的功能,是由单独的实体来实现的,实际上根据需要,可以包括其他的功能。例如,在OS中加入MF,从而使NE直接利用Qx接口与OS通信;或在NE中加入MF,使NE直接通过Q3接口与OS通信。

6.3.3　电信管理网的逻辑模型

TMN 主要从三个方面界定电信网络的管理：管理层次、管理功能和管理业务。这一界定方式也称为 TMN 的逻辑分层体系结构，如图 6-28 所示。

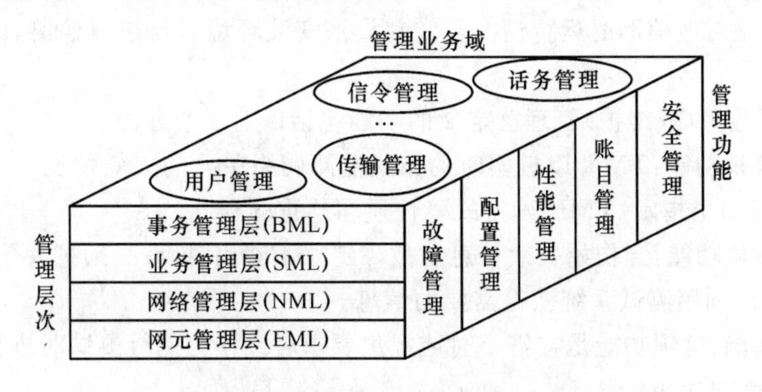

图 6-28　TMN 的逻辑分层体系结构

1. 逻辑分层

TMN 采用分层管理的概念，将电信网络的管理应用功能划分为 4 个管理层次。

• 事务管理层：由支持整个企业决策的管理功能组成，如产生经济分析报告、质量分析报告、任务和目标的决定等。

• 业务管理层：包括业务提供、业务控制与监测以及与业务相关的计费处理，如电话交换业务、数据通信业务、移动通信业务等。

• 网络管理层：提供整个网络的管理功能，如网络话务监视与控制，网络保护路由的调度，中继路由质量的监测，对多个网元故障的综合分析、协调等。

• 网元管理层：包括操作一个或多个网元的功能，如交换机、复用器等网元的远端操作维护、设备软件、硬件的管理等。

2. 管理功能

TMN 管理功能利用 OSI 系统管理功能并对其有所拓宽，根据应用范围的不同共分为 5 类，每一类管理功能的范畴又可以分出许多子功能集。一个 TMN 系统应该配置怎样的管理功能则取决于所需要的管理业务，与不同的电信设备相关。

(1) 性能管理

性能管理是提供对电信设备的性能和网络或网络单元的有效性进行评价，并提出评价报告的一组功能，网络单元是指由电信设备和支持网络单元功能的支持设备组成，并有标准接口。典型的网络单元是交换设备、传输设备、复用器、信令终端等。

ITU-T 对性能管理有定义的功能包括以下三个方面。

① 性能监测功能：是指连续收集有关网络单元性能的数据。

② 负荷管理和网络管理功能:TMN 从各网络单元收集负荷数据,并在需要时发送命令到各网络单元重新组合电信网或修改操作,以调节异常的负荷。

③ 服务质量观察功能:TMN 从各网络单元收集服务质量数据并支持服务质量的改进。

(2) 故障(或维护)管理

故障管理是对电信网的运行情况异常和设备安装环境异常进行监测,隔离和校正的一组功能。

ITU-T 对故障(或维护)管理已定义的功能包括以下三个方面。

① 告警监视功能:TMN 以近实时的方式监测网络单元的失效情况。当这种失效发生时,网络单元给出指示,TMN 确定故障性质和严重的程度。

② 故障定位功能:当初始失效信息对故障定位不够用时,就必须扩大信息内容,由失效定位例行程序利用测试系统获得需要的信息。

③ 测试功能:这项功能是在需要时或提出要求时或作为例行测试时进行。

(3) 配置管理功能

配置管理功能包括提供状态和控制及安装功能。对网络单元的配置、业务的投入、开/停业务等进行管理,对网络的状态进行管理。

配置管理功能包括以下三个方面。

① 保障功能:包括设备投入业务所必需的程序,但是不包括设备安装。一旦设备准备好,投入业务,TMN 中就应该有相应的信息。保障功能可以控制设备的状态,如开放业务、停开业务、处于备用状态或者恢复等。

② 状况和控制功能:TMN 能够在需要时立即监测网络单元的状况并实行控制,如校核网络单元的服务状态,改变网络单元的服务状况,启动网络单元内的诊断测试等。

③ 安装功能:这项功能对电信网中设备的安装起支持作用,如增加或减少各种电信设备时,TMN 内的数据库要及时把设备信息装入或更新。

(4) 计费管理功能

计费功能可以测量网络中各种业务的使用情况和使用的费用,并对电信业务的收费过程提供支持。计费功能是 TMN 内的操作系统能从网络单元收集用户的资费数据,以便形成用户账单。这项功能要求数据传送非常有效,而且要有冗余数据传送能力,以便保持记账信息的准确。对大多数用户而言,必须经常地以近实时方式进行处理。

(5) 安全管理功能

安全管理主要提供对网络及网络设备进行安全保护的能力,主要有接入及用户权限的管理、安全审查及安全告警处理。

3. 管理业务

从网络经营和管理角度出发,为支持电信网络的操作维护和业务管理,TMN 定义了多种管理业务,包括:

- 用户管理；
- 用户接入网管理；
- 交换网管理；
- 传输网管理；
- 信令网管理；
- 其他。

6.3.4 我国电信管理网概述

目前我国已经建立了固定电话网、移动电话网、数据通信网、传输网、数字同步网、No.7信令网及智能网等专业网络的管理网，除此之外还有环境与动力监控等网管系统。具体到各种网络内还有不同技术设备的网管系统，如传输网网管包括PDH网管系统、SDH网管系统、WDM网管系统、光缆的监控等。

从电信管理网的结构上看，我国电信管理网一般是与其运营企业的组织结构相对应。其运营的业务网或专业网一般分为全国骨干网、省内干线网和本地网三级，所以管理网的网络结构一般也分为三级，并且在各级网管机构设置该级的网管中心，即全国网网管中心、省级网网管中心和本地网网管中心。图6-29为我国长途电话网网管系统的结构示意图。

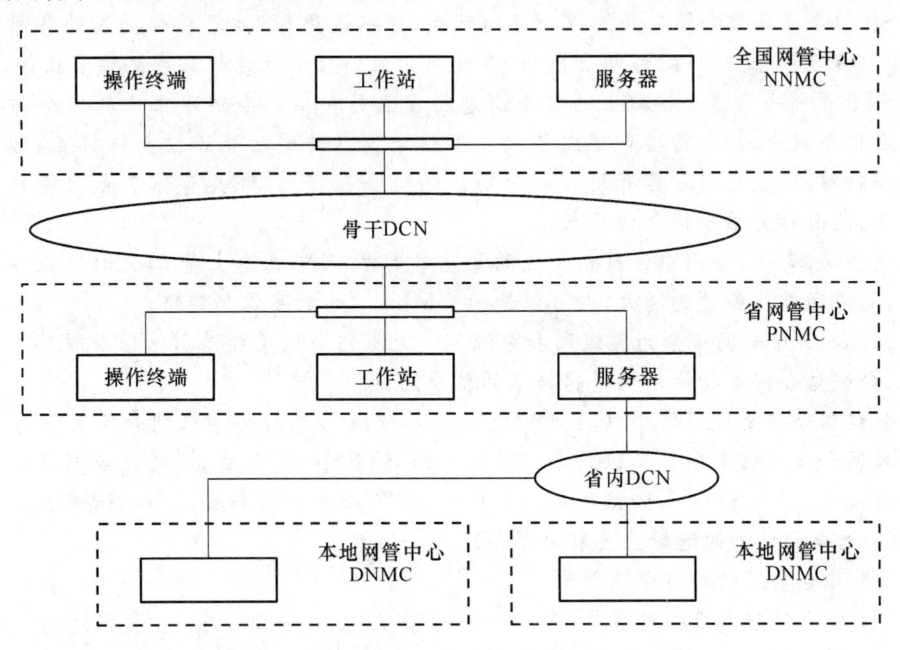

图6-29 我国长途电话网网管系统结构示意图

目前我国电信网网管系统存在的问题有如下几个方面：

• 网络设备制式多,增加了网管建设的复杂度;

• 各专业网管的网管系统分立,同一专业网不同厂家设备的网管系统分立,专业网网管系统又与同一业务的网管系统分立;

• 网管系统功能项的完备程度不同,操作界面多样,没有标准、统一的网管接口;

• 多数网管系统侧重于网络的监视,而轻视了网络控制,不能适应现代通信网发展的需要;

• 网络安全性虽已有行业标准,但是应更加重视。

TMN的目标是实现一个综合的网络管理系统,将现有的不同业务网、专业网的网管系统都纳入到TMN的管理之中。然而这是一个循序渐进的过程,应根据不同专业网管的特点,分别制定规划并逐步向TMN方向发展。

小 结

1. 电信支撑网是指支撑电信业务网正常运行的,并能增强网络功能以提高全网的服务质量的网络。在支撑网中传送的是相应的控制、监测等信号。

No.7信令网、数字同步网和电信管理网是现代电信网的三个支撑网。

2. 信令网由信令点(SP)、信令转接点(STP)以及连接它们的信令链路组成。

SP信令点是信令消息的源点和目的节点,可以是具有No.7信令功能的各种交换局、操作管理和维护中心、移动交换局、智能网的业务控制节点和业务交换节点等。

STP是将一条信令链路上的信令消息转发至另一条信令链路上去的信令转接中心。在信令网中,信令转接点可以是只具有信令消息转递功能的信令转接点,称为独立信令转接点,也可以是具有用户部分功能的信令转接点,即具有信令点功能的信令转接点,此时称为综合信令转接点。

信令链路是信令网中连接信令点的最基本部件,目前基本上是64 kbit/s数字信令链路,随着通信业务量的增大,也可以使用2 Mbit/s的数字信令链路。

3. No.7信令网可分为无级网和分级网。无级信令网是指未引入信令转接点的信令网,分级信令网是指使用信令转接点的信令网。

分级信令网是使用信令转接点的信令网。分级信令网按等级划分又可划分为二级信令网和三级信令网。二级信令网是由一级STP和SP构成,三级信令网是由两级信令转接点,即HSTP(高级信令转接点)和LSTP(低级信令转接点)和SP构成。

4. 信令网结构的选择主要取决于下述几个因素:

(1) 信令网容纳的信令点数量。

(2) 信令转接点设备的容量。

信令转接点设备容量可用两个参数来表示:一是该信令转接点可以连接的信令链路的最大数量;二是信令处理能力,即每秒可以处理的最大消息信令单元的数量(MSU/s)。

(3) 冗余度,即信令网的备份程度。

5. 对STP间的连接方式的基本要求是在保证信令转接点信令路由尽可能多的同时,信令连接过程中经过的信令转接点转接的次数尽可能的少。符合这一要求并且得到实际应用的连接方式有网状连接方式和A、B平面连接方式。

网状连接的主要特点是各STP间都设置直达信令链路,在正常情况下STP间的信令连接可不经过STP的转接。这种网状连接方式的安全可靠性较好,且信令连接的转接次数也少,但这种网状连接的经济性较差。

A、B平面连接方式是网状连接的简化形式。A、B平面连接的主要特点是A平面或B平面内部的各个STP间采用网状相连,A平面和B平面之间则成对的STP相连。

我国从组网的经济性考虑,在保证信令网可靠性的前提下,HSTP间连接也是采用了A、B平面的连接方式。

6. SP与STP间的连接方式分为分区固定连接(或称配对连接)和随机自由连接(或称按业务量大小连接)两种方式。

7. 我国No. 7信令网采用三级结构,第一级为HSTP,第二级为LSTP,第三级为SP。

我国的三级结构信令网是由长途信令网和大、中城市本地信令网组成。其中,大、中城市本地信令网为二级结构信令网,相当于全国信令网的第二级(LSTP)和第三级(SP)。

8. 在数字通信网中,传输、复用及交换等过程都要求实现同步,即信号之间在频率或相位上保持某种严格的特定关系。按照同步的功能和作用,数字通信中的同步可以分为位同步、帧同步和网同步。

网同步是指网中各个节点设备的时钟之间的同步,从而实现各个节点之间的位同步、帧同步。其中,需要同步的节点设备除了数字交换机外,还包括SDH传输网、DDN、No. 7信令网和TMN等网络中所有需要同步的网元设备。

数字同步网即是由节点时钟设备和定时传送链路组成的物理网络,它能准确地将定时参考信号从基准时钟源向同步网络的各个节点传送,使得整个网络的时钟稳定在统一的基准频率上,从而满足电信网络对于传输、交换及控制的性能要求。

9. 常用的数字网的网同步方式有:准同步方式、主从同步方式和互同步方式。

(1) 准同步方式

准同步方式工作时,各局都具有独立的时钟,且互不控制,为了使两个节点之间的滑动率低到可以接受的程度,应要求各节点都采用高精度与高稳定度的原子钟。

(2) 主从同步方式

主从同步方式是在网内某一主交换局设置高精度和高稳定度的时钟源,并以其作为主基准时钟的频率控制其他各局从时钟的频率,也就是数字网中的同步节点和数字传输设备的时钟都受控于主基准同步信息。

主从同步网主要由主时钟节点、从时钟节点及传送基准时钟的链路组成,从连接方式看,主从同步方式可以分为直接主从同步方式和等级主从同步方式两种。

(3) 互同步方式

采用互同步方式实现网同步时,网内各同步节点无主、从之分。在节点相互连接时,它们的时钟是相互影响、相互控制的,即在各节点设置多输入端加权控制的锁相环电路,在各节点时钟的相互控制下,如果网络参数选择适当,则全网的时钟频率可以达到一个统一的稳定频率,从而实现网内各节点时钟的同步。

10. 数字同步网中常见的时钟产生源有:原子钟(铯原子钟、铷钟等)、卫星定位系统(卫星全球定位系统等)和晶体时钟。

在数字同步网中,高稳定度的基准时钟是全网的最高级时钟源,符合基准时钟指标的时钟源有铯原子钟组和全球定位系统(GPS)。

数字同步网中的受控时钟源是指输出时钟信号频率和相位都被锁定在更高等级的时钟信号上,在主从同步网中受控时钟源也称为从钟。

在通信节点较多的通信大楼等重要的通信枢纽,单独设立时钟系统以支撑本楼所有通信节点,这种提供高质量的时钟基准信号的设备就是通信楼综合定时供给系统,其缩写为BITS(Building Integrated Timing Supply)。BITS受上一级时钟的控制,输出信号锁定于上一级基准信号;同时作为该通信枢纽的时钟源,向其内的各种设备提供时钟信号。

11. 我国数字同步网采用等级主从同步方式,根据我国邮电部(现工信部)《数字同步网的规划方法与组织原则》,数字同步网分为3级。

我国数字同步网主要由基准时钟源、通信楼综合定时供给系统及定时基准信号传送电路组成的构成,为分布式多基准主从同步网。

12. 网络管理是实时或近实时地监视电信网络的运行,必要时采取控制措施,以达到在任何情况下,最大限度地使用网络中一切可以利用的设备,使尽可能多的通信得以实现。

电信网络管理的目标是最大限度地利用电信网络资源,提高网络的运行质量和效率向用户提供良好的服务。

13. 国际电信联盟(1TU)在M.3010建议中指出:电信管理网的基本概念是提供一个有组织的网络结构,以取得各种类型的操作系统之间、操作系统与电信设备之间的互连。

TMN由操作系统(OS)、工作站(WS)、数据通信网(DCN)和网元(NE)组成。其中,操作系统和工作站构成网络管理中心;数据通信网提供传输网络管理数据的通道;网元则是TMN要管理的网络中的各种通信设备。

14. ITU-T从管理功能模块的划分、信息交互的方式和物理实现三个不同的侧面定义了TMN的体系结构，即功能体系结构、信息体系结构和物理体系结构。

TMN的功能体系结构是从逻辑上描述TMN内部的功能分布，标准的功能模块有五个：操作系统功能(OSF)、网元功能(NEF)、Q适配功能(QAF)、中介功能(MF)和工作站功能(WSF)。为了描述各功能模块之间的关系，引入参考点q、f、x；为了描述TMN与外界的边界，引入参考点g、m。

TMN的信息体系结构采用了OSI管理系统中的管理者/代理(MANAGER/AGENT)模型，描述了TMN中不同类型的管理信息的特征，主要包括管理信息模型和管理信息交换模型两个方面。

TMN的物理体系结构反映的是实现TMN的功能所需要的各种物理配置的结构。根据TMN的功能模型，可以确定物理实体与TMN功能组件之间的对应关系，以及功能实体间的通信接口。

15. TMN主要从三个方面界定电信网络的管理：管理层次、管理功能和管理业务，这一界定方式也称为TMN的逻辑分层体系结构。

TMN采用分层管理的概念，将电信网络的管理应用功能划分为4个管理层次：事务管理层、业务管理层、网络管理层和网元管理层。

TMN管理功能利用OSI系统管理功能并对其有所拓宽，根据应用范围的不同共分为5类：性能管理、故障(或维护)管理、配置管理功能、计费管理功能和安全管理功能。

从网络经营和管理角度出发，为支持电信网络的操作维护和业务管理，TMN定义了多种管理业务，包括：用户管理、用户接入网管理、交换网管理、传输网管理、信令网管理等。

习 题

6-1 简述公共信道信令系统的基本概念及主要特点。

6-2 概述No.7信令网的组成及基本概念。

6-3 No.7信令网有哪几种基本结构？其主要特点是什么？

6-4 信令网结构的选择应考虑哪些因素？

6-5 什么是信令网的冗余度？

6-6 简述信令网中的连接方式。

6-7 简述我国No.7信令网的网络结构及与电话网的对应关系。

6-8 简述我国No.7信令网的组网特点。

6-9 简述信令链路的组织方案。

6-10 什么是数字网的网同步?在数字网中为什么需要网同步?

6-11 在数字通信网中滑动是如何产生的?对通信有什么影响?

6-12 实现网同步有哪几种方式?我国数字网同步采用哪种方式?

6-13 简要说明主从同步方式的基本概念。

6-14 同步网中常见的时钟源有哪些?

6-15 受控时钟源由哪几个部分构成?各部分主要功能是什么?

6-16 什么是BITS?具体应用有哪些?

6-17 简要说明我国数字同步网的等级结构。

6-18 什么是电信网络管理?电信网络管理的目的是什么?

6-19 简要说明TMN的基本概念。

6-20 举例说明TMN管理的电信业务和设备。

6-21 简述TMN的逻辑分层。

6-22 简要说明TMN的管理功能。

第7章　通信网络设计基础

通信网是一个由多个系统、设备、部件组成的复杂而庞大的整体，要求设计出能够满足各项性能指标要求又节省费用的方案，首先要求设计人员应掌握相当的网络理论基础和网络分析计算方法，如通信网所涉及的数学理论、优化算法、网的分析方法与指标计算方法等。本章将介绍进行通信网络设计必备的基础知识，主要包括：

- 进行网络结构设计必备的图论基本概念和网络结构优化基本知识——最短径算法和站址选择；
- 进行网络流量设计必备的排队论基础知识及一些网络性能指标的计算。

7.1　通信网络结构设计基础

通信网的拓扑结构是一个很重要的问题，它不但影响全网的造价和维护费用，也对满足网的各种要求起着重要的作用。通信网是由终端、交换节点和传输链路组成的，从数学模型来说，这是一个图论的问题。本节先介绍图论基础知识，然后主要讨论最短径算法和站址选择，这些都是网络结构优化的基础。

7.1.1　图论基础知识

1. 图的基本概念

(1) 图的定义

这里所说的图是点线图。点线图是由若干个点和点间的连线所组成，点(也叫端点)是任意设置的，连线则表示不同点之间的联系。严格地说，图的定义如下。

设有点集 $V=\{v_1,v_2,\cdots,v_n\}$ 和边集 $E=\{e_1,e_2,\cdots,e_m\}$，如果对任一边 $e_k\in E$，有 V

中的一个点对(v_i,v_j)与之对应,则图可用有序二元组(V,E)表示,记为

$$G=(V,E)$$

定义中的边就是点线图中的连线,如果一条边 e_k 与点对(v_i,v_j)相对应,则称 v_i,v_j 是 e_k 的端点,记为 $e_k=(v_i,v_j)$,称点 v_i,v_j 与边 e_k 关联,而称 v_i 与 v_j 为相邻点。若有两条边与同一端点相关联,则称这两条边为相邻边。

例如,图 7-1 可记为

$$G=(V,E)$$

其中

$$V=\{v_1,v_2,v_3,v_4\}$$
$$E=\{e_1,e_2,e_3,e_4,e_5,e_6\}$$

图 7-1 中各边可用与之关联的点对表示为

$$e_1=(v_1,v_2),e_2=(v_1,v_3)$$
$$e_3=(v_2,v_4),e_4=(v_2,v_3)$$
$$e_5=(v_3,v_4),e_6=(v_1,v_4)$$

图中 v_1 与 e_1,e_2,e_6 关联,v_1 与 v_2,v_3,v_4 是相邻点,e_1 与 e_2,e_3,e_4,e_6 是相邻边,等等。

另外一个概念就是,一个图只由它的点集 V、边集 E 和点与边的关系所确定,而与点的位置、边的长度与形状无关,即一个图所对应的几何图形不是唯一的,例如图 7-2 与图 7-1 表示相同的图。

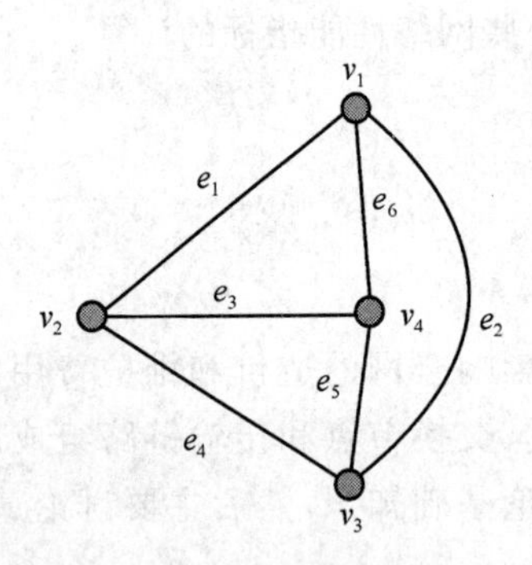

图 7-1 图的定义(1)

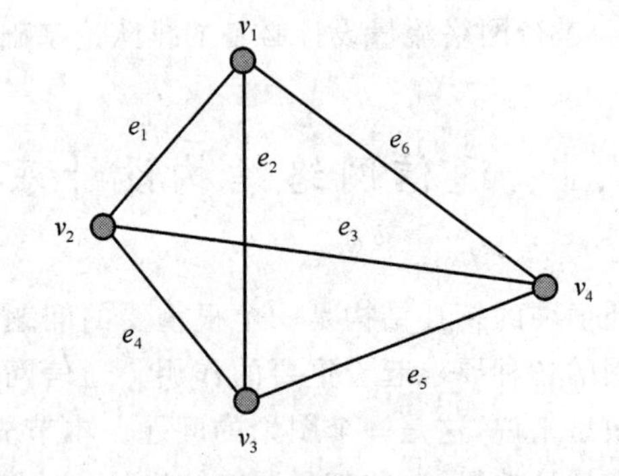

图 7-2 图的定义(2)

通信网的网络结构就是一个点线图,其中通信网中的节点即为点线图中的端点,通信网中的传输链路即为点线图中的边。

(2) 点的度数

与同一端点相关联的边的个数称为此端点的度数或次数,记为 $d(v_i)$。例如,图 7-1 中各点的度数分别为

$$d(v_1)=3,d(v_2)=3,d(v_3)=3,d(v_4)=3$$

点的度数有如下两个性质：

① 对于 n 个点、m 条边的图，必有

$$\sum_{i=1}^{n} d(v_i) = 2m \tag{7-1}$$

由于任何边或与两个不同的点关联，或与一个点关联而形成自环，提供的度数均为 2，故所有点的度数之和必为边数的 2 倍。

② 任意图中，度数为奇数的点的数目必为偶数(或为零)。

若图的点集 V 分奇度数点集 V_1 和偶度数点集 V_2，$V=V_1+V_2$，根据式(7-1)有

$$\sum_{v_i \in V} d(v_i) = \sum_{v_j \in V_1} d(v_j) + \sum_{v_k \in V_2} d(v_k) = 2m$$

由于式中 $d(v_k)$ 和 $2m$ 均为偶数，则应有

$$\sum_{v_j \in V_1} d(v_j) = \text{偶数}$$

但 $d(v_j)$ 为奇数，所以在 V_1 中 v_j 的个数必为偶数。

(3) 链路、路径与回路

• 链路——对于图 $G=(V,E)$，其中 $k(\geqslant 2)$ 条边和与之关联的端点依次排成点和边的交替序列，则称该序列为链路。边的数目 k 称为链路的长度。

• 路径——无重复的点和边的链路称为路径。

• 回路——如果路径的起点和终点重合，则称为回路。

例如图 7-3 中有

链路：$\{v_1, e_3, v_3, e_4, v_4, e_8, v_3, e_5, v_5, e_6, v_4\}$，长度为 5；

路径：$\{v_1, e_1, v_2, e_2, v_3, e_5, v_5\}$，长度为 3；

回路：$\{v_1, e_1, v_2, e_2, v_3, e_5, v_5, e_7, v_1\}$，长度为 4。

图中还有其他的链路、路径与回路，此处不一一列出。

另外还有两个概念：

• 自环——两个端点重合为一点的边称为自环。例如图 7-3 中的 e_9。

• 并行边——与同一对端点关联的两条或两条以上的边称为并行边。例如图 7-3 中的 e_4 和 e_8 为并行边。

(4) 图的分类

图可以从不同的角度来分类。有以下几种情况：

① 有限图和无限图

当集合 V 和 E 都是有限集时，所构成的图称为有限图；否则就称为无限图。我们研究的是有限图。

② 简单图和复杂图

没有自环和并行边的图称为简单图；有自环和并行边的图称为复杂图。通信网的网

络结构一般为简单图。

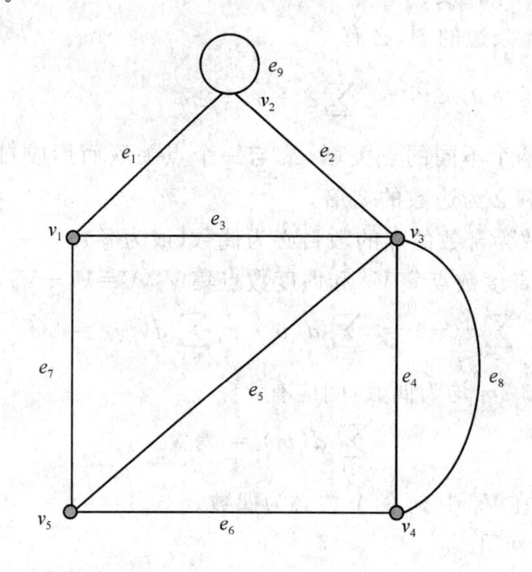

图 7-3　有自环与并行边的图

③ 无向图与有向图

设图 $G=(V,E)$，如果任一条边 e_k 都对应的是无序点对 (v_i,v_j)，则称 G 为无向图。在无向图中，(v_i,v_j) 和 (v_j,v_i) 是同一条边，即 $(v_i,v_j)=(v_j,v_i)$，如图 7-4(a)所示。

设图 $G=(V,E)$，如果任一条边 e_k 都对应一个有序点对 $\langle v_i,v_j\rangle$，则称 G 为有向图。在有向图中，用尖括号表示其中的端点是有序的，$\langle v_i,v_j\rangle$ 和 $\langle v_j,v_i\rangle$ 是两条不同的边，即 $\langle v_i,v_j\rangle\neq\langle v_j,v_i\rangle$。通常在几何图形中用点 v_i 指向 v_j 的箭头表示边 $\langle v_i,v_j\rangle$，而用点 v_j 指向 v_i 的箭头表示边 $\langle v_j,v_i\rangle$。图 7-4(b)是无向图的示意图。

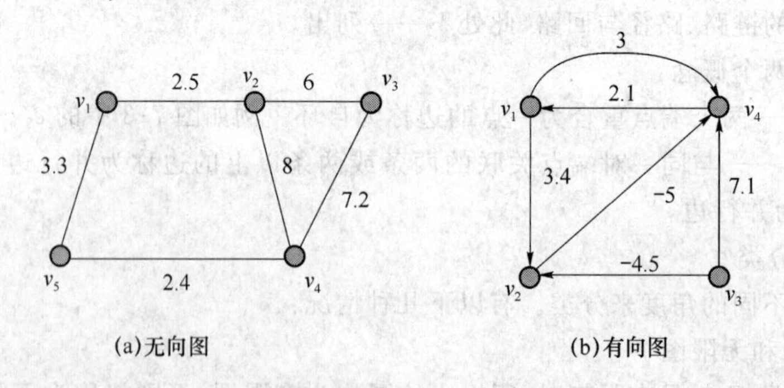

图 7-4　无向图和有向图

前面刚介绍过点的度数的概念，对于图 7-4(a)的无向图，各点的度数为

$$d(v_1)=2, d(v_2)=3, d(v_3)=2, d(v_4)=3, d(v_5)=2$$

对于有向图，$d^+(v_i)$表示离开 v_i 或从 v_i 射出的边数，$d^-(v_i)$表示进入或射入 v_i 的边数，用 $d(v_i)=d^+(v_i)+d^-(v_i)$表示 v_i 的度数。图 7-4(b)各点的度数为

$$d^+(v_1)=2, d^-(v_1)=1, d(v_1)=3; d^+(v_2)=1, d^-(v_2)=2, d(v_2)=3, \cdots$$

④ 有权图与无权图

设图 $G=(V,E)$，如果它的每一条边 e_k 都赋予一个实数 p_k，则称图 G 为有权图或加权图；否则为无权图。

p_k 称为边 e_k 的权值。图 7-4 表示的就是有权图，每个边旁边的数字代表它的权值，权值可以是正值或负值。在通信网中，经常要研究有权图。根据研究问题的需要，权值可以表示不同的含义，如距离(两个节点之间的距离)、信道容量、信道的造价等。

例 7-1　写出图 7-4(a)和(b)的点集、边集和边的权值。

解　图 7-4(a)为无向图，可记为 $G=(V,E)$，其中

点集 $V=\{v_1, v_2, v_3, v_4, v_5\}$

边集 $E=\{(v_1,v_2),(v_2,v_3),(v_3,v_4),(v_2,v_4),(v_4,v_5),(v_1,v_5)\}$

与 e_k 相对应的权值为

$$p_1=2.5, p_2=6, p_3=7.2, p_4=8, p_5=2.4, p_6=3.3$$

图 7-4(b)为有向图，可记为 $G=(V,E)$，其中

点集 $V=\{v_1, v_2, v_3, v_4\}$

边集 $E=\{[v_1,v_4],[v_4,v_1],[v_1,v_2],[v_2,v_4],[v_3,v_2],[v_3,v_4]\}$

与 e_k 相对应的权值为

$$p_1=3, p_2=2.1, p_3=3.4, p_4=-5, p_5=-4.5, p_6=7.1$$

⑤ 连通图与非连通图

设图 $G=(V,E)$，若图 G 中任意两个点之间至少存在一条路径，则称 G 为连通图；否则称 G 为非连通图，如图 7-5 所示。

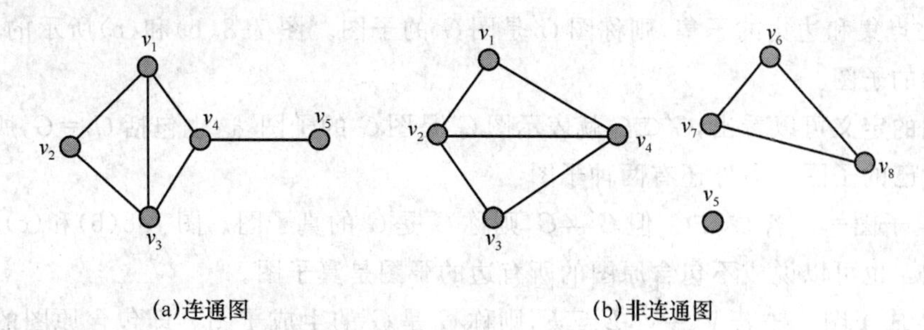

图 7-5　连通图与非连通图

非连通图是由几部分组成的，所谓的部分就是非连通图的一个组成部分，且是连通

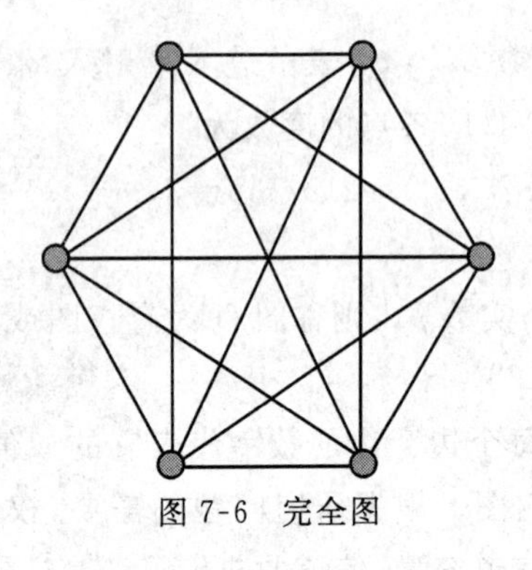
图 7-6 完全图

的。例如图7-5(b)所示的非连通图有三个部分。

有几种特殊的连通图,即完全图和正则图。

• 完全图——任意两点间都有一条边的无向图称为完全图,如图 7-6 所示。

完全图的点数 n 与边数 m 有固定关系。这是因为完全图中每个点的度数为 $n-1$,所有点的度数之和为 $n(n-1)$,根据式(7-1)有

$$2m=n(n-1)$$

则

$$m=\frac{1}{2}n(n-1) \tag{7-2}$$

• 正则图——所有点的度数均相等的连通图称为正则图。正则图的示意图如图 7-7 所示。

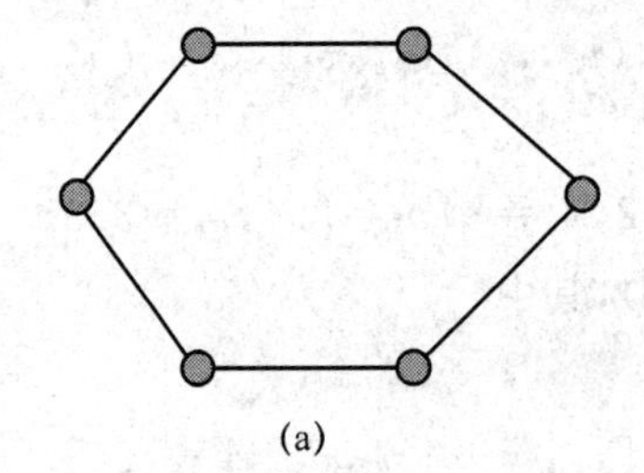
(a)

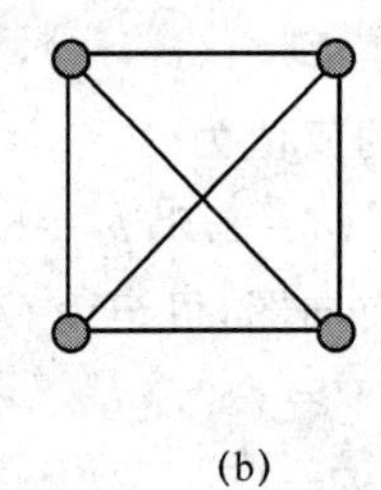
(b)

图 7-7 正则图的示意图

对于正则图 $d(v_i)=$ 常数。图 7-7(a)、(b)所示的正则图的度数分别 $d(v_i)=2$ 和 $d(v_i)=3$。完全图也是正则图,各点的度数均为 $n-1$。

(5) 子图的概念

设有图 $G=(V,E)$ 和图 $G'=(V',E')$,若 $V'\subseteq V,E'\subseteq E$,即图 G' 的点集和边集分别为图 G 的点集和边集的子集,则称图 G' 是图 G 的子图。图 7-8(b)和(c)所示的图是(a)所示的图的子图。

由图的定义可以看出,$G'\subset G$ 就表示图 G' 是图 G 的子图,这也包括 $G'=G$,所以任何图都是自己的子图。另外还有两种子图:

• 真子图——若 $G'\subset G$,但 $G'\neq G$,则称 G' 是 G 的真子图。图 7-8(b)和(c)均为(a)的真子图。也可以说成不包含原图的所有边的子图是真子图。

• 生成子图——若 $V'=V,E'\subseteq E$,则称 G' 是 G 的生成子图。即包含原图的所有点的子图就是生成子图。图 7-8(c)就是(a)的生成子图。从生成子图的定义可以看出,一个图有不止一个生成子图。

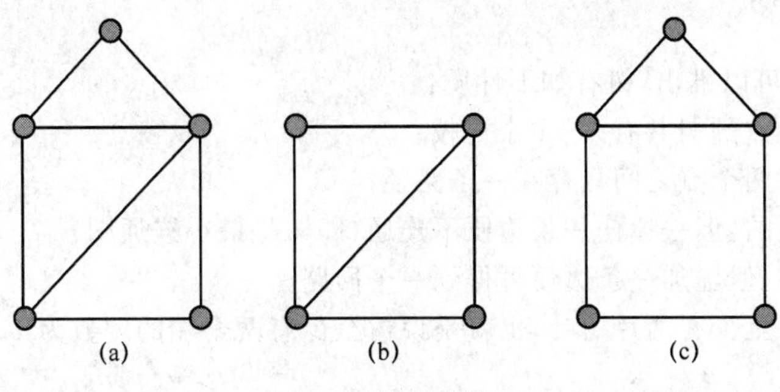

图 7-8　子图的概念

2. 树

树是图论中一个十分重要的概念，许多理论结果都是从树出发的。树在通信网的拓扑设计中起着重要的作用。

(1) 树的基本概念

① 树的定义

一个无回路的连通图称为树。树中的边称为树枝。树枝有树干和树尖之分：若树枝的两个端点都至少与两条边关联，则称该树枝为树干；若树枝的一个端点仅与此边关联，则称该树枝为树尖，并称该端点为树叶。

图 7-9 所示为一棵树，该树共有 12 个树枝，其中，$e_2, e_4, e_5, e_7, e_9, e_{10}, e_{12}$ 为树尖，其余为树干；端点 $v_3, v_5, v_6, v_8, v_{10}, v_{11}, v_{13}$ 为树叶。

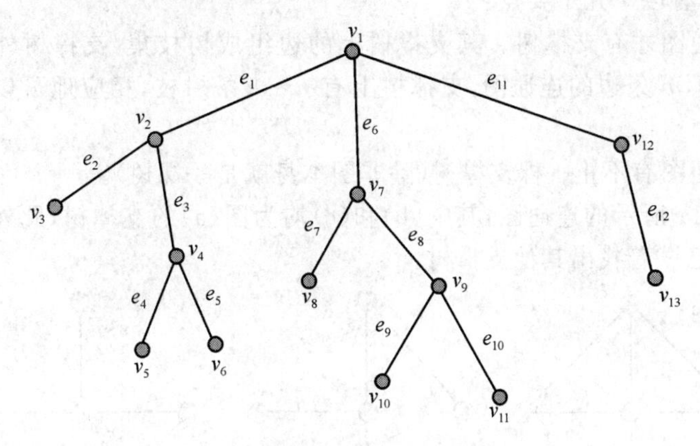

图 7-9　树(1)

树可记为 T，并用全部树枝的集合来表示。例如图 7-9 中的树可表示为

$$T=\{e_1, e_2, e_3, e_4, e_5, e_6, e_7, e_8, e_9, e_{10}, e_{11}, e_{12}\}$$

② 树的分类

常见的树的种类有三种：图 7-9 所示的是一种典型的树，称为根树，通常指定树中的某一个点为树根，例如图 7-9 中的 v_1 为树根。另外，还有两种树，就是星树和线树，参见图 7-10。

③ 树的性质

从树的定义可以推出,树有如下性质:

- 具有 n 个点的树共有 $n-1$ 个树枝;
- 树中任意两个点之间只存在一条路径;
- 树是连通的,但去掉任一条边便不连通,即树是最小连通图;
- 树无回路,但增加一条边便可得到一个回路;
- 任一棵树至少有两片树叶,也就是说树至少有两个端的度数为 1。

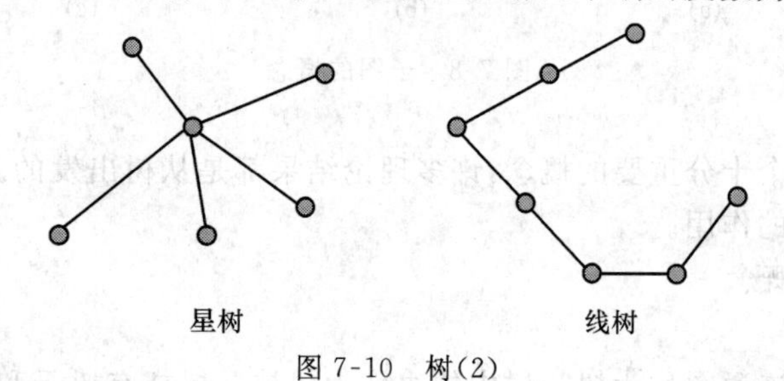

图 7-10 树(2)

(2) 图的支撑树

① 支撑树的概念

如果一棵树 T 为一个连通图 G 的子图,且包含 G 中所有的点,则称该树为 G 的支撑树,也叫生成树。

有关支撑树有以下几个要点:

- 只有连通图才有支撑树。其支撑树上的边组成树枝集,支撑树外的边组成连枝集。具有 n 个点、m 条边的连通图,支撑树上有 $n-1$ 条树枝,相应地可以算出连枝的树目为 $m-n+1$。
- 一个连通图有不止一棵支撑树(除非图本身就是一棵树)。

例如,图 7-11 所示的连通图,其中(b)和(c)均为图(a)的支撑树,此外还有其他的支撑树,读者可自己试着找出其他支撑树。

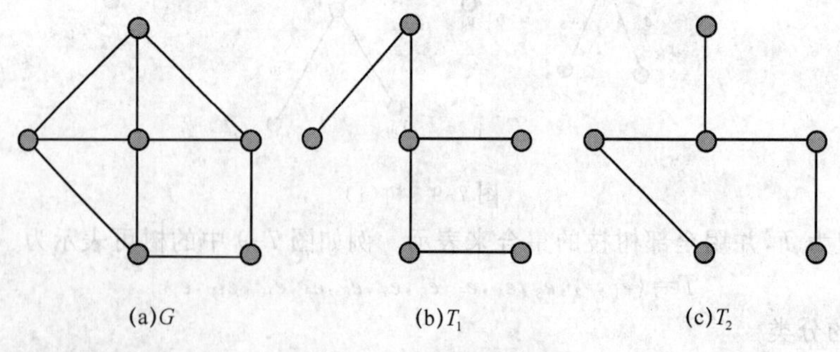

图 7-11 图的支撑树

② 图的阶和空度

连通图 G 的支撑树的树枝数称为图 G 的阶,记为 ρ。若图 G 有 n 个端点,则它的阶 ρ

为 $n-1$。

连通图 G 的连枝数称为图 G 的空度，记为 μ。当图 G 有 m 条边时，其空度为 $\mu=m-n+1$。显然 $\rho+\mu=m$。

图的阶 ρ 表示主树的大小，取决于图 G 中的端数。

图 G 的空度 μ 的意义有两点：

• μ 表示主树覆盖该图的程度。μ 越小，覆盖该图的程度越高，$\mu=0$ 表示图 G 就是一棵树。

• μ 反映图 G 的联结程度。μ 越大，连枝数越多，图的联结性越好；$\mu=0$ 表示最低的联结性。

3. 图的矩阵表示

图的几何表示具有直观性，但在数值计算和分析时，需借助于矩阵表示。这些矩阵是与几何图形一一对应的。有了图形必能写出矩阵，有了矩阵也能画出图形。当然这样画出的图形可以不一样，但在拓扑上是一致的，也就是满足图的定义的。用矩阵表示图的最大优点是可以利用计算机进行运算。

这里我们讨论几种常用的矩阵。

(1) 完全关联矩阵与关联矩阵

完全关联矩阵是表示点与边关联性的矩阵。一个具有 n 个点、m 条边的图 G 的完全关联矩阵 $\boldsymbol{M}(G)$，是以每点为一行、每边为一列的 $n\times m$ 矩阵，即

$$\boldsymbol{M}(G)=(m_{ij})_{n\times m}$$

其中

$$\text{对无向图}\ m_{ij}=\begin{cases}1 & v_i\ \text{与}\ e_j\ \text{关联}\\0 & v_i\ \text{与}\ e_j\ \text{不关联}\end{cases}\tag{7-3}$$

$$\text{对有向图}\quad m_{ij}=\begin{cases}1 & v_i\ \text{是}\ e_j\ \text{的起点}\\-1 & v_i\ \text{是}\ e_j\ \text{的终点}\\0 & v_i\ \text{与}\ e_j\ \text{不关联}\end{cases}\tag{7-4}$$

例 7-2　求图 7-12(a)和(b)的完全关联矩阵。

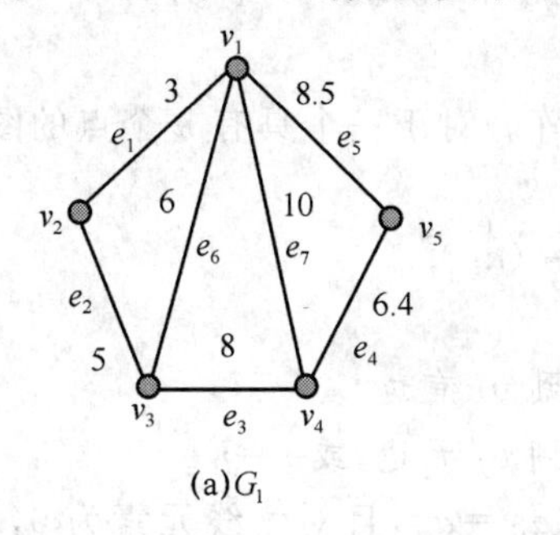

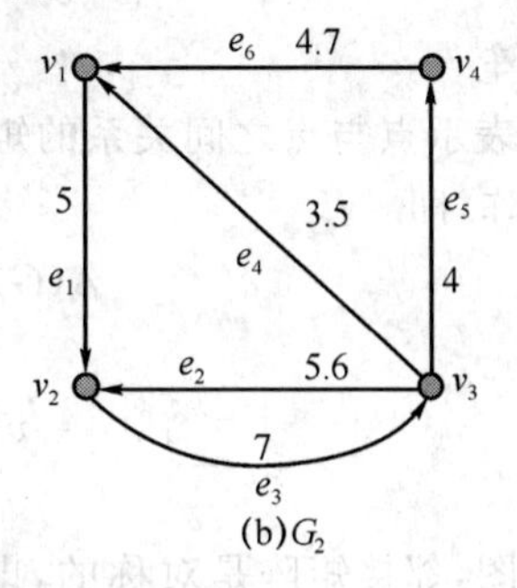

图 7-12　矩阵例题图

解

$$\boldsymbol{M}(G_1)=\begin{array}{c}\\ v_1\\ v_2\\ v_3\\ v_4\\ v_5\end{array}\begin{array}{c}\begin{array}{ccccccc} e_1 & e_2 & e_3 & e_4 & e_5 & e_6 & e_7\end{array}\\ \begin{pmatrix}1 & 0 & 0 & 0 & 1 & 1 & 1\\ 1 & 1 & 0 & 0 & 0 & 0 & 0\\ 0 & 1 & 1 & 0 & 0 & 1 & 0\\ 0 & 0 & 1 & 1 & 0 & 0 & 1\\ 0 & 0 & 0 & 1 & 1 & 0 & 0\end{pmatrix}\end{array}$$

$$\boldsymbol{M}(G_2)=\begin{array}{c}\\ v_1\\ v_2\\ v_3\\ v_4\end{array}\begin{array}{c}\begin{array}{cccccc} e_1 & e_2 & e_3 & e_4 & e_5 & e_6\end{array}\\ \begin{pmatrix}1 & 0 & 0 & -1 & 0 & -1\\ -1 & -1 & 1 & 0 & 0 & 0\\ 0 & 1 & -1 & 1 & 1 & 0\\ 0 & 0 & 0 & 0 & -1 & 1\end{pmatrix}\end{array}$$

从$\boldsymbol{M}(G_1)$和$\boldsymbol{M}(G_2)$可以看出,每行中非0元素的个数等于该点的度数。对无向图,每条边有两个端点,因此$\boldsymbol{M}(G_1)$的每一列元素之和必为2,按模2计算其值为0;对有向图,每条边有一个起点和一个终点,因此矩阵的每一列元素之和恒为0。所以n个行向量不是线性无关的,至多只有$n-1$个线性无关。这意味着在完全关联矩阵中,有一个行向量是多余的。如果去掉其中的任意一行就可得到关联矩阵$\boldsymbol{M}_0(G)=(m_{ij})_{(n-1)\times m}$。去掉的一行对应于实际问题中参考点,如电路的接地点等。

若例7-2中以v_1为参考点,则可得到关联矩阵$\boldsymbol{M}_0(G_1)$和$\boldsymbol{M}_0(G_2)$,分别为

$$\boldsymbol{M}_0(G_1)=\begin{pmatrix}1 & 1 & 0 & 0 & 0 & 0 & 0\\ 0 & 1 & 1 & 0 & 0 & 1 & 0\\ 0 & 0 & 1 & 1 & 0 & 0 & 1\\ 0 & 0 & 0 & 1 & 1 & 0 & 0\end{pmatrix}$$

$$\boldsymbol{M}_0(G_2)=\begin{pmatrix}-1 & -1 & 1 & 0 & 0 & 0\\ 0 & 1 & -1 & 1 & 1 & 0\\ 0 & 0 & 0 & 0 & -1 & 1\end{pmatrix}$$

(2) 邻接矩阵

邻接矩阵是表示点与点之间关系的矩阵。对于一个具有n个点的图G,其邻接矩阵$\boldsymbol{A}(G)$是$n\times n$方阵,即

$$\boldsymbol{A}(G)=(a_{ij})_{n\times n}$$

其中

$$a_{ij}=\begin{cases}1 & v_i\text{ 到 }v_j\text{ 有边}\\ 0 & v_i\text{ 到 }v_j\text{ 无边,或 }i=j\end{cases}\tag{7-5}$$

对无向简单图,邻接矩阵是对称的,即$a_{ij}=a_{ji}$,且对角线元素为0,每行或每列上1的个数则为该点的度数;对有向简单图,对角线元素为0,但不一定对称。每行上1的个

数是该点的射出度数 $d^+(v_i)$，每列上 1 的个数是该点的射入度数 $d^-(v_i)$。图 7-12 中 G_1 和 G_2 的邻接矩阵分别为

$$\boldsymbol{A}(G_1)=\begin{array}{c} \\ v_1\\ v_2\\ v_3\\ v_4\\ v_5\end{array}\begin{array}{c} \begin{array}{ccccc} v_1 & v_2 & v_3 & v_4 & v_5\end{array}\\ \begin{pmatrix} 0 & 1 & 1 & 1 & 1\\ 1 & 0 & 1 & 0 & 0\\ 1 & 1 & 0 & 1 & 0\\ 1 & 0 & 1 & 0 & 1\\ 1 & 0 & 0 & 1 & 0\end{pmatrix}\end{array},\quad \boldsymbol{A}(G_2)=\begin{array}{c} \\ v_1\\ v_2\\ v_3\\ v_4\end{array}\begin{array}{c} \begin{array}{cccc} v_1 & v_2 & v_3 & v_4\end{array}\\ \begin{pmatrix} 0 & 1 & 0 & 0\\ 0 & 0 & 1 & 0\\ 1 & 1 & 0 & 1\\ 1 & 0 & 0 & 0\end{pmatrix}\end{array}$$

(3) 权值矩阵

具有 n 个点的简单图 G，其权值矩阵为

$$\boldsymbol{W}(G)=(w_{ij})_{n\times n}$$

其中

$$w_{ij}=\begin{cases} p_{ij} & v_i \text{ 到 } v_j \text{ 有边}\\ \infty & v_i \text{ 到 } v_j \text{ 无边}\\ 0 & i=j\end{cases}\tag{7-6}$$

显然，权值矩阵与邻接矩阵有类似性。无向简单图的权值矩阵是对称的，且对角线元素为 0；有向简单图的权值矩阵不一定对称，但对角线元素全为 0。图 7-12 中 G_1 和 G_2 的权值矩阵分别为

$$\boldsymbol{W}(G_1)=\begin{array}{c} \\ v_1\\ v_2\\ v_3\\ v_4\\ v_5\end{array}\begin{array}{c} \begin{array}{ccccc} v_1 & v_2 & v_3 & v_4 & v_5\end{array}\\ \begin{pmatrix} 0 & 3 & 6 & 10 & 8.5\\ 3 & 0 & 5 & \infty & \infty\\ 6 & 5 & 0 & 8 & \infty\\ 10 & \infty & 8 & 0 & 6.4\\ 8.5 & \infty & \infty & 6.4 & 0\end{pmatrix}\end{array}$$

$$\boldsymbol{W}(G_2)=\begin{array}{c} \\ v_1\\ v_2\\ v_3\\ v_4\end{array}\begin{array}{c} \begin{array}{cccc} v_1 & v_2 & v_3 & v_4\end{array}\\ \begin{pmatrix} 0 & 5 & \infty & \infty\\ \infty & 0 & 7 & \infty\\ 3.5 & 5.6 & 0 & 4\\ 4.7 & \infty & \infty & 0\end{pmatrix}\end{array}$$

7.1.2　最短路径

在进行通信网络结构设计和选择路由时，经常遇到以下问题：建立多个城市之间的有线通信网，如何确定能够连接所有城市并使线路费用最小的网络结构；在一定网络结

构下如何选择通信路由,怎样确定首选路由和迂回路由等。这些问题就是路径选择或者路径优化的问题。考虑到实际需要,这里只涉及无向简单图的路径优化。

1. 最小支撑树

由前述可知,若连通图 G 本身不是一棵树,其支撑树不止一个。各支撑树的树枝权值之和一般各不相同,我们将其中权值之和最小的那棵支撑树称为最小支撑树。

寻找最小支撑树是一个常见的优化问题。可分为两种情况:一种是无限制条件的情况,另一种是有限制条件的情况。

下面首先介绍无限制条件的求最小支撑树常用的方法,然后再简要说明有限制条件时求最小支撑树的问题。

(1) 求无限制条件的最小支撑树的方法

求最小支撑树常用的方法有两种:K 方法和 P 方法。

① Kruskal 方法(K 方法)

利用 K 方法求最小支撑树的步骤为:

• K_0:将连通图 G 中的所有边按权值递增(或非减)的次序排列(如果有两条以上边的权值相等,则这些边可以任意次序排列)。

• K_1:选取 G 中权值最小的边为树枝,然后每下一步从 G 中所有留下边中选取与前次选出的诸边不构成回路的另一条最短边(如有几条权值相同的边,可依次选取)。

• K_2:这样继续下去,一直选够 $n-1$ 条边。

按上述方法选出的 $n-1$ 条边就构成图 G 的最小支撑树。

例 7-3 要建设连接如图 7-13 所示的五个城镇的线路网,图中所标权值为两城镇之间的距离,请用 K 方法找出连接这五个城镇线路费用最小的网络结构图(设线路费用与距离成正比),并求其最短路径长度。

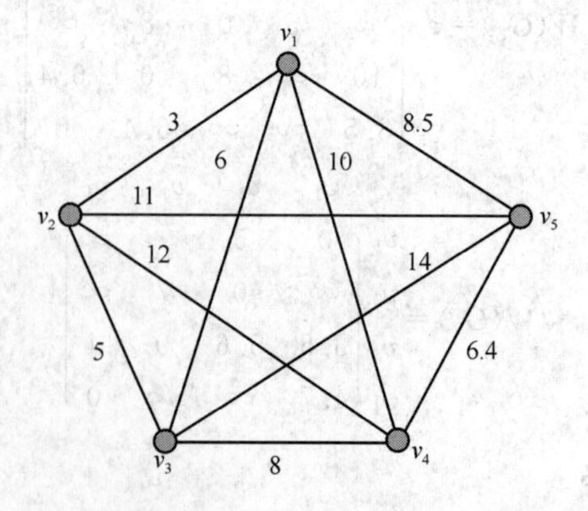

图 7-13 五个城镇的线路网结构图

解 这是一个求最小支撑树的问题。

将各城镇之间的距离(权值)按递增次序排列,如表 7-1 所示。

表 7-1　各城镇之间的距离(权值)按递增次序排列

顺序	边	距离/km	顺序	边	距离/km
1	(v_1,v_2)	3	6	(v_1,v_5)	8.5
2	(v_2,v_3)	5	7	(v_1,v_4)	10
3	(v_1,v_3)	6	8	(v_2,v_5)	11
4	(v_4,v_5)	6.4	9	(v_2,v_4)	12
5	(v_3,v_4)	8	10	(v_3,v_5)	14

选边(v_1,v_2),权值为 3。

选边(v_2,v_3),权值为 5,与已选边没形成回路,保留;选边(v_1,v_3),权值为 6,与已选边形成回路,舍去。

选边(v_4,v_5),权值为 6.4,与已选边没形成回路,保留;选边(v_3,v_4),权值为 8,与已选边没形成回路,保留。

至此已选够 $n-1=4$ 条边,形成一棵最小支撑树,如图 7-14 所示。

网络总长度(最短路径长度)为:3+5+6.4+8=22.4 km。

② Prim 方法(P 方法)

P 方法的思路是:任意选择一个点 v_i,将它与 v_j 相连,同时使(v_i,v_j)具有的权值最小,再从 v_i,v_j 以外的其他各点中选取一点 v_k 与 v_i 或 v_j 相连,同时使所连两点的边具有最小的权值,重复这一过程,直至将所有点相连,就可得到连接 n 个节点的最小支撑树。

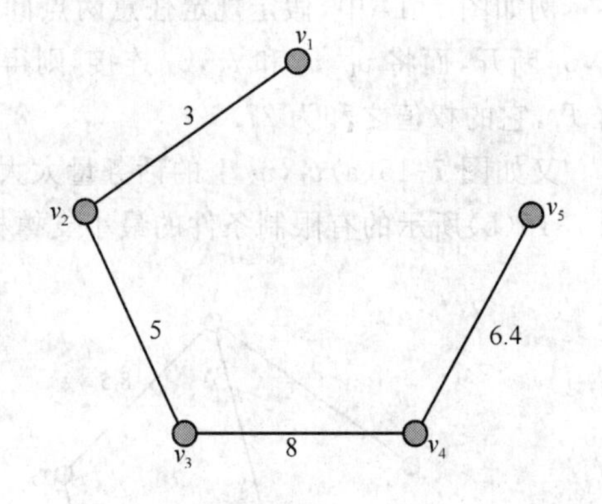

图 7-14　用 K 方法得到的最小支撑树

P 方法的具体步骤如下:

- P_0:任取一点 v_{j1},作子图 $G_1=\{v_{j1}\}$,比较 G_1 到 $G-G_1$ 中各边的权值 d_{ij},取最小的,把所连的点 v_{j2} 并入 G_1,得 $G_1=\{v_{j1},v_{j2}\}$,即 $\min\limits_{j\in G-G_1} d_{j1j}=d_{j1j2}$。
- P_1:对已得到 $r-1$ 个点的子图 G_{r-1},比较 G_{r-1} 中各点到 $G-G_{r-1}$ 中各点所有边的权值,取最小的,即 $\min\limits_{\substack{i\in G_{r-1}\\ j\in G-G_{r-1}}} d_{ij}=d_{ijr}$,得到子图 $G_r=\{v_{j1},v_{j2},\cdots,v_{jr}\}$。
- P_2:若 $r<n$,重复 P_1,若 $r=n$ 则终止,即得最小支撑树 G_n。

例 7-4　用 P 方法解例 7-3 中的问题。

解　依 P 方法,可顺序得:

$$G_1=\{v_1\}$$

$G_2=\{v_1, v_2\}$　　d_{12}最小,为3 km

$G_3=\{v_1, v_2, v_3\}$　　d_{23}最小,为5 km

$G_4=\{v_1, v_2, v_3, v_4\}$　　d_{34}最小,为8 km

$G_5=\{v_1, v_2, v_3, v_4, v_5\}$　　d_{45}最小,为6.4 km

即得到与例7-3同样的结果。

有时两种方法得到同一图的最小支撑树可能不同,但两棵最小支撑树的权值之和一定相同。

(2) 求有限制条件的最小支撑树的方法

在设计通信网的网络结构时,经常会提出一些特殊要求,如两个交换中心通信时,转接次数不能太多;某条线路上的话务量不能太大等。这类问题可归结为在限制条件下求最小支撑树。

求有约束条件的最小支撑树的方法简单说来是这样的:先按上述所介绍的K方法或P方法求出无约束条件的最小支撑树,然后根据所给的约束条件,对网络结构进行调整,使之既满足约束条件,又尽量接近最小支撑树。

例如图7-14中,假定规定任意两点间的转接次数不能超过3,那么可以将v_2,v_3和v_3,v_4断开,而将v_1,v_5和v_1,v_3连接,则得到如图7-15(a)所示的有限制条件的最小支撑树T_1,它的权值之和为27.9。

又如图7-15(a)v_1,v_5上的话务量太大,则将v_4,v_5断开,而将v_1,v_4相连,则得到如图7-15(b)所示的有限制条件的最小支撑树T_2,它的权值之和为27.5。

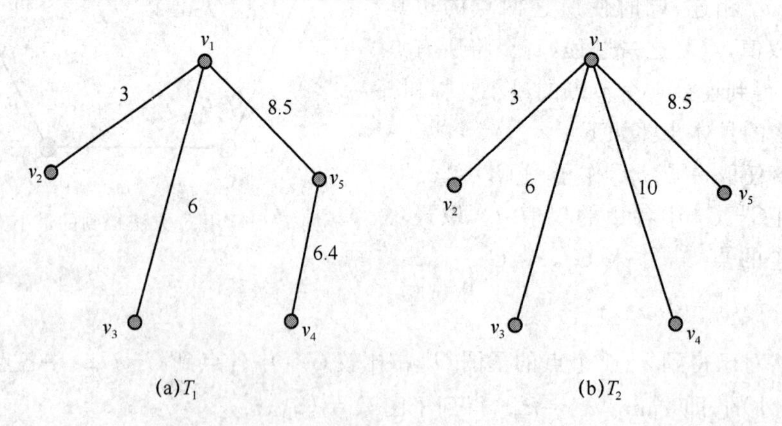

图7-15　有限制条件的最小支撑树

关于有限制条件的最小支撑树的具体优化方法,限于篇幅不再加以介绍,感兴趣的读者可参阅《通信网理论基础》和《通信网分析》等相关书籍。

2. 点间最短路径

在通信网的网络结构确定以后，任意两点之间的通信，首选路由是它们之间的最短路由，这是求两点间最短路径的问题，一般有两种情况：指定点到其他点的最短路径和任意两点间的最短路径，有时还需要找次短径以供备用。下面一一进行论述。

(1) 指定点到其他各点的最短路径算法

求指定点到其他各点的最短路径，Dijkstra 算法（简称 D 算法）是最有效的算法之一，D 算法的思路如下：

设给定图 G 及各边权值 d_{ij}，指定点为 v_s。

D 算法把点集分成两组，已选定点集 G_P 和未选定点集 $G-G_P$，每个点都有一个权值 w_i，对已选定点，这权值是 v_s 到该点的最短路径长度；对未选定点，w_i 是暂时的，是 v_s 经当前 G_P 中的点到该点的最短路径长度。将 $G-G_P$ 中径长最短的点归入 G_P，然后再计算 $G-G_P$ 中各点的 w_i，与上次的 w_i 相比较，取最小的。如此一直下去，直到 G_P 中有 n 个点，所设定的权值就是最短路径长度。

D 算法的具体步骤为：

- D_0：设定 v_s，得 $G_P=\{v_s\}$，$w_s=0$，$w_j=\infty(v_j\in G-G_P)$。
- D_1：计算暂设值

$$w_j^*=\min_{\substack{v_j\in G-G_P\\ v_i\in G_P}}(w_j,w_i+d_{ij}) \tag{7-7}$$

其中 w_i 是上一次某一点到 v_s 的最小距离的设定值，w_j 是上一次暂设值。

- D_2：取最小值

$$w_i=\min_{v_i\in G-G_P} w_j^* \tag{7-8}$$

将 v_j 并入 G_P 得新的 G_P。若 G_P 中的点数为 n，结束，不然返回 D_1。

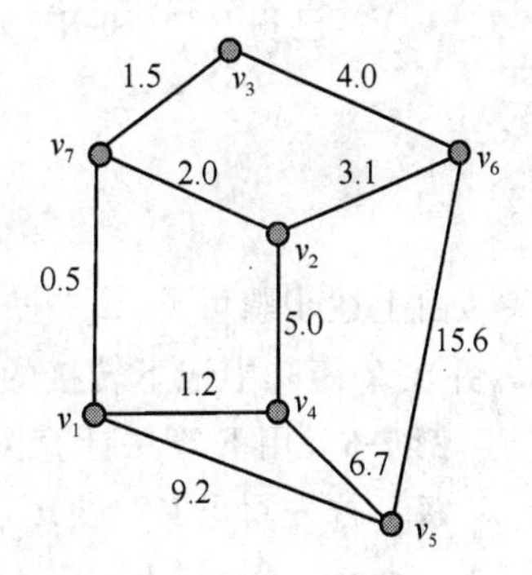

图 7-16　最短路径的计算

例 7-5　用 D 算法求图 7-16 中 v_7 到其他各点的最短径长。

解　计算步骤如表 7-2 所示。

表 7-2　例 7-5 计算步骤

v_7	v_1	v_2	v_3	v_4	v_5	v_6	设定	最短径长
0	∞	∞	∞	∞	∞	∞	v_7	$w_s=0$
	$\underline{0.5}$	2	1.5	∞	∞	∞	v_1	$w_1=0.5$
		2	$\underline{1.5}$	1.7	9.7	∞	v_3	$w_3=1.5$
		2		$\underline{1.7}$	9.7	5.5	v_4	$w_4=1.7$
		$\underline{2}$			8.4	5.5	v_2	$w_2=2$
					8.4	$\underline{5.1}$	v_6	$w_6=5.1$
					$\underline{8.4}$		v_5	$w_5=8.4$

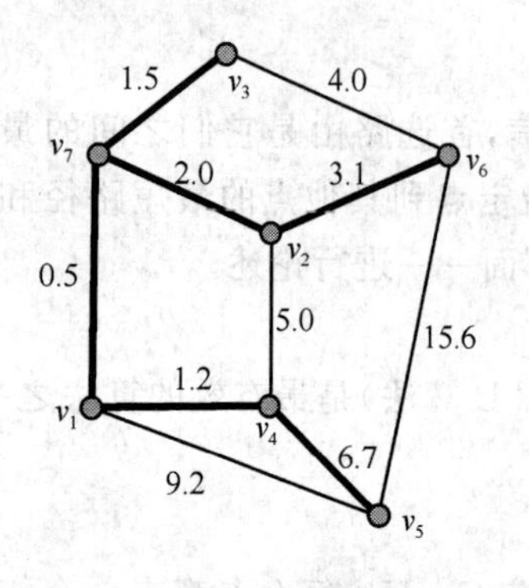

图 7-17　最短路径的计算结果

最后得到的最短路径如图 7-17 所示。

(2) 任意两点之间的最短路径算法

求任意两点之间的最短路径,可以依次选择每个点为指定点,用 D 算法做 n 次运算,但这样做太烦琐。这里介绍更为有效的算法:Floyd 算法,简称 F 算法。F 算法的原理与 D 算法相同,只是使用矩阵形式进行运算,有利于在计算机中进行处理。

对于有 n 个点,各边权值为 d_{ij} 的图 G,顺序计算图 G 的权值(径长)矩阵 $\boldsymbol{W}$ 和路由矩阵 $\boldsymbol{R}$,其步骤如下:

• F_0:径长矩阵 $\boldsymbol{W}^0=(w_{ij}^0)_{n\times n}$,路由矩阵 $\boldsymbol{R}^0=(r_{ij}^0)_{n\times n}$,其中

$$w_{ij}^0=\begin{cases}p_{ij} & v_i \text{ 到 } v_j \text{ 有边}\\ \infty & v_i \text{ 到 } v_j \text{ 无边}\\ 0 & i=j\end{cases} \tag{7-9}$$

$$r_{ij}^0=\begin{cases}j & w_{ij}^0<\infty\\ 0 & w_{ij}^0=\infty \text{ 或 } i=j\end{cases} \tag{7-10}$$

• F_1:已得 $\boldsymbol{W}^{k-1}$ 和 $\boldsymbol{R}^{k-1}$ 矩阵,求 $\boldsymbol{W}^k$ 和 $\boldsymbol{R}^k$ 矩阵的元素如下:

$$w_{ij}^k=\min(w_{ij}^{k-1},w_{ik}^{k-1}+w_{kj}^{k-1}) \tag{7-11}$$

$$r_{ij}^k=\begin{cases}r_{ij}^{k-1} & w_{ij}^k=w_{ij}^{k-1}\\ k & w_{ij}^k<w_{ij}^{k-1}\end{cases} \tag{7-12}$$

由上述步骤可见,$w^{k-1}\rightarrow w^k$ 是计算经 v_{k-1} 转接时是否能缩短径长,如有缩短,更改 w_{ij} 并在 $\boldsymbol{R}$ 矩阵中记下转接的点,最后算得 $\boldsymbol{W}^n$ 和 $\boldsymbol{R}^n$,就可得到最短径长和转接路由。

例 7-6　用 F 算法计算图 7-16 中任意两点之间的最短径。

解　首先写出 $\boldsymbol{W}^0$ 和 $\boldsymbol{R}^0$:

$$\boldsymbol{W}^0=\begin{array}{c}\\ v_1\\ v_2\\ v_3\\ v_4\\ v_5\\ v_6\\ v_7\end{array}\begin{array}{c}\begin{array}{ccccccc}v_1 & v_2 & v_3 & v_4 & v_5 & v_6 & v_7\end{array}\\ \begin{pmatrix}0 & \infty & \infty & 1.2 & 9.2 & \infty & 0.5\\ \infty & 0 & \infty & 5 & \infty & 3.1 & 2\\ \infty & \infty & 0 & \infty & \infty & 4 & 1.5\\ 1.2 & 5 & \infty & 0 & 6.7 & \infty & \infty\\ 9.2 & \infty & \infty & 6.7 & 0 & 15.6 & \infty\\ \infty & 3.1 & 4 & \infty & 15.6 & 0 & \infty\\ 0.5 & 2 & 1.5 & \infty & \infty & \infty & 0\end{pmatrix}\end{array}$$

$$
\boldsymbol{R}^0 = \begin{array}{c} \\ v_1 \\ v_2 \\ v_3 \\ v_4 \\ v_5 \\ v_6 \\ v_7 \end{array} \begin{array}{c} \begin{array}{ccccccc} v_1 & v_2 & v_3 & v_4 & v_5 & v_6 & v_7 \end{array} \\ \begin{pmatrix} 0 & 0 & 0 & 4 & 5 & 0 & 7 \\ 0 & 0 & 0 & 4 & 0 & 6 & 7 \\ 0 & 0 & 0 & 0 & 0 & 6 & 7 \\ 1 & 2 & 0 & 0 & 5 & 0 & 0 \\ 1 & 0 & 0 & 4 & 0 & 6 & 0 \\ 0 & 2 & 3 & 0 & 5 & 0 & 0 \\ 1 & 2 & 3 & 0 & 0 & 0 & 0 \end{pmatrix} \end{array}
$$

$$
\boldsymbol{W}^1 = \begin{pmatrix} 0 & \infty & \infty & 1.2 & 9.2 & \infty & 0.5 \\ \infty & 0 & \infty & 5 & \infty & 3.1 & 2 \\ \infty & \infty & 0 & \infty & \infty & 4 & 1.5 \\ 1.2 & 5 & \infty & 0 & 6.7 & \infty & \underline{1.7} \\ 9.2 & \infty & \infty & 6.7 & 0 & 15.6 & \underline{9.7} \\ \infty & 3.1 & 4 & \infty & 15.6 & 0 & \infty \\ 0.5 & 2 & 1.5 & \underline{1.7} & \underline{9.7} & \infty & 0 \end{pmatrix}
$$

式中

$$w_{47}^1 = \min(w_{47}^0, w_{41}^0 + w_{17}^0) = \min(\infty, 1.2 + 0.5) = 1.7$$

$$w_{57}^1 = \min(w_{57}^0, w_{51}^0 + w_{17}^0) = \min(\infty, 9.2 + 0.5) = 9.7$$

$$
\boldsymbol{R}^1 = \begin{pmatrix} 0 & 0 & 0 & 4 & 5 & 0 & 7 \\ 0 & 0 & 0 & 4 & 0 & 6 & 7 \\ 0 & 0 & 0 & 0 & 0 & 6 & 7 \\ 1 & 2 & 0 & 0 & 5 & 0 & 1 \\ 1 & 0 & 0 & 4 & 0 & 6 & 1 \\ 0 & 2 & 3 & 0 & 5 & 0 & 0 \\ 1 & 2 & 3 & 1 & 1 & 0 & 0 \end{pmatrix}
$$

$$
\boldsymbol{W}^2 = \begin{pmatrix} 0 & \infty & \infty & 1.2 & 9.2 & \infty & 0.5 \\ \infty & 0 & \infty & 5 & \infty & 3.1 & 2 \\ \infty & \infty & 0 & \infty & \infty & 4 & 1.5 \\ 1.2 & 5 & \infty & 0 & 6.7 & \underline{8.1} & 1.7 \\ 9.2 & \infty & \infty & 6.7 & 0 & 15.6 & 9.7 \\ \infty & 3.1 & 4 & \underline{8.1} & 15.6 & 0 & \underline{5.1} \\ 0.5 & 2 & 1.5 & 1.7 & 9.7 & \underline{5.1} & 0 \end{pmatrix}
$$

式中

$$w_{46}^2=\min(w_{46}^1,w_{42}^1+w_{26}^1)=\min(\infty,5+3.1)=8.1$$

$$w_{67}^2=\min(w_{67}^1,w_{62}^1+w_{27}^1)=\min(\infty,3.1+2)=5.1 \text{ 等}$$

$$\boldsymbol{R}^2=\begin{pmatrix}0&0&0&4&5&0&7\\0&0&0&4&0&6&7\\0&0&0&0&0&6&7\\1&2&0&0&5&2&1\\1&0&0&4&0&6&1\\0&2&3&2&5&0&2\\1&2&3&1&1&2&0\end{pmatrix}$$

用同样的方法求出各次修改矩阵,最后得

$$\boldsymbol{W}^7=\begin{pmatrix}0&2.5&2&1.2&7.9&5.6&0.5\\2.5&0&3.5&3.7&10.4&3.1&2\\2&3.5&0&3.2&9.9&4&1.5\\1.2&3.7&3.2&0&6.7&6.8&1.7\\7.9&10.4&9.9&6.7&0&13.5&8.4\\5.6&3.1&4&6.8&13.5&0&5.1\\0.5&2&1.5&1.7&8.4&5.1&0\end{pmatrix}$$

$$\boldsymbol{R}^7=\begin{pmatrix}0&7&7&4&4&7&7\\4&0&7&7&7&6&7\\7&7&0&7&7&6&7\\1&7&7&0&5&7&1\\4&7&7&4&0&7&4\\7&2&3&7&7&0&1\\1&2&3&1&4&2&0\end{pmatrix}$$

从 $\boldsymbol{W}^7$ 和 $\boldsymbol{R}^7$ 中,可以找到任意两点之间的最短路径长度和路由。例如,从 v_7 到 v_5 的最短路径长度是8.4,这可以从 $\boldsymbol{W}^7$ 矩阵中看出。从 $\boldsymbol{R}^7$ 矩阵中可以找到 $r_{75}=4$,即要经 v_4 转接,再看 $r_{74}=1$,$r_{71}=1$,即要经 v_1 转接,则路由是 $v_7\to v_1\to v_4\to v_5$,此结果与D算法得到的结果一样。

(3) 次短径算法

在实际问题中,除求最短径外,往往还需要求次短径。例如当通信网中某两点之间的首选路由的业务量出现溢出或发生故障时,就需要寻找次短径或更次短径作为首选路由的第一、第二迂回路由。

业务量出现溢出或故障可能发生在某段、某几段电路或某个交换节点上,所以次短径可分为两类:一类是与最短径的某些边分离的次短径;另一类是除起点和终点外,与最短径某些点分离的次短径。

第一类次短径的求法：用 F 算法或 D 算法得到最短径后，从图中去掉这条路径的某条或某几条边，然后在剩下的图中用 D 算法求最短径，就是所求的次短径。再依此方法可求出第二、第三条次短径。

第二类次短径的求法是将图中的某些点去掉，然后在剩下的图中求最短径，同样，依此方法可求出其他次短径。

图 7-16 中，v_7，v_6 之间的最短径是$\{v_7, v_2, v_6\}$，将边$\{v_7, v_2\}$和$\{v_2, v_6\}$去掉后可求出次短径$\{v_7, v_3, v_6\}$，它与最短径边分离，同时也是点分离。又如 v_7，v_5 之间的最短径是$\{v_7, v_1, v_4, v_5\}$，如去掉最短径的所有边，则可得到完全边分离的次短径$\{v_7, v_2, v_6, v_5\}$；若去掉 v_1，可得到点分离的次短径$\{v_7, v_2, v_4, v_5\}$。

7.1.3　站址选择

在前面的讲述中，假定网中所有点都是在已经确定的条件下求最小支撑树和最短路径等。实际通信网中，我们可能设立新的交换局，或者在某些交换局之间设立汇接局或高等级的交换局，它的位置选择应能使得路径最短或网的总费用最小。新的交换局可设立一个或多个，在数学上是求单中位点或多中位点的问题，下面一一进行讨论。

1. 单中位点

(1) 距离测度

设单中位点的坐标为(x_0, y_0)，有 n 个用户点，它们的平面坐标为(x_i, y_i)，$i=1,2,3,\cdots,n$。令 d_{i0} 表示各用户点与中位点之间的距离测度，有两种距离测度方法，即欧氏距离测度和矩形线距离测度。

欧氏距离测度为

$$d_{i0}=\sqrt{(x_i-x_0)^2+(y_i-y_0)^2} \tag{7-13}$$

这种距离测度适用于广播系统中发射点和蜂窝小区中基站位置的选择。

矩形线距离测度为

$$d_{i0}=|x_0-x_i|+|y_0-y_i| \tag{7-14}$$

这种距离测度适用于固定电话，考虑到用户线路常沿街道铺设，若街道是方格形的，则式按(7-14)计算。

(2) 单中位点位置的确定

这里只讨论矩形线距离的情况。

令 p_i 表示加权系数。可代表用户点用户数或线路费用。单中位点就是找到(x_0, y_0)，使得代价

$$L=\sum_i p_i d_{i0} \tag{7-15}$$

最小的点。

把距离测度 d_{i0} 代入 $L=\sum_i p_i d_{i0}$,则可知道到 L 一定是 x_0 和 y_0 的函数方程。

求单中位点可以用数学中求极值的方法,即使 d_{i0} 对 x_0 的偏导数为零,对 y_0 的偏导数为零,则

$$\begin{aligned}\frac{\partial L}{\partial x_0}&=\frac{\partial}{\partial x_0}\sum_i p_i d_{i0}=\sum\frac{\partial d_{i0}}{\partial x_0}p_i\\\frac{\partial L}{\partial y_0}&=\frac{\partial}{\partial y_0}\sum_i p_i d_{i0}=\sum\frac{\partial d_{i0}}{\partial y_0}p_i\end{aligned}\tag{7-16}$$

其中 p_i 为常数。因为

$$\frac{\partial}{\partial x_0}|x_i-x_0|=\begin{cases}1 & x_0>x_i\\-1 & x_0<x_i\\\text{不定} & x_0=x_i\end{cases}\tag{7-17}$$

当 $x_0=x_i$ 时,$|x_i-x_0|=0$,不影响 L 的值,故可不考虑该点;同理,也不考虑 $y_0=y_i$ 点,故式(7-16)变为

$$\begin{aligned}\frac{\partial L}{\partial x_0}&=\sum_{\substack{i\\x_0>x_i}}p_i-\sum_{\substack{i\\x_0<x_i}}p_i\\\frac{\partial L}{\partial y_0}&=\sum_{\substack{i\\y_0>y_i}}p_i-\sum_{\substack{i\\y_0<y_i}}p_i\end{aligned}\tag{7-18}$$

令 $\frac{\partial L}{\partial x_0}=\frac{\partial L}{\partial y_0}=0$,可求得 x_0,y_0 使下面两式成立:

$$\begin{aligned}x_0:\ \sum_{\substack{i\\x_0>x_i}}p_i&=\sum_{\substack{i\\x_0<x_i}}p_i\\y_0:\ \sum_{\substack{i\\y_0>y_i}}p_i&=\sum_{\substack{i\\y_0<y_i}}p_i\end{aligned}\tag{7-19}$$

即中位点的选择应能使 x_0 左边所有点的加权系数之和等于 x_0 右边各点加权系之和;y_0 上边所有点的加权系数之和等于 y_0 下边各点加权系之和。

在实际应用中,使用式(7-19)求中位点时会遇到以下几种情况:

① $\sum p_i$ 是偶数 ,而且可以沿横轴和纵轴各等分为两部分,这时可直接用式(7-19)求中位点,但中位点不是唯一的,如图 7-18(a)所示,在斜线范围内(不包括外边的方框)均能使 L 最小。图中各点旁所标数字是权值 p_i。

② $\sum p_i$ 是偶数,但只能沿纵轴上下等分为两部分,这时中位点 x_0 必定与某点的 x_i 相等,而 y_0 则可在与 y 轴平行的一条线段上,如图 7-18(b)中 a－b 粗实线(不包括 a、b 两点)。同理,若 $\sum p_i$ 是偶数只能沿横轴左右等分为两部分,则 y_0 与某点的 y_i 相等,而

x_0 可在与 x 轴平行的一条线段上,如图 7-18(c)中粗实线 a—b 所示(不包括 a、b 两点)。

③ $\sum p_i$ 是偶数但横轴和纵轴均不能等分或 $\sum p_i$ 是奇数时,中位点是一个点。x_0、y_0 能与某用户点的 x_i 和另一用户点的 y_i 相等,也可能与某一用户点的 x_i、y_i 相同,如图 7-18(d)所示。

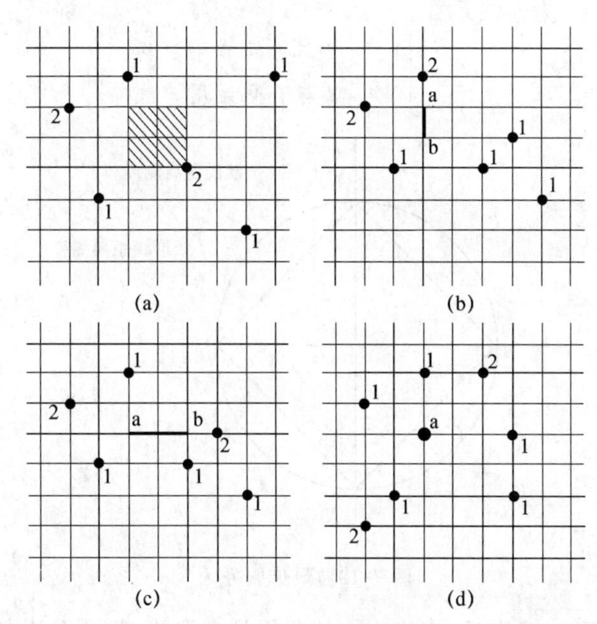

图 7-18　单中位点示意图

2. 多中位点

单中位点只解决了用户数目不多和地理范围不太大时的选址问题。但户数较多或地理位置分散,往往要建多个中位点。一般把整个网络分成几个群体,每个群体有一个中位点,一个群体就叫做一个服务区。

(1) 服务区的划分

假设中位点数目已经确定,服务区的划分应使得每用户的平均费用最小。通过求极值的方法可得到最佳服务区的形状。图 7-19 为用户均匀且连续分布时求得的最佳服务区。

当距离测度为欧氏距离时,最佳服务区是圆形;当距离测度为矩形线距离时,最佳服务区是正方形。

(2) 各中位点位置的确定

当网络要建多个中位点时,各中位点位置的确定不仅要考虑用户线费用,还要考虑中继线和各交换中心的费用。

目标函数为

$$L = \sum_{j=1}^{m} f_j + g_m + \sum_{j=1}^{m}\sum_{i=1}^{n} C_{ij} p_i d_{ij} \tag{7-20}$$

式中，f_j 为建第 j 个交换中心的费用，$j=1,2,\cdots,m$；g_m 为设 m 个交换中心时中继线的总费用；p_i 为第 i 个用户点的加权系数，$i=1,2,\cdots,n$；d_{ij} 为第 i 个用户点与第 j 个交换中心之间的用户线长度；C_{ij} 为连线系数。

$$C_{ij} = \begin{cases} 1 & i\text{ 与 }j\text{ 间有用户线} \\ 0 & i\text{ 与 }j\text{ 间无用户线} \end{cases}$$

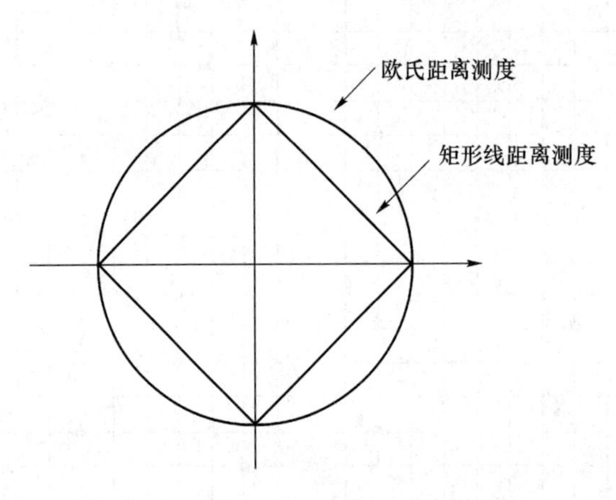

图 7-19　最佳服务区

当中位点的数目 m 确定后，交换中心的费用是个常数，若再不计中继线的总费用，目标函数式(7-20)变为

$$L = \sum_{j=1}^{m}\sum_{i=1}^{n} C_{ij} p_i d_{ij} \tag{7-21}$$

求解步骤如下：

- M_0：任选 m 个点 (x_{0j}, y_{0j}) 作为各中位点的位置，划分 m 个区域，将所有用户点分给距其最近的中位点所在区域，计算用户线费用 L_1。
- M_1：用求单中位点的方法重新确定各中位点的位置，并计算用户线费用 L_2。
- M_2：比较 L_1 与 L_2，若两者相等或接近相等就结束；否则，返回步骤 M_0。也可按改变后的各中位点位置重新划分区域，仍然按最近距离的原理将 n 个用户分给 m 个中位点，若分区没有改变就结束，否则，返回步骤 M_0。

(3) 中位点数目 m 的确定

确定中位点数目 m 应使目标函数式(7-20)最小，可依次求单中位点、两个中位点、三个中位点直至 m 个中位点的解，其中使 L 为最小的 m 值即为所求。所使用的方法就是前面介绍的单中位点和多中位点的求解方法。在计算式(7-20)中的总费用，除了计算用户线的费用外，还要计算建立 m 个交换中心所需要的局内交换设备的费用与场地及建筑物费用（即 $\sum_{j=1}^{m} f_j$）、中继线的总费用 g_m。电话通信网的局所数目 m 与总费用 L 之间的关系可用图 7-20 中的曲线表示。

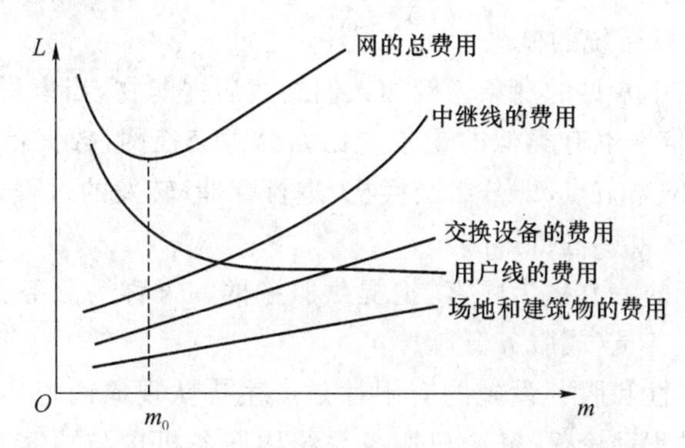

图 7-20　网的总费用 L 与局所数目 m 的关系曲线

图 7-20 中 m_0 为最佳局所数目，可看出：

• 用户线的费用随 m 的增加而下降。因为所建的交换局越多，交换区的范围将越小，用户线的长度会缩短，因而减少了用户线费用。当用户线的单位价格上涨时，总费用的极限点会向右移动，即最佳局所数 m_0 增大。

• 中继线的费用随 m 的增加而上升。因为交换局越多，局间中继线的总长度和费用就会增加。当中继线的单价上升时，中继线的费用曲线会向上弯曲，m_0 将减小。

• 交换设备的费用随 m 的增加而增加。因为当交换设备单价上升、场地和建筑物费用上涨时，这两条曲线的斜率将增大，结果使 m_0 数值减小。

如前所述，由 m 选定后确定的各中位点位置只能得到准最佳解，所以这里求出的最佳局所数目 m_0 也是准最佳结果。

7.2　网络流量设计基础

网络流量是个广泛使用的术语，如交通网中的车流量，运输网中的货流量，通信网中的信息流量（话务、数据流量等）。网络的作用是传送各种业务流，业务流量的大小反映了人们对网络的需求和网络具有的传送能力。通信网络流量设计应根据业务流量预测值和服务指标要求确定交换设备和线路的容量，并对网内的流量进行合理的分配，以达到节省网络资源的目的。网络流量设计与网络结构设计相辅相成、互相制约，两者应结合起来进行。

排队论又称随机服务系统理论，它广泛应用于通信领域，是通信网络流量设计的基础理论。本节着重介绍排队论的一些基本概念及其应用。

7.2.1 排队论基本概念

1. 排队系统的概念

(1) 排队论与排队系统的概念

排队是日常生活中常见的现象。例如人们到商店去购物,当售货员较少而顾客较多时就会出现排队,通信网也有类似的现象。比如分组交换网,数据信息是以分组为单位传送的,各分组到达网络节点(即分组交换机)进行存储-转发的过程中,当多个分组要去往同一输出链路,那么就要进行排队。

我们把要求服务的一方称为顾客,把提供服务的一方称为服务机构,而把服务机构内的具体设施称为服务员(或服务窗口)。

顾客需求的随机性和服务设施的有限性是产生排队现象的根本原因。排队论就是利用概率论和随机过程理论,研究随机服务系统内服务机构与顾客需求之间的关系,以便合理地设计和控制排队系统。

由于顾客到达的数目和要求提供服务的时间长短都是不确定的,这种由要求随机性服务的顾客和服务机构两方面构成的系统称为随机服务系统或排队系统。

(2) 排队系统的一般表示

排队系统尽管千差万别,但都可以抽象为顾客到达服务机构,若服务员有空闲便立刻得到服务,若服务员不空闲,则需排队等待服务员有空闲时再接受服务,服务完后离开服务机构。因此排队模型可用图 7-21 表示。

图 7-21 中虚线框图为排队系统。顾客要求服务,不断到达服务机构,顾客数量超过服务机构容量便形成排队,等待服务。排队、服务机构组成一个排队系统。顾客到达,排队等待,服务机构给予适当的服务以满足顾客的需求,顾客离开服务机构,这四个环节便组成一个排队模型。

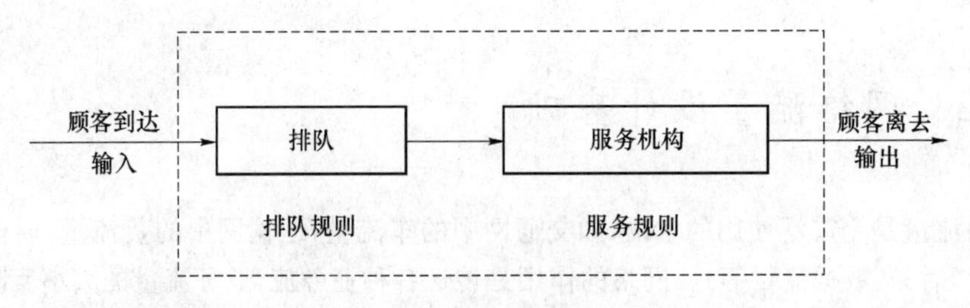

图 7-21　排队模型

2. 排队系统的基本参数

排队系统的基本参数包括:顾客到达率 λ、服务员数目 m 和服务员服务速率 μ。

(1) 顾客到达率 λ

顾客到达率 λ 是单位时间内平均到达排队系统的顾客数量。λ 反映了顾客到达系统的快慢程度，λ 越大，说明系统的负载越重。

一般排队系统中顾客的到达是随机的，即任意相邻两顾客到达的时间间隔 T 是一个随机变量。T 的统计平均值 $\bar{T}$ 就是顾客到达的平均时间间隔，其倒数即为顾客到达率

$$\lambda=\frac{1}{\bar{T}} \tag{7-22}$$

(2) 服务员数目 m

服务员数目 m 就是排队系统内可以同时提供服务的设备或窗口数，它表征服务机构的资源。

(3) 服务员服务速率 μ

服务员服务速率 μ 指的是单位时间内由一个服务员进行服务所离开排队系统的平均顾客数。对于 $m=1$ 的单服务员系统，μ 就是系统的服务速率；对于 $m>1$ 的多服务员系统，则系统的服务速率为 $m\mu$，即单位时间内接受服务后离开系统的平均顾客数为 $m\mu$。

设一个顾客被服务的时间为 τ，它也是一个随机变量。τ 的统计平均值 $\bar{\tau}$ 就是一个顾客被服务的平均时间(即为单个服务员对顾客的平均服务时间)，显然其倒数为服务员服务速率

$$\mu=\frac{1}{\bar{\tau}} \tag{7-23}$$

3. 排队系统的三个特征

排队系统在运行中包括三个过程：

- 顾客输入过程——它说明了顾客的到达规律，与顾客的到达率和顾客到达时间的随机性有关。
- 排队过程——与排队规则有关。
- 顾客接受服务(然后离去)的过程——取决于服务机构的效率和服务时间的长短。

排队系统的特征，就是排队系统三个过程的特征。顾客输入过程的特征用相邻两顾客到达的间隔时间的分布函数来描述；顾客排队过程的特征用排队规则表示；顾客接受服务过程的特征用服务时间的分布函数来描述。这些是影响排队系统性能的主要因素。

(1) 顾客到达间隔时间的分布函数

顾客的输入过程可以有多种形式，顾客有成批到达的，也有单个到达的；顾客到达的间隔时间可能是确定的，也可能是随机的；先后到达的顾客之间可能具有关联，也可能彼此独立无关。顾客到达的频率可能与时间有关系，也可能与时间无关系。顾客的输入过程不同，用以描述输入过程特征的顾客到达间隔时间的分布函数也就不同。常见的有：最简单流 M 分布、定长输入的 D 分布、爱尔兰输入 E_k 分布、超指数输入 H_k 分布等。其

中与通信中许多实际问题近似的、同时能使排队系统的分析较为简单的是最简单流 M 分布。在此仅介绍最简单流分布。

什么是最简单流呢?如果顾客的输入过程满足下述三个条件,称该输入为最简单流。

① 平稳性。在某一指定的时间间隔 t 内,到达 k 个顾客的概率只与 t 的长度有关,而与这间隔的起始时刻无关。

② 稀疏性。将 t 分成 n 个足够小的区间 Δt,在 Δt 内到达两个或两个以上的顾客的概率为0。也就是说,在 Δt 内只有一个顾客到达或者没有顾客到达。

③ 无后效性(或独立性)。在某一个 Δt 内顾客到达的概率与其他 Δt 区间上顾客到达的概率无关,即在互不重叠的时间间隔中顾客到达的概率是相互独立的。

根据推导得出,当输入过程为最简单流时,在给定时间间隔 t 内系统有 k 个顾客到达的概率为

$$P_k(t)=\frac{(\lambda t)^k}{k!}\mathrm{e}^{-\lambda t}\quad k=0,1,2,\cdots \tag{7-24}$$

式(7-24)称为泊松分布。由此可见,最简单流在 t 时间内到达系统的顾客数量服从泊松分布。根据式(7-24)可进一步推导出顾客到达间隔时间的概率分布函数。

我们已知 T 为顾客到达间隔时间,它是一个随机变量,可以取从0到∞的连续值。根据概率论中连续型随机变量的分布函数定义,T 的概率分布函数为

$$F_T(t)=P(T\leqslant t) \tag{7-25}$$

若 $T>t$,说明顾客到达间隔时间大于所选定的时间长度 t,则 $P(T>t)$ 表示在 t 时间内没有顾客到达的概率,即 $P_0(t)$。根据式(7-24)有

$$P(T>t)=P_0(t)=\mathrm{e}^{-\lambda t}$$

由此可得出 T 的概率分布函数

$$F_T(t)=P(T\leqslant t)=1-P(T>t)=1-P_0(t)=1-\mathrm{e}^{-\lambda t} \tag{7-26}$$

相应地顾客到达间隔时间 T 的概率密度函数为

$$f_T(t)=\frac{\mathrm{d}F_T(t)}{\mathrm{d}t}=\lambda\mathrm{e}^{-\lambda t} \tag{7-27}$$

式(7-26)和式(7-27)说明:最简单流的顾客到达时间间隔 T 服从负指数分布规律。

例 7-7 某排队系统中,设顾客到达率 $\lambda=35$ 分组/min,输入过程满足最简单流条件,求顾客到达时间间隔在0.1 min以内的概率和在0.1~0.3 min之间的概率。

解 根据式(7-5),顾客到达时间间隔在0.1 min以内的概率为

$$P(T\leqslant 0.1)=1-\mathrm{e}^{-35\times 0.1}\approx 0.97$$

顾客到达时间间隔在0.1~0.3 min之间的概率为

$$P(0.1\leqslant T\leqslant 0.3)=F_T(0.3)-F_T(0.1)=(1-\mathrm{e}^{-35\times 0.3})-(1-\mathrm{e}^{-35\times 0.1})\approx 0.03$$

（2）服务时间的分布函数

假设顾客接受服务的过程也满足最简单流的平稳性、稀疏性和独立性。利用上述的方法，同样可推导出服务时间 τ 的概率分布函数为

$$F_{\tau}(t)=1-e^{-\mu t} \tag{7-28}$$

其概率密度函数为

$$f_{\tau}(t)=\mu e^{-\mu t} \tag{7-29}$$

由式(7-28)和式(7-29)可见，服务时间 τ 也是负指数分布。

综上所述，无论是顾客输入过程，还是服务过程，只要是最简单流，则所对应的概率分布函数（输入过程对应的是顾客到达间隔时间的分布函数，服务过程对应的是服务时间的分布函数）都为负指数分布，又称为 M 分布。称为 M 分布的原因是这种分布使排队过程具有马尔可夫（Markov）性（马尔可夫最基本的性质是无记忆性）。

（3）排队规则

排队系统采用的排队规则决定了排队过程的特征，对系统性能有很大影响。排队规则是指服务机构是否允许排队，在排队等待情形下服务的顺序是什么。排队系统通常分成下列三种情形：

① 损失制系统（即时拒绝方式）

顾客到达时，如果所有服务窗口均被占满，则立即遭到拒绝，即服务机构不允许顾客排队等待，这种称为损失制系统。电话通信网一般采用即时拒绝方式。

② 等待制系统（不拒绝方式）

当顾客到达系统时，如果所有的服务窗口已占满，允许顾客排队等待，且对排队队长没有限制，这种称为等待制系统。此系统虽然对排队队长不限制，但是应满足稳定性要求，即 $\rho<1$（ρ 的概念见后）。

③ 混合制系统（延时拒绝方式）

当顾客到达系统时，如果所有的窗口已占满，允许顾客排队等待，但对排队队长有所限制，这种系统称为混合制系统。存储-转发网络的分组交换节点都带有缓冲存储器，所以一般采用延时拒绝方式。

具有等待性质的排队系统（包括等待制系统和混合制系统）相应的服务规则主要有下列几种：

- 先到先服务——即顾客按到达先后顺序接受服务，这是最普遍最常见的服务形式。
- 后到先服务——即服务顺序与顾客到达的顺序相反。
- 随机服务——一个服务结束，服务员从等待的顾客中随机地选取一个顾客进行服务。
- 优先制服务——在排队系统中，某些顾客有时特别受到重视，在服务顺序上给以特殊待遇，让他们优先得到服务。

以上介绍的几种服务规则，通信网中一般采取的是先到先服务，但有时根据情况也

采用优先制服务方式。

另外,在排队系统的研究中,排队的长度和服务规则无关,而顾客在系统中的等待时间和服务规则有关。不同的服务规则直接影响顾客在系统中耗费时间的长短。

4. 排队系统的几个主要指标及李特尔(Little)定律

(1) 排队系统的几个主要指标

在分析排队系统时,往往要求了解下列各主要指标:

① 排队长度 k(简称队长):即某时刻系统中顾客的数量,包括正在被服务的顾客。k 是一个离散随机变量,它与输入过程、服务员数目和服务时间均有关系。k 的统计平均值(即期望值)$\bar{k}$ 为平均队长,用 N 表示。

② 等待时间 w:指从顾客到达系统至开始接受服务的时间。w 是连续随机变量,其统计平均值 $\bar{w}$ 为平均等待时间,用 W 表示。在存储-转发网络中,W 是分组在网内的平均时延的主要部分。其他时延如传输时间、处理时间等一般均为常量,而且比较小。

③ 服务时间 τ:这是一个顾客被服务的时间,即顾客从开始被服务起到离开系统的时间间隔。τ 的统计平均值 $\bar{\tau}$ 称为平均服务时间。

④ 系统时间 s:这是顾客从到达系统至离开这段时间,也就是每一个顾客在系统内所停留的时间。它显然包括顾客的等待时间和服务时间,即

$$s=w+\tau$$

s 的统计平均值称为平均系统时间,用 S 或 $\bar{s}$ 表示,所以有

$$S=\bar{s}=\bar{w}+\bar{\tau} \tag{7-30}$$

⑤ 系统效率 η:这可定义为平均窗口占用率。若系统共有 m 个窗口,某时刻有 γ 个窗口被占用,则 γ/m 就是占用率。γ 是一个随机变量,它的统计平均值 $\bar{\gamma}$ 与服务员总数(即窗口数)m 的比值就是系统效率,即

$$\eta=\frac{\bar{\gamma}}{m} \tag{7-31}$$

⑥ 稳定性:也叫排队强度,用 ρ 表示,一般令

$$\rho=\lambda/(m\mu) \tag{7-32}$$

从 ρ 的定义可以看出:

• 若 $\rho<1$,即 $\lambda<m\mu$,说明顾客到达率小于系统的服务速率,或者说(单位时间内)平均到达系统的顾客数小于平均离开系统的顾客数。这时系统是稳定的,可以采取不拒绝方式。换句话说,就是采取不拒绝方式的系统,应满足 $\rho<1$。

• 若 $\rho\geqslant1$,即 $\lambda\geqslant m\mu$ 时,说明(单位时间内)平均到达系统的顾客数多于平均离开系统的顾客数。如果系统采取不拒绝方式,系统的稳定性就无法保证。因为系统内的顾客会越来越多,所排队列会越来越长,系统将陷入混乱状态。而当采取拒绝方式时(包括即时拒绝和延时拒绝),则可人为地限制系统内的顾客数量,保证系统的稳定性。也就是

说，当系统采取拒绝方式时，可允许 $\rho \geqslant 1$。

(2) 李特尔(Little)定律

对于一个平均到达率为 λ 的排队系统，在平均的意义上有

$$N=\bar{k}=\lambda \cdot \bar{s} \tag{7-33}$$

上式称为李特尔定律(推导过程从略)。这里需要说明两个问题：一是此定律是在稳定状态下(即 $t \to \infty$)得出的，二是它适用于任何种类的排队系统。

5. 排队系统的分类

排队系统通常使用符号 $X/Y/m/n$ 表示。其中 X 为顾客到达间隔时间的分布，Y 为服务时间的分布，m 为服务员个数，n 为排队系统中允许的顾客数，也称为截止队长。当 n 为∞时(即为不拒绝方式)，则可省略。另外，如无特别说明，均指顾客源为无限并采取顺序服务(先到先服务)方式的系统。

常用的分布符号有：M 表示负指数时间分布；D 表示定长时间分布；E_k 表示 k 阶爱尔兰时间分布；H_k 表示 k 阶超指数时间分布。

常见的排队系统有：

(1) $M/M/m/n$ 排队系统

这种系统顾客到达间隔时间的分布和服务时间的分布均为负指数分布，具体又有几种情况：

- 当队长不受限时，$n=\infty$，表示为 $M/M/m$，这是等待制排队系统(不拒绝方式)；
- 当 $n<\infty$ 时，为混合制排队系统(延时拒绝方式)；
- 当 $n=m$ 时，为损失制系统(即时拒绝方式)；
- 当 $m=1$ 且 $n=\infty$，为 $M/M/1$ 系统，这是最简单的排队系统。

(2) $M/D/1$ 排队系统

这种系统顾客到达间隔时间为负指数分布，服务时间为定长分布，只有一个服务员(即 $m=1$)。

(3) $M/E_k/1$ 排队系统

(4) $M/H_k/1$ 排队系统

以上介绍了几种常见的排队系统，排队系统的种类很多，在此不一一列举了。在所有的排队系统中，$M/M/1$ 是最简单的排队系统，它是分布较复杂的排队系统的基础。下面首先重点介绍 $M/M/1$ 排队系统，然后简单分析一下 $M/M/m/n$ 排队系统。

7.2.2　M/M/1 排队系统

1. M/M/1 排队系统模型

$M/M/1$ 排队系统模型如图 7-22 所示。

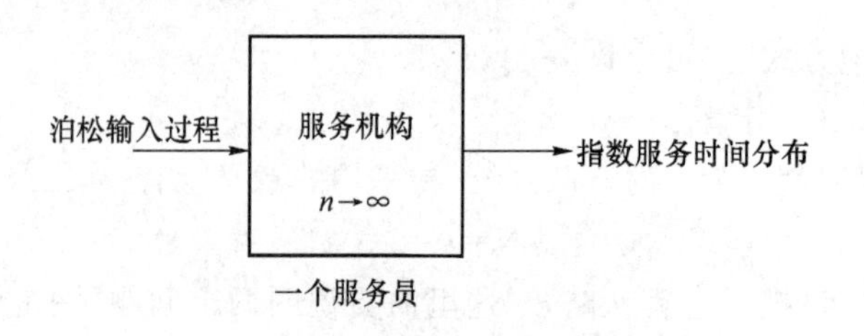

图 7-22 M/M/1 排队模型

$M/M/1$ 排队系统有以下几个特点：

- 顾客到达间隔时间 T 服从参数为 λ 的负指数分布，概率密度函数为 $f_T(t)=\lambda e^{-\lambda t}$ $(t\geqslant 0)$，平均到达间隔时间为 $1/\lambda$。
- 到达的顾客能全部进入系统排队，然后接受服务。
- 一个服务员($m=1$)。
- 一个顾客的服务时间 τ 服从参数为 μ 的负指数分布，概率密度函数为 $f_\tau(t)=\mu e^{-\mu t}$ $(t\geqslant 0)$，平均服务时间为 $1/\mu$。
- 排队强度为 $\rho=\lambda/\mu(0<\rho<1)$。

2. M/M/1 排队系统的指标

根据推导可以得出 $M/M/1$ 排队系统稳定时刻($t\to\infty$)，队长为 k(即系统里有 k 个顾客的概率 P_k 为

$$P_k=(1-\rho)\rho^k \qquad k=0,1,2,\cdots \tag{7-34}$$

由 P_k 可以求出系统在稳定状态下的指标，包括平均队长、平均系统时间、平均等待时间、系统效率等。

(1) 平均队长 N

这里一定要注意队长这个概念，它不是只包括排队等待的顾客数，还要包括正在接受服务的顾客，也就是说队长指的是系统内的顾客数(排队等待的顾客加上正在接受服务的顾客)，只不过大多习惯上叫排队长度，简称队长。平均队长就是系统中的平均顾客数目，是系统内顾客数 k 的统计平均值(即期望值)。可求得 N 为

$$\begin{aligned} N=\bar{k}&=\sum_{k=0}^{\infty}kP_k=\sum_{k=0}^{\infty}k(1-\rho)\rho^k \\ &=(1-\rho)(\rho+2\rho^2+3\rho^3+\cdots)=\frac{\rho}{1-\rho} \quad (0<\rho<1) \end{aligned} \tag{7-35}$$

也可写成

$$N=\frac{\lambda}{\mu-\lambda} \qquad \left(\rho=\frac{\lambda}{\mu}\right) \tag{7-35'}$$

(2) 平均系统时间 S

平均系统时间就是每个顾客在系统内停留的平均时间。根据李特尔定律，可得

$$S=\bar{s}=\frac{N}{\lambda}=\frac{\rho}{\lambda(1-\rho)}=\frac{1}{\mu}\cdot\frac{1}{1-\rho}=\frac{1}{\mu-\lambda} \tag{7-36}$$

(3) 平均等待时间 W

平均等待时间是每个顾客的平均排队等待时间。它应该等于每个顾客在系统内停留的平均时间 $\bar{s}$ 减去该顾客接受服务的平均时间 $\bar{\tau}$，所以有

$$W=\bar{s}-\bar{\tau}=\frac{1}{\mu}\cdot\frac{1}{1-\rho}-\frac{1}{\mu}=\frac{1}{\mu}\left(\frac{1}{1-\rho}-1\right)=\frac{1}{\mu}\cdot\frac{\rho}{1-\rho} \tag{7-37}$$

(4) 系统效率 η

由于 $M/M/1$ 是单服务员系统，它的系统效率(即平均窗口占用率)就是系统内有顾客的概率。

$$\eta=\sum_{k=1}^{\infty}P_k=1-P_0=\rho \tag{7-38}$$

由以上推导出的公式可以看出，$M/M/1$ 排队系统的主要指标均与排队强度 ρ 有关，就此说明两个问题：

• 上述 $M/M/1$ 排队系统指标的所有公式中的 ρ 均要满足 $\rho<1$，否则系统将不能稳定工作。

• $M/M/1$ 排队系统的系统效率为 $\eta=\rho$，为了提高系统效率，希望 ρ 大些。但是从式(7-18)可以推出，ρ 增大，则平均等待时间也增大，为了尽量减小等待时间，又希望 ρ 小些。所以系统效率和平均等待时间之间有矛盾，那么 ρ 的取值就要兼顾一下系统效率和平均等待时间，以求获得最佳结果。

例 7-8　某火车站设有一售票窗口，若买票者以泊松流到达，平均每分钟到达 1 人，假定售票时间服从负指数分布，平均每分钟可售 2 人。求：(1)平均队长；(2)平均等待时间；(3)平均系统时间。

解　由题意可知，这是一个 $M/M/1$ 排队系统，$\lambda=1$ 人/分钟，$\mu=2$ 人/分钟，可得

$$\rho=\frac{\lambda}{\mu}=\frac{1}{2}$$

(1) 平均队长

$$N=\frac{\rho}{1-\rho}=\frac{1/2}{1-1/2}=1\text{ 人}$$

(2) 平均等待时间

$$W=\frac{1}{\mu}\cdot\frac{\rho}{1-\rho}=\frac{1}{2}\cdot\frac{1/2}{1-1/2}=\frac{1}{2}\text{分钟}$$

(3) 平均系统时间

$$S=\frac{N}{\lambda}=\frac{1}{1}=1\text{ 分钟}$$

7.2.3 M/M/m/n 排队系统

$M/M/m/n$ 排队系统的特征为 m 个窗口,每个窗口的服务速率均为 μ,顾客到达间隔时间和服务时间均为负指数分布,顾客到达率为 λ,截止队长为 n。窗口未占满时,顾客到达后立即接受服务;窗口占满时,顾客依先到先服务的规则等待,任一窗口有空闲即被服务。当队长(包括正在被服务的顾客)达到 n 时,再有顾客到达将被拒绝。

根据推导得出,$M/M/m/n$ 排队系统稳定时刻($t\to\infty$),队长为 k(即系统里有 k 个顾客的概率 P_k 为

$$P_k=\begin{cases}\dfrac{(m\rho)^k}{k!}P_0 & 0<k\leqslant m\\ \dfrac{m^m}{m!}\rho^k P_0 & m\leqslant k\leqslant n\\ 0 & k>n\end{cases} \tag{7-39}$$

$$\begin{aligned}P_0&=\left[\sum_{k=0}^{m-1}\frac{(m\rho)^k}{k!}+\sum_{k=m}^{n}\frac{m^m\rho^k}{m!}\right]^{-1}\\ &=\left[\sum_{k=0}^{m-1}\frac{(m\rho)^k}{k!}+\frac{(m\rho)^m}{m!}\cdot\frac{1-\rho^{n-m+1}}{1-\rho}\right]^{-1} k=0\end{aligned} \tag{7-40}$$

对 $M/M/m/n$ 排队系统,当 $m=1,n\to\infty$ 时变为 $M/M/1$ 系统;当 $m=n=1$ 时,为单窗口即时拒绝系统;当 $m=n$ 时,为多窗口即时拒绝系统;当 $n\to\infty$ 时,为多窗口不拒绝系统。这些都是 $M/M/m/n$ 系统的特例。

以上从理论上介绍了排队论的基本概念及 $M/M/1$ 排队系统、$M/M/m/n$ 排队系统的一些指标,下面重点讨论排队论在通信网中的应用。

7.2.4 排队论在通信网中的应用

1. 排队论在电话通信网中的应用

当系统中的顾客数等于窗口数时,新到的顾客就会遭到拒绝,这种系统就是 $M/M/m/m$ 即时拒绝系统。电话通信网一般采用即时拒绝系统。

令式(7-39)和式(7-40)中 $n=m$,可得

$$P_k=\frac{(m\rho)^k}{k!}P_0=\frac{a^k}{k!}P_0 \qquad 0<k\leqslant m \tag{7-41}$$

$$P_0=\left[\sum_{k=0}^{m}\frac{(m\rho)^k}{k!}\right]^{-1}=\left[\sum_{k=0}^{m}\frac{a^k}{k!}\right]^{-1} k=0 \tag{7-42}$$

式中 $a=\lambda/\mu=\lambda\cdot\tau$,是电话通信系统的流入话务量强度。这时 λ 是单位时间内的平均呼叫次数,而 $\tau=\dfrac{1}{\mu}$ 是平均每次呼叫的服务时间。a 是无量纲的,但通常使用爱尔兰(Erl)作

为它的单位，m 为线束容量。

当顾客到达系统时，若 $k<m$，则立即接受服务；若 $k=m$，就被拒绝而离去。因此顾客等待时间为 0，平均队长 N 也变成平均处于忙状态的平均窗口数量 $\bar{\gamma}$。由此得出以下几个公式：

• 平均队长 N

$$N=\bar{\gamma}=\sum_{k=0}^{m}k\frac{(m\rho)^k}{k!}P_0=\frac{\sum\limits_{k=0}^{m}k\frac{(m\rho)^k}{k!}}{\sum\limits_{k=0}^{m}\frac{(m\rho)^k}{k!}}$$

$$=m\rho(1-P_m)=a(1-P_m) \tag{7-43}$$

• 顾客被拒绝的概率

$$P_c=P_m=\frac{a^m/m!}{\sum\limits_{k=0}^{m}\frac{a^k}{k!}} \tag{7-44}$$

这是话务理论中著名的爱尔兰呼损公式。

• 系统效率 η

$$\eta=\frac{\bar{\gamma}}{m}=\frac{N}{m}=\frac{a(1-P_m)}{m} \tag{7-45}$$

即时拒绝系统的呼损率 P_c 与流入话务量强度 a 的关系曲线及系统效率 η 与线束容量 m 的关系曲线如图 7-23(a)和(b)所示。

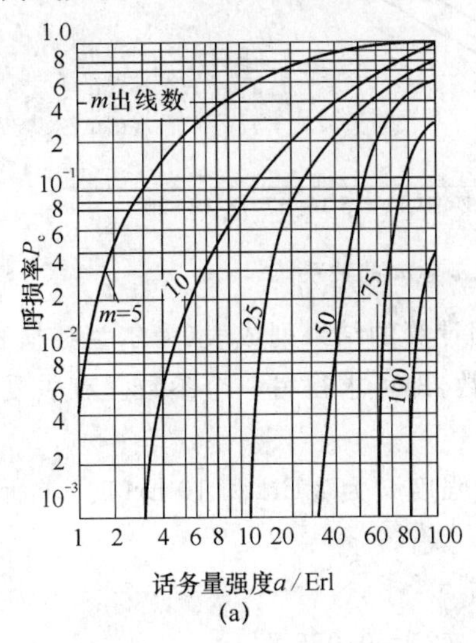

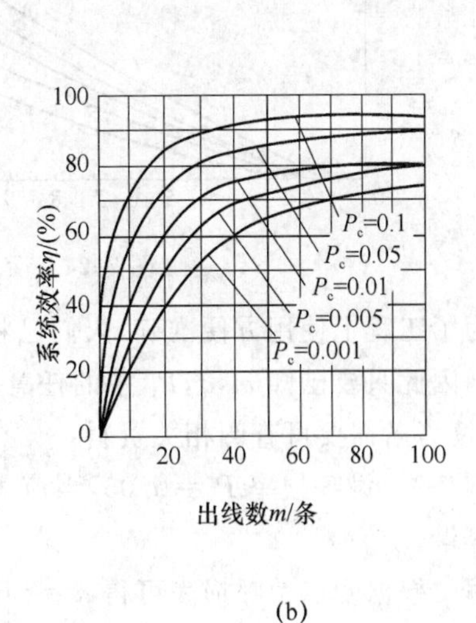

图 7-23　$M/M/m/m$ 系统的特性曲线

从图 7-23 中可以看出：

① 呼损率 P_c 随着话务量强度 a 的增加而上升，当话务量强度一定时，增加 m 可使

呼损率下降。

② 允许的呼损率越大,系统效率越高。说明牺牲服务质量,即允许较大的呼损可以换取系统效率的提高。

③ m 越大,系统效率越高。这就是所谓的大群化效应,即尽可能多地共用出线可以获得高效率。

由图 7-23(b)还可以看出,$m \geqslant 30$ 以上时,系统效率趋于饱和。大群化可使系统效率提高,但也会使电路复杂,引起造价提高,所以在实际中应综合考虑寻找最佳线群。

进行交换网络的设计时,一般预先给定呼损指标,然后根据流量预测值即流入话务量强度 a 求出应设置的出线数。图 7-24 给出了话务量强度 a 与 m 的关系,参数为呼损率 P_c。

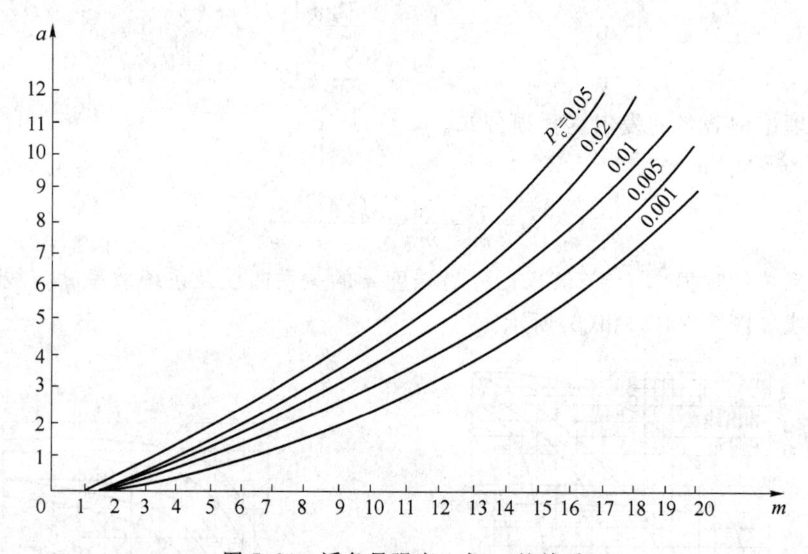

图 7-24　话务量强度 a 与 m 的关系

为了工程上使用方便准确,人们已将按呼损计算的结果列成表(爱尔兰呼损表)以供查找。因此只要已知 m,a,P_c 中的任意两个参数,即可求得另一个参数。有关爱尔兰呼损表,读者若需要可查阅相关资料。

例 7-9　设呼损率 $P_c=0.05$,当流入话务量强度 a 为 2 Erl 和 10 Erl 时,求所需出线线束容量。

解　根据爱尔兰呼损表可得 $a=2$ Erl 时,有

$$E_4(2)=0.095, \qquad E_5(2)=0.036\ 7$$

因此取 $m=5$〔在话务理论中用 $E_m(a)$ 表示呼损指标 P_c〕。这时的系统效率为

$$\eta=\frac{a(1-P_c)}{m}=\frac{2(1-0.036\ 7)}{5}=0.385=38.5\%$$

同理,可求得 $a=10$ Erl 时,有

$$E_{14}(10)=0.0568,\quad E_{15}(10)=0.0365$$

取 $m=15$,这时有

$$\eta=\frac{a(1-P_c)}{m}=\frac{2(1-0.0365)}{15}=0.642=64.2\%$$

从这个例题也可看出大群化效应。当 $P_c=0.05$,$a=10$ Erl 时,如果选择 5 个具有 5 条出线的交换系统,共 25 条出线,每个系统效率只有 38.5%;而如果选择 1 个具有 15 条出线的交换系统,每个系统效率可达 64.2%,且节省 10 条出线。所以尽可能多地共用出线可提高系统效率,节省网络投资。

2. 排队论在数据通信网中的应用

目前各种数据通信网信息的交换都是以包(各种不同的包)为单位存储-转发的,包也可以称为分组。各分组到达网络节点(即交换机)进行存储-转发的过程中,当多个分组要去往同一输出链路,那么就要进行排队,所以数据通信网就是一个大的排队系统。

一个分组可以认为就是一个顾客,交换设备、信息传输网络等相当于是服务机构,一条中继信道即为一个服务员(或服务窗口)。

顾客到达率 λ 就是单位时间内到达交换节点的分组数量,服务员数目 m 指分组交换节点的输出信道数量。

需要说明的是:在数据通信网中,习惯上用 $1/\mu$(单位:bit)表示分组的平均长度(这是用排队论分析数据通信网时的习惯表示方法),交换节点的一个输出信道容量为 C(单位:bit/s)(即数据信息的最大传输速率)。由此可以推出,传送一个分组的平均时间,即分组的平均发送时间为 $1/(\mu C)$(单位:s),则每个输出信道发送分组的速率为 μC(它对应着一个服务员的服务速率 μ)。而对于 m 有条输出信道的交换节点(它相当于一个排队系统)来说,发送分组的速率(即系统的服务速率)为 $m\mu C$。总而言之,一般数据通信网中的 μC,对应着排队论中的 μ,请大家注意,不要搞混。我们在笼统地说顾客时,其服务员的服务速率用 μ,具体说分组时,输出信道发送分组的速率用 μC 表示。

注意,以上推导出的所有公式,具体应用到数据通信网时,应该用 μC 代替 μ。

例 7-10　在以 $M/M/1$ 为模型的分组传输系统中,设分组的平均到达率 λ 为 1.25(分组/s),分组长度服从指数分布,平均长度为 $1/\mu=960$ bit/分组,输出链路的传输速率 $C=2\,400$ bit/s。求:(1)每一分组在系统中所经过的平均时延;(2)系统中的平均分组数;(3)系统效率 η。

解　(1)分组的平均到达率 $\lambda=1.25$ 分组/s,平均服务速率为

$$\frac{C}{1/\mu}=\mu C=\frac{2\,400\ \text{bit/s}}{960\ \text{bit/分组}}=2.5\ \text{分组/s}$$

每一分组在系统中所经过的平均时延为

$$S=\frac{1}{\mu C-\lambda}=\frac{1}{2.5-1.25}=0.8\ \text{s}$$

(2)系统中的平均分组数为

$$N=\frac{\lambda}{\mu C-\lambda}=\frac{1.25}{2.5-1.25}=1\ \text{分组}$$

(3)系统效率为

$$\eta=\rho=\frac{\lambda}{\mu C}=\frac{1.25}{2.5}=0.5$$

小结

1. 图论是通信网络结构设计的基础知识。

点线图是由若干个点和点间的连线所组成。图可用有序二元组(V,E)表示,记为$G=(V,E)$;与同一端点相关联的边的个数称为此端点的度数或次数。

2. 链路是$k(\geqslant 2)$条边和与之关联的端点依次排成点和边的交替序列;路径是无重复的点和边的链路;如果路径的起点和终点重合则称为回路。

3. 图可以从不同的角度来分类。按图的点集和边集是否有限分为有限图和无限图;按图中是否有自环和并行边分为简单图和复杂图;按图中的边是否对应一个有序点对分为无向图与有向图;按图中的边是否有相应的权值分为有权图与无权图;按图中任意两个点之间是否至少存在一条路径分为连通图与非连通图。

4. 若图G'的点集和边集分别为图G的点集和边集的子集,则称图G'是图G的子图。不包含原图的所有边的子图是真子图;包含原图的所有点的子图是生成子图。

5. 一个无回路的连通图称为树,树中的边称为树枝。

树有如下性质:(1)具有n个点的树共有$n-1$个树枝;(2)树中任意两个点之间只存在一条路径;(3)树是连通的,但去掉任一条边便不连通,即树是最小连通图;(4)树无回路,但增加一条边便可得到一个回路;(5)任一棵树至少有两片树叶,也就是说树至少有两个端的度数为1。

如果一棵树T为一个连通图G的子图,且包含G中所有的点,则称该树为G的支撑树。只有连通图才有支撑树,且一个连通图有不止一棵支撑树(除非图本身就是一棵树)。

6. 连通图G的支撑树的树枝数称为图G的阶,记为ρ(为$n-1$);连通图G的连枝数称为图G的空度,记为$\mu(\mu=m-n+1)$。

7. 图可以用矩阵表示。图常用的矩阵为完全关联矩阵与关联矩阵、邻接矩阵和权值矩阵等。

8. 求最小支撑树常用的方法有两种:K方法和P方法。

求有限制条件的最小支撑树的方法是：先按上述所介绍的K方法或P方法求出无约束条件的最小支撑树，然后根据所给的约束条件，对网络结构进行调整，使之既满足约束条件，又尽量接近最小支撑树。

9. 求点间最短路径包括：(1)指定点到其他各点的最短路径算法，常用的方法是D算法；(2)任意两点之间的最短路径算法，常用的方法是F算法；(3)次短径算法。

10. 距离测度为分欧氏距离测度和矩形线距离测度。

站址选择是确定交换中心(中位点的位置)。分为单中位点位置的确定和多中位点位置的确定两种情况。

中位点数目 m 的确定与用户线的费用、中继线的费用、交换设备的费用和场地及建筑物费用等因素有关。

11. 排队论又称随机服务系统理论，它广泛应用于通信领域，是通信网络流量设计的基础理论。

排队系统中有三个名词：我们把要求服务的一方称为顾客，把提供服务的一方称为服务机构，而把服务机构内的具体设施称为服务员(或服务窗口)。

顾客到达，排队等待，服务机构给予适当的服务以满足顾客的需求，顾客离开服务机构，这四个环节便组成一个排队模型。

12. 排队系统的基本参数包括：顾客到达率 λ、服务员数目 m 和服务员服务速率 μ，系统的服务速率为 $m\mu$。

13. 排队系统在运行中包括三个过程：顾客输入过程、排队过程和顾客接受服务(然后离去)的过程。排队系统的特征，就是排队系统三个过程的特征。顾客输入过程的特征用相邻两顾客到达的间隔时间的分布函数来描述；顾客排队过程的特征用排队规则表示；顾客接受服务过程的特征用服务时间的分布函数来描述。这些是影响排队系统性能的主要因素。

如果顾客的输入过程满足平稳性、稀疏性和无后效性三个条件，称该输入为最简单流。

当输入过程为最简单流时，顾客到达时间间隔 T 服从负指数分布规律。假设顾客接受服务的过程也满足最简单流条件，服务时间 τ 的概率分布函数也为负指数分布。

排队系统通常分成下列三种情形：损失制系统(即时拒绝方式)、等待制系统(不拒绝方式)和混合制系统(延时拒绝方式)。

具有等待性质的排队系统(包括等待制系统和混合制系统)相应的服务规则主要有：先到先服务、后到先服务、随机服务和优先制服务。

14. 排队系统的主要指标有:排队长度 k(简称队长)、服务时间 τ、系统时间 s、系统效率和稳定性。

15. 排队系统通常使用符号 $X/Y/m/n$ 表示。其中 X 为顾客到达间隔时间的分布,Y 为服务时间的分布,m 为服务员个数,n 为排队系统中允许的顾客数,也称为截止队长。常用的分布符号有:M 表示负指数时间分布;D 表示定长时间分布;E_k 表示 k 阶爱尔兰时间分布;H_k 表示 k 阶超指数时间分布。

常见的排队系统有:$M/M/m/n$ 排队系统、$M/D/1$ 排队系统、$M/E_k/1$ 排队系统、$M/H_k/1$ 排队系统。

16. $M/M/1$ 排队系统的特点为:(1)顾客到达间隔时间 T 服从参数为 λ 的负指数分布;(2)到达的顾客能全部进入系统排队,然后接受服务;(3)一个服务员($m=1$);(4)一个顾客的服务时间 τ 服从参数为 μ 的负指数分布。排队强度为 $\rho=\lambda/\mu(0<\rho<1)$。

17. $M/M/1$ 排队系统在稳定状态下的指标,包括平均队长、平均系统时间、平均等待时间、系统效率等。

18. $M/M/m/n$ 排队系统的特征为 m 个窗口,每个窗口的服务速率均为 μ,顾客到达间隔时间和服务时间均为负指数分布,顾客到达率为 λ,截止队长为 n。窗口未占满时,顾客到达后立即接受服务;窗口占满时,顾客依先到先服务的规则等待,任一窗口有空闲即被服务。当队长(包括正在被服务的顾客)达到 n 时,再有顾客到达将被拒绝。

19. 排队论在通信网中的应用包括排队论在电话通信网中的应用和排队论在数据通信网中的应用。

当系统中的顾客数等于窗口数时,新到的顾客就会遭到拒绝,这种系统就是 $M/M/m/m$ 即时拒绝系统。电话通信网一般采用即时拒绝系统。利用排队论理论可以求电话网中的平均队长 N、顾客被拒绝的概率(呼损率)和系统效率 η 等。

各种数据通信网信息的交换都是以包(各种不同的包)为单位存储-转发的,包也可以称为分组。各分组到达网络节点(即交换机)进行存储-转发的过程中,当多个分组要去往同一输出链路,那么就要进行排队,所以数据通信网就是一个大的排队系统。可以求出每一分组在系统中所经过的平均时延、系统中的平均分组数和系统效率 η 等。

习　题

7-1　请解释以下概念：

①图　②链路　③路径　④回路

⑤有向图与无向图　⑥连通图与非连通图　⑦有权图　⑧正则图

7-2　什么是树？树有哪些性质？

7-3　求题图 7-1 的所有支撑树。

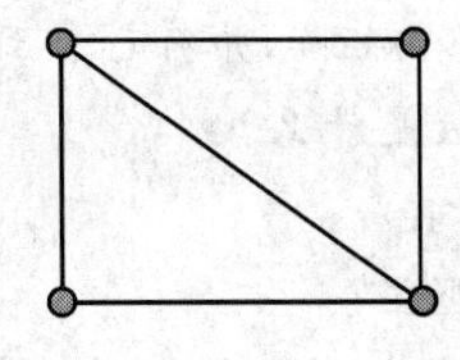

题图 7-1

7-4　已知一个图的邻接矩阵为

$$\boldsymbol{A}=\begin{pmatrix}0 & 1 & 0 & 1 & 0\\1 & 0 & 0 & 1 & 1\\0 & 0 & 0 & 1 & 1\\1 & 1 & 1 & 0 & 1\\0 & 1 & 1 & 1 & 0\end{pmatrix}$$

画出这个图。

7-5　用 K 方法求题图 7-2 的最小支撑树。

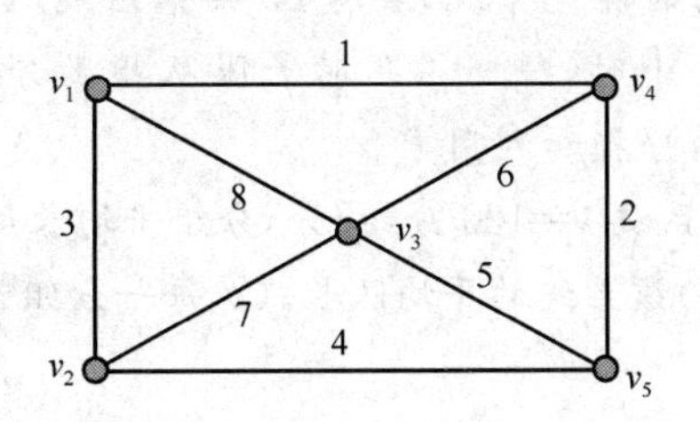

题图 7-2

7-6　一个有 6 个点的图，它的权值矩阵为

$$\begin{array}{c} \\ v_1 \\ v_2 \\ v_3 \\ v_4 \\ v_5 \\ v_6 \end{array}\begin{array}{c} \begin{array}{cccccc} v_1 & v_2 & v_3 & v_4 & v_5 & v_6 \end{array} \\ \begin{pmatrix} 0 & 2 & 1 & 5 & 2 & \infty \\ 2 & 0 & 1 & \infty & \infty & 3 \\ 1 & 1 & 0 & 4.5 & 6 & \infty \\ 5 & \infty & 4.5 & 0 & \infty & 7 \\ 2 & \infty & 6 & \infty & 0 & 2 \\ \infty & 3 & \infty & 7 & 2 & 0 \end{pmatrix} \end{array}$$

(1) 用 D 方法求 v_1 到其他各点的最短径长度和路由。

(2) 用 F 方法求最短径矩阵和路由矩阵,并确定 v_3 到 v_5 和 v_3 到 v_6 的最短径长和路由。

7-7　排队系统的三个基本参数是什么?

7-8　什么是最简单流?

7-9　排队系统的主要指标有哪些?

7-10　计算机通信网,一个信道的容量 $C=1\,200$ bit/s,分组发送时间在 2 s 以内的概率为 0.85,求分组平均长度为多少字节?

7-11　通信网中一般采取的服务规则是什么?

7-12　$M/M/1$ 排队系统的特点有哪些?

7-13　某电影院设有一售票窗口,若买票者以泊松流到达,平均每分钟到达 2 人,假定售票时间服从负指数分布,平均每分钟可售 3 人。求:(1) 平均等待时间;(2) 系统效率。

7-14　设某电话总机的输入过程服从泊松分布,已知该总机平均呼叫次数为 60 次/小时,计算话务员离开半分钟内,一次呼叫也没发生的概率。

7-15　某电话交换机为时拒绝系统,共有 20 条中继线,假设用户呼叫满足最简单流条件,平均呼叫率为 400 次/小时,呼叫占用时长服从指数分布,且每次呼叫平均占用 3 分钟。求该交换机中继线的呼损和利用率。

7-16　设 $M/M/1$ 排队系统 $\lambda=120$ 分组/分,分组平均长度为 100 bit,输出链路的传输速率为 $C=400$ bit/s。求:(1) 该系统的平均队长;(2) 每一分组在系统中平均等待时间。

第 8 章　通信网络规划

通信网络规划是保证通信事业健康、有序发展的一项重要工作，首先要通过调查研究及科学预测来确定通信网的发展方向和规划目标，并为实现规划目标而设计一系列的方法和步骤，最后还要通过综合分析来评价规划方案的可行性。本章介绍通信网络规划的基本概念和原理、通信业务预测的常用方法，并讨论固定电话网、传输网、接入网及 No. 7 信令网规划的基本内容和方法，主要包括以下几个方面的内容：

(1) 通信网络规划的基本概念、任务和基本步骤，通信网络规划的内容；

(2) 通信业务预测的基本概念、分类和主要步骤，介绍两大类常用通信业务预测方法：直观预测法和时间序列分析法；

(3) 固定电话网规划的基本原则，重点介绍本地电话网规划的内容和一般方法；

(4) 传输网规划中电路数量的一般计算方法，传输网络的生存性计算及本地 SDH 传输网设计的一个实例；

(5) 接入网规划的内容，接入网规划的一般原则和流程，接入网网络组织的原则，SDH 技术在接入网中的应用；

(6) No. 7 信令网规划的基本内容、原则和信令链路的计算。

8.1　通信网络规划概述

8.1.1　通信网络规划的基本概念

1. 通信网络规划的定义

规划是指比较全面、长远的发展计划，是对某一事业未来的发展方向、发展目标的考虑和确定,并且会制定整套的未来行动方案。而我们在实际的工作中往往会接触到与规划类似的名词,如计划、建设方案及设计等,例如,“某通信集团某省分公司2011—2013年网络滚动规划”、“某公司2010年工作计划”、“某公司FTTH工程建设方案(2012年一期)”等。它们之间是存在一定区别的:

• “规划”具有长远性、全局性、战略性、方向性、指导性及概括性的特点;

• “计划”是规划的延伸与展开,可以是规划的一个子集,在时间跨度上比规划要短,强调内容、步骤和方法,在细节考虑上比规划要详细;

• “建设”指一个规划或计划范围内,相对独立的一个或多个工程,可实施程度更强。

• “设计”一般侧重于具体工程的实施设计,考虑细节更加清楚。

所以,可以这样简单理解它们之间的关系:根据现状的调查研究,制定一个相对长远的整体规划;整体规划指导每个阶段(年、季度等)计划的制定;为了完成该阶段的计划,会安排若干建设项目,其中会包括更为详细的各种设计及施工方案;如此循环渐进地发展。

CCITT(现为ITU-T)《通信网规划手册》对电信规划的定义是:为了满足预期的需求和给出一种可以接受的服务等级,在恰当的地方、恰当的时间、以恰当的费用提供恰当的设备。由此可见,通信网络规划就是对电信事业未来的发展方向、目标、步骤、设备和费用的估计和决定。

通过对通信网络规划的理解,可以归纳其特点如下:

• 前瞻性:着眼于事业的长远发展,业务增长和新业务开发要适度超前于社会经济发展。

• 指导性:规划要在规划期内对计划制定、工程设计及项目建设等有综合的指导意义。

• 系统性:要用大系统的角度对通信网进行整体规划,从运营组织结构上考虑,要协调、平衡及衔接各个分部;从全程全网上考虑,要保证网络及设备的互连互通。

• 可持续性:技术及设备的更新及选择应考虑到网络的可持续发展。

• 总体经济性:要在网络最优化、技术先进性和费用等方面做综合的考虑,保证总体经济性。

2. 通信网络规划的分类

通信网络规划可以有多种分类方法,下面列举一些以加强对通信网络规划的理解。

(1)《通信规划手册》中的分类

• 战略规划(Strategic Planning):给出网络要遵循的基本结构准则;

• 实施规划(Implementation Planning):给出实现投资目的的特定途径;

• 发展规划(Development Planning):处理那些为适应目标所需要的装备的数量问题;

• 技术规划(Technical Planning):确定选择和安装设备的方法,以保证网络按所需要的服务质量满意地运行。它对整个网络都是通用的,并保证未来网络的灵活性和兼容性。

(2) 按时间跨度分

有长期规划、中期规划和近期规划(滚动规划)等。

(3) 按规划范围分

有通信网总体规划、分类或分项网络规划和单种业务网或单种专业网规划。

(4) 按规划的方法和使用的指标分

定量规划:给出各规划期结束应达到的指标,包括相对静态的、可见的指标,如网络拓扑、设备规模、用户数量、设备投资等;还包括动态的、统计的指标,如话务量、动态带宽需求、可用性等。

定性规划:给出发展趋势、技术走向、网络演变、生命周期、经济效益、社会效益及一些深层次问题的分析等。

比起定量规划而言,定性规划涉及面更广,综合层面更高,要求编制人员的知识面更宽,因而规划的难度更大。在实际的通信网络规划中,要结合使用定量规划和定性规划。

8.1.2 通信网络规划的任务和步骤

1. 通信网络规划的任务

通信网规划的基本任务可以概括为以下三个方面:

(1) 根据国民经济和社会发展战略,结合网络及业务的历史数据,研究、制定通信发展的方向、目标、发展速度和重大比例关系;

(2) 探索通信发展的规律和趋势;

(3) 提出规划期内有关的重大建设项目和技术经济分析,研究规划的实施方案,分析讨论可能出现的问题以及相应的对策和措施。

2. 通信网络规划的步骤

通信网络规划的步骤会根据规划的对象及内容不同而有所差异,但一般会遵循的基本步骤如下:

(1) 对网络、业务的历史及现状的调查研究。

(2) 确定规划目标,包括满足社会需求目标、保证社会效益和经济效益的目标、技术发展目标等。

(3) 对网络的业务量、业务类型、技术发展趋势及前景的科学预测。

(4) 网络发展规划,是通信网络规划的核心。在这个阶段,针对不同的目标网络要采用不同的规划方法和优化模型;可大量采用定量分析和优化技术,适宜引入计算机辅助优化;可提出多套规划方案并给出对比分析。

(5) 提出建设方案并进行投资估算。

(6) 对规划进行经济性分析,也包括规划的可行性分析和规划的评价方法、指标等。

8.1.3 通信网络规划的内容

在进行通信网络规划时,针对不同的业务网或专业网有不同的规划目标和规划方法,所以可以分为业务网规划、支撑网规划及传送网规划,其中业务网规划又可以有固定电话网规划、移动通信网规划、数据通信网规划、智能网规划等。

虽然通信网络规划有各种分类,但是从规划内容上来看,主要有以下3个部分:

1. 通信发展预测

通信发展预测是整个通信网络规划的基础,预测是否科学、合理及可信将影响到整个规划的科学性、合理性及实用性,也决定了规划实施的效果。

通信发展预测包括的内容主要有:

- 与通信发展相关的人口、经济环境预测;
- 通信业务与网络发展预测。

其中通信业务预测是通信网规划的主要内容,业务预测的结果是进行网络配置及优化的重要依据。

2. 通信网络优化

网络优化建立在对网络现状分析的基础之上,通过对网络资源的合理配置(包括网络结构调整、设备配置调整、网络参数修改等),提高网络的服务质量并获得更高的效益。一般来说,通信网络优化的问题可以概括为以下3个主要方面:

- 网络的拓扑结构问题(Topology Design Allocation,TA);
- 网络的链路容量分配问题(Capacity Allocation,CA);
- 网络的流量分配问题(Flow Allocation,FA)。

在解决具体的网络优化问题时,会根据许多影响因素来设定一系列的约束条件和目标函数,即网络优化为数学上的最优化问题。例如,通信网络应用最广泛的约束和目标是:在满足业务流量、流向和服务要求的约束条件下,使网络的建设费用最小或获得的效益最大。随着网络规模的扩大和复杂程度的提高,在网络优化中还要加入更多的约束条件,使得网络优化的难度大大增加。

3. 规划方案的经济性分析

在做好网络规划方案后,要全面评价规划方案的经济效益,主要包括:规划方案的投资、收入、支出估算和规划方案的企业经济效益、社会效益分析。

本章主要讨论通信业务预测及通信网络优化的相关问题,具体的经济分析方法不在本书中讨论,请参考相关书籍。

8.2　通信业务预测

通信业务预测是通信发展预测的主要内容，是通信网络规划中非常重要的基础数据。本节介绍通信业务预测的基本概念和通信业务预测中常用的预测方法。

8.2.1　通信业务预测的基本概念

1. 预测的概念和分类

预测是根据事物的历史发展状况并参照当前的各种可能性，对其发展规律及发展趋势进行科学的预知和推测。

科学的预测一般是通过以下几种途径获得：

- 因果分析：通过研究事物的形成原因来预测事物未来发展变化的必然结果。
- 类比分析：通过类比分析预测事物的未来发展。
- 统计分析：通过一系列数学方法，对事物的历史数据进行分析，揭示其背后的必然规律性。

预测可以从不同的角度进行分类，列举如下：

(1) 按预测的周期分：有近期预测(5 年)、中期预测(5～10 年)及长期预测(20 年)。

(2) 按预测性质分：有定性预测和定量预测。

(3) 按预测的范围分：有宏观预测和微观预测。

2. 通信业务预测的概念和内容

通信业务预测应根据通信业务由过去到现在发展变化的客观过程和规律，并参照当前出现的各种可能性，通过定性和定量的科学计算方法，来分析和推测通信业务未来若干年内的发展方向及发展规律。

通信业务预测的内容主要包括：

(1) 用户预测

对用户的数量、类型和分布等进行预测。

(2) 业务量预测

对各种业务的业务量进行预测，通常是建立在用户预测的基础之上，即根据用户数量、分布和分类的预测，做出对用户使用通信业务的预测。其中，语音业务通常用爱尔兰、忙时试呼数等表示。

(3) 业务流量预测

对通信网各节点间的各种业务的流量及流向进行预测。

3. 通信业务预测的主要步骤

具体预测的流程与预测对象、使用的预测方法有很大关系，这里简单描述其主要步骤，如图8-1所示。

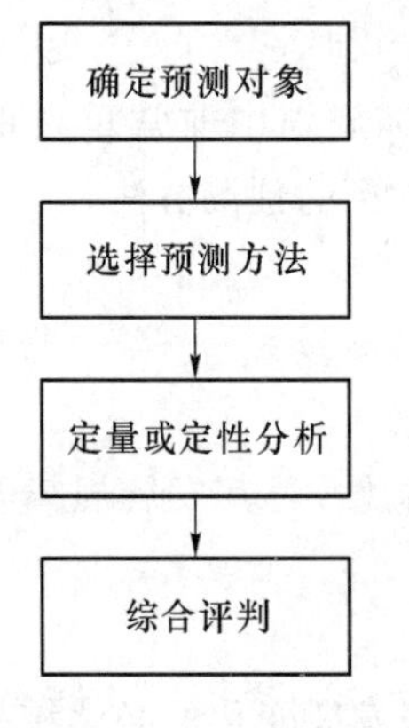

图8-1 通信业务预测的主要步骤

(1) 确定预测对象

选择并确定能够反映通信业务发展客观规律及影响网络发展规划的因素作为预测对象，并且深入调查、搜集及整理预测对象的历史数据及相关的各种影响因素的资料，为下一步预测打好基础。

(2) 选择预测方法

分析已掌握的资料，根据预测对象的发展规律及趋势选择合适的预测方法。预测方法的选择对预测结果有很大影响，为提高预测的准确性，一般选取两种或两种以上的预测方法进行预测。

(3) 定量或定性分析

若是定量的预测方法，则需要建立相应的数学模型，通过数值计算获得预测数据；若是定性的预测方法，则要对各种影响因素进行分析、判断，最后根据经验来得到定性的预测结果。

(4) 综合评判

对以上得到的定量或定性的预测结果进行综合分析、判断和评价，若有必要还会进行调整和修正，确认后的预测结果将用于下一步的网络规划。需要注意是，在通信网络规划及规划执行期间，还要对预测结果进行观察和修正，以不断提高预测结果的准确性。

8.2.2 直观预测法

直观预测法主要依靠熟悉业务知识、具有丰富经验和综合分析能力的人员与专家，根据已经掌握的历史资料并运用个人的经验和分析判断能力，对事物的发展做出性质和程度上的判断，再通过意见的综合作为预测的结果。

直观预测法简单、适应性强，适用于缺乏历史数据的情形，但其缺陷在于预测结果的准确性受限于预测者的知识和经验。

通信中常用的直观预测法有专家会议法、特尔斐(Delphi)法和综合判断法，下面分别做简单介绍。

1. 专家会议法

专家会议法是指召集一定数量的专家，通过会议的形式对预测对象未来的发展趋势进行共同研究和探讨，最后做出综合一致的预测。

其优点有：会议有助于专家们交换意见，通过互相启发，可以弥补个人意见的不足；

通过信息的交流与反馈，在较短时间内得到富有成效的创造性成果。

其缺点有：受心理因素的影响较大；易屈服于权威或大多数人意见；易受劝说性意见的影响；不愿意轻易改变自己发表过的意见等。

2. 特尔斐法

特尔斐法又称专家调查法，是通过书面形式向相关领域的专家提出问题，将他们的意见综合、整理、归纳后，再匿名反馈给各个专家，再次征求意见，如此反复使得专家们的意见趋于一致，得到最后的预测结果。

特尔斐法的有三大特点：专家匿名表示意见、多次反馈和统计汇总。

特尔斐法一般是作为长期预测技术来使用，可以用于多种场合。

3. 综合判断法

综合判断法也称概率估算法，是请每个专家对预测结果给出三种估计值：最高估计值(a_i)、最低估计值(b_i)和最可能估计值(c_i)，然后分别求出每个专家预测结果的平均值($\bar{x}_i$)。假定预测对象服从正态分布的情况下，求平均值的公式如下：

$$\bar{x}_i = \frac{a_i + b_i + c_i}{6} \tag{8-1}$$

再根据专家的经验、意见的权威性等给出其加权值 w_i，对前面各个平均值应用公式(8-2)进行加权处理，最后得到预测结果 $\bar{x}$。

$$\bar{x} = \frac{\sum \bar{x}_i w_i}{\sum w_i} \tag{8-2}$$

8.2.3　时间序列分析法

时间序列是将预测对象的历史数据按时间顺序排列的一组数字序列。时间序列分析法就是利用这组数列，应用数理统计方法加以处理，以预测事物的发展。

时间序列分析的基本原理是：首先，承认事物发展的延续性，即应用历史数据就能推测其发展趋势；其次，要考虑到事物发展的过程中会受到偶然因素的影响，所以要用统计分析中的加权平均法对历史数据进行处理。

时间序列分析是一种定量的预测方法，该方法简单、便于掌握，但准确性差，一般只适用于短期预测。

下面介绍几种常用的时间序列分析法：趋势外推法、成长曲线预测法和平滑预测法。

1. 趋势外推法

趋势外推法是假设事物未来的发展趋势和过去的发展趋势相一致，然后通过数据拟合的方法建立能描述其发展趋势的预测模型，再用模型外推进行预测。

趋势外推法的基本理论是假定事物发展是渐进式变化，而不是跳跃式发展，根据规律推导就可预测未来趋势和状态。这种方法适合于近期预测，而不太适用于中、远期预测。

在趋势外推法的具体应用中,应根据时间序列来分析预测对象的发展趋势,从而选择合适的预测方法(预测模型)。

下面介绍几种常用的趋势外推法预测模型。

(1) 线性方程

如果预测对象的时间序列具有直线变化的趋势,则这一趋势可以用线性方程表示:

$$y_t = a + bt \tag{8-3}$$

式中,y_t 为预测对象在 t 年的预测值,参数 a 为趋势线的截距,参数 b 为趋势线的斜率。可通过最小二乘法得到 a 和 b 的估计公式:

$$b = \frac{\sum_{i=1}^{n} t_i x_i - n\bar{t}\bar{x}}{\sum_{i=1}^{n} t_i^2 - n\bar{t}^2}$$

$$a = \bar{x} - b\bar{t} \tag{8-4}$$

其中,x_i 为时间序列的数据,$\bar{x} = \frac{\sum_{i=1}^{n} x_i}{n}$,$\bar{t} = \frac{\sum_{i=1}^{n} t_i}{n}$。

例 8-1 给出某地区某种业务 2006 年到 2011 年的历史数据(忽略了数据单位),如表 8-1 所示,试预测其 2012 年的数据。

表 8-1 某地区某业务历史数据表

年份	序号 t	数据	年份	序号 t	数据
2006	1	142.4	2009	4	167.1
2007	2	151.5	2010	5	185.7
2008	3	157.8	2011	6	205.9

解 具体计算过程留作习题,其结果如图 8-2 所示,采用线性方程表示其发展趋势,得到预测对象在 2012 年的预测值为 211.5(忽略了单位)。

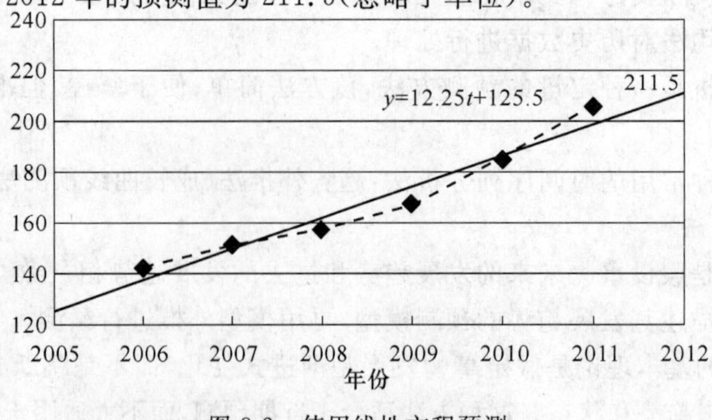

图 8-2 使用线性方程预测

从图 8-2 中可以看出，很多情况下，时间序列的趋势是曲线，若仍采用直线方程预测会带来较大误差。

(2) 二次曲线方程

利用二次曲线来表示时间序列的发展趋势，其数学表达式为

$$y_t = a + bt + ct^2 \tag{8-5}$$

同样可以用最小二乘法得到参数 a、b、c 的公式：

$$b = \frac{\left(\sum_{i=1}^{n} t_i x_i - n\bar{t}\,\bar{x}\right)\left(\sum_{i=1}^{n} t_i^4 - n\overline{t^2}^2\right) - \left(\sum_{i=1}^{n} t_i^2 \bar{x} - n\overline{t^2}\,\bar{x}\right)\left(\sum_{i=1}^{n} t_i^3 - n\bar{t}\,\overline{t^2}\right)}{\left(\sum_{i=1}^{n} t_i^2 - n\overline{t^2}\right)\left(\sum_{i=1}^{n} t_i^4 - n\overline{t^2}^2\right) - \left(\sum_{i=1}^{n} t_i^3 - n\bar{t}\,\overline{t^2}\right)^2}$$

$$c = \frac{\left(\sum_{i=1}^{n} t_i^2 x_i - n\overline{t^2}\,\bar{x}\right)\left(\sum_{i=1}^{n} t_i^2 - n\overline{t^2}\right) - \left(\sum_{i=1}^{n} t_i x_i - n\bar{t}\,\bar{x}\right)\left(\sum_{i=1}^{n} t_i^3 - n\bar{t}\,\overline{t^2}\right)}{\left(\sum_{i=1}^{n} t_i^2 - n\overline{t^2}\right)\left(\sum_{i=1}^{n} t_i^4 - n\overline{t^2}^2\right) - \left(\sum_{i=1}^{n} t_i^3 - n\bar{t}\,\overline{t^2}\right)^2} \tag{8-6}$$

$$a = \bar{x} - b\bar{t} - c\overline{t^2}$$

式中，x_i 为时间序列的数据，$\bar{x} = \dfrac{\sum_{i=1}^{n} x_i}{n}$，$\bar{t} = \dfrac{\sum_{i=1}^{n} t_i}{n}$，$\overline{t^2} = \dfrac{\sum_{i=1}^{n} t_i^2}{n}$。

若采用二次曲线方程对例 8-1 进行预测，其结果如图 8-3 所示，可得到预测对象在 2012 年的预测值为 228.6(忽略了单位)。

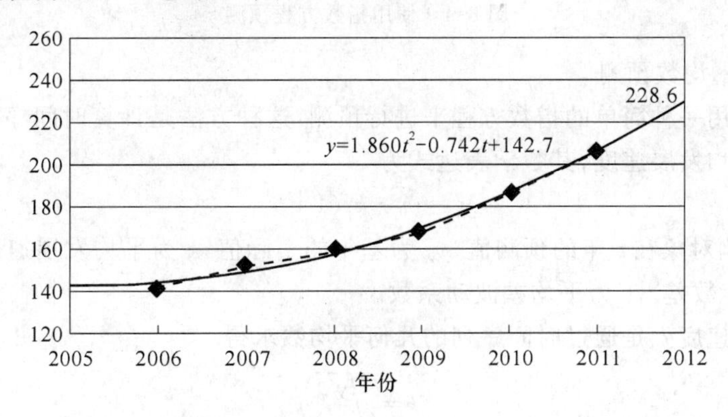

图 8-3　使用二次曲线方程预测

(3) 指数方程和幂函数方程

利用指数方程和幂函数方程来表示时间序列的发展趋势，其数学表达式分别为

$$y_t = ab^t \tag{8-7}$$

$$y_t = at^b \tag{8-8}$$

指数方程两边取对数后,式(8-7)变成了线性方程:

$$y'_t = A + Bt \tag{8-9}$$

其中,$y'_t = \ln y_t$,$A = \ln a$,$B = \ln b$。

幂函数方程两边取对数后,式(8-8)变成了线性方程:

$$y'_t = A + bt' \tag{8-10}$$

其中,$y'_t = \ln y_t$,$A = \ln a$,$t' = \ln t$。

则其参数估计可以参照线性方程参数估计的公式,这里略过。

若采用指数方程对例8-1进行预测,其结果如图8-4所示,可得预测对象在2012年的预测值为213.9(忽略了单位)。

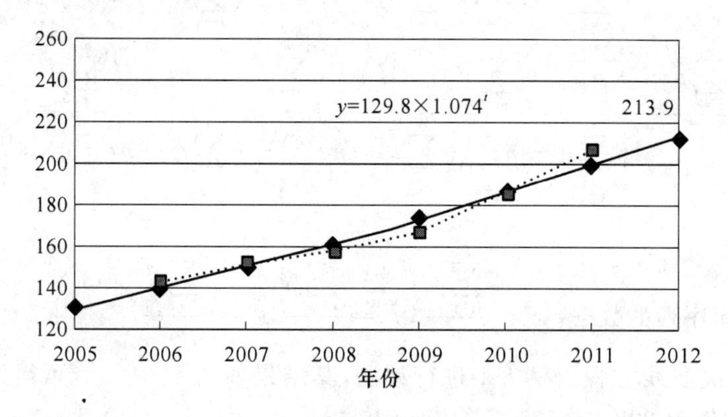

图8-4 使用指数方程预测

(4) 几何平均数预测

实际中常用一种简单的指数方程来进行预测,这种方法是计算时间序列的几何平均数来表示其平均发展速度,其数学表达式为

$$y_t = y_0 \cdot k^t (1 \pm b) \tag{8-11}$$

其中,y_t 为预测对象在 t 年的预测值,y_0 为基年的实际值,k 为平均发展速度,t 为预测年数(与基年的年数差),b 为平均差波动系数。

平均发展速度 k 是通过时间序列的几何平均数求得

$$k = \sqrt[n]{\frac{y'_n}{y'_0}} \tag{8-12}$$

其中,y'_n 为时间序列中第 n 年的值,y'_0 为时间序列中首年的值,一般选取为与 y_0 一致,n 为 y'_n 与 y'_0 的年数差。

如式(8-12)所示,平均发展速度 k 只取决于所选取的时间序列中的基年和第 n 年的实际值,而未考虑中间各年的数据,由此会引起预测结果的差异。所以引入了平均差波动系数 b,b 可以反映各个时期实际发展速度与理论发展速度的波动程度,b 可计算如下:

$$b=\frac{\dfrac{\sum_{i=1}^{n-1}|k'_i-k_i|}{n-1}}{\dfrac{\sum_{i=1}^{n-1}k'_i}{n-1}}=\frac{\sum_{i=1}^{n-1}|k'_i-k_i|}{\sum_{i=1}^{n-1}k'_i} \tag{8-13}$$

其中，$k'_i=\frac{y'_i}{y'_0}$，为 i 年的实际定基发展速度；$k_i=\left(\sqrt[n]{\frac{y'_n}{y'_0}}\right)^i$，为理论定基发展速度。

为了方便使用，可以将式(8-13)写成下面的形式：

$$b=\frac{\sum_{i=1}^{n-1}\left|\frac{y'_i}{y'_0}-k^i\right|}{\sum_{i=1}^{n-1}\frac{y'_i}{y'_0}} \tag{8-14}$$

例 8-2　已知我国本地电话网 1998 年至 2005 年年末用户数如表 8-2 所示，试用几何平均数法预测 2006 年本地电话网年末用户数(不考虑平均差波动系数)。

表 8-2　我国本地电话网 1998 年至 2005 年年末用户数

年份	序号	用户数/万户	年份	序号	用户数/万户
1998	0	8 742.1	2002	4	21 422.2
1999	1	10 871.6	2003	5	26 274.7
2000	2	14 482.9	2004	6	31 176
2001	3	18 036.8	2005	7	35 043

解　若不考虑平均差波动系数，即 $b=0$，则预测公式为

$$y_t=y_0\cdot k^t \tag{8-15}$$

取 $y_0=y'_0=8\ 742.1$ 万户，$y'_n=35\ 043$ 万户，则 $n=7$ 年，$t=8$ 年，计算 $k=\sqrt[n]{\frac{y'_n}{y'_0}}=\sqrt[7]{\frac{35\ 043}{8\ 742.1}}=1.219$，则

$$y_t=y_0\cdot k^t=8\ 742.1\times 1.219^8=42\ 717.4\ \text{万户}$$

2. 成长曲线预测法

一般来说，事物总是经过发生、发展、成熟三个阶段，而每一个阶段的发展速度各不相同。例如，在发生阶段，变化速度较为缓慢；在发展阶段，变化速度加快；在成熟阶段，变化速度又趋缓慢。按上述三个阶段发展规律得到的变化曲线称为成长曲线。成长曲线预测是以成长曲线为模型进行预测的方法。

许多事实表明，某些通信业务的发展趋势可以用成长曲线来描述。例如，固定电话

用户数量的发展,当普及率达到一定数值时则趋于饱和,不再呈指数或二次曲线的规律上升。下面简单介绍两种常用成长曲线方程:龚帕兹(Gompertz)曲线方程和逻辑(Logistic)曲线方程。

(1) 龚帕兹曲线方程

此预测方法适用于预测成熟期的业务,例如在电信业务预测中,每百人拥有的电话机部数的发展趋势通常呈龚帕兹曲线。其图形为一条不对称的 S 形曲线,如图8-5所示。

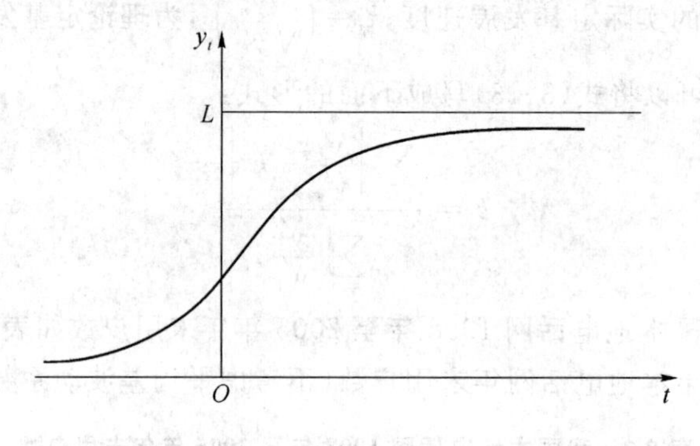

图 8-5　龚帕兹曲线

其数学表达式为

$$y_t = L\mathrm{e}^{-b\mathrm{e}^{-kt}} \tag{8-16}$$

其参数 L 和 b 可以用如下步骤确定:

① 饱和峰值 L,通常根据经验估算;

② 将式(8-16)两边取两次对数,得到如下方程:

$$\ln\ln\left(\frac{L}{y_t}\right) = \ln b - kt \tag{8-17}$$

令 $A=\ln b$,$y'_t=\ln\ln\left(\frac{L}{y_t}\right)$,$B=-k$,式(8-17)变为线性方程:

$$y'_t = A + Bt \tag{8-18}$$

③ 利用线性方程的参数估计方法,可以计算出 A 和 B,进而算出 b 和 k。

(2) 逻辑曲线方程

逻辑曲线方程与龚帕兹曲线很相似,也是描述事物的变化趋势是:开始时增长缓慢,中间阶段增长加快,达到一定程度后,增长率减慢直至饱和状态。其图形是一条对称的 S 形曲线,其数学表达式为

$$y_t = \frac{L}{1+a\mathrm{e}^{-bt}} \tag{8-19}$$

其参数 L 和 b 可以用如下步骤确定:

① 饱和峰值 L,通常根据经验估算;

② 将式(8-19)变形后,两边取对数,则变换为下面的形式:

$$\ln\left(\frac{L}{y_t}-1\right)=\ln a-bt \tag{8-20}$$

令 $A=\ln a$, $y_t'=\ln\left(\frac{L}{y_t}-1\right)$, $B=-b$,式(8-20)变为线性方程:

$$y_t'=A+Bt \tag{8-21}$$

③ 利用线性方程的参数估计方法,可以计算出 A 和 B,进而算出 a 和 b。

3. 平滑预测法

平滑预测法是首先对统计数据进行平滑处理,排除由偶然因素引起的波动,然后找出其发展规律。电信业务预测中常用的平滑预测法有:移动平均法和指数平滑法。

(1) 移动平均法

移动平均法从时间序列的首项数据开始,按指定的移动项数(周期)求序列的平均数;然后逐项向后移动,求出移动平均数。新的时间序列把原序列的不规则变动进行修匀,使数据变动趋于平滑。

移动平均法预测的步骤有两步:

第一步,统计数据的平滑处理,采用下面的公式分别进行一次、二次移动平均:

$$\begin{aligned} Y(t)_N^1 &= \frac{1}{N}\sum_{i=t-N+1}^{t} x_i \\ Y(t)_N^2 &= \frac{1}{N}\sum_{i=t-N+1}^{t} Y(t)_N^1 \end{aligned} \tag{8-22}$$

式(8-22)中,$Y(t)_N^1$ 和 $Y(t)_N^2$ 分别为一次、二次移动的平均值,x_i 为时间序列中的数据,N 为移动平均的周期。

第二步,建立预测模型,如下:

$$Y(t_0+T)=a(t_0)+b(t_0)T \tag{8-23}$$

其中,t_0 为预测时间的起点,T 为从 t_0 算起、到预测点的时间,$a(t_0)$、$b(t_0)$为待定系数,可以由下面的公式计算:

$$\begin{aligned} a(t_0) &= 2Y(t_0)_N^1-Y(t_0)_N^2 \\ b(t_0) &= \frac{2}{N-1}\left[Y(t_0)_N^1-Y(t_0)_N^2\right] \end{aligned} \tag{8-24}$$

例 8-3　已知某项业务 1995 年至 2011 年的数据如表 8-3 所示,请用移动平均法预测其 2012 年及 2013 年的业务量。

表 8-3 某项业务的历史数据

年份	序号 t	业务量（忽略了单位）	一次移动平均	二次移动平均
1995	1	79.55		
1996	2	78.68		
1997	3	68.55		
1998	4	65.51		
1999	5	60.52	70.56	
2000	6	77.71	70.19	
2001	7	76.93	69.84	
2002	8	76.01	71.34	
2003	9	73.84	73.00	70.99
2004	10	72.81	75.46	71.97
2005	11	73.51	74.62	72.85
2006	12	71.31	73.50	73.58
2007	13	69.50	72.20	73.75
2008	14	73.63	72.15	73.58
2009	15	75.32	72.66	73.02
2010	16	74.01	72.76	72.65
2011	17	73.78	73.25	72.60

解 取移动平均周期 $N=5$，计算一次、二次移动平均，数据如表 8-3 所示，示意图如图 8-6 所示。

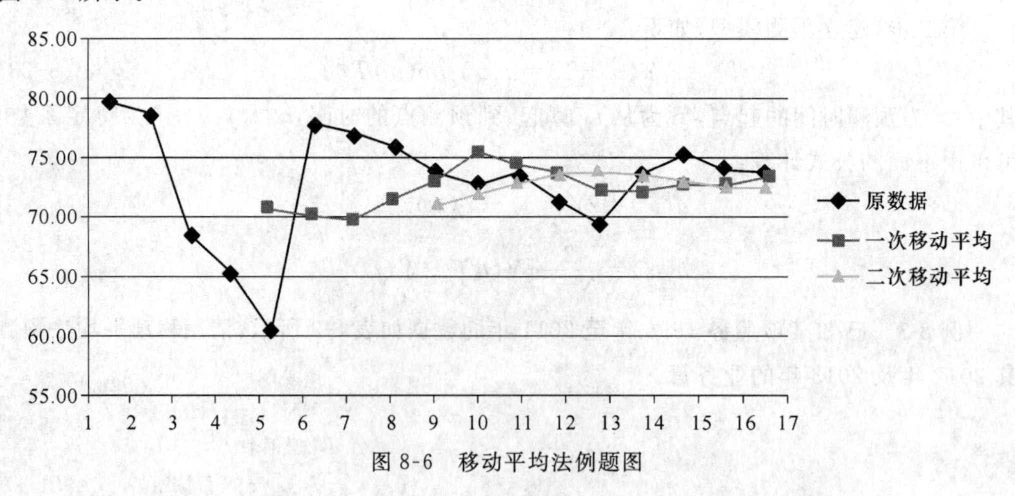

图 8-6 移动平均法例题图

图 8-6 显示了一次、二次移动平均的结果，从移动平均的变化趋势分析，其业务量在某一水平上下波动，则利用式(8-23)的线性方程进行预测，步骤如下：

利用参数估计公式(8-24)，取 $t_0=17$，则有

$$a(17)=2Y(17)_N^1-Y(17)_N^2=2\times 73.25-72.60=73.90$$

$$b(17)=\frac{2}{5-1}[Y(17)_N^1-Y(17)_N^2]=\frac{1}{2}(73.25-72.60)=0.65$$

代入预测模型式(8-23)，分别计算 $T=1$ 和 $T=2$ 时的值：

$$Y(17+1)=a(t_0)+b(t_0)T=a(17)+b(17)\cdot 1=73.90+0.65=74.55$$

$$Y(17+2)=a(t_0)+b(t_0)T=a(17)+b(17)\cdot 2=73.90+0.65\times 2=75.20$$

即该业务 2012 年及 2013 年的量分别为：74.55 和 75.20。

移动平均法对数据的修匀能力与 N 有关，N 越大，随机成分抵消越多，对数据的平滑作用越强，预测值对数据变化的敏感性越差；N 越小，随机成分抵消越少，对数据的平滑作用越弱，预测值对数据变化的敏感性越强。

移动平均法只适宜预测对象的发展趋势是在某一水平上下波动的情况，适合于近期预测。

(2) 指数平滑法

指数平滑法是对移动平均法的改进，是在逐次观测的基础上，系统地对某一预测模型的估计系统进行修正以消除随机成分。

其预测步骤与移动平均法类似：

第一步，统计数据的平滑处理，采用下面的公式分别进行一次、二次和三次指数平滑：

$$\begin{aligned}
&S(t)_\alpha^1=\alpha x_i+(1-\alpha)S(t-1)_\alpha^1, \quad S(0)_\alpha^1=x_1\\
&S(t)_\alpha^2=\alpha S(t)_\alpha^1+(1-\alpha)S(t-1)_\alpha^2, \quad S(0)_\alpha^2=S(0)_\alpha^1\\
&S(t)_\alpha^3=\alpha S(t)_\alpha^2+(1-\alpha)S(t-1)_\alpha^3, \quad S(0)_\alpha^3=S(0)_\alpha^2
\end{aligned} \tag{8-25}$$

式(8-25)中，$S(t)_\alpha^1$，$S(t)_\alpha^2$ 和 $S(t)_\alpha^3$ 分别表示一次、二次和三次指数平滑值，x_i 为时间序列中的数据，α 为平滑系数($0<\alpha<1$)，一般取 $0.1<\alpha<0.3$。

第二步，选择合适模型进行预测，有线性模型和非线性模型两种：

① 线性模型

$$Y(t_0+T)=a(t_0)+b(t_0)T \tag{8-26}$$

其参数估计公式为

$$\begin{aligned}
&a(t_0)=2S(t_0)_\alpha^1-S(t_0)_\alpha^2\\
&b(t_0)=\frac{\alpha}{1-\alpha}[S(t_0)_\alpha^1-S(t_0)_\alpha^2]
\end{aligned} \tag{8-27}$$

② 非线性模型

$$Y(t_0+T)=a(t_0)+b(t_0)T+c(t_0)T^2 \tag{8-28}$$

其参数估计公式为

$$
\begin{aligned}
a(t_0) &= 3S(t_0)_\alpha^1 - 3S(t_0)_\alpha^2 + S(t_0)_\alpha^3 \\
b(t_0) &= \frac{\alpha}{2(1-\alpha)^2}\left[(6-5\alpha)S(t_0)_\alpha^1 - 2(5-4\alpha)S(t_0)_\alpha^2 + (4-3\alpha)S(t_0)_\alpha^3\right] \\
c(t_0) &= \frac{\alpha^2}{2(1-\alpha)^3}\left[S(t_0)_\alpha^1 - 2S(t_0)_\alpha^2 + S(t_0)_\alpha^3\right]
\end{aligned}
\tag{8-29}
$$

指数平滑法中,选择合适的平滑系数很重要。α 越大,表示越倚重近期数据所载的信息,修正的幅度也较大;α 越小,表示近期的数据对预测值的影响小,修正的幅度也越小。

8.3 固定电话网规划

目前,我国传统的固定电话网已经有了很大的发展,从长途网来看,已经形成包含 PSTN 及 ISDN 功能的、由 DC1 和 DC2 构成两级长途网;从本地网来看,已经基本上完成了扩大本地网的组建;从接入网来看,也取得了很大进步,正在向着宽带综合接入的方向发展。在未来一段时间内,传统的电话业务仍是我国电信业务的主要形式和电信运营商的主要收入来源之一。但从另外一个方面来看,固定电话网的发展面临许多新的问题和挑战,应以新的技术、架构来面对新业务、新需求。

传统结构固定电话网的规划方法已经相对成熟和完善,对其他网络的规划有一定的参考价值,本节讨论其一般的规划方法,重点在本地电话网的规划。

8.3.1 概述

首先介绍固定电话网建设中要考虑的几个重要问题。

1. 扩大本地网

在本书第 2 章中介绍了,我国推行的扩大本地电话网体制共分为两种类型:

- 特大和大城市本地电话网,是以特大城市或大城市为中心城市,与所辖的郊县/市共同组成的本地电话网;

- 中等城市本地电话网,是以中等城市为中心城市,与其郊区或所辖的郊县/市共同组成的本地电话网。

2. 局所采用“大容量、少局点”的布局

随着网络规模的不断扩大,局所采用“大容量、少局点”的布局已显得十分必要。从总体上说,有利于节省全网的建设投资和运行维护费用;有利于简化电话网络结构和组织,提高服务质量;有利于减少传输节点数,简化中继传送网的结构和组织;有利于支撑网的建设,少局点较容易实现 No.7 信令网和同步网的覆盖,便于实现全网集中监控和集中维护；有利于尽快扩大智能网的覆盖面；有利于先进接入技术的采用和向未来宽带网络的过渡；有利于采用光纤连接的接入网设备或远端模块，及时替换大量存在的用户小交换机，迅速把大用户纳入到公众电话网中，向用户提供优质服务。

按照新的布局设置，无论对于对哪类城市的本地网，都可以带来很大的好处：

• 大城市采用少局点、大容量、大系统，能最大限度地提高网络资源的利用率和运营效率；

• 中、小城市采用集中建局的方针，可减少征地、基建、人员分散、共用设备重复等的浪费；

• 未来必须要对原本只能提供单一话音业务的局点进行大幅度的技术升级，因经济和技术原因只能在较少的局点上进行；

• 有利于新业务推广和应用；

• 有利于淘汰年代久远、技术落后、功能单一的旧机型。

目前实现“大容量、少局点”布局的基本条件已经具备。首先，交换技术的进步使系统容量不断增加，国内外交换机厂家已可提供大容量交换系统。其次，接入网技术的发展打破了用户线长度受传输衰耗的制约，从而可使局所服务半径大大增加。最后，随着电话普及率的不断提高，单机平均忙时话务量已由以前的 0.12～0.13 Erl 下降到目前的 0.03～0.07 Erl，也可以通过调整集线比使交换系统的容量增大。

3. 目标网的概念

各发达国家的电话网当其主线普及率达到 40％左右后，便基本呈现饱和状态。我国未来的电话网也必将朝着这样的目标网络发展，包括建设目标网与扩大的本地网相结合，建设大容量、少局点的目标交换局和对非目标交换局的过渡。

目前我国对目标网的理解，包含了目标交换局和目标交换区等重要概念。

(1) 目标交换局的概念

目标交换局简称目标局，是指固定本地网目标网中的交换局点设置，其基本特征是：

• 一般来说是在现有局所的基础上，选择一部分局（也有可能是全部）作为目标局，特殊情况也可以设置新的目标局，未来还可根据业务发展的需要增减目标局。

• 采用少局点、大容量、大系统的设备配置，具有 V5 接口等功能，能与现代接入网相衔接。

• 目标局目前应能提供综合性的服务，例如因特网接入服务等，还应向着提供综合多业务的方向发展，从而形成综合的目标局。

• 能与智能网协同工作，提供智能业务。能获得 No.7 信令网、同步网和管理网三个支撑网的全面支撑。

• 目标局的概念为简化接入网组织，减少局房、配线架和出局管道的压力，可节约投资，也大大方便本地区电信网络的优化。

(2) 确定目标局的原则

- 应将本地网的中心城市和所辖市/县作为一个整体,按照“大容量、少局所、少系统”的原则,远近结合、统一规划、分步实施;
- 应有利于本地网中的电话交换网、中继传输网、移动通信网、支撑网以及其他网络的组织,在保证全网经济、安全可靠前提下合理确定目标局的数量;
- 我国现阶段城市和农村地区用户性质、需求、密度、分布和地理环境差异较大,在确定局所时应采用不同的方法;
- 目标局应尽可能继承和利用现有的局房、管线、出局管道等,每个局应有两个以上的独立物理路由出口;
- 局房位置应尽量选择靠近业务需求集中、业务大户众多的地方;局房应有足够的发展空间,以容纳未来多个系统、多种业务节点设备和接入网的局端侧设备,以满足较长时间的需要;
- 关于目标局的设置和向目标网的过渡,必须本着实际需求,按照经济发展规律、自然的过渡。

4. 目标交换局的设置原则

根据原邮电部《电话交换设备总技术规范》(YDN 065—1997)和邮部(97-494)号文精神,目标交换局的设置可以按照下列各点进行实际操作。

(1) 关于大容量的基本原则:中心城市每个交换系统的容量可按照10万门左右来考虑,同一局址最大可安装2~3个系统;县/市每个交换系统容量可按照5万~10万门来考虑,一般每个交换局只设置一个交换系统;考虑到网路的安全可靠性需要,本地电话网中的最大局所容量与全网总容量有关。

(2) 本地网中的中心城市最大局容量的参考值:总容量大于100万门时,一个交换局可安装2~3个交换系统,容量可达20万门或更大,最大局容量应小于总量的15%。总容量在50万~100万门时,一个交换局可安装2个交换系统,容量可达20万门,最大局容量应小于总容量的20%。总容量小于50万门时,每个交换系统可按照5万~10万门考虑,但最大交换局容量不宜超过交换机总容量的35%。

(3) 本地网中的郊县/市最大局容量的参考值:总容量大于40万门时,交换局容量按10万门考虑,全县/市设置4~5个交换局,最大局容量小于总容量的30%。总容量在20万~40万门时,交换局容量按10万门考虑,全县/市设置3~4个交换局,最大局容量不宜超过交换机总容量的35%。总容量小于20万门时,局容量按照5万~10万门考虑,全县设置2个交换局,最大局容量不宜超过交换机总容量的60%。

(4) 关于少局点的原则:特大城市设置30~50个局,大城市设置20~25个交换局,中等城市设置8~10个交换局,县/市设置2~5个交换局。

(5) 关于服务半径:在本地电话网中大量采用远端模块和接入网设备以后,交换局的最大服务半径和服务范围不再受到严格的限制。采用不同接入设备的交换局，最大服务半径和面积也不相同。一般在用户密度高的地区，服务半径和服务区较小，在用户密度较稀的农村地区，交换局服务半径和面积可以很大。

8.3.2　电话业务预测

1. 电话业务预测的基本内容

业务预测是电话网规划的基础，主要包括以下 3 项内容。

(1) 用户预测：是指对用户的数量、类型和分布等进行预测。

(2) 各局业务量预测：是指对各交换局的电话业务或其他业务量进行预测，电话业务量通常以爱尔兰、忙时呼叫次数和话单张数等单位来表示。

(3) 局间业务流量预测：是指对本地或长途局间的电话业务或其他业务的流量与流向进行预测。

2. 电话业务量的计算

电话通信中的业务量定义为通信线路被占用的时间的比例，是一个随着时间不断变化的随机量。按照原 CCITT E.500 建议，一个路由上承载的业务量，是以一年期间内、每天的忙时测量所得的业务量中，选取最高的 30 个值的平均值。话务量常用爱尔兰(简写为 Erl)为单位来表示，是指通信线路在一个小时内被实际占用的时间比例。电话网的业务量常用以下一些基本量来描述：

(1) 发话业务量、收话业务量和总业务量，单位为爱尔兰(Erl)。对于一个孤立的系统或孤岛网，发、收话业务量是相等的，但对于单个局则不一定。发话业务量 Y 和收话业务量 Q 两者之和为总业务量 Z，即

$$Z=Y+Q \tag{8-30}$$

(2) 平均每线忙时业务量，单位为爱尔兰/线，或 Erl/line，即

$$E=Z/U \tag{8-31}$$

式中，Z 为总忙时业务量(Erl)，U 为用户数或主线数(line)。

(3) 发话比 R，定义为发话业务量与总业务量的百分比，为一无量纲单位，即

$$R=Y/Z \tag{8-32}$$

(4) 若要根据某局所服务的用户数 U 和平均每用户月发话次数 n(单位：次/月)，计算该局的发话业务量，即可用下式表示：

$$a=\frac{nTR_{\mathrm{d}}R_{\mathrm{h}}}{60}\cdot U \tag{8-33}$$

式中，n 为人均月发话量(单位：次/月)，T 为平均占线时长(单位：分)，R_{d} 和 R_{h} 分别为忙日集中系数和忙时集中系数，U 为该局所服务的用户数。

(5) 长话业务量年统计以次数为单位，与 Erl 为单位的业务量换算公式为

$$a=\frac{nTR_mR_dR_h}{60}\cdot U \tag{8-34}$$

式中,n 为长话的年次数(单位:次/年);T 为平均占线时长(单位:分);R_m、R_d 和 R_h 分别为忙月集中系数、忙日集中系数和忙时集中系数。

(6) 在全国长话的流量流向调查统计中,是以 3 天统计时间内的次数为单位,换算公式为

$$a_{ij}=\frac{n_{ij}T\times 0.1R_h}{25\times 60}\times U \tag{8-35}$$

式中,a_{ij} 为从 i 局到 j 局的长话业务流量(单位:Erl);n_{ij} 为从 i 局到 j 局长话的 3 天次数(单位:次/3 天);其余符号同上。式(8-35)中已假定 R_m 取 0.1 和 R_d 取 1/25。

(7) 各种类型业务的流量流向,一般也用无量纲的百分比表示。

例如一个局的总去话业务量,可以分解为发往局内的、局间的、特服的和长途的各个流向上的业务量各占的百分比表示,显然它们的总和应该是 100%。我们称发往局间的业务量与总去话业务量之比为局间比。当然,特服的业务也可以视为一个或多个特服局,从而归并到局间的部分内。发往局间的业务量又可以进一步再细分为发往地市的、县市城区的、农话端局的百分比,直至精细到全部每个具体局各占的百分比,即为局间业务流量比;发往长途的业务量又可以细分为国际的、省际的和省内的各占的百分比,直至精细到每个具体的长途局各占的比例等。

平均每线忙时业务量在上述各个量中,具有最基本的地位,它是网络一切定量计算的基础。研究表明它与多种因素有关,其中最重要的是电话主线普及率和用户群的性质。大量统计表明,平均每线忙时业务量随着主线普及率增加而下降,但到达一定程度后则趋于较平坦。

除了每线忙时话务量外,另一个重要的量是长途业务量与市话总业务量的百分比,它关系到长途网络和本地网络的业务量计算,是长市中继电路群规划的基础。

3. 局间业务流量预测

局间业务流量是通信网中两交换局间通信业务的数量,可分为来流量和去流量。在电话网中,业务流量是指局间的电话业务流量。局间业务流量的预测方法有吸引系数法、重力法等。

(1) 吸引系数法

各局间的吸引系数表示各局间用户联系的密切程度,吸引系数法是在已知各局话务量的基础上,通过吸引系数求得各局间话务流量。其计算公式如下:

$$A_{ij}=f_{ij}\frac{A_iA_j}{\sum_{i=1}^{n}A_i}\qquad(i\neq j) \tag{8-36}$$

式中,A_i 为各局发话话务量(一般为预测值),f_{ij} 为 i 局呼叫 j 局的吸引系数,A_{ij} 为 i 局流

向 j 局的话务量。

式(8-36)表明，i 局流向 j 局的话务量与 i 局用户发话话务量和 j 局发话话务量的乘积成正比，与全网各局总的发话话务量成反比。

吸引系数 f_{ij} 的计算要求有较完整的历史话务量数据，其计算公式为

$$f_{ij} = \frac{A'_{ij} \sum_{i=1}^{n} A'_i}{A'_i A'_j} \quad (i \neq j) \tag{8-37}$$

式中，A'_i 为各局发话话务量的历史数据，A'_{ij} 为 i 局流向 j 局的话务量的历史数据，即采用历史数据计算各局吸引系数，假设网络和相关因素变化不大，则可用计算得到的吸引系数、应用式(8-36)来预测局间话务流量。

吸引系数法适于容量比较小的城市进行短期预测。

(2) 重力法

当已知某局的总发话话务量的预测值，但缺乏相关各局的历史数据和现状数据时，为了将其总发话话务量分配到各局去，可采用重力法得到局间话务量的预测值。

根据统计分析得出，两局间的话务流量与两局的用户数的乘积成正比，而与两局间距离的 k 次方成反比，其计算公式为

$$A_{ij} = \frac{\frac{C_i C_j}{d_{ij}^k}}{\sum_{j=1}^{i-1} \frac{C_i C_j}{d_{ij}^k} + \sum_{j=i+1}^{n} \frac{C_i C_j}{d_{ij}^k}} A_i \quad (i \neq j) \tag{8-38}$$

式中，A_{ij} 为 i 局流向 j 局的话务量；A_i 为 i 局预测的发话话务量；d_{ij} 为 i 局到 j 局的距离；C_i、C_j 分别为 i 局、j 局的用户数；k 为距离的次幂。

其中，k 是个非负数，k 越小表示距离对业务量的影响越小。随着社会、经济的发展，距离对业务量的影响越来越小，目前一般取值为 1，同时也简化了计算。

8.3.3 本地网规划

1. 本地网规划原则

(1) 交换网规划原则

交换网规划一般应首先分析交换网的现况，然后规划出未来目标网的组织结构，最后完成其中各规划期过渡的网络组织结构、汇接方式、安全考虑等，并制定与之相适应的路由规划。

本地交换网规划的一般原则是：

① 中心城市和县/市应是一个整体，网络规划要统一考虑，但建设实施可分步进行；

② 按中、远期的网路发展需要组织目标网网络；

③ 网络应逐步过渡到二级结构；

④ 汇接方式中,城市一般采取分区汇接和全覆盖两种汇接方式,县/市一般设汇接局、不同县/市间话务量通过中心城市汇接局疏通;

⑤ 根据局所布局情况,考虑未来技术因素会给网路带来的影响;

⑥ 网络组织应具有一定的灵活性和应付异常情况的能力;

⑦ 充分考虑全网的安全可靠性需要;

⑧ 每一规划期或阶段,对交换网络组织必须给出两种组织图,一种是大致标明物理位置的图形,另一种是标明组织隶属关系的逻辑图形。

(2) 中继网规划原则

固定电话网的中继网涉及局间中继网、长市中继网和长长中继网(即长途网)三个部分。这里只讨论中继网络的组织和设置。我国目前已就中继网电路的设置与配置原则、中继连接原则、汇接原则、路由选择原则、中继电路群的设置与配置标准等,制定了规范。

针对当前本地网内的中继网,应优先考虑:城市各端局在近期内就应与长途局之间设置长-市、市-长中继电路;农村端局的长途话务量可暂时通过汇接局汇接至长途局,将来所有端局与长途局间均设置长-市、市-长中继电路。一般两个长途局之间采用负荷分担方式工作,采用来去话全覆盖的汇接方式。各端局以及汇接局与两个长途交换局之间均设有直达长-市中继电路。

2. 我国本地电话网参数取值的建议

为方便本地网的计算,现对涉及的基本参数在现阶段的取值,提出下面的参考建议范围。各地区的情况不同,经济发展的程度有不同,有时甚至出入很大,尤其是发展较快的数据业务。因此还要结合当地条件,做出适当的调整。

(1) 忙时话务量

- 用户话务:0.04~0.082 Erl/线;
- 本地网内话务占总话务的比例:各地区差异很大,粗略的参考值为70%~90%,其分配是本局占10%~30%,局间占40%~60%;
- 忙日集中系数:1/20~1/25,忙时集中系数:0.10~0.15,各地情况也不尽相同;
- 每呼叫平均占用时长:90 s;
- 平均用户接入因特网的数据速率:28.8 kbit/s;
- 平均接入因特网的月数据业务量:

$$a=\frac{nTR_dR_h}{3\,600}\times U\times 28.8 \tag{8-39}$$

其中,n 为每用户每月使用次数(单位:次/月户);T 为平均占线时长(单位:s);R_d 和 R_h 分别为忙日集中系数和忙时集中系数;U 为用户数(单位:户)。

(2) 局间中继业务量：

- 局间中继电路业务量：0.6～0.8 Erl/trunk；
- 市-市中继的配置按 1%的呼损计算，也可根据实际传输设备的情况做调整。

3. 局所规划

局所规划是指在一定的规划区内，根据规划期的业务预测对交换局进行最合理、最经济的配置。其主要任务是：研究规划期内的局所数量、位置、容量，用户线长度和中继线长度等。局所规划是一个非常复杂的问题，各种因素（局所数目、局所位置、服务区划分等）交杂在一起，要实现整体最优是很困难的事情。

(1) 局所数目的确定

若用户预测的数据表明用户数目较多，或地理位置分散，一般会划分为几个群体，每个群体中选择一个最佳地点作为局所位置。建设局所的费用主要包括交换设备费用、场地和建筑物的费用、中继线的费用和用户线费用，可采取定量的优化算法，使建设网络的总费用最小。

局所数目不同时，建设网络的各项费用也随之变化，若找到其定量的关系如图 8-7 所示，则对应总费用最低的局所数目即为最佳。

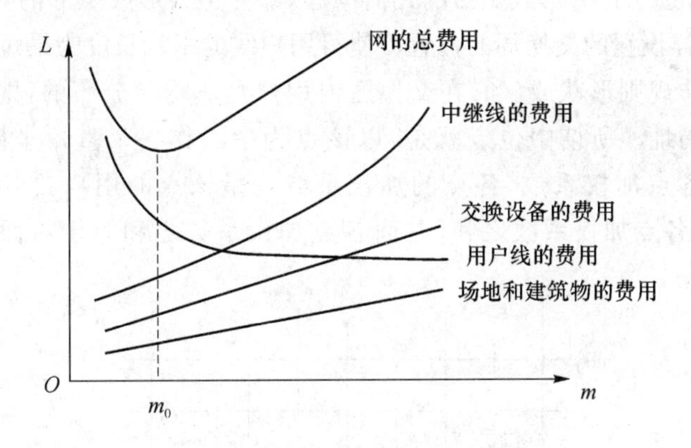

图 8-7　网的总费用 L 与局所数目 m 的关系

(2) 最经济局所容量

所谓最经济局所容量是指总投资或总年经费最小情况下的平均局所容量，即网络服务区域内的用户总数除以最佳局所数目。最经济局所容量与用户密度有关，如图 8-8 所示，每条曲线最低点对应的横坐标即为该用户密度下的最经济局所容量，而且，用户密度 σ_0 增加时，最经济局所容量是增加的。

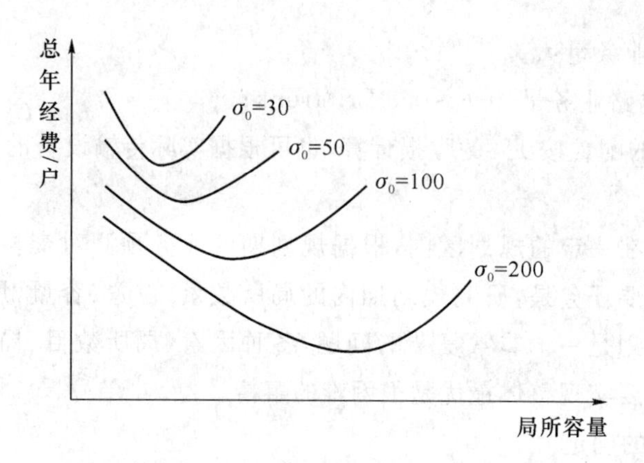

图 8-8　局所容量与总年经费关系示意图

(3) 服务区的划分及最佳交换局址的确定

交换局服务区的划分应使得每用户的平均费用为最小。通过求极值的方法可得到最佳服务区的形状。固定电话中,由于线路都是沿街道铺设的,这时最理想的服务区应是正方形。

对于正方形的服务区或者是矩形服务区时,假定用户是均匀分布的理想情况下,其最佳交换局的局址应选于正方形或矩形的几何中心,即为正方形或矩形的对角线的交点。由分析计算可知,这样设置的交换局的位置可使得用户线的平均长度为最短。

如交换区为非规则形状或(和)在交换区内用户是非均匀分布的,则应按求中位点的方法求最佳交换局址。所谓中位点就是:以该点为中心作一个直角坐标平面,这一直角坐标平面的上面各点加权系数(各点的加权系数是指该点的用户数或线路的费用系数等)之和等于下面各点加权系数之和;左面各点加权系数之和等于右面各点加权系数之和,如图 8-9 所示。

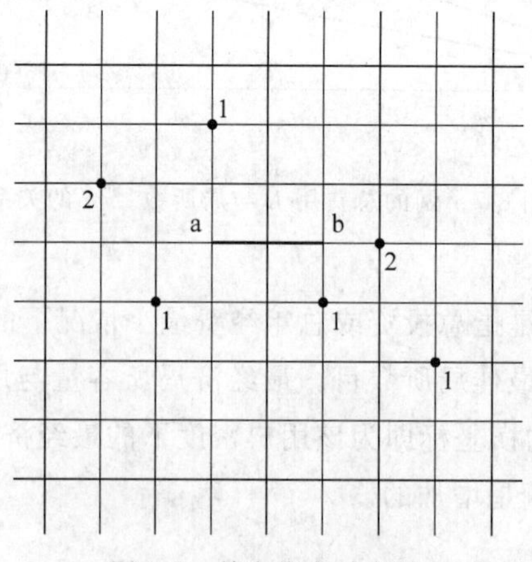

图 8-9　单中位点示意图

4. 中继网络规划

局间中继线路是本地网及市内电话网的大动脉,必须保证安全可靠,使用灵活方便和技术经济合理。为此,对本地网的中继路由必须进行有效的组织和合理的设置,这是网络规划设计的重要内容之一。

(1) 一般中继路由的选择与计算

二级结构的本地网中,两端局间路由有三种:汇接路由(T)、高效直达路由(H)和低呼损直达路由(D),如图 8-10 所示。

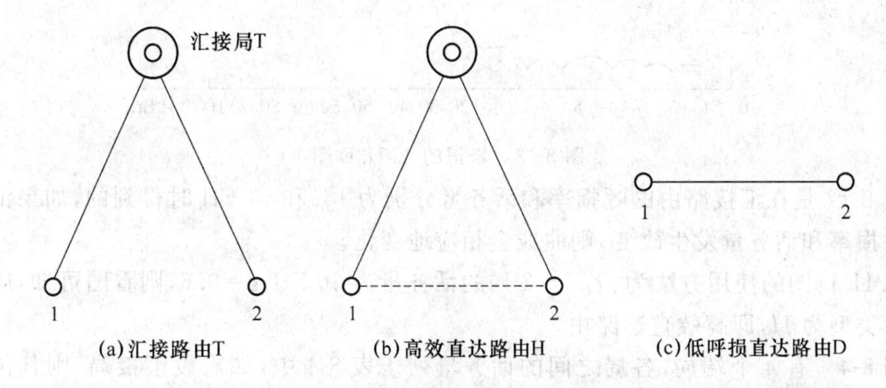

图 8-10　局间中继路由类型示意图

两个交换局间应选择哪一种路由? 常用一个三角结构来表示选择的原理,如图 8-11 所示,其中 B 表示直达路由的每线费用,B_1、B_2 表示汇接路由的费用。

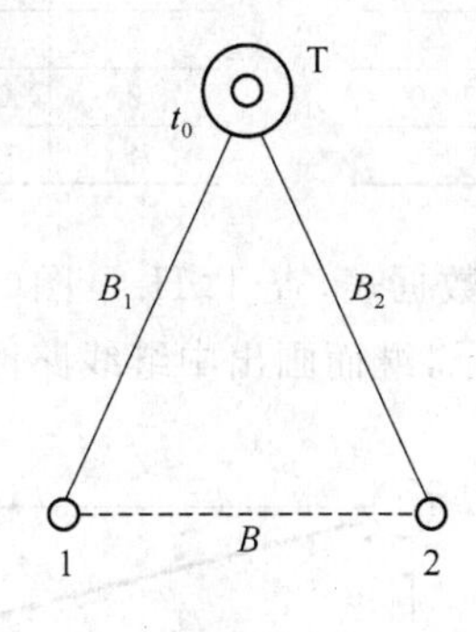

图 8-11　局间中继路由选择原理图

路由类型的选择由两交换局之间的话务量 A 和费用比 ε 来确定,ε 的计算式如下:

$$\varepsilon=\frac{B}{B_1+B_2} \tag{8-40}$$

具体选择方法可利用图解法,即利用修正后的 T. H. D 图,如图 8-12 所示。

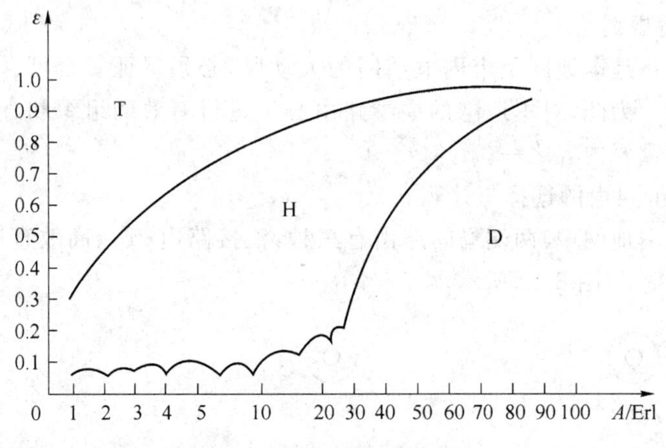

图 8-12 修正的 T.H.D 图

图 8-12 是在汇接路由的呼损率和话务量分别为 1%和 50 Erl 时得到的,如果汇接路由的呼损率和话务量发生改变,则曲线会相应地变化。

T.H.D 图的使用方法为:若 1~2 局的话务量为 30 Erl,ε=0.6,则看图可知,应采用的路由类型为 H,即高效直达路由。

例 8-4 有 4 个端局,各局之间的话务量列于表 8-4 中,如需设汇接局,则其位置已定,费用比如表 8-5 所示,试确定 T.H.D 路由表并画出中继线路网结构的示意图。

表 8-4 局间话务量

	1	2	3	4
1	—	40	35	20
2	42	—	2	8
3	50	2	—	40
4	18	12	35	—

表 8-5 费用比 ε

	1	2	3	4
1	—	0.375	0.600	0.300
2	0.375	—	0.850	0.450
3	0.600	0.850	—	0.350
4	0.300	0.450	0.350	—

解 根据话务量和费用比的数据表,查 T.H.D 图(见图 8-12),可得到两个端局间应采用的中继路由类型如表 8-6 所示,继而画出中继线路网结构图 8-13。

表 8-6 中继路由表

T.H.D 路由表				
	1	2	3	4
1	—	D	H	H
2	D	—	T	H
3	D	T	—	D
4	H	H	D	—

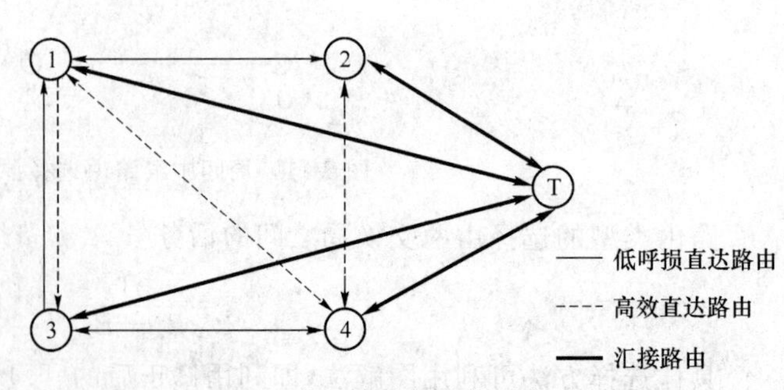

图 8-13 中继线路网结构示意图

在中继线路网结构图中，凡是两局间采用高效直达路由的，其溢呼的话务量均由汇接路由传送，故应设置汇接路由。

(2) 中继路由电路数量的计算

确定中继路由的类型后，还要计算每种路由的数量，具体可根据两局间话务量及呼损率指标进行计算。

例 8-5　设有如图 8-14 所示的 A、B 两个市内端局，每局用户数均为 1 000 户，两局间设置单向中继线路，已知每用户发话话务量为 0.05 Erl，两局间用户呼叫率均等，并规定中继线呼损率为 1%，试计算局间中继电路数。

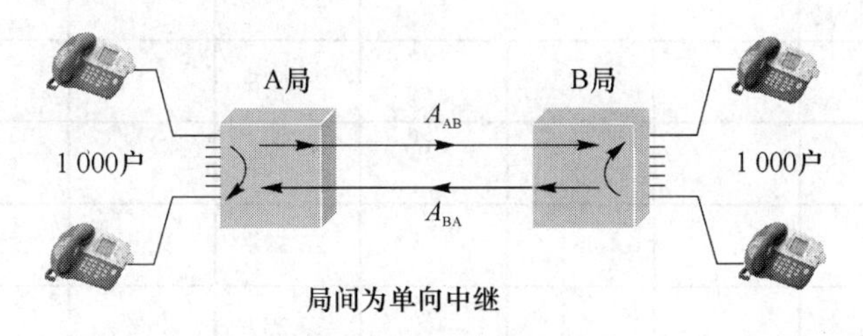

图 8-14　计算局间中继电路数的示意图

解　由题目设定：两局间用户呼叫概率相等，则知用户呼叫本局用户与呼叫对方局用户的机会均等，因此局间话务量为

$$A_{AB}=0.05\times 1\,000\times \frac{1}{2}=25\ \text{Erl}$$

因设定呼损率为 0.01，故查爱尔兰 B 表(又称爱尔兰呼损表)，如图 8-15 所示，36 条中继电路能提供 25.507 Erl 的话务量。

(3) 数字中继路由的选择与计算

在全数字化本地网中，由于传输线路全部采用了数字化电路，而 PCM 最小传输系统(一次群)就拥有 30 条话路。因此，按中继路由数量的计算方法计算出的电路数，应按 30 路为单位取模。在取模过程中，将会使得原计算出的电路类型和电路数发生变化，这一变化将影响到整个中继网系统。

• 对基干路由的影响：由于基干路由为最终路由，在模量化过程中，为保证全网呼损要求，只能采用增加电路的方式以达到 30 路的整倍数。

• 对高效直达路由的影响：对高效电路进行模量化过程中，可使得路由类型发生变化，其模量化过程可采用增加或减少电路的两种方式进行。减少电路数量，可能使路由类型由 H 变为 T 或不变；增加电路数量，可能使路由类型由 H 变为 D 或不变。

• 对低呼损直达路由的影响：对此类电路模量化，可采用增加或减少电路的方式进行。采用增加电路方式，路由类型不变；采用减少电路方式，路由类型由 D 变为 H。

N \ A \ E	0.001	0.002	0.005	0.010	0.50	0.100
31				21.191		
32				22.048		
33				22.909		
34				23.772		
35				24.638		
36				25.507		
37				26.378		
38				27.252		
39				28.129		
40				29.007		

E: 呼损率　A: 话务量　N: 电路数

图 8-15　爱尔兰 B 表(局部)

在全数字化本地网中,其路由类型分为三种:汇接路由(T)、高效直达路由(H)和全提供电路群(F,相当于低呼损直达路由),此时,两局间的中继路由类型和电路数可以通过图解法确定。

ITU-T 推荐费用比 ε、话务量 A 与路由类型关系图为 T. H. F 曲线图,可以很方便地确定中继路由类型和电路数,如图 8-16 所示。

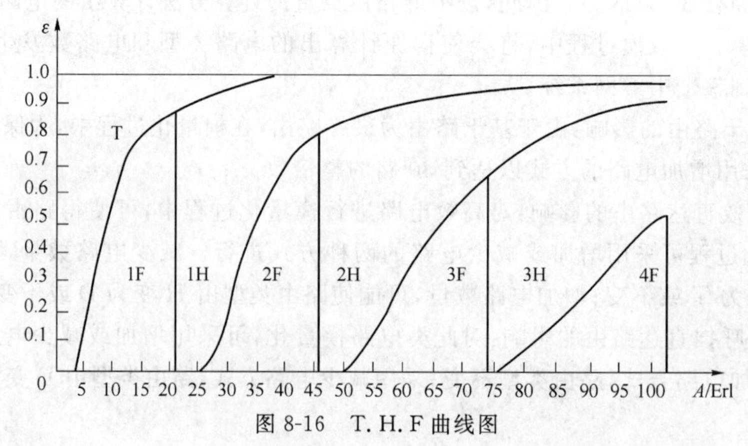

图 8-16　T. H. F 曲线图

5. 用户线路设计

这里仅讨论本地电话网中采用电缆方式连接用户到交换局情形下的用户线路设计，接入网的规划见 8.5 节。

(1) 用户线路的组成

用户线路也称用户环路，其作用是将用户终端连接到交换局的配线架。进行用户环路设计，既要满足用户发展的需要，又要使用户线路网结构、电缆线对和线径做到经济合理。

用户线路一般由三部分组成：

- 主干线路(主干电缆或称馈线电缆)：主干电缆具有干线的性质，不直接连接用户，通过一定的方式与配线电缆连接。
- 配线线路(配线电缆)：配线电缆根据用户分布将芯线分配到分线设备上，再通过用户引入线接至用户终端。
- 用户引入线。

用户线路网一般采用树形结构，如图 8-17 所示。

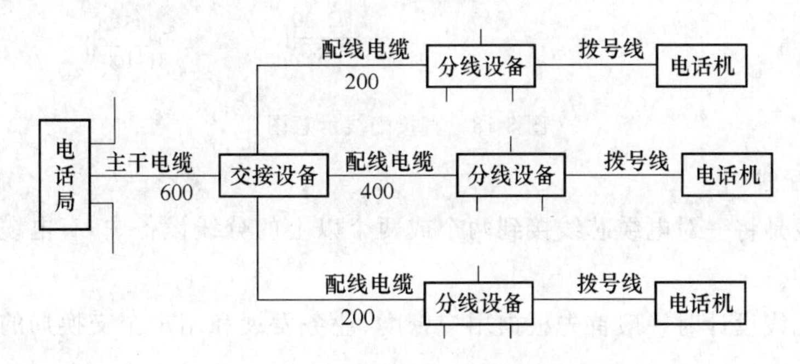

图 8-17　用户线路网结构示意图

对用户线路网的基本要求是具有通融性、使用率、稳定性、整体性和隐蔽性五个方面。

① 通融性：用户线路网的规划设计是根据预测进行的，但由于用户预测与未来规划期的实际情况总会存在一定的差异，所以要求所设计的用户线路网必须具备一定的通融性，即当用户需要发生变化时，网络能够具有一定程度的调节应变能力。

② 使用率可以分为两种：

- 芯线使用率：指电缆实用线对数所占的百分数。
- 线程使用率：指电缆实用芯线总长度所占的百分数。

③ 提高使用率是使用户线路网节省建设投资的重要方法，但要结合稳定性考虑。网络在较长时期内的相对稳定将会带来较大的经济效益和使用效益。

④ 整体性是指将一个交换区的用户线路设计为一个合理的、能互相支援调剂、在经济上有利于降低电缆和管道造价的统一体,而且应尽量减少电缆规格和线径种类。

⑤ 隐蔽性则指线路的非暴露程度。

(2) 配线方式

配线就是要对电缆芯线进行合理的配置。为了满足对用户线路网的各项要求,必须使用配线技术。

配线方式有如下几种:

① 直接配线

直接配线是把主干电缆的芯线,通过配线电缆直接分配至各个分线设备上,如图8-18所示。直接配线的分线设备之间不复接,因此施工简单、维护方便,但通融性较差。

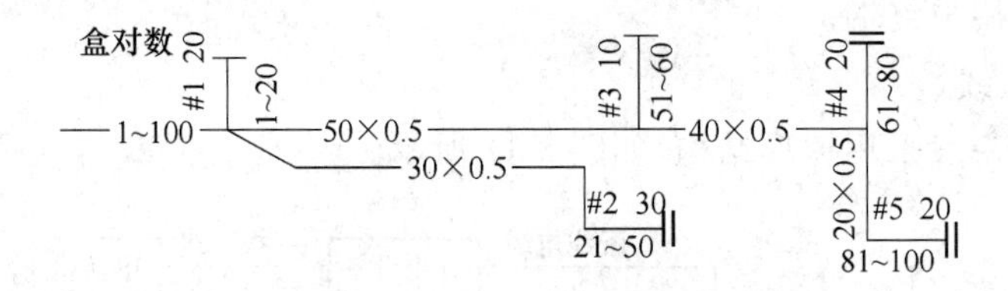

图 8-18 直接配线示意图

② 复接配线

复接配线是将一对电缆芯线接到两个或两个以上的分线设备中,有电缆复接和分线设备复接两种。

在进行配线设计时一般首先根据用户密度、业务发展和用户至交换局的距离等划分配线区。

电缆复接是在主干电缆与配线电缆连接时采用一部分芯线复接的方式,使配线电缆的线对总数大于主干电缆线对数,提高主干电缆芯线的利用率和提高它的通融性,如图 8-19(a)所示。

分线设备复接是在配线电缆与分线设备连接时采用复接方式,使用户引入线总数大于配线电缆芯线数,从而提高分线设备间的线对调度灵活性和配线电缆芯线的使用率。

复接配线可以提高电缆芯线的使用率,增加用户线路的通融性,但由于复接点阻抗的不匹配对话音会产生附加衰减,如图 8-19(b)所示,且不利于电气测试和障碍查修。

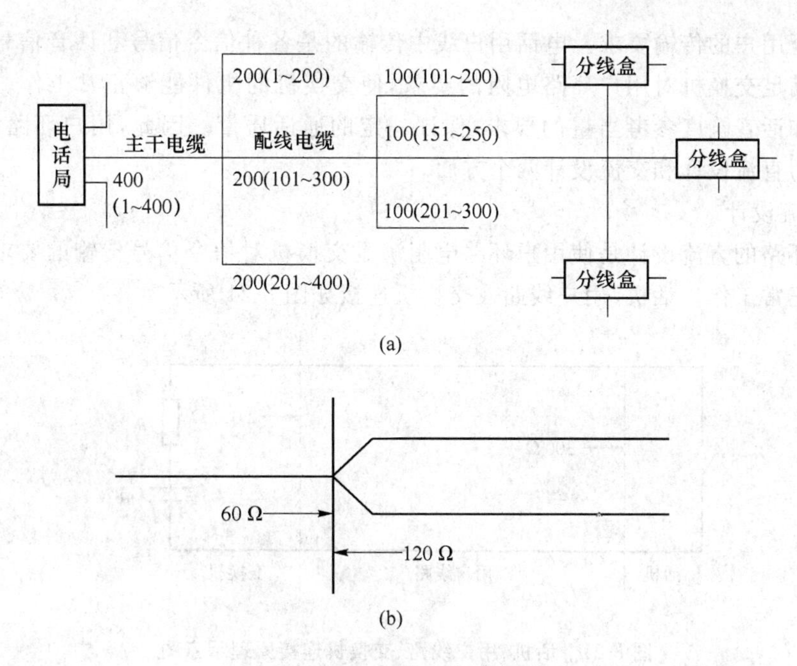

图 8-19　复接配线示意图

③ 交接配线

交接配线是在主干电缆与配线电缆之间，或在出局一级主干电缆与二级主干电缆之间，安装交接箱，使双方电缆的任何线对均能相互换接。由于交接箱的作用与局内总配线架的作用类似，因此交接配线使线路的灵活性更大，备用量减少，并且不会降低通话质量。交接配线如图 8-20 所示，交接配线是一种技术上和经济上都比较有利的配线方式。

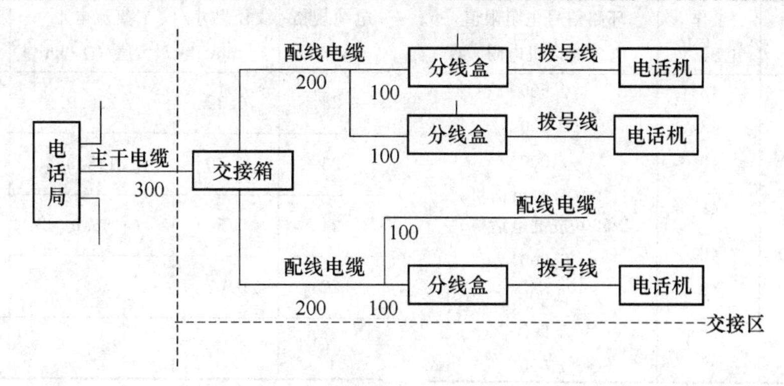

图 8-20　交接配线示意图

(3) 用户环路的传输设计

用户环路设计的一项重要内容是选择电缆，即选择的电缆必须满足通信中各种信号从交换局至用户的传输要求。电话用户线中传输的是各种信令信号和话音信号,电缆的选择既要满足交换机对用户环路电阻的要求,使交换机的机件能够正常工作;又要满足传输损耗和话音响度参考当量的要求,保证一定的通话质量。因此,用户环路的传输设计可以分为直流设计和交流设计两个方面。

① 直流设计

用户环路的直流设计是使用户环路电阻满足交换机对信令信号传输的要求,以使交换机能够正常工作。话机、用户线路及交换机连接如图 8-21 所示。

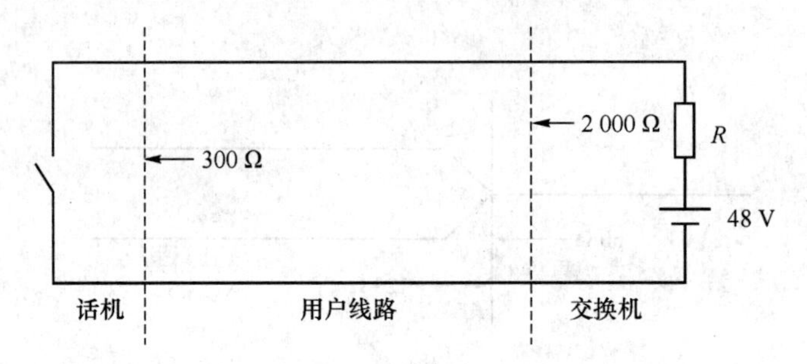

图 8-21 话机、用户线路、交换机连接原理示意图

表 8-7 列举了几种交换设备的信号电阻限值。

标准话机的规定电阻一般为 100～300 Ω。

为了设计方便,将各种规格电缆的直流电阻列于表 8-8,其中直流电阻最大值是指每公里芯线线对的直流电阻。

表 8-7 几种交换设备的信号电阻限值

交换设备制式	工作电压/V	环路信号电阻限值(包含电话机电阻)/Ω
S-1240	48	1 900
EWSD	48	2 000
NEAX-61	48	2 000
AXE-10	48	1 800(号盘电话机) 2 500(按键电话机)
FETEX-150	48	1 900
5ESS	48	2 000
DMS-100	48	1 900
E10B	48	2 500

表 8-8 市内通信电缆的直流电阻(20℃)和损耗

电缆规格(AWG)	线径尺寸/mm	直流电阻最大值/(Ω·km^{-1})	损耗(1 kHz)/(dB·km^{-1})
28	0.32	236.0	2.297
26	0.40	148.0	1.641
24	0.50	95.0	1.321
22	0.63	58.7	0.984
19	0.90	29.5	0.656

例 8-6 对一个用户环路进行传输设计,已知交换局内使用 EWSD 程控交换机,用户距交换局为 5 km,应选用哪种用户电缆方能满足环路电阻的要求?

解 查表可知,此型号交换机的信号电阻限值为 2 000 Ω,话机电阻小于 300 Ω,可得

用户环路每千米直流电阻限值为

$$R_0=\frac{2\,000-300}{5}=340\ \Omega/\text{km}$$

故可选择表 8-8 中直径为 0.32 mm 的 28 号线。

② 交流设计

用户环路的交流设计要根据用户线的传输损耗和用户线长度来进行。设计规范规定用户环路传输损耗限值为 7 dB，当用户线路采用复接配线时将会引入 0.5 dB 的损耗，在已知用户线长度后，可计算出线路每千米损耗值。再通过查各种规格电缆的损耗，即可确定满足损耗限值的电缆线径。

例 8-7　对一个用户环路进行传输设计，已知用户环路采用交接配线，交换机的直流电阻限值为 2 000 Ω，标准话机的电阻值在 100～300 Ω 之间，用户环路的传输损耗限值为 7 dB，用户距交换局为 4 km，问：

- 用户环路每千米的直流电阻限值，应选择哪种规格电缆？
- 用户环路每千米的传输损耗限值，应选择哪种规格电缆？

解　设电缆每千米的环路电阻为 R_0，用户距交换局距离为 l，话机电阻按 300 Ω 计算，则用户环路电阻为

$$R=R_{\text{话机}}+R_0\times l\leqslant 2\,000\ \Omega$$

算得

$$R_0\leqslant(2\,000-300)/4=425\ \Omega/\text{km}$$

查表 8-8 可知，选择直径为 0.32 mm 的 28 号线。

设每千米的环路传输损耗值为 α_0，则用户环路上的传输损耗 $\alpha=\alpha_0\times l\leqslant 7$ dB，算得

$$\alpha_0\leqslant 7/l=7/4=1.75\ \text{dB/km}$$

查表 8-8 可知，选择直径为 0.40 mm 的 26 号线。

③ 确定电缆线径

从例 8-7 可以看出，交流设计和直流设计的结果会出现不一致的情况，需要综合考虑确定电缆线径。为了同时满足用户环路的传输损耗限值和交换机直流电阻限值，应该选择二者中线径较大的电缆。

例 8-8　已知某用户环路采用交接配线，交换机的直流电阻限值为 2 000 Ω，标准话机的电阻值为 300 Ω，用户环路的每千米的直流电阻限值为 184 Ω/km，用户环路的每千米的传输损耗为 1.925 dB/km，试问：允许用户距交换局最远为几千米？

解　设每千米的环路电阻为 R_0，每千米的传输损耗为 α_0，用户距交换局距离为 l。

(1) 考虑直流设计

用户环路电阻

$$R=300+R_0\times l\leqslant 2\,000\ \Omega$$

$$l \leqslant \frac{2\,000-300}{184} \leqslant 9.24\ \text{km}$$

(2) 考虑交流设计

传输损耗为

$$\alpha_0 \times l \leqslant 7\ \text{dB}$$

$$l \leqslant \frac{7}{1.925} \leqslant 3.64\ \text{km}$$

综合考虑交流和直流设计,允许用户距交换局最远为3.64 km。

8.4 传输网规划

8.4.1 电路数量的一般计算方法

在业务网和支撑网中会产生各种业务信息和控制信息,需要传输网来实现这些信息在网络节点间的传递。不同的业务网其业务量的表现形式不同。对于以电路交换为基础的网络,如PSTN、ISDN和PLMN,其业务量是用一条线路在忙时内被占用的时间比,以Erl为单位表示;对于数据网,其业务量一般用比特数或比特率来表示,即kbit、kbit/s或Mbit/s等来表示。对于支撑网和附加业务网,将根据该种网络所传递信息的性质来表示。数字同步网一般用2 Mbit/s电路来表示。No.7信令网和智能网对传送信息的需求尽管有每秒消息信号单元的个数(MSU/s)、每忙秒试呼次数(其单位为Call/s)和每忙秒查询量(Query/s)等几种业务量单位,但最终都归结为比特率bit/s表示。传送网电路层的首要任务,就是把这些形形色色的业务量流动的需求变换为传送网电路层的电路或电路群的需求。

对于电话网或所有基于固定比特率的电路交换网络,可以使用全利用度的爱尔兰公式计算。爱尔兰公式的原型是不适于计算的,可以化成如下形式:

$$E_n(A)=\frac{A \cdot E_{n-1}(A)}{n+A \cdot E_{n-1}(A)} \tag{8-41}$$

式中,A为话务量(单位:Erl),n为电路数,$E_n(A)$为话务量为A、电路数为n时的呼损率。式(8-41)表达了电路数n、话务量A和呼损率$E_n(A)$三个量之间的关系。利用这一公式进行计算需要做大量的数值计算,为了使用方便绘制成了名为爱尔兰B表的表格。利用该表在已知话务量A和呼损率$E_n(A)$的条件下就可以求得所需电路路数n(与8.3.3节本地网规划的中继电路数的计算方法相同)。

例8-9 已知话务量$A=7.3$ Erl和呼损率$E_n(A)=0.05$,求所需电路路数n。

解 根据题中给定数值,查表(见图8-22)可得出所需电路数为$n=15$。

N/B	0.01	0.05	0.1	0.5	1.0
1	.0001	.0005	.0010	.0050	.0101
2	.0142	.0321	.0458	.1054	.1526
3	.0868	.1517	.1938	.3490	.4555
4	.2347	.3624	.4393	.7012	.8694
5	.4520	.6486	.7621	1.132	1.361
6	.7282	.9957	1.146	1.622	1.909
7	1.054	1.392	1.579	2.158	2.501
8	1.422	1.830	2.051	2.730	3.128
9	1.826	2.302	2.558	3.333	3.783
10	2.260	2.803	3.092	3.961	4.461
11	2.722	3.329	3.651	4.610	5.160
12	3.207	3.878	4.231	5.279	5.876
13	3.713	4.447	4.831	5.964	6.607
14	4.239	5.032	5.446	6.663	7.352
15	4.781	5.634	6.077	7.376	8.108
16	5.339	6.250	6.722	8.100	8.875
17	5.911	6.878	7.378	8.834	9.652
18	6.496	7.519	8.046	9.578	10.44
19	7.093	8.170	8.724	10.33	11.23
20	7.701	8.831	9.412	11.09	12.03

图 8-22　爱尔兰 B 表(局部)

呼损率取值按原邮电部的有关规定:长-市中继线呼损率为 5‰;市-长中继线呼损率为 5‰;市-市中继线低呼损电路的呼损率为 1.0%;人工长途台中继线呼损率为 5‰;特服中继线呼损率为 1.0%。根据所采用不同的电路性质,以其对应的呼损率和业务量,即可求得相应的电路数。

在实际传输信息时,如果每一条电路都用一条物理线路来实现,则传输线路设备将变得非常庞大和不经济,为此常常组成电路群之后再进行物理传输,这是通过传送网的复用功能来实现的。目前对数字电路的组群,世界上通行的有北美标准和欧洲标准,我国是跟随欧洲标准的,即以每 30 条 64 kbit/s 的数字电路组成一个数字电路群,称为一次数字群或简称一次群。这种全数字化的中继传输网的路由选择与计算方法可用 T. H. F 图的图解法确定,与前述讨论相同这里不再赘述。

8.4.2　传输网络的生存性

1. 基本概念

网络的生存性又称网络生存率,是指网络在正常使用环境下出现故障时,能调用冗余的传送实体,完成预定的保护和恢复功能的能力。传统提高网络生存性的基本方法是提供冗余传送实体,当检测到缺陷或性能劣化时替换这些失效或劣化的传送实体。

2. 网络冗余度与生存性的计算

(1) 网络的冗余度

网络的冗余度可由式(8-42)和式(8-43)计算:

$$网络的冗余度 = \frac{\sum_{i=1}^{n}(线段的冗余度\ i \times 线段允许的容量\ i)}{\sum_{i=1}^{n} 线段允许的容量\ i} \quad (8\text{-}42)$$

$$线段的冗余度 = \frac{线段允许的容量 - 线段的业务量}{线段允许的容量} \quad (8\text{-}43)$$

例 8-10 假设如图 8-23 网络的各段均采用 2.5 Gbit/s 的线速率,即线段允许的最大容量为 16×STM-1,而实际每段传输的业务量如图 8-23 所示。为方便书写,以下均省去 STM-1 的单位。试计算网络的冗余度。

解 由式(8-43)可算得各段的冗余度如下,如图 8-23 所示。

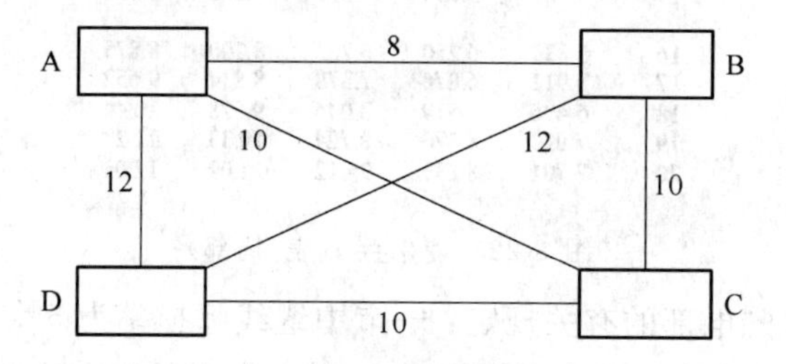

图 8-23 线段冗余度计算示例图

AB 段冗余度=(16−8)/16=50%

BC 段冗余度=(16−10)/16=37%

CD 段冗余度=(16−10)/16=37%

AD 段冗余度=(16−12)/16=25%

AC 段冗余度=(16−10)/16=37%

BD 段冗余度=(16−12)/16=25%

则

$$网络的冗余度=\frac{50\%+37\%+37\%+25\%+37\%+25\%}{6}=35.2\%$$

(2) 网络的生存性

网络的生存性可由式(8-44)和式(8-45)计算:

$$网络的生存性 = \frac{\sum_{i=1}^{n}(线段的生存性\ i \times 线段的业务量\ i)}{\sum_{i=1}^{n} 线段的业务量\ i} \quad (8\text{-}44)$$

$$线段的生存性 = \frac{\sum_{i=1}^{n} 某迂回路由能疏导的业务量\ i}{线段的总业务量} \quad (8\text{-}45)$$

某迂回路由能疏导的业务量由组成该迂回路由的各段决定，取各段冗余容量的最小值。

现以同样的网络数据列举生存性计算的例子。

例 8-11　假设各段之间均采用 2.5 Gbit/s 的速率，其中 m/n 表示该传输段的冗余业务量与已使用业务量，单位为 STM-1，如图 8-24 所示。试计算网络的生存性。

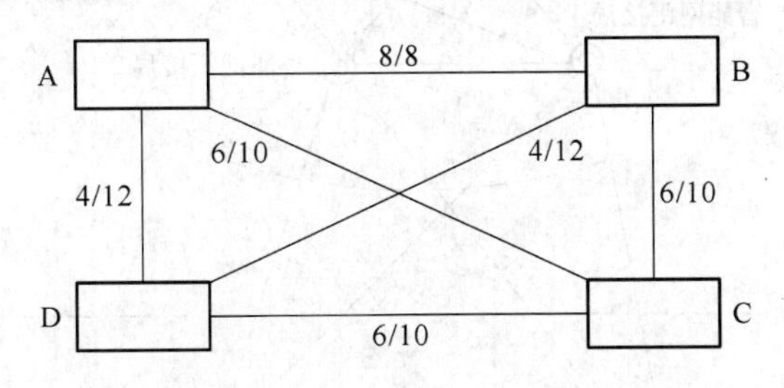

图 8-24　线段生存性计算示例图

解　由式(8-45)计算各段的生存性：

AB 段的生存性＝(6＋2)/8＝100％，迂回路由为：A-C-B 和 A-D-B

BC 段的生存性＝(6＋4)/10＝100％，迂回路由为：B-A-C 和 B-D-C

CD 段的生存性＝(4＋4)/10＝80％，迂回路由为：C-A-D 和 C-B-D

AD 段的生存性＝(6＋4)/12＝83％，迂回路由为：A-C-D 和 A-B-D

AC 段的生存性＝(6＋4)/10＝100％，迂回路由为：A-B-C 和 A-D-C

BD 段的生存性＝(6＋4)/12＝83％，迂回路由为 B-C-D 和 B-A-D

则

$$\text{网络的生存性}=\frac{100\%\times8+100\%\times10+80\%\times10+83\%\times12+100\%\times10+83\%\times12}{8+10+10+12+10+12}=90\%$$

8.4.3　本地 SDH 传输网设计实例

1. 本地网的拓扑结构及说明

某地区电信局的网络结构如图 8-25 所示。

图 8-25 中的汇接局 1 和汇接局 2 均是不带用户的纯汇接局，均采用星形网结构连接端局。汇接局 1 共汇接 7 个局，汇接局 2 共汇接 26 个局。为了便于集中计费和实现新业务，上级地区本地网已经采用软交换平台。采用了软交换平台后，要求本地网内任一端局的任一次呼叫必须经过软交换平台交换后，才能到达目的局。所以，即使一个端局内的用户呼叫本端局的另一个用户，也必须经过软交换平台。则本地区的两个汇接局之间无直达电路，各端局之间也无直达电路，各端局只与汇接局有电路。

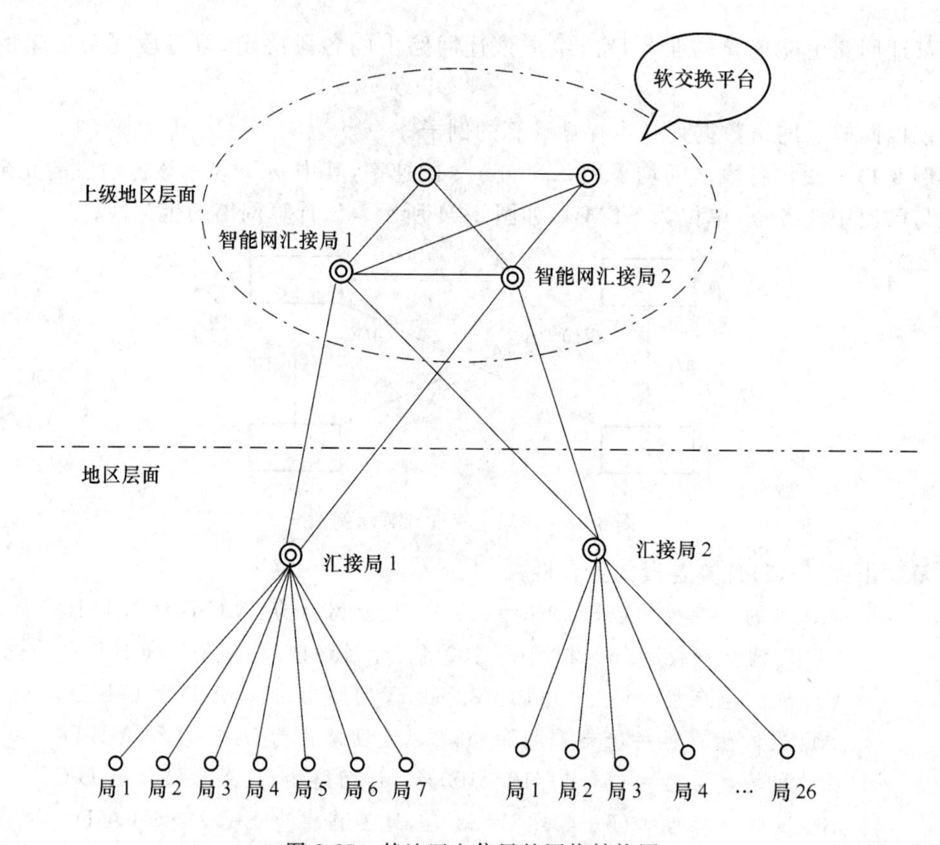

图 8-25 某地区电信局的网络结构图

2. 传输网拓扑结构设计

本次设计范围是汇接局 1 和其所连接的 7 个端局所组成的本地传输网,如图 8-26 所示。

本次设计的传输网所连接的局站共有 8 个,有汇接局 1 和其所连接的 7 个端局,其物理结构如图 8-27 所示。

3. 话务流量预测

由本地网的逻辑结构可知,本次设计的小环的传输网所连接的 8 个局站中,7 个端局之间无电路,7 个端局只与所连接的汇接局有电路。所以在计算各局站之间的业务量时,只进行 7 个端局到所连接的汇接局的业务量的计算,即只计算 7 个端局各自发生的话务量。

各端局发生的话务量的计算公式为:

各端局发生的话务量=各局用户数×各局的每户平均话务量

其中各端局的每户平均话务量是通过观察和统计得到的,如表 8-9 所示。

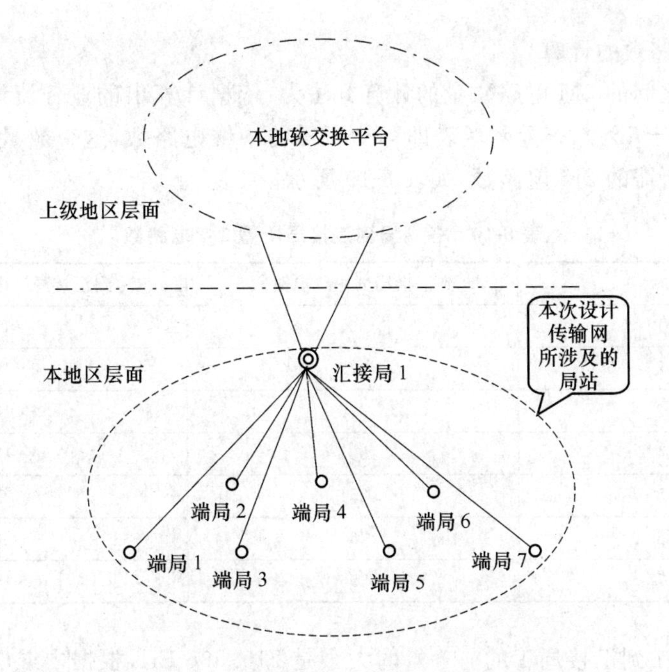

图 8-26　本次设计范围内的本地网结构示意图

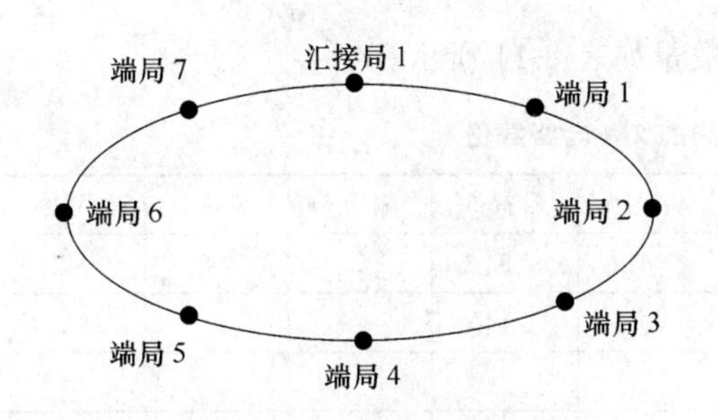

图 8-27　传输网的物理结构图

表 8-9　各端局用户数和每户平均话务量

局站	用户数	每户平均话务量
端局 1	3 230	0.065 2
端局 2	5 158	0.051 4
端局 3	4 927	0.056 2
端局 4	4 288	0.049
端局 5	3 238	0.054 2
端局 6	3 410	0.053 5
端局 7	6 726	0.041 2

则各端局发生的话务量计算如下：

$$A_1 = 3\,230 \times 0.065\,2 = 210.596 \text{ Erl}$$

$$A_2 = 5\,158 \times 0.051\,4 = 265.121\,2 \text{ Erl}$$

$$A_3 = 4\,927 \times 0.056\,2 = 276.897\,4 \text{ Erl}$$

$$A_4 = 4\,288 \times 0.049 = 210.112 \text{ Erl}$$

$$A_5 = 3\,238 \times 0.054\,2 = 175.499\,6 \text{ Erl}$$

$$A_6 = 3\,410 \times 0.053\,5 = 182.435 \text{ Erl}$$

$$A_7 = 6\,726 \times 0.041\,2 = 277.111\,2 \text{ Erl}$$

4. 中继电路数的计算

各局站的之间的2M电路数量的计算方法为:依据计算出的业务流量与中继电路呼损率的要求(小于1%),查爱尔兰表即可知所需的中继电路数,这个数量除以30向上取整数即可得到所需的2M电路数,如表8-10所示。

表8-10 各端局到汇接局所需2M电路数

局站	到汇接局的中继电路数	到汇接局的中继2M数量
端局1	301	11
端局2	379	13
端局3	396	14
端局4	301	11
端局5	251	9
端局6	261	9
端局7	396	14

例如,端局1到汇接局1的业务量的大小是210.596 Erl,根据中继电路呼损率的要求(小于1%),查爱尔兰表可知所需中继电路数为301条,301除以30向上取整数为11,即所需2M电路数为11条。

本次设计的传输环网各局站之间的2M数量如表8-11所示。

表8-11 各局站之间的2M电路数量

局名	汇接局	端局1	端局2	端局3	端局4	端局5	端局6	端局7	小计
汇接局		11	13	14	11	9	9	14	81
端局1	11								11
端局2	13								13
端局3	14								14
端局4	11								11
端局5	9								9
端局6	9								9
端局7	14								14
小计	81	11	13	14	11	9	9	14	162

5. 环网容量设计

我国的SDH技术规定中的复用映射结构是以G.709建议的复用结构为基础的,根据此规定的复用结构和本次设计的传输环网各局站之间的2M电路数,本次设计的环网的容量是 STM-4，即本次设计的小环是一个 622 Mbit/s 的环。

6. 通路组织时隙分配

通路组织时隙分配如图 8-28 所示。

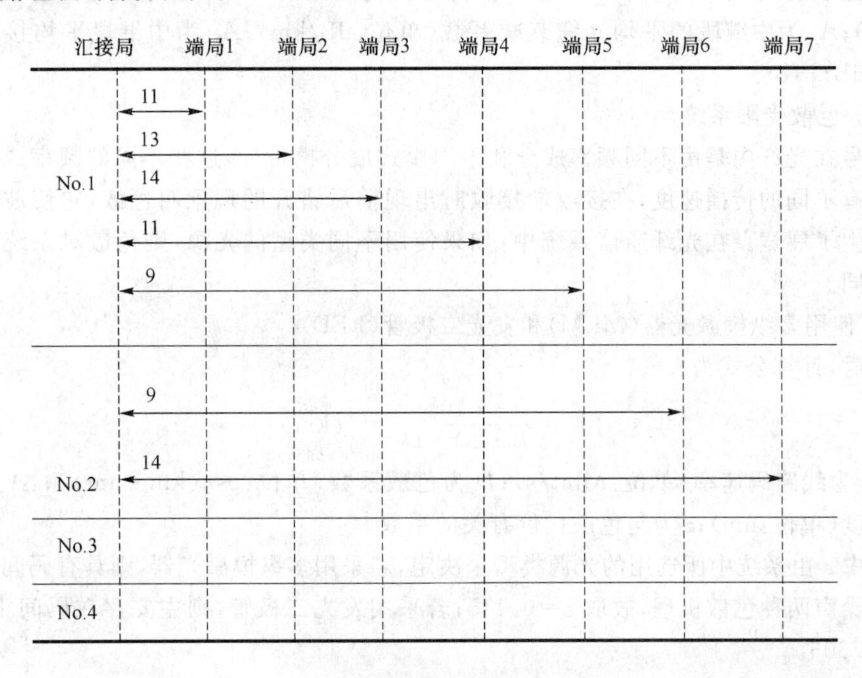

图 8-28　通路组织时隙分配

7. 局间中继距离的计算

最大中继距离是光纤通信系统设计的一项主要任务，应考虑衰减和色散这两个限制因素，特别是后者，它与传输速率有关，高速传输情况下甚至成为决定因素。下面简单介绍最大中继距离计算的基础知识。

在光纤通信系统中，光纤线路的传输性能主要体现在其衰减特性和色散特性上，下面分别介绍。

(1) 衰减受限系统

光纤损耗的概念是指光功率随传输距离的增加而按指数规律下降。在衰减受限系统中，中继距离越长，则光纤系统的成本越低，获得的技术经济效益越高。因而这个问题一直受到系统设计者们的重视。当前，广泛采用的设计方法是 ITU-T G. 958 所建议的最坏值设计法，计算站点 S、P 之间的传输距离。

最坏值设计法计算最大中继距离的公式：

$$L_{SR}=\frac{(P_{SEL}-P_{REL}-P_{P}-C-M_{E})}{(A_{f}+A_{S}+M_{C})}\qquad (\text{km})\qquad (8\text{-}46)$$

式中,P_{SEL}为 S 点寿命终了时的最小平均发送功率(单位:dBm);P_{REL}为 P 点寿命终了时的最差灵敏度(BER<10^{-12})(单位:dBm);P_P 为光通道功率代价(单位:dB);C 为活动连接器的连接损耗(单位:dB/处);M_E 为设备富余度(单位:dB);M_C 为光缆富余度(单位:dB/km);A_f 为中继段的平均光缆衰减系数(单位:dB/km);A_S 为中继段平均接头损耗(单位:dB)

(2) 色散受限系统

信号在光纤中是由不同频率成分和不同模式成分携带的,这些不同的频率成分和模式成分有不同的传播速度,在接收端接收时出现前后错开的现象叫色散,它使波形在时间上发生了展宽。在光纤通信系统中,如果使用不同类型的光源,则色散对系统的影响各不相同。

① 使用多纵模激光器(MLM)和发光二极管(LED)

此时,计算公式为

$$L_D = \frac{\varepsilon \cdot 10^6}{B \cdot \Delta\lambda \cdot D} \quad (\text{km}) \tag{8-47}$$

式中,B 为线路码速率(单位:Mbit/s);D 为色散系数〔单位:ps/(km·nm)〕;$\Delta\lambda$ 为光源谱线宽度(单位:nm);ε 为与色散代价有关的系数。

其中 ε 由系统中所选用的光源类型来决定,若采用多纵模激光器,则具有码间干扰和模分配噪声两种色散机理,故取 $\varepsilon=0.115$;若采用发光二极管,则主要存在码间干扰,应取 $\varepsilon=0.306$。

② 使用单纵模激光器(SLM)

此时,色散代价主要是由啁啾声决定的,其中继距离计算公式如下:

$$L_C = \frac{71\,400}{\alpha \cdot D \cdot \lambda^2 \cdot B^2} \tag{8-48}$$

式中,α 为频率啁啾系数。当采用普通 DFB 激光器作为系统光源时,α 取值范围为 4~6;当采用新型的量子阱激光器时,α 值可降低为 2~4;而对于采用电吸收外调制器的激光器模块的系统来说,α 值还可进一步降低为 0~1。B 为线路码速率,但单位为 Tbit/s。D 为色散系数〔单位:ps/(km·nm)〕。

对于某一传输速率的系统而言,在考虑上述两个因素的同时,根据不同性质的光源,可以利用式(8-46)、式(8-47)〔或式(8-48)〕分别计算出两个中继距离 L_{SR}、L_D(或 L_C),然后取其较短的作为该传输速率情况下系统实际可达的中继距离。

8. 保护方式设计

本次设计采用二纤单向通道保护环,如图 8-29 所示,下面以端局 5 和汇接局 1 的保护为例说明其保护的实施过程。

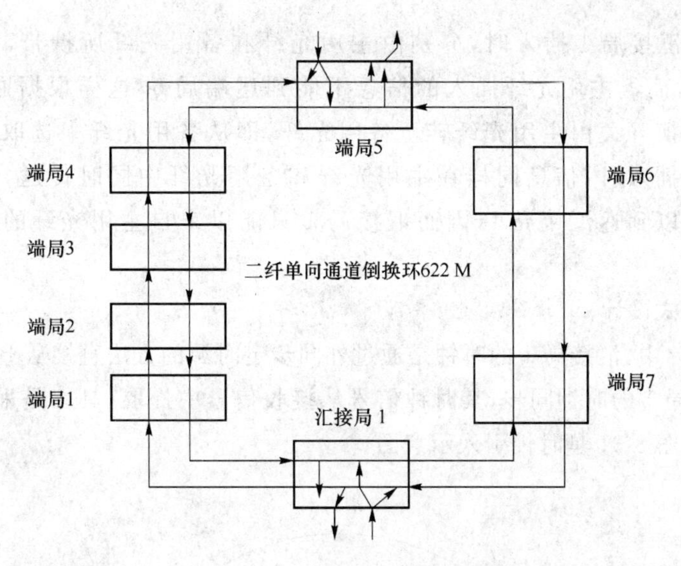

图 8-29　二纤单向通道保护环

正常情况下，当信息由汇接局 1 插入时，一路信号顺次经由端局 1、端局 2、端局 3 和端局 4 到达端局 5；另一路信号顺次经由端局 7、端局 6 到达端局 5。这样，在端局 5 同时从主用光纤（顺时针流向光纤）和备用光纤（逆时针流向光纤）中分离出所传送的信息，再按分路通道信号的优劣决定哪一路信号作为接收信号。同样，当信息由端局 5 插入时，分别由主用光纤和备用光纤所携带，前者顺次经由端局 6、端局 7 到达汇接局 1，后者顺次经由端局 4、端局 3、端局 2 和端局 1 到达汇接局 1，汇接局 1 根据接收到的两路信号的优劣，择优作为接收信号。

当端局 4 与端局 5 两个节点间出现线路故障时，如图 8-30 所示。

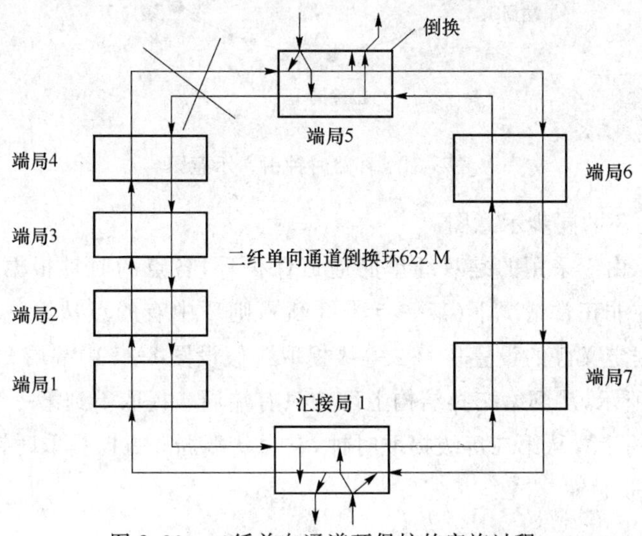

图 8-30　二纤单向通道环保护的实施过程

当信息由汇接局 1 插入时，分别由主用光纤和备用光纤所携带，一路由备用光纤到达端局 5，而经主用光纤插入的信息不能到达端局 5，这样根据通道选优原则，在端局 5 的倒换开关由主用光纤转至备用光纤，即从备用光纤中选取接收信息。当信息由端局 5 插入时，信息同样在主用光纤和备用光纤中同时传送，但只有经主用光纤的信息可以到达汇接局 1，因而汇接局 1 只能以来自主用光纤的信息作为接收信息。

9. 同步方式设计

在本次设计中，汇接局 1 的时钟是通过外同步定时源的方法直接从 BITS 提取；各点的时钟与汇接局 1 的时钟同步，其时钟信号从接收信号中提取(具体是采用线路定时的办法来提取)，图 8-31 是时钟引入示意图。

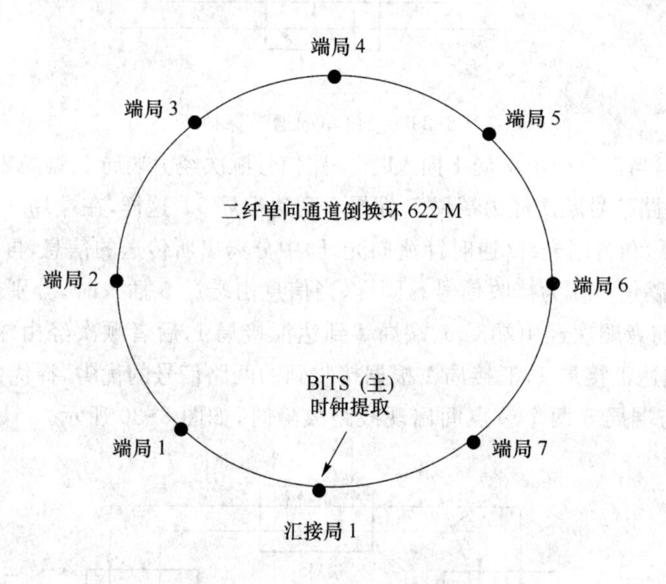

图 8-31　环路时钟引入示意图

图 8-32 是此环的同步示意图。

正常情况下，由于采用的是双纤单向通道保护环，各点的时钟根据定义好的设置从第一等级提取，在非正常情况下(某一点光纤断)，则环中有的点从第一等级提取不到时钟，则会自动根据定义好的设置从第二等级提取。假设图 8-31 中端局 3 到端局 4 的光纤断裂，如图 8-33 所示，从网络拓扑结构上可知只有端局 4 提取不到第一等级的时钟，端局 4 会根据定义好的设置从第二等级提取时钟，它会从端局 5 方向提取时钟，而其余各点还是从第一等级提取时钟。

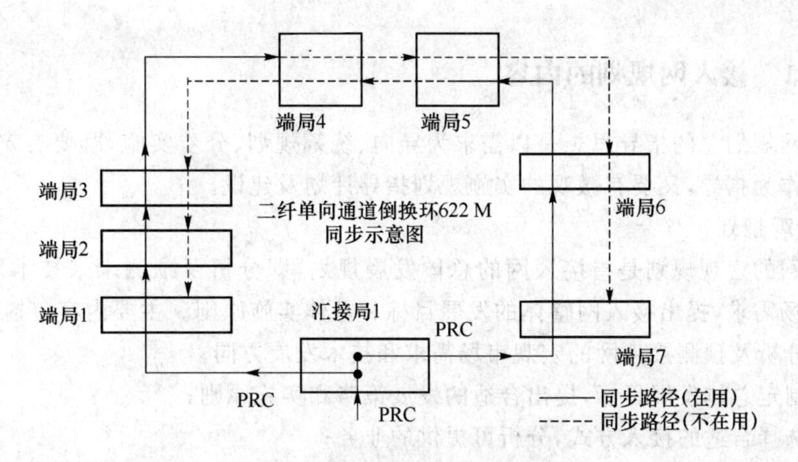

图 8-32　环路时钟跟踪图

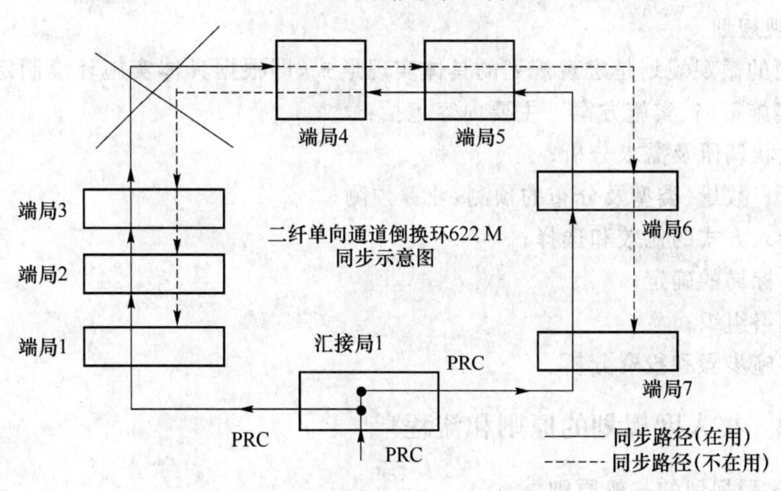

图 8-33　保护状态的环路时钟跟踪图

8.5　接入网规划

接入网建设不但所需投资巨大，要占到全网投资的 1/3～1/2，而且作为网络的末端，往往面对十分复杂情况，因而接入网的规划和建设是通信网络规划的一个重要方面和不容忽视的环节。

8.5.1 接入网规划的内容

接入网规划总的指导思想是以需求为导向、统筹规划、分步实施,既要有宏观的总体发展规划作为指导,又要有微观的实施规划指导计划及建设。

1. 宏观规划

接入网的宏观规划是指接入网的总体发展规划,即分析及预测未来技术发展方向、宏观的市场需求,提出接入网整体的发展目标和总体实施原则。主要内容包括:

(1) 分析及预测接入网的宏观市场需求和技术发展方向;

(2) 制定总体发展目标,提出合适的发展策略和实施原则;

(3) 选择合适的接入方式,分析可提供的业务;

(4) 制定规划期的网络组织原则。

2. 微观规划

接入网的微观规划是宏观规划的具体实现形式,即根据具体实施环境制定具体的网络组织和实施策略、实施方案。主要内容包括:

(1) 现状调研及需求分析;

(2) 用户数量、类型及分布的预测,业务预测;

(3) 接入方式的比较和选择;

(4) 目标局的确定;

(5) 网络组织;

(6) 实施步骤和投资分析。

8.5.2 接入网规划的原则和流程

1. 接入网规划的一般原则

(1) 应符合我国相关政策法规及技术标准;

(2) 应与全国、全省接入网的总体规划相一致,远近结合,统筹规划,分步实施;

(3) 宏观的总体发展规划与微观的实施规划相结合;

(4) 应与本地电信网络的规划和建设做统一考虑,实现网络的总体优化;

(5) 以用户需求为出发点,系统设计和配置要留有一定的余量;

(6) 兼顾网络优化和经济性、技术先进性和合理性;

(7) 同步建设符合 TMN 要求的接入网网络管理系统,充分考虑网络的安全性;

(8) 充分考虑市场竞争的影响。

2. 接入网规划的一般流程

接入网规划的一般流程如图 8-34 所示。

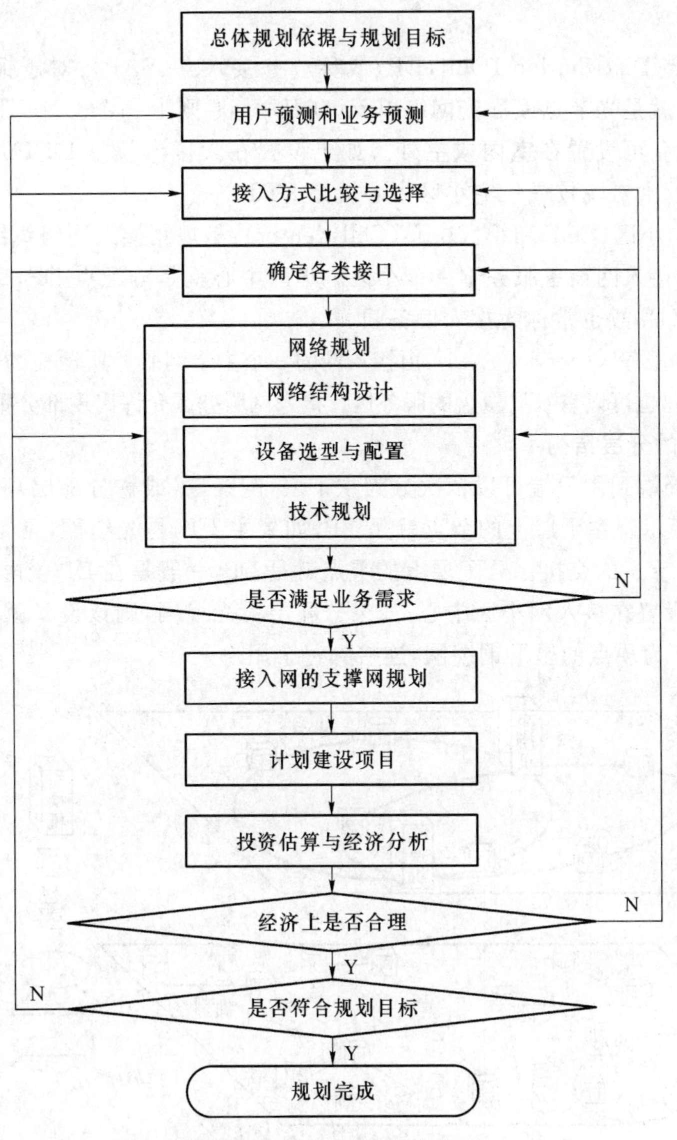

图 8-34　接入网规划流程图

8.5.3　接入网的网络组织

1. 接入网组网中的几个概念

(1) 灵活点(Flexible Point,FP):对于铜缆网就是交接箱,对于光缆网就是主干段与配线段的连接处,故又称为光交接点。其设置应满足:业务量比较集中,位置相对重要,光缆进出方便。光缆进出方便一般应包含两个方向;发展相对稳定,不易受市政建设工程影响等。

(2) 分配点(Distribution Point,DP)或称业务接入点(SAP):对于铜缆网就是分线盒,对于光缆网就是光节点或称光网络单元(ONU)。原则上一个ONU服务于一个接入网小区,具体设备可设置在室内或室外。如果设置在大楼内就是FTTB,在大型企事业单位、党政机关、大专院校或住宅小区中心就是FTTC。

(3) 接入网小区(Cell)和小区中心(Cell Center):是规划接入网组织结构中的最小单元,原则上一套接入网设备服务于一个小区。小区中心就是分配点DP,用来放置接入网设备(例如ONU),故也常称为接入设备间。

(4) 接入网服务区(Service Area):由接入网的一个主干网服务所覆盖的区域。可以有单局覆盖的服务区,也可以有双局覆盖的服务区。接入网服务区允许出现部分重叠现象。

2. 接入网的分层结构

接入网从局端到用户端可以依次分为主干层,配线层(或称分配层)和引入层三个层次,如图8-35所示。主干层上的节点就是FP,如果主干网是光缆网,常常在这点上设置ODF,实现光纤节点的交接。分配层上的节点就是DP,一般是在DP上配置接入网设备,因此最好把它设置在接入网小区中心;如果分配层为光缆网,则该设备就是ONU。引入层一般是由DP为顶点的星形铜缆网,连接到每个用户。

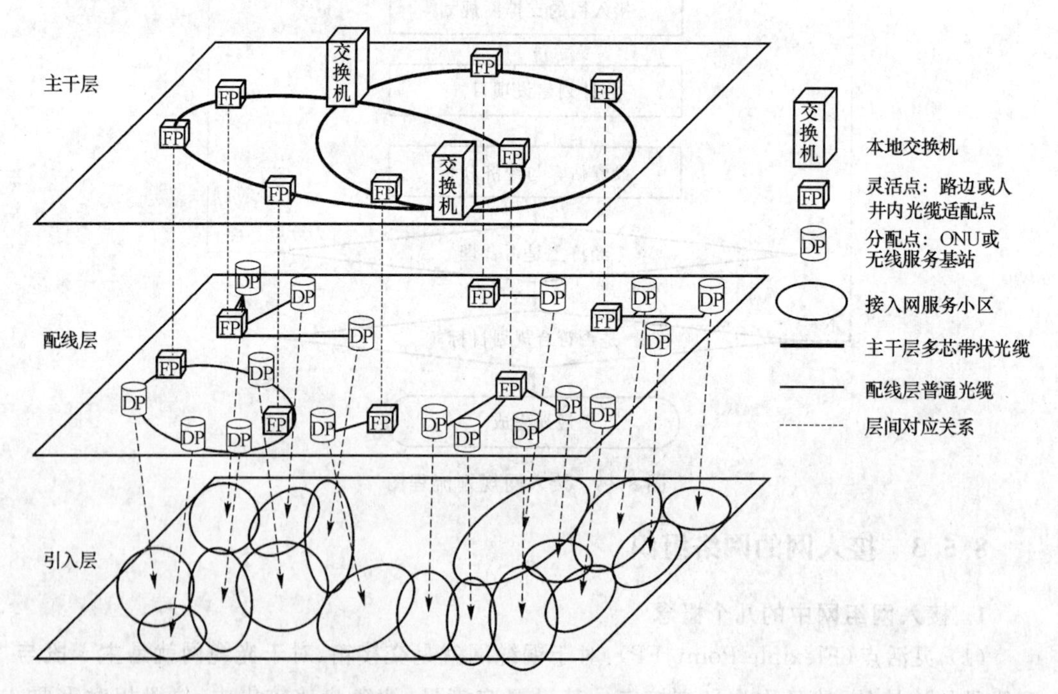

图8-35 接入网的分层结构

接入网进行分层的好处是：

(1) 网络的层次清晰，有利于各层独立进行规划和建设，独立采用新技术和新设备，独立地进行网络的优化，方便运行管理和维护；

(2) 可迅速扩大光接入网的覆盖面，有利于逐步推进实现光纤到户的长远目标；

(3) 主干网络相对稳定，有利于适应业务节点和用户的需求，提高网络利用率，节约投资；

(4) 采用配线层和引入层，能较灵活地适应各种用户对业务不断变化的需求；

(5) 便于接入网从窄带向宽带的过渡。

3. 接入网络组织的原则

(1) 接入网建设当前以及未来长期的重点是光纤化，应提前进行规划和光缆敷设。光纤化应首先从主干层开始，然后逐步向配线层、引入层推进。在技术合理，经济允许的前提下，尽量让光纤靠近用户。

(2) 目标交换局是接入网主干层组网的关键和网络的源头。出于网络保护以及业务发展的考虑，主干层应尽量采用环路通过或贯穿两个目标交换局的环形结构或总线结构。总线结构虽然也有保护功能，但服务区不易规划安排，故实际应用并不多，绝大部分还是环形网。建议在规划时，主干层环可以适当扩大覆盖范围。环形网可以采用光纤线路保护环或 SDH 自愈环。

(3) 城市近郊及乡镇中心地区，或者以非目标交换局作为源头组织的主干网亦应采用光缆，可以是单局网也可以是双局网，并应尽量成环。实在不具备成环条件的，可暂时采用无递减配芯的光缆，组成星形或树形结构，以便日后能成环。

(4) 当主干光缆已具备双路由保护时，可以是单个光节点，也可以串联几个相邻的光节点一道，按双路由接入到单个或两个主干节点上，与主干光缆一起构成大环形拓扑结构；或者采用星形、树形或总线形结构，以单路由或双路由接入到主干环的 FP 上，获得部分传输段的保护。

(5) 主干层节点 FP 与配线层节点 DP 应统一规划。有时可以利用大用户和重要用户驻地的地理位置作为主干层或分配层节点，既可解决接入网设备机房，又便于当引入 SDH 设备时直接利用 ADM 的电口与设备相连，同时也有利于业务的保护。

(6) 目前引入层较多采用铜质双绞线，也可酌情采用五类线或光缆。对于已经实现 FTTB 的商住大楼，其引入层即为楼内的布线部分。

8.5.4 SDH 技术在接入网中的应用

SDH 技术应用到接入网中具有一系列优点。第一，对于有高质量、高可靠要求的业务大户，可提供理想的网络环境和业务可用性。第二，SDH 组网的灵活性，能更有效地向用户提供所需的短期或长期的业务需求。第三，增加传输带宽，提高网管能力，提供网络的自愈特性，简化了网络的维护管理。第四，随着 V5 接口的引入，SN 与 AN 间采用

2 Mbit/s速率为基础的接口后,应用SDH技术去处理将会使组网得到简化。第五,为未来宽带、综合业务的发展奠定基础。

1. 应用方式

接入网应用SDH技术的方式可以有:

(1) 点到点的连接,适合于带宽需求在34 Mbit/s以上的大企事业用户;

(2) STM-1子速率的连接;

(3) 利用放置在DP上的TM设备连接多个用户组成星形网;

(4) 主干段用环形、配线段用星形的连接方式;

(5) 综合的SDH终端复用器(TM)的连接等。

接入网应用SDH技术的方式如图8-36所示。

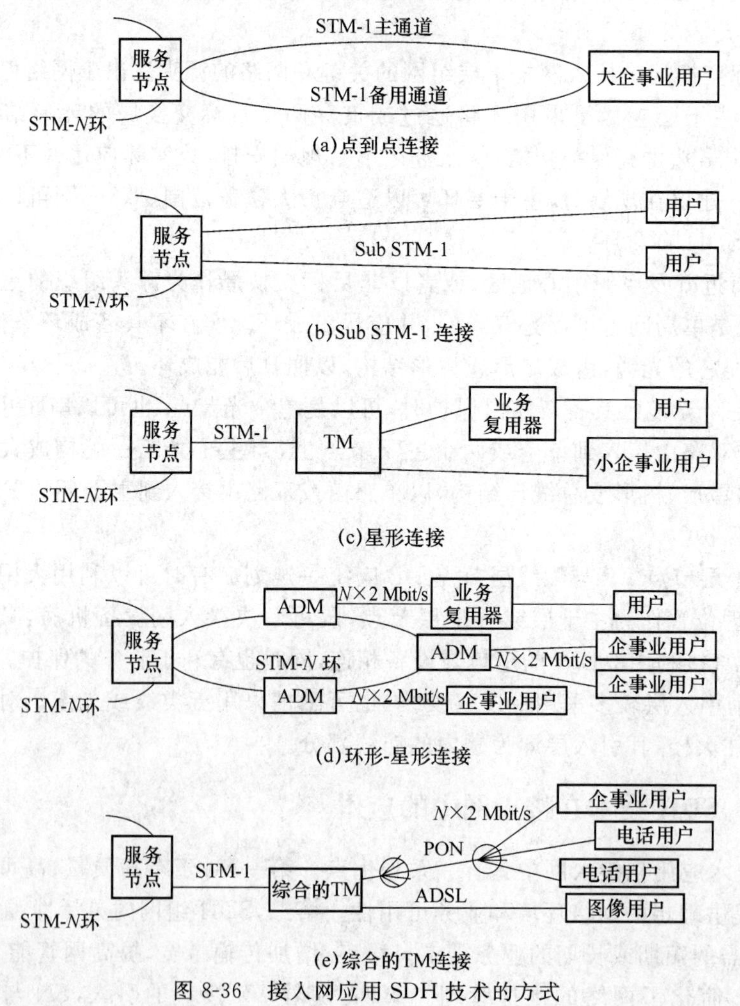

图8-36 接入网应用SDH技术的方式

SDH 技术用于接入网的一个重要问题是如何向小用户提供较小的带宽。有关的方法还在发展之中，已经实现的有：SDH 设备制造商推出的支路板从过去 21 个、16 个 2 Mbit/s，向只有几个 2 Mbit/s 的方向发展。使用子速率连接，既对于小带宽用户较经济，又能保持全部 SDH 的功能和管理。将 PON 集成到 STM-1 的 ADM 或 TM 中并设置在路边，可同时为大、小用户服务。利用 SDH 开销中的配 C 通路进一步扩展至非 SDH 设备。应用 SDH 灵活复用器，即 SDH 特点与灵活复用器结合形成的新型业务复用器 SDH-FM。

另外一个方向是向特殊用户提供特大的带宽。近年来多个 ATM 交换机以光传输 SDH 方式串接在接入网中是一种趋势。随着对接入网带宽需求的不断增加，2.5 Gbit/s SDH 系统已用在接入网中。

2. 两种主干光纤环形网络结构

接入网的主干光纤环形网有两种方式：光缆线路保护环和光设备保护环。

光缆线路保护环的特点是每个 ONU 单独占用一组纤芯，独享这组纤芯的传输带宽，并通过环形光缆从两个方向通达局点，利用线路倒换的方法实现故障时的保护。从本质上说，这种方式在物理上是环网，但在逻辑上则是每个节点都具有双路由的星形网，如图 8-37 所示。

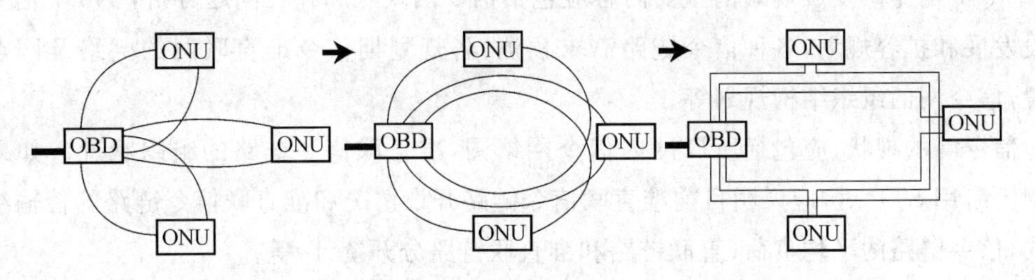

图 8-37　双路由的星形结构

该方式应用较灵活，易于升级，但占用纤芯很多。目前厂家生产的多芯带状光缆最适合此种应用，成品光缆的纤芯数已有多达 1 000 芯以上。

另一种环形网络结构是光设备保护环。它利用设备，特别是一组 SDH 设备，联结到同一组环形纤芯上，组成自愈环实现保护。这些设备共享一组纤芯传输带宽，因而线速率采用较高，如 155 Mbit/s、622 Mbit/s，甚至更高，如图 8-38 所示。依靠 SDH 设备组织自愈环的好处在于用纤少，有大得多的传输容量，强大的维护管理功能，完善的自愈保护机制，便于向宽带过渡等，但用纤方式不灵活，设备价格也较贵。当然，光缆线路保护环和光设备保护环并不是互不相容的。恰恰相反，由于主干光缆网络结构和所采用的光纤接入设备的系统结构之间并无固定的关系，亦即同一种网络结构可采用具有不同组网能力的设备，组成结构不同的网络，由此可提供很大的灵活性。例如，在一个物理光缆环上也可以同时实现两种环形网方式。

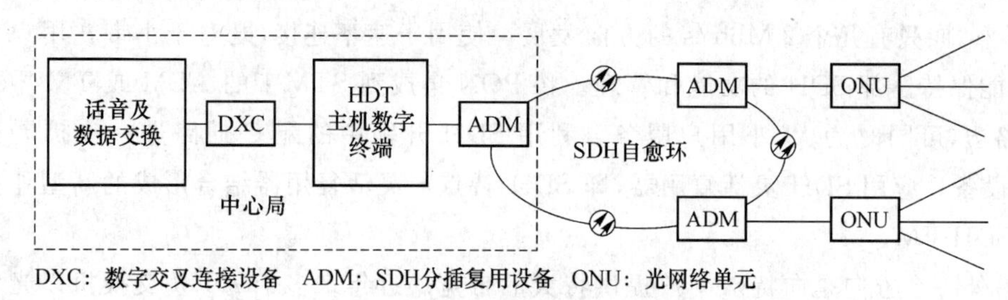

图 8-38 光设备保护环

8.6 No.7 信令网规划

8.6.1 No.7 信令网规划的内容

No.7 信令网发展规划的主要内容应包括信令网现状和存在问题分析，No.7 信令网建设发展和扩容规划，各种信令链路需求预测，各规划期信令准直联网的网络及网点的设置，信令网的组织结构规划等。

信令网的现状，应包括所属网内信令网络图，准直联信令链路的组织状况。如果本地网已启用 STP 对，应说明目前准直联信令链路开设情况和准直联信令链路的传输组织方式，信令链路的平均负荷(直联链路和准直联链路分开统计)等。

8.6.2 No.7 信令网规划的原则

No.7 信令网发展规划中应注意保持网络结构的相对稳定，尽量在原有组织的基础上进行扩容，当必须增加新的 STP 时，应尽早确定网络结构，避免以后大量的网络调整工作。

未来信令网是直联与准直联混合的结构，新建的信令链路以准直联为主，接入准直联信令网的信令点，应是网络中的一些重要节点，包括目标交换局、业务网关等。各信令点提供准直联链路的终端应具备较高的处理能力。

A 链路组可只设置一条信令链路，移动交换局应就近接入 LSTP 对，针对智能网节点等特殊的信令点，当信令业务量过大时，可以引入高速信令链路，但要从全网的角度综合考虑。对于PSTN、ISDN业务,在信令业务量过大的信令点之间可设置直联信令链路。随着智能网SP布点的广泛性,智能业务尽量通过准直联信令网转接。

近期应陆续完成ISUP信令替代TUP信令的工作。由此信令负荷将有相应的增加,信令链路与所能承载的电路数量要相应调整。

多个网络运营商之间的信令信息通信近期宜采用直联方式,当两个运营商之间开通有基于STP之上的新业务(如智能网业务),需要信令网互通时,要过渡到STP互联的准直联方式。

近期应开展No.7信令与IP协议转换的试验,最好能将信令网关合设在STP中,以节约投资。面对宽带网的发展,如果我国的宽带信令标准采用B-ISUP,则还要考虑STP的升级改造。

应同步地建立起No.7信令网的网管系统,并逐步提供标准的Q3接口。

8.6.3 信令链路的计算

作为No.7信令网规划中的定量部分,最主要的是有关信令链路的计算。作为消息传递部分MTP第一级的信令数据链路,是一条传输信令的双向传输通路,由两条反方向、64 kbit/s速率的数据通道组成。

1. 端局信令链路的计算

(1) 每条信令链路可控制的中继电路数

根据邮电部《No.7信令网技术体制》,一条64 kbit/s的信令链路可以控制的业务电路数为

$$C=\frac{A\cdot 64\,000\cdot T}{e\cdot M\cdot L} \tag{8-49}$$

式中,A为No.7信令链路正常负荷(单位:Erl/link),暂定为0.2 Erl/link;T为呼叫平均占用时长(单位:s);e为每中继话路的平均话务负荷(单位:Erl/ch),可取0.7 Erl/ch;M为一次呼叫单向平均MSU数量(单位:MSU/call);L为平均MSU的长度(单位:bit/MSU)。

根据电信总局《No.7信令网维护规程(暂行规定)》中规定,对于独立STP设备,一条信令链路正常负荷为0.2 Erl,最大负荷为0.4 Erl,当信令网支持IN、MAP、OMAP等功能时,一条信令链路正常负荷为0.4 Erl,最大负荷为0.8 Erl。

对于电话网用户部分(TUP)的信令链路负荷计算,作为普通呼叫模型涉及的参数作以下取定:

- 呼叫平均时长对长途取90 s,市话取60 s;
- 单向MSU数量,长途取3.65 MSU/call,市话取2.75 MSU/call;

• MSU平均长度对于长途呼叫取160 bit/MSU,对本地呼叫取140 bit/MSU。

按式(8-49)及上述相应参数取值计算可得:

• 在本地电话网中一条信令链路在正常情况下可以负荷本地呼叫的2 850条话路;

• 在长话自动呼叫时一条信令链路正常情况下可以负荷2 818条话路。

但因所假设的电路呼叫模式不准确,且各地差别较大及参数取值的差异等,加之目前尚未考虑信令网支持ISDN、智能网、移动网以及信令网管理等业务。此外要考虑信令网的安全性。因此,每一条信令链路负荷的中继电路数应按不大于2 000话路来计算。故在按局间话务流量及呼损率要求计算出中继电路数后就可求得所需要的信令链路数N_A。

$$N_A=\text{中继电路数}/2\,000 \tag{8-50}$$

(2) 信令转接点(STP)设备的处理能力

作为信令转接点设备的处理能力,或者信令网的业务流量基本单位,习惯均是以每秒可以处理或者流过的消息信令单元数量来表示,可按式(8-51)计算:

$$m=\frac{Y\cdot 2M}{T} \tag{8-51}$$

式中,m为信令转接点STP设备的处理能力;Y为STP所承载的话务量(单位:Erl);M为一次呼叫单向平均MSU数量(单位:MSU/call);T为呼叫平均占用时长(单位:s)。

计算A链路开设数量时,首先取话务流量比例和直联链路负荷比例,如表8-12所示。

表8-12 话务流量比例及直联链路负荷比例的取定

规划期	市话用户每线话务量/Erl	农话用户每线话务量/Erl	话务流量比例					直联链路分担比例
			局内比	局间比	长途比20%			
					国际	省际	省内	
2001年	0.1	0.08	10%	70%	5%	25%	70%	10%
2002—2003年	0.11	0.09	10%	70%	5%	25%	70%	10%
2004—2005年	0.12	0.1	10%	70%	5%	25%	70%	10%

总话务量可从表8-12中的数据,按式(8-52)求得

$$Y=U_C\cdot E_C+U_R\cdot E_R \tag{8-52}$$

式中,Y为总话务量;U_C为市话用户数;E_C为市话用户每线话务量;U_R为农话用户数;

E_R 为农话用户每线话务量。

2. 纯汇接局到 LSTP 信令链路的计算

(1) 中继线产生的信令业务量

与纯汇接局相连接的只是中继线，所以应计算中继线产生的信令业务量，即纯汇接局的 A 链路的信令业务量。

中继产生的信令业务量：

$$G=\frac{C\cdot e\cdot B\cdot L}{T\times 64\,000\times 2} \tag{8-53}$$

其中，G 为中继产生的信令业务量；C 为中继电路数；e 为话务量/每中继(0.7 Erl/线)；B 为双向平均 MSU 数/呼叫；L 为平均 MSU 长度(160 bit/MSU)；T 为平均占用时长(90 s)。上述括号中的数值为一般取定数值。

(2) 纯汇接局到 LSTP 信令链路

根据电信总局《No.7 信令网维护规程(暂行规定)》中规定，对于独立 STP 设备，一条信令链路正常负荷为 0.2 Erl。

则对汇接局而言的 SP 到 LSTP 的 A 链路的数量可按下式计算：

$$N_A=\frac{G}{0.2}=\frac{C\cdot e\cdot B\cdot L}{T\times 64\,000\times 2\times 0.2} \tag{8-54}$$

3. B 链路的设置和 D 链路的计算

目前多数 LSTP 对间未开设 B 链路，所有跨分信令汇接区及出省的信令业务均通过 HSTP 对转接，这无疑会使得 HSTP 对的压力较大，由此也导致信令转接次数的增加。为此，在规划中要考虑信令业务流量较大的 LSTP 对间开设一定数量的 B 链路。特别在一个城市内建成第二对 LSTP 时，两对 LSTP 之间必须设置 B 链路，并且最好是高速信令链路。

D 链路主要负责分信令汇接区之间长途信令业务以及出省信令业务的转接，D 链路数的计算可按式(8-55)进行计算：

$$N_D=\frac{Y\cdot M\cdot L}{64\,000\cdot T\cdot A} \tag{8-55}$$

式中，Y 为所承载的转接话务量；其余参数同前。由于固定长途业务中，同时有 PSTN 和 ISDN 的业务，它们有着不同的基本参数值，需要分别计算。

小 结

1. CCITT(现为ITU-T)《通信网规划手册》对电信规划的定义是:为了满足预期的需求和给出一种可以接受的服务等级,在恰当的地方、恰当的时间、以恰当的费用提供恰当的设备。由此可见,通信网络规划就是对电信事业未来的发展方向、目标、步骤、设备和费用的估计和决定。

2. 通信网络规划的基本步骤如下:

(1) 对网络、业务的历史及现状的调查研究。

(2) 确定规划目标,包括满足社会需求目标、保证社会效益和经济效益的目标、技术发展目标等。

(3) 对网络的业务量、业务类型、技术发展趋势及前景的科学预测。

(4) 网络发展规划,是通信网络规划的核心。在这个阶段,针对不同的目标网络要采用不同的规划方法和优化模型;可大量采用定量分析和优化技术,适宜引入计算机辅助优化;可提出多套规划方案并给出对比分析。

(5) 提出建设方案并进行投资估算。

(6) 对规划进行经济性分析,也包括规划的可行性分析和规划的评价方法、指标等。

3. 通信网络规划的基本内容有:

- 通信发展预测;
- 通信网络优化;
- 规划方案的经济性分析。

4. 通信业务预测应根据通信业务由过去到现在发展变化的客观过程和规律,并参照当前出现的各种可能性,通过定性和定量的科学计算方法来分析和推测通信业务未来若干年内的发展方向及发展规律。

通信业务预测的内容主要包括:用户预测、业务量预测和业务流量预测。

5. 通信业务预测的主要步骤是:

- 确定预测对象;
- 选择预测方法;
- 定量或定性分析;
- 综合评判。

6. 直观预测法主要依靠熟悉业务知识、具有丰富经验和综合分析能力的人员与专家,根据已经掌握的历史资料和运用个人的经验和分析判断能力,对事物的发展做出性质和程度上的判断,再通过意见的综合作为预测的结果。

常用的直观预测法有专家会议法、特尔斐(Delphi)法和综合判断法。

7. 时间序列是将预测对象按时间顺序排列的一组数字序列。时间序列分析法就是利用这组数列，应用数理统计方法加以处理，以预测事物的发展。

时间序列分析的基本原理是：首先，承认事物发展的延续性，即应用历史数据就能推测其发展趋势；其次，要考虑到事物发展的过程中会受到偶然因素的影响，所以要用统计分析中的加权平均法对历史数据进行处理。

(1) 趋势外推法

趋势外推法是假设事物未来的发展趋势和过去的发展趋势相一致，然后通过数据拟合的方法建立能描述其发展趋势的预测模型，再用模型外推进行预测。

趋势外推法的基本理论是假定事物发展是渐进式变化，而不是跳跃式发展，根据规律推导就可预测未来趋势和状态。这种方法适合于近期预测，而不太适用于中、远期预测。

常用的趋势外推法的预测方法有：线性方程预测、二次曲线方程预测、指数方程和幂指数方程预测及几何平均数法预测等。

(2) 成长曲线预测法

一般来说，事物总是经过发生、发展、成熟三个阶段，而每一个阶段的发展速度各不相同。通常在发生阶段，变化速度较为缓慢；在发展阶段，变化速度加快；在成熟阶段，变化速度又趋缓慢，按上述三个阶段发展规律得到的变化曲线称为成长曲线。成长曲线预测是以成长曲线为模型进行预测的方法。

常用的成长曲线方程有龚帕兹(Gompertz)曲线方程和逻辑(Logistic)曲线方程等。

(3) 平滑预测法

平滑预测法是首先对统计数据进行平滑处理，排除由偶然因素引起的波动，找出其发展规律。电信业务预测中常用的平滑预测法有：移动平均法和指数平滑法。

8. 局间业务流量是通信网中两交换局间通信业务的数量，可分为来流量和去流量。在电话网中，业务流量是指局间的电话业务流量。常用的局间业务流量的预测方法有：

(1) 吸引系数法

各局间的吸引系数表示各局间用户联系的密切程度，吸引系数法是在已知各局话务量的基础上，通过吸引系数求得各局间话务流量。

(2) 重力法

当已知某局的总发话话务量的预测值，但缺乏相关各局的历史数据和现状数据时，为了将其总发话话务量分配到各局去，可采用重力法得到局间话务量的预测值。

9. 不同的业务网其业务量的表现形式不同。对于以电路交换为基础的网络,如PSTN、ISDN和PLMN,其业务量是用一条线路在忙时内被占用的时间比,以Erl为单位表示;对于数据网,其业务量一般用比特数或比特率来表示,即kbit、kbit/s或Mbit/s等来表示。对于支撑网和附加业务网,将根据该种网络所传递信息的性质来表示。数字同步网一般用2 Mbit/s电路来表示。No.7信令网和智能网对传送信息的需求尽管有每秒消息信号单元的个数(单位:MSU/s)、每忙秒试呼次数(单位:call/s)和每忙秒查询量(单位:Query/s)等几种业务量单位,但最终都归结为比特率bit/s表示。传送网电路层的首要任务,就是把这些形形色色的业务量流动的需求变换为传送网电路层的电路或电路群的需求。

10. 网络的生存性又称网络生存率,是指网络在正常使用环境下出现故障时,能调用冗余的传送实体,完成预定的保护和恢复功能的能力。

11. 接入网规划总的指导思想是以需求为导向、统筹规划、分步实施,既要有宏观的总体发展规划作为指导,又要有微观的实施规划指导计划及建设。

(1) 宏观规划

是指接入网的总体发展规划,即分析及预测未来技术发展方向、宏观的市场需求,提出接入网整体的发展目标和总体实施原则。

(2) 微观规划

是宏观规划的具体实现形式,即根据具体实施环境制定具体的网络组织和实施策略、实施方案。

12. No.7信令网发展规划的主要内容应包括信令网现状和存在问题分析,No.7信令网建设发展和扩容规划,各种信令链路需求预测,各规划期信令准直联网的网络及网点的设置,信令网的组织结构规划等。

习　题

8-1 什么是通信网络规划?简述其如何分类。

8-2 简述通信网络规划的基本步骤。

8-3 简述通信网络规划的内容。

8-4 什么是通信业务预测?主要包括哪几个方面的内容?

8-5 简述通信业务预测的主要步骤。

8-6 什么是时间序列分析法?其基本原理是什么?

8-7 试分别用线性方程、二次曲线方程求解例8-1。

8-8 已知某直辖市2002—2009年年末移动电话交换机容量如题表8-1所示,试用几何平均数法预测该直辖市2010年和2011年移动电话交换机容量(忽略平均差波动系数)。

题表 8-1

年份	用户数/万户	年份	用户数/万户
2002	811.5	2006	1 782.0
2003	1 076.6	2007	2 038.0
2004	1 351.0	2008	2 398.0
2005	1 597.0	2009	3 106.0

8-9　简述“大容量、少局点”的布局。

8-10　本地网的局所规划都有哪些内容?

8-11　设有四个交换局,各交换局之间的话务量 A 及费用比 ε 见题表 8-2、题表 8-3,根据如题图 8-1 所示 T.H.D 图确定 T.H.D 路由表,并画出中继线路网结构图。

题表 8-2　话务量 A

	1	2	3	4
1	—	60	33	25
2	18	—	2	10
3	28	1	—	47
4	67	20	40	—

题表 8-3　费用比 ε

	1	2	3	4
1	—	0.31	0.57	0.55
2	0.31	—	0.68	0.62
3	0.57	0.68	—	0.20
4	0.55	0.62	0.20	—

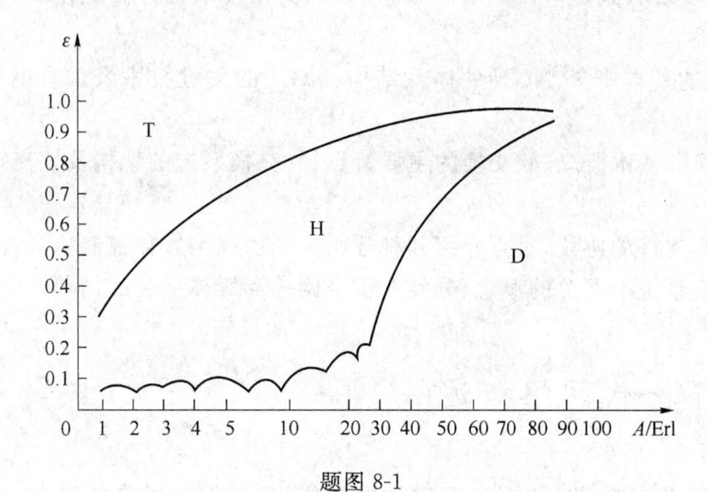

题图 8-1

8-12　对一个用户环路进行传输设计,已知用户环路采用交接配线,交换机的直流电阻限值为 1 900 Ω,用户环路的传输损耗限值为 7 dB,用户距交换局为 3 km,求:

(1) 用户环路每千米的直流电阻限值;

(2) 用户环路每千米的传输损耗限值。

8-13　简述接入网的宏观规划。

8-14　简述接入网的分层结构及其好处。

第9章　下一代网络及软交换技术

下一代网络(Next Generation Network,NGN)泛指一个不同于现有网络的、采用大量新技术,以IP技术为核心,同时可以支持语音、数据和多媒体业务的融合网络。而软交换网络以软交换设备为呼叫控制核心,在分组交换网上提供实时语音和多媒体业务的网络,是NGN实现方式之一。本章对NGN及软交换技术进行概要介绍,主要包括以下几个方面的内容:

(1) NGN的基本概念、NGN的体系结构、NGN的关键技术及现有网络向NGN演进的路线。

(2) 软交换的基本概念、软交换的主要特点、软交换系统的架构及软交换网络与其他网络的互通。

(3) 软交换支持的协议,重点介绍几种呼叫控制协议与媒体控制协议。

(4) 软交换系统中网关的概念、分类及信令网关和媒体网关的简单介绍。

9.1　下一代网络概述

随着信息技术的快速发展和互联网的广泛使用,人们对通信的需求呈现宽带化、个性化、综合化的特征,对移动性的需求也与日俱增。在这种形势下,能够提供包括语音、数据、视频等多媒体综合业务的、开放的下一代网络应运而生。

9.1.1　NGN的基本概念和特点

1. NGN的基本概念

就词义来说,NGN泛指下一代网络,其本身就缺乏明确的指向,而且NGN涵盖的通信领域也非常广泛，所以国际标准化组织、研究机构及业界给它下的定义也不尽相同。目前，得到较多认可的 NGN 的概念有广义和狭义两种：

从广义上讲，NGN 泛指一个不同于现有网络的、采用大量新技术，以 IP 技术为核心，同时可以支持语音、数据和多媒体业务的融合网络。从这个角度来看，不同行业和领域对 NGN 有着不同的理解和指向。对于交换网，则 NGN 指网络控制层采用软交换或 IMS 为核心的下一代交换网；对于移动网，则 NGN 指 3G/E3G/B3G 为代表的下一代移动通信网；对于计算机通信网，则 NGN 指 IPv6 为基础的下一代互联网(NGI)；对于传输网，则 NGN 指以光联网 ASON 为基础的下一代传送网；对于接入网，则 NGN 指多元化的下一代宽带接入网(以 FTTH/WiMAX 等为代表)。

从狭义讲，下一代网络特指以软交换设备为控制核心，能够实现语音、数据和多媒体业务的开放的分层体系架构。在这种分层体系架构下，能够实现业务与呼叫控制分离、呼叫控制与接入和承载彼此分离，各功能部件之间采用标准的协议进行互通，能够兼容各业务网(PSTN、IP 网、移动网等)技术，提供丰富的用户接入手段，支持标准的业务开发接口，并采用统一的分组网络进行传送。

2. ITU-T 对 NGN 的定义

由上述概念的理解可以看出，下一代网络的内涵十分广泛，这给如何定义下一代网络带来困难。针对这一个问题，ITU-T 在 2004 年归纳出了 NGN 的基本特征：基于分组的传送；控制功能从承载能力、呼叫/会话和应用/服务中分离；业务提供和承载网络分离，提供开放的接口；提供广泛的服务和应用，提供服务模块化的机制；保证端到端的服务质量保证(QoS)和透明性的宽带能力；通过开放的接口与现有网络互联；具有通用移动性；用户可不受限制地接入不同的服务提供商；多样化的身份认证，可以解析成 IP 地址用于 IP 网的路由；同一种服务具有一致的服务特性；融合了固定、移动网络的服务；与服务相关的功能独立于基础传输技术；符合相关法规的要求，如应急通信、安全、隐私法规等。

在此基础上，ITU-T 在 2004 年发布的建议草案中给出了 NGN 的初步定义：NGN 是基于分组的网络，能够提供电信业务，能使用多宽带、确保服务质量(QoS)的传输技术，而且网络中业务功能不依赖于底层的传输技术；NGN 能使用户自由地接入到不同的业务提供商，支持通用移动性，实现用户对业务使用的一致性和统一性。

这不是 NGN 的唯一定义，而且从发展的角度来看，NGN 定义和其含义也会随着技术的进步和业界对其认识的深入而不断变化。

3. NGN 的特点

NGN 是可以提供包括语音、数据和多媒体等各种业务的综合开放的网络，从 ITU-T 给出的 NGN 的上述特征中，可以总结出 NGN 的三大特点：

(1) 开放的网络构架体系

将传统交换机的功能模块分离成为独立的网络部件，各个部件可以按相应的功能划分,各自独立发展。部件间的协议接口基于相应的标准。部件标准化使得原有的电信网络逐步走向开放,运营商可以根据业务的需要自由组合各部分的功能产品来组建网络。部件间协议接口的标准化可以实现各种异构网络的互通。

(2) 下一代网络是业务驱动的网络

采用业务与呼叫控制分离、呼叫控制与承载分离技术,实现开放分布式的网络结构,使业务独立于网络。通过开放式协议和接口,可灵活、快速地提供业务,个人用户可自己定义业务特征,而不必关心承载业务的网络形式和终端类型。

分离的目标是使业务真正独立于网络,灵活有效地实现业务的提供。用户可以自行配置和定义自己的业务特征,不必关心承载业务的网络形式以及终端类型,使得业务和应用的提供有较大的灵活性。

(3) 下一代网络是基于统一协议的分组网络

随着 IP 网络及技术的发展,人们认识到电信网络、计算机通信网络及有线电视网络将最终统一到基于 IP 的网络上,即所谓的"三网"融合。IP 协议使得各种以 IP 为基础的业务能在不同的网络上实现互通,成为三大网都能接受的通信协议。

NGN 要实现一个高度融合的网络,但不是现有网络的简单延伸和叠加,也不是某个特殊领域的技术进步,而是整个网络体系的革新,是未来通信网的持续发展方向。

9.1.2 NGN 的体系结构

1. NGN 的功能分层

NGN 研究组织及国际、国内设备提供商从功能上把 NGN 划分成包括应用层、控制层、传送层及接入层的分层结构,如图 9-1 所示。

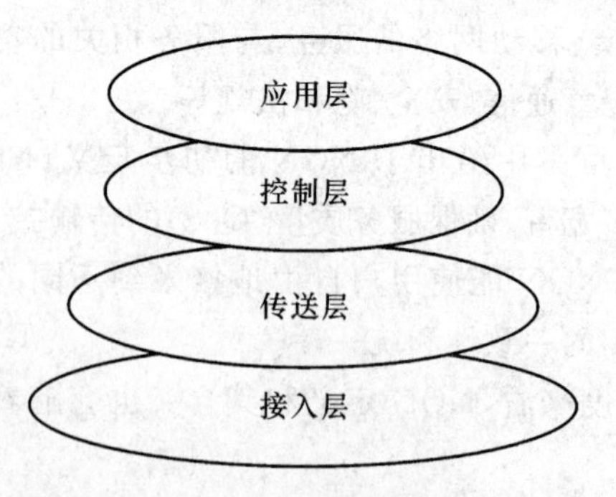

图 9-1 下一代网络的功能分层

从功能分层结构可以看出,NGN 的控制功能与承载分离、呼叫控制和业务/应用分离;打破了传统电信网的封闭的结构,各层之间相互独立,通过标准接口进行通信,并可实现异构网络的融合。

各层的功能简单描述如下:

(1) 接入层(Access Layer)

将用户连接至网络,提供将各种现有网络及终端设备接入到网络的方式和手段;负责网络边缘的信息交换与路由;负责用户侧与网络侧的信息格式的相互转换。

(2) 传送层(Transport Layer)

传送层包括各种分组交换节点,是网络信令和媒体流传输的通道。NGN 的核心承载网是光网络为基础的分组交换网,可以是基于 IP 或 ATM 的承载方式,而且必须是一个高可靠性、能够提供端到端 QoS 的综合传送平台。

(3) 控制层(Control Layer)

控制层完成业务逻辑的执行,包含呼叫控制、资源管理、接续控制等操作,具有开放的业务接口。此层决定用户收到的业务,并能控制低层网络元素对业务流的处理。

(4) 应用层(Application Layer)

应用层是下一代网络的服务支撑环境,在呼叫建立的基础上提供增强的服务,同时还向运营支撑系统和业务提供者提供服务支撑。

将现有网络演变成下一代网络并非一日之工,而原有的网络与新网络将并存,所以新网络还要能够和原有网络互通。这要求新的网络体系能够完成以下功能:与现有 No.7 信令网互通;与现有的业务(如智能网提供的业务)互通;与现有的 PSTN 体系融合。

2. 基于软交换的 NGN 体系结构

软交换(Softswitch)的基本含义就是把呼叫控制功能从媒体网关(传送层)中分离出来,通过服务器上的软件实现基本呼叫控制功能,包括呼叫选路、管理控制、连接控制和信令互通。软交换网络是以软交换设备为呼叫控制核心,在分组交换网上提供实时语音和多媒体业务的网络,软交换网络是 NGN 实现方式之一(软交换的相关介绍请见 9.2 节)。

传统的程控交换机,一般根据功能的不同划分为控制、交换(承载连接)和接入 3 个功能层,如图 9-2 所示。它的缺点主要有:各层之间没有开放的互联标准和接口,而是采用设备制造商非开放的内部协议;这 3 个功能层之间不仅在物理上是一体的,而且这 3 个功能层的软、硬件互相牵制,不可分割;能够提供的业务受交换机软、硬件的限制,需要修改软件或硬件来支持新增或修改业务,提供新业务十分困难。

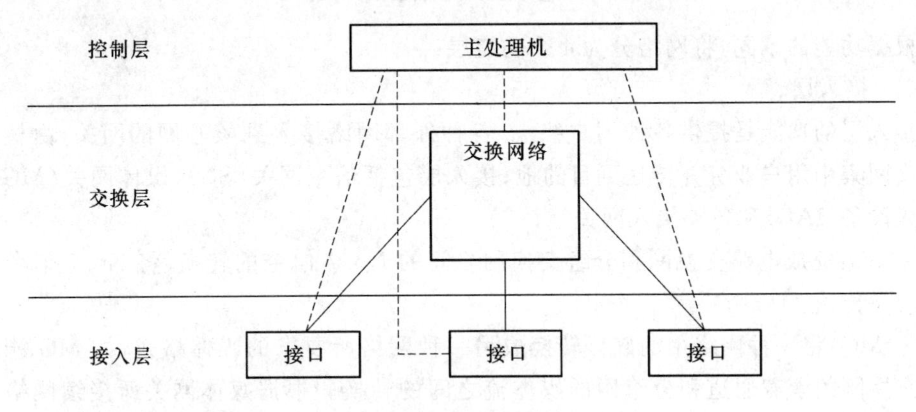

图 9-2　传统交换机的体系结构

软交换技术建立在分组交换技术的基础上,其核心思想是将传统交换机的 3 个功能层进行分离,再把业务从软、硬件的限制中分离,最终形成 4 个相互独立的层次。而且,这4个层之间具有标准、开放的接口，实现业务与呼叫控制、媒体传送与媒体接入功能的分离。基于软交换的网络体系结构如图9-3所示。

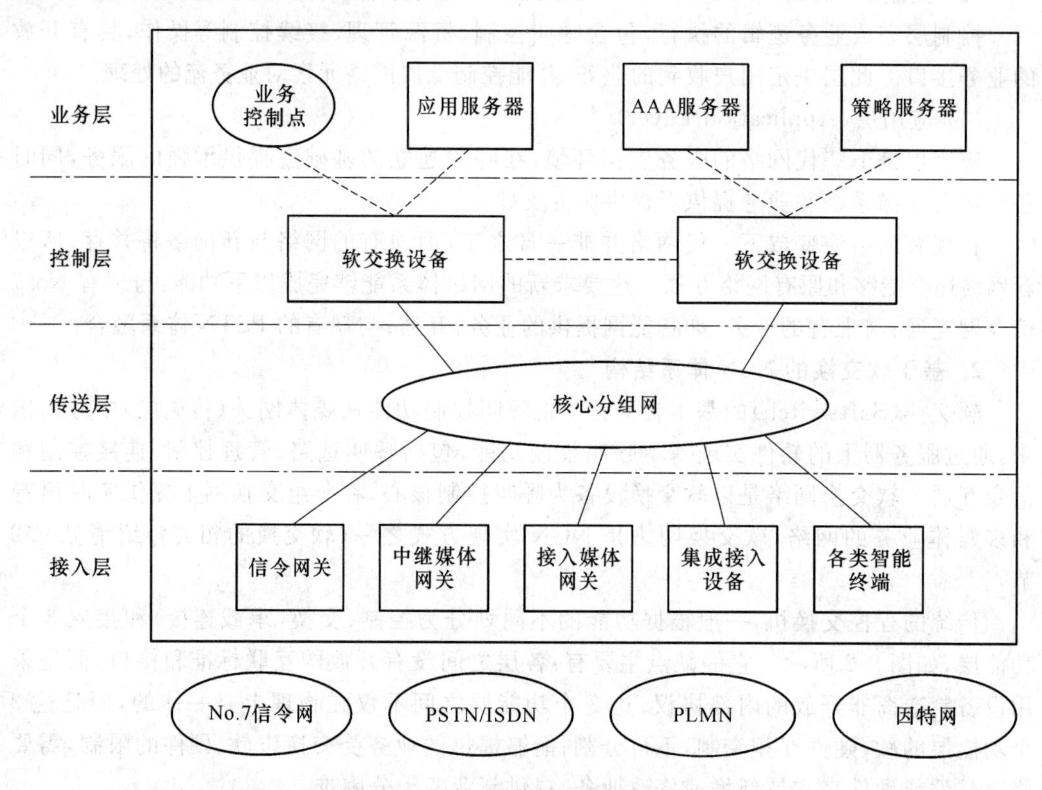

图9-3 基于软交换的网络体系结构

根据功能的不同，将网络分为4个功能层：

(1) 接入层

接入层的功能是提供各种用户终端，各种外部网络接入到核心网的网关，由核心分组交换网集中用户业务并传送到目的地；接入层包括信令网关(SG)、媒体网关(MG)、集成接入设备(IAD)和各类接入网关等。

- SG：完成电路交换网和分组交换网之间的No.7信令的转换，将No.7信令利用分组网络传送。
- MG：将一种网络中的媒体转换成另一种网络所要求的媒体格式，如MG能完成电路交换网的承载通道和分组网的媒体流之间的转换。根据媒体网关所接续网络或用户性质的不同，又可以分为中继媒体网关和接入媒体网关两类。
- IAD：用来将用户的数据、语音及视频等业务接入到分组网络中。
- IP智能终端：基于IP技术的各种智能终端，如IP电话、PC软终端等，可以直接连接到软交换网络,不需要媒体流的转换。

(2) 传送层

传送层提供各种媒体的宽带传输通道,并将信息选路到目的地。它是一个基于 IP 路由器(或 ATM 交换机)的核心分组网络,通过不同种类的媒体网关将不同种类业务媒体转换成统一格式的 IP 分组,利用 IP 路由器等骨干网传输设备实现传送。

(3) 控制层

控制层是整个软交换网络架构的核心,主要功能有:

- 呼叫处理控制功能,负责完成基本的和增强的呼叫处理过程;
- 接入协议适配功能,负责完成各种接入协议的适配处理过程;
- 业务接口提供功能,负责完成向业务层提供开放的标准接口;
- 互联互通功能,负责完成与其他对等实体的互联互通;
- 应用支持系统功能,负责完成计费、认证、操作维护等功能。

(4) 业务层

业务层提供认证和业务计费等功能,同时提供开放的第三方可编程接口,易于引入新型业务。业务层由一系列的业务应用服务器组成:

• 策略服务器:完成策略管理的设备,策略是指规则和服务的组合,而规则定义了资源接入和使用的标准。

• 应用服务器:利用软交换提供的应用编程接口(Application Programming Interface,API),通过提供业务生成环境,完成业务创建和维护功能。

• 功能服务器:包括验证、鉴权、计费服务器(AAA)等。

• SCP:业务控制点,软交换可与 SCP 互通,以方便地将现有智能网业务平滑移植到 NGN 中。

从广义上来看,软交换泛指具有图 9-3 类似的体系结构,其 4 个功能层与 NGN 的功能分层一致,利用该体系结构可以建立下一代网络框架。

9.1.3　NGN 的关键技术

NGN 网络架构中的每一个层面都需要相关新技术的支持,例如,采用软交换或 IP 多媒体子系统(IMS)实现端到端的业务控制;采用 IPv6 技术解决地址空间的问题,改善服务质量等;采用光传输网(OTN)和光交换网络解决高速率传输和高带宽交换问题;采用 VDSL、FTTH、EPON 等各种宽带接入技术解决“最后一公里”问题等。下面对 NGN 的几种主要技术做简单的介绍。

1. 软交换技术

软交换基于“网络就是交换”的理念,是一个基于软件的分布式交换、控制平台。它将呼叫控制功能从网关中分离出来,利用分组网(IP/ATM)代替交换矩阵,通过开放业务、控制、接入和交换间的协议以实现网络运营环境,并可以方便地在网上引入多种业务。

软交换具有开放的体系架构,采用接入层、传送层、控制层与业务层互相独立的功能分层结构,各层之间通过标准的协议进行接口。业务提供者可以非常灵活地将业务传送协议和控制协议结合起来,实现业务融合和业务转移,非常适用于不同网络并存互通的需要,也适用于从单一的语音网向多业务多媒体网的演进。

2. IMS 技术

IP 多媒体业务子系统(IP Multimedia Subsystem,IMS)最初由 3GPP 提出,是将蜂窝移动通信网技术和因特网技术有机的结合。IMS 由于其与接入无关、统一采用 SIP 协议进行控制、业务与控制分离、用户数据与交换控制分离等特性,已经得到国际标准化组织的普遍认可,目前已经是 NGN 发展的一个主要技术方向。

软交换技术和 IMS 技术都是 NGN 的核心技术,其体系架构都采用了应用、控制和承载相互分离的分层架构思想,但 IMS 更进一步,是构造固定和移动融合网络架构的目标技术,被认为是 NGN 发展的中级阶段。

3. 高速路由/交换技术

NGN 的传送层需要高速路由器实现高速多媒体数据流的路由和交换,基于 MPLS 的 IP 网络技术是目前国内外电信运营商的一致选择。NGN 将采用 IPv6 作为网络协议,IPv6 相对于 IPv4 的主要优势是:扩大了地址空间,提高了网络的整体吞吐量,服务质量得到很大改善,安全性有了更好的保证,支持即插即用和移动性,更好地实现了多播功能。

4. 宽带接入技术

接入技术正向高带宽、分组化、多媒体化及综合的业务提供的方向发展,NGN 也需要有宽带接入技术的支持,其网络容量的潜力才能真正发挥。主要的宽带接入技术有:高速数字用户线(VDSL)、基于以太网的无源光网络(EPON)、千兆无源光网络(GPON)、无线局域网(WLAN)及 WiMAX 等。

5. 大容量光传送技术

NGN 需要更高的传送速率,最理想的是光纤传输技术。光纤高速传输技术现正沿着扩大单一波长传输容量、超长距离传输和密集波分复用(DWDM)系统 3 个方向发展。除了高速的光纤传输技术,NGN 还需要光交换及智能光网络技术。其组网技术现正从具有分插复用和交叉连接功能的光联网向由光交换机构成的智能光网发展,即从环形网向网状网发展,从光-电-光交换向全光交换发展。智能光网络在容量灵活性、成本有效性、网络可扩展性、业务提供灵活性、用户自助性、覆盖性和可靠性等方面,比点到点传输系统和光联网具有更多的优越性。

6. 多层次的业务开发技术

NGN 的一个重要特点是实现了业务能力的开放,即采用 API 技术为高层应用提供访问网络资源和信息的能力。根据与具体协议的耦合关系，可以把 API 分为与协议无关和基于协议的两类。其中，与协议无关的 API 可以使业务的开发与底层的协议无关，从而可以方便地实现跨网业务；基于协议的 API 可以充分利用协议的特性来开发新的业务。

根据抽象层次的不同，可以把 NGN 的业务生成技术分成 API 级、脚本级和构件/框架级 3 类。NGN 的业务体系需要提供多种层次的业务开发模式，以适应不同级别的业务开发环境。

7. 网络安全保障技术

NGN 网络架构在 IP 分组交换网络之上，不但 IP 网中存在的各种不安全因素会被继承到 NGN 中，而且还将面对更多新的威胁。除了常用的防火墙、代理服务器、安全过滤、用户证书、授权、访问控制、数据加密、安全审计和故障恢复等安全技术外，在 NGN 中还要采取更多的措施来加强网络的安全，例如，针对现有路由器、交换机、边界网关协议(BGP)、域名系统(DNS)所存在的安全弱点提出解决办法。一个基本的安全保障体系应该至少包括 3 个方面：安全防护、安全监测及安全恢复。

9.1.4 NGN 的演进路线

实现 NGN 并不是要建设一个全新的理想化的网络，而是现有电信网络按照 NGN 的概念和框架逐步演进和完善而来。综合考虑 NGN 技术发展的趋势及我国通信网的现状，国内通信网向 NGN 的演进路线采用分阶段实施的方式进行。一种比较理想的演进路线如图 9-4 所示。

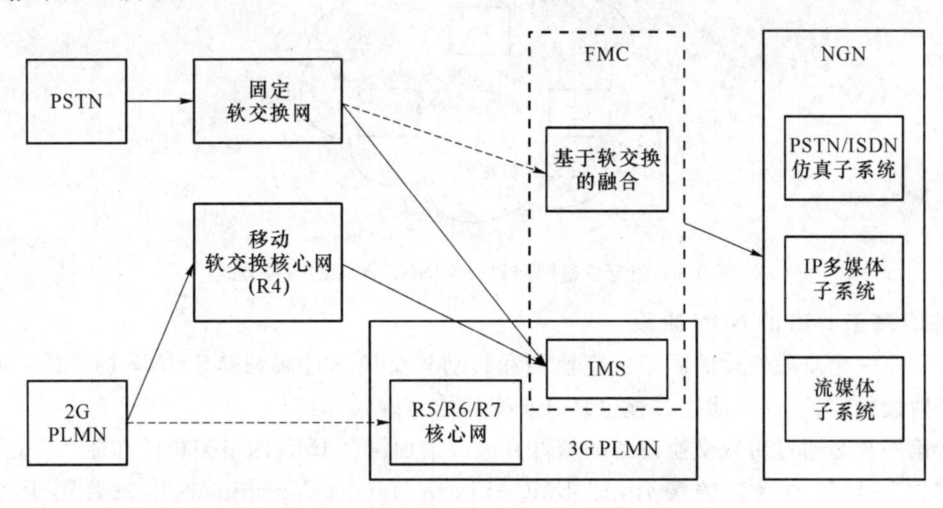

图 9-4　现有网络向 NGN 演进的一种路线

1. 基于软交换的 NGN 阶段

现有通信网络过渡到基于软交换的 NGN 是整个网络演化第一个阶段。在这个阶段，现有的固定网(PSTN)和移动网(PLMN)由于组网方式及业务提供等方面的差别,将会沿着各自的路线演进,即分别建设基于固定软交换的 NGN 和基于移动软交换的 NGN。

其中,PSTN 采用叠加网的方式向固定软交换网演进,而 PLMN 采用混合网的方式向移动软交换网演进。

例如,固定长途网向软交换 NGN(以下简写为 NGN)网演进的一种方式如图 9-5 所示。这种演进方式是采用软交换技术新建一个完整的 NGN 长途网,与原有的长途两级网(DC1 与 DC2)形成并列的平面,本地网的汇接局分别与 NGN 的中继网关和 PSTN 长途网的 DC2 相连,并且这两个网络会分担长途流量。之后,会逐步将汇接局的中继割接到 NGN,则 PSTN 的 DC1 和 DC2 逐渐退网。

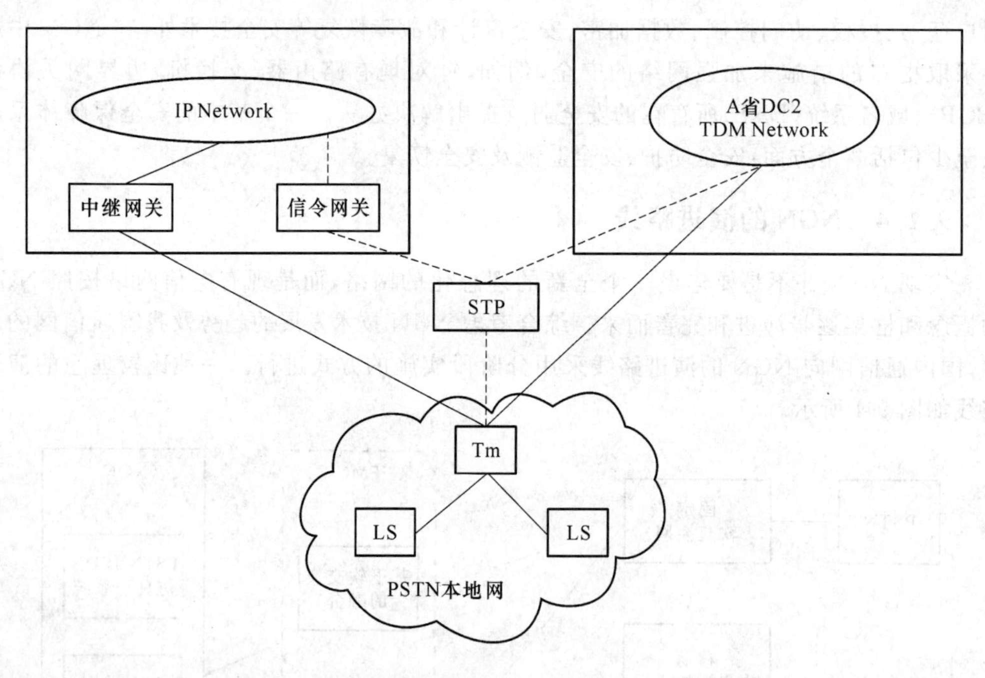

图 9-5 固定长途网向软交换 NGN 演进的一种方式

2. 基于 IMS 的 NGN 阶段

从第一个阶段建设的固定软交换网和移动软交换网过渡到基于 IMS 的 NGN 是第二个阶段的演进,这个演进过程也是分步实施的。

第一步是通过对软交换设备的软件升级或增加符合 IMS 网络架构的功能组件,实现固定网络与移动网络的融合,即 FMC(Fixed Mobile Convergence),主要用于提供 PSTN/PLMN 仿真业务,并开展小规模的 IMS 业务。

第二步是新建独立的 IMS 网络设备,支持 IMS 的大规模商用。此时,第一个阶段建立的软交换系统将发展成基于 IMS 的 NGN 架构中的子系统,最终形成一个统一的 IMS

网络，固定和移动完全融合在一起。

9.2　软交换技术概述

“软交换”这个术语来自于贝尔实验室提出的“Softswitch”，是借用了传统 PSTN 中“硬”交换机的概念，不同的是软交换强调了呼叫控制与媒体传输相分离，其定位是承担分组交换网中语音、数据、视频等多媒体交换的实时控制。以软交换设备为呼叫控制核心的软交换网络是 NGN 的实现方式之一，是现有电信网络向 NGN 演进的一个重要的过渡网络。

9.2.1　软交换的概念

软交换区别于传统“硬”交换机的最主要的方面就是将呼叫控制功能从媒体网关（传输层）中分离出来，通过软件实现基本呼叫控制功能，从而实现呼叫传输与呼叫控制的分离，为控制、交换和软件可编程功能建立分离的平面。

如图 9-6 对比所示，在电路交换网中，呼叫控制、业务提供以及交换矩阵均集中在一个交换系统中，而软交换的主要设计思想是业务与控制、传送与接入分离，将传统交换机的功能模块分离为独立的网络组件，各组件按相应功能进行划分，独立发展。软交换主要提供连接控制、翻译和选路、网关管理、呼叫控制、带宽管理、信令、安全性和呼叫详细记录等功能。与此同时，软交换还将网络资源、网络能力封装起来，通过标准开放的业务接口和业务应用层相连，可方便地在网络上快速提供新的业务。

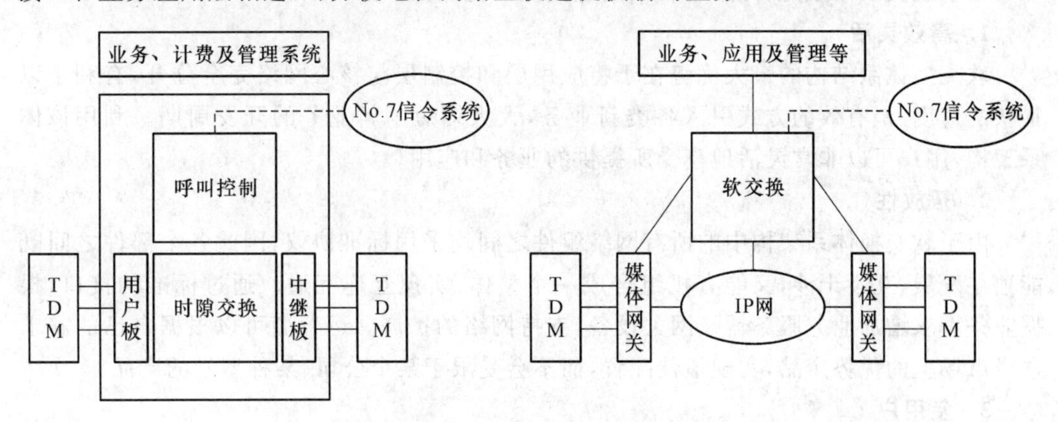

图 9-6　电路交换与软交换模式的对比

我国《软交换设备总体技术要求》中将 Softswitch 翻译为软交换设备，对其定义为：“是分组网的核心设备之一，它主要完成呼叫控制、媒体网关接入控制、资源分配、协议处理、路由、认证、计费等主要功能，并可以向用户提供基本语音业务、移动业务、多媒体业务和其他业务等。”

从上述对软交换的理解可以看出,“软交换”这个术语描述的是一种设备的概念,而从另外一个角度去理解,软交换还指代一种分层、开放的网络体系结构,所以有以下广义和狭义两种概念。

从广义来讲,软交换是指以软交换设备为控制核心的一种网络体系结构,包括接入层、传送层、控制层及应用层,通常称之为软交换系统,参考图9-3。

从狭义来讲,软交换特指网络控制层的软交换设备(又称软交换机、软交换控制器或呼叫服务器),是网络演进以及下一代分组网络的核心设备之一。软交换设备独立于传输网络,是用户话音、数据、移动业务和多媒体业务的综合呼叫控制系统。

另外,“软交换网络”一般是指基于软交换系统的下一代网络的一种实现方式。

9.2.2 软交换的主要特点

从对软交换的理解中,可以了解其主要的技术特点如下:

- 基于分组交换;
- 开放的模块化结构,实现业务与呼叫控制分离、呼叫控制和承载连接分离;
- 提供开放的接口,便于第三方提供业务,业务开发方式灵活,可以快速、方便地集成新业务;
- 具有用户话音、数据、移动业务和多媒体业务的综合呼叫控制系统,用户可以通过各种接入设备连接到IP/ATM网。

基于软交换的上述特点,可以归纳软交换的优点如下:

1. 高效灵活

软交换体系结构的最大优势在于将应用层和控制层与核心网络完全分开,有利于以最快的速度、最有效的方式引入各类新业务,大大缩短了新业务的开发周期。利用该体系架构,用户可以非常灵活地享受所提供的业务和应用。

2. 开放性

由于软交换体系架构中的所有网络组件之间均采用标准协议,因此各个部件之间既能独立发展、互不干涉,又能有机组合成一个整体,实现互连互通。通过标准的接口,根据业务需求增加业务服务器及网关设备,支持网络的扩展。运营商可以根据自己的需求选择市场上的优势产品,实现最佳配置,而不会受限于某个公司、某种型号的产品。

3. 多用户

软交换的设计思想迎合了电信网、计算机网及有线电视网三网合一的大趋势。软交换体系实现了各种业务及用户的综合接入,例如通过接入网关(AG)及集成接入设备(IAD)实现传统电话用户、xDSL用户的接入,通过无线网关(WAG)实现无线用户的接入,通过H.323网关接入IP电话网用户等。因此,各种网络用户都可以享用软交换提供的业务，这不仅为新兴运营商进入语音市场提供了有力的技术手段，也为传统运营商保持竞争优势开辟了有效的技术途径。

4. 强大的业务功能

软交换可以利用标准的全开放应用平台为客户定制各种新业务和综合业务，最大限度地满足用户需求。特别是软交换可以提供包括语音、数据和多媒体等各种业务，这就是软交换被越来越多的运营商接受的主要原因。

9.2.3　软交换系统架构

1. 软交换系统的体系结构

在 9.1.2 节中，我们介绍了软交换系统的体系结构，如图 9-3 所示。软交换系统的体系结构分成 4 个功能层，由上到下分别是：业务层、控制层、传送层和接入层。各层之间相互独立，实现了业务与呼叫控制的分离、媒体传送与媒体接入的分离，且各层之间通过开放、标准的接口来连接。

2. 软交换系统的物理结构

软交换系统由于其应用方式的不同，系统的物理结构也不尽相同。下面以我国信息产业部制定的标准参考性技术文件《基于软交换的网络组网总体技术要求》中给出的软交换网络体系架构为例，介绍软交换系统的一种物理结构及包含的主要设备，如图 9-7 所示。

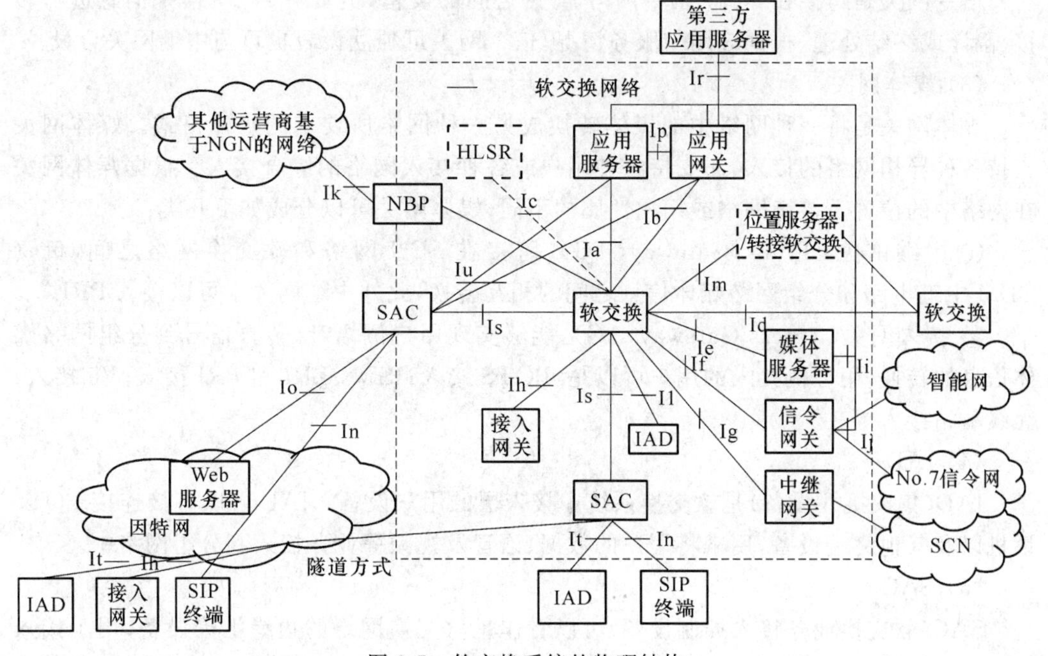

图 9-7　软交换系统的物理结构

其中软交换设备、应用服务器、应用网关、媒体服务器、归属位置服务寄存器(HLSR)、信令网关、中继网关、网络边界点(NBP)、软交换业务接入控制设备(SAC)属于网络侧设备,当接入网关可信任时可以放置在网络侧。第三方服务器由第三方运营,需要通过应用网关接入到软交换设备。Web服务器一般放置在因特网中并通过SAC接入到软交换网络。

软交换网络通过信令网关和智能网进行互通,通过信令网关和中继网关与No.7信令网和SCN(交换电路网)进行互通,通过SAC与因特网互通,通过NBP和其他运营商基于NGN的网络进行互通。

软交换网络中的终端,包括IAD、SIP终端可以通过接入网络经由SAC接入到软交换;另外IAD或接入网关可以采用隧道方式通过SAC接入到软交换,具体隧道方式待定。软交换网络中SIP终端也可以通过因特网经由SAC接入到软交换。

其主要设备的功能简要说明如下:

(1) 软交换设备

软交换设备是软交换网络的核心控制设备,主要完成呼叫控制、媒体网关接入控制、资源分配、协议处理、路由、认证、计费等主要功能,并可以向用户提供各种基本业务和补充业务。其主要功能参见9.2.4节。

(2) 信令网关

信令网关是跨接在No.7信令网与IP网之间的设备,负责对No.7信令消息进行转接、翻译或终结处理,根据应用与服务情况,信令网关可独立设置也可与中继网关合设。

(3) 媒体网关

媒体网关是将一种网络中的媒体转换成另一种网络所要求的媒体格式。媒体网关支持各种异构网络的接入,还支持各种用户或各种接入网络的综合接入。根据媒体网关在网络中的位置及接续网络或用户性质的不同,媒体网关可以分成如下几类:

① 中继网关(Trunk Gateway,TG),跨接在SCN网络和软交换网络之间,负责TDM中继电路和分组网络媒体信息之间的相互转换,此外中继网关也可以接入PRI。

② 接入网关(Access Gateway,AG),能够实现用户侧语音、传真信号到分组网络媒体信息的转换,用户侧接入的用户可以是:POTS接入;ISDN BRI和PRI接入;V5接入;无线基站接入等。

(4) IAD

IAD(集成接入设备)是软交换系统中接入层的用户设备。IAD可以直接连接POTS话机以及其他终端设备,用来将用户的数据、语音及视频等业务接入到分组网络中。

(5) SAC

SAC(软交换业务接入控制设备)可以看作是软交换网络的边缘汇聚设备,用于接入软交换网络中的不可信任设备,对通过不可信任设备接入到软交换网络中的用户进行接入和业务控制，提供用户的信令流和媒体流的代理功能，同时该设备具有安全防护、媒体管理、地址转换(包括 IP 层地址转换和应用层地址转换)等功能，配合软交换核心设备实现用户管理、业务管理、配合承载网实现 QoS 管理。

(6) 应用网关

应用网关向应用服务器和/或第三方服务器提供开放的、标准的接口，以方便业务的引入，并应提供统一的业务执行平台。软交换可以通过应用网关访问应用服务器或第三方应用服务器。应用网关应提供应用服务器的初始接入、注册和发现等功能，对第三方应用服务器还需要提供认证和授权功能。

(7) 媒体服务器

媒体服务器是软交换体系中提供专用媒体资源功能的独立设备，也是分组网络中的重要设备，提供基本和增强业务中的媒体处理功能，包括 DTMF 信号的采集与解码、信号音的产生与发送、录音通知的发送、会议、不同编解码算法间的转换等各种资源功能以及通信功能和管理维护功能。

(8) 应用服务器

应用服务器是在软交换网络中向用户提供各类增值业务的设备，负责增值业务逻辑的执行、业务数据和用户数据的访问、业务的计费和管理等，它应能够通过 SIP 协议或 INAP 协议控制软交换设备完成业务请求，通过 SIP/H.248/MGCP 协议控制媒体服务器设备提供各种媒体资源，或通过软交换控制媒体服务器。

9.2.4 软交换系统功能

软交换是多种逻辑功能实体的集合，提供综合业务的呼叫控制、连接以及部分业务功能，是下一代电信网中业务呼叫、控制及提供的核心设备。下面简单介绍我国《软交换设备总体技术要求》中给出的软交换的功能结构，如图 9-8 所示。

其主要功能包括以下几部分：

- 呼叫控制功能；
- 多媒体业务的处理和控制功能；
- 业务提供功能；
- 互通功能；
- 过负荷控制功能；
- SIP 代理功能；
- 计费功能；
- 网管功能；
- 路由、地址解析和认证功能；
- H.248 终端、SIP 终端、MGCP 终端的控制和管理功能；

- 多点控制功能(任选);
- No.7信令(即MTP及其应用部分)功能(任选);
- H.323终端控制、管理功能(任选)等。

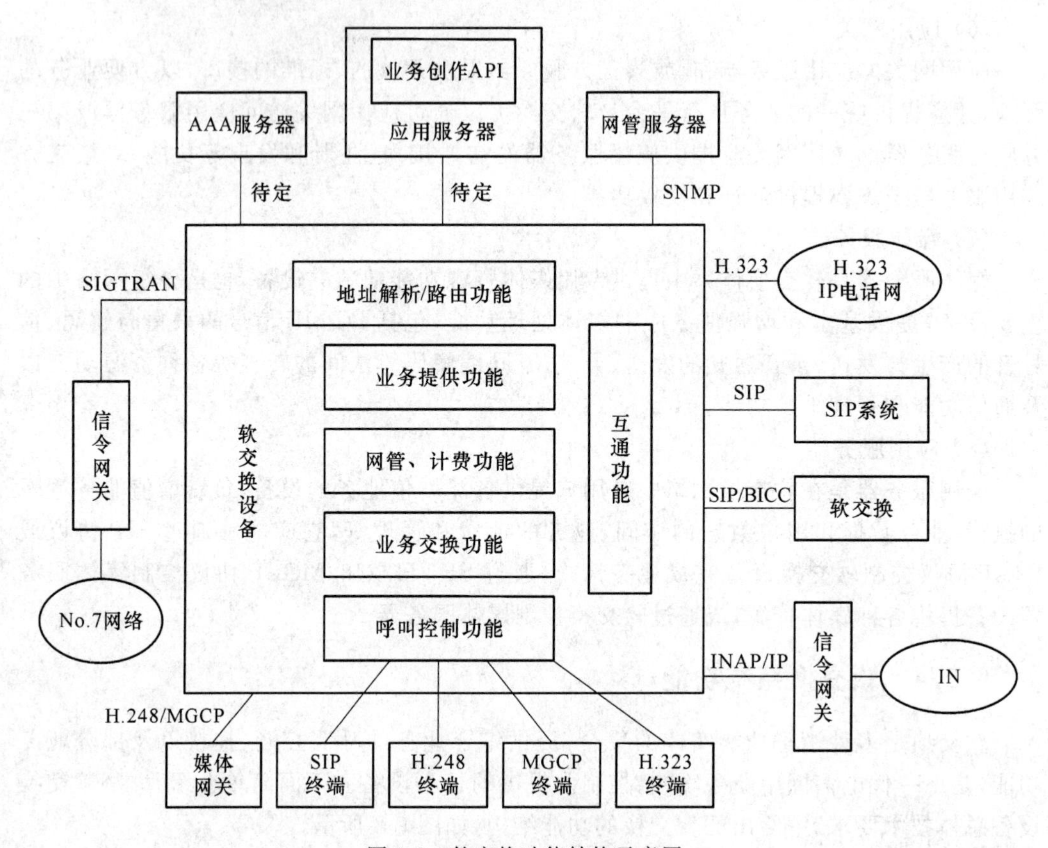

图9-8　软交换功能结构示意图

9.2.5　软交换与其他网络的互通

软交换是下一代网络的核心设备,各运营商在组建以软交换为核心的软交换网络时,其网络体系架构可能有所不同,但必须考虑与其他各种网络的互通,如与现有No.7信令网的互通、与现有智能网的互通,以及与采用H.323协议的IP电话网的互通等。

下面基于《基于软交换的网络组网总体技术要求》对软交换与其他网络互通的框架结构做简单介绍。

1. 软交换网络与SCN的互通

(1) 软交换本地网与SCN的互通框架结构

软交换与SCN的互通方式如图9-9所示,当软交换提供本地网业务并与SCN进行互通时，软交换网络通过中继网关和信令网关与 SCN 网络进行互通。软交换网络既实现了 LS(如软交换网中的 AG)的功能，也实现了汇接功能。

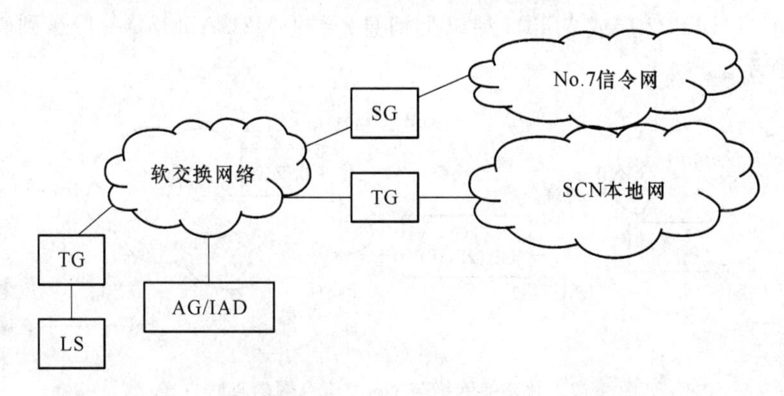

图 9-9　软交换提供本地网业务时与 SCN 的互通方式

(2) 软交换长途网与 SCN 的互通

软交换网可以提供 C4 长途网业务，因此需要与现有的 SCN 实现互通，软交换与 SCN 的互通方式如图 9-10 所示。软交换网络通过中继网关(TG)和 SG 与 SCN 本地网进行互通。

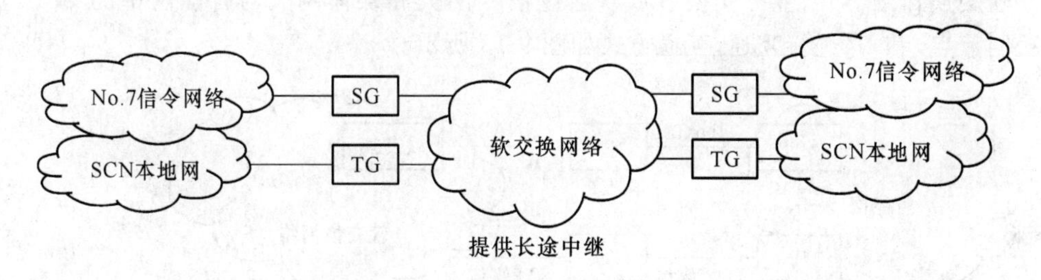

图 9-10　软交换提供 C4 业务时与 SCN 的互通方式

2. 软交换网络与 No. 7 信令网的互通

软交换可以采用两种方式和 No. 7 信令网络进行互通，分别为直联方式和准直联方式。

在准直联方式下，采用独立的信令网关(SG)，信令网关接收来自 No. 7 信令网中 STP 的信令消息并将 No. 7 信令消息(MTP3 层以上消息)通过 M3UA 协议传送到软交换上，如图 9-11 所示。

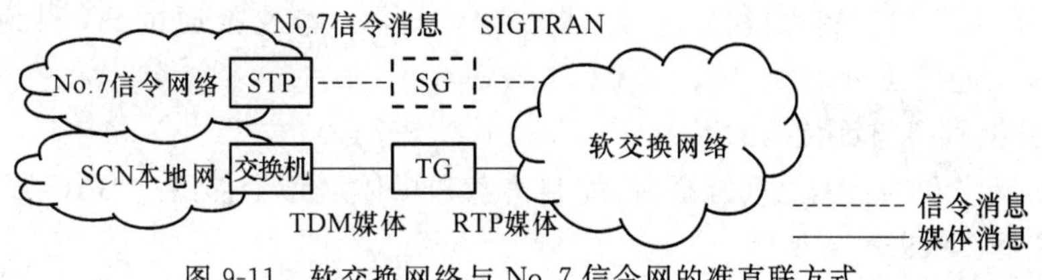

图 9-11　软交换网络与 No. 7 信令网的准直联方式

在直联方式下,No.7信令消息和媒体信息都通过中继网关(TG)和SCN交换机之间的中继电路传送,此时中继网关中内嵌信令网关功能,负责No.7信令消息的接收并将No.7信令消息(MTP2层或MTP3层以上消息)通过M2UA/M3UA传送到软交换上,如图9-12所示。

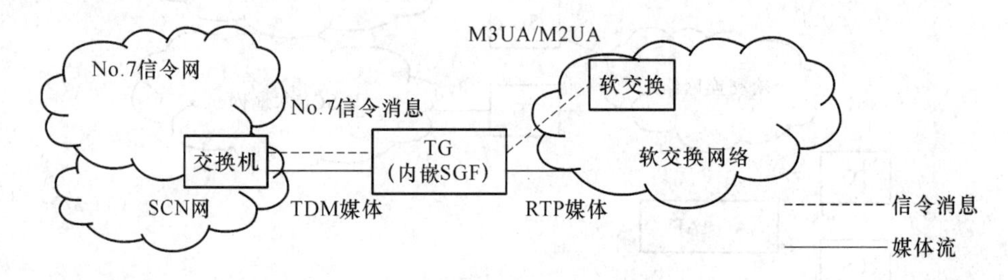

图9-12　软交换网络与No.7信令网的直联方式

软交换网络规模较小时,可以采用直联方式,对网络结构改造较少,并且可以节省建设信令网关的成本。

3. 软交换网络与智能网的互通

软交换作为SSP(业务交换节点),通过信令网关和媒体网关与智能网中的SCP(业务控制节点)和IP进行互通,互通方式如图9-13所示。

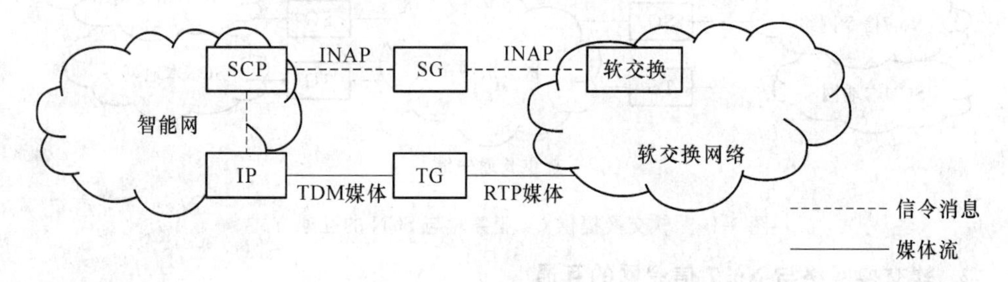

图9-13　软交换网络与智能网的互通

软交换实现SSF功能,负责智能业务的触发,通过信令网关与传统的智能网的SCP互通,接受SCP对智能呼叫的控制,完成呼叫接续以及与用户的交互作用,为软交换用户提供智能网业务;软交换和智能网中的智能外设IP之间通过SG和TG进行互通,智能外设IP接受SCP的控制,向软交换用户提供媒体资源。软交换通过SG和SCP之间采用INAP协议进行互通。

4. 软交换网络与因特网的互通

软交换网络和因特网之间互通时,控制信息和媒体信息全部经过SAC,SAC跨接在两个网段之间,如图9-14所示。

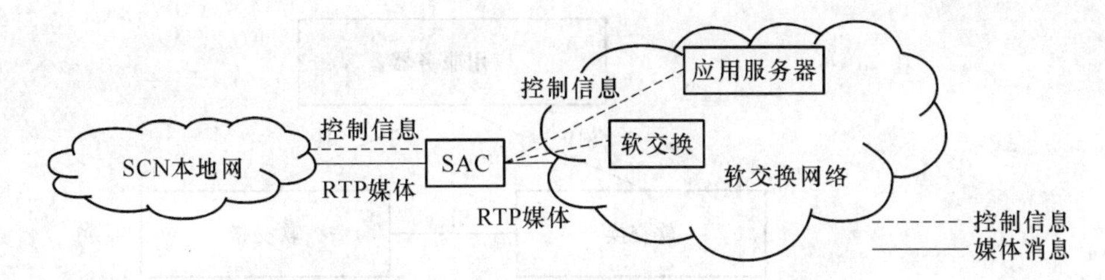

图 9-14　软交换网络与因特网/公众 IP 网的互通

用户可以通过因特网登录到软交换中，但由于因特网部分不提供 QoS 保证机制，所以不能向这些用户提供保证服务质量的业务。

9.3　软交换系统支持的协议

软交换系统是一个分层、开放的系统，其体系结构中各功能实体之间的接口，以及软交换系统与外部实体的接口都必须采用标准的协议。在软交换功能结构示意图 9-8 中，可以看出各主要功能实体之间的协议接口关系，例如，软交换设备和 IP 终端间的接口，根据接口终端的不同，可以是 MGCP、SIP 和 H. 323 等。

根据协议功能的不同，软交换系统支持的协议可以分成 4 种类型：

- 呼叫控制协议：ISUP、BICC、SIP、SIP-T、H. 323 等。
- 媒体控制协议：H. 248、MGCP 等。
- 业务应用协议：Parlay、SIP、INAP、MAP、LDAP、RADIUS 等。
- 维护管理协议：SNMP、COPS 等。

下面简单介绍几种呼叫控制协议与媒体控制协议。

1. SIP 协议

SIP(Session Initiation Protocol，会话初始协议)主要用于建立、更改和终止因特网主机之间的多媒体会话，是一种应用层控制协议。SIP 是一种基于文本的协议，其语法和消息类似于 HTTP 协议，但其不仅可以用 TCP 传输，也可以用 UDP 传输。SIP 遵循因特网的设计原则，所以很容易增加新业务，扩展协议，而不会引起互操作问题。

SIP 协议的出发点是想借鉴 Web 业务成功的经验，它通过使用 SIP 终端将网络设备的复杂性推向边缘。SIP 可以充分利用已定义的消息字段，对其进行简单、必要的扩充就能很方便地支持各项新业务和智能业务。SIP 的动态注册机制，提供了对移动性的良好支持，为实现固定和移动业务的融合创造了条件。

在软交换系统中，SIP 协议主要用于 SIP 终端和软交换之间、软交换和软交换之间以及软交换与各种应用服务器之间，如图 9-15 所示。

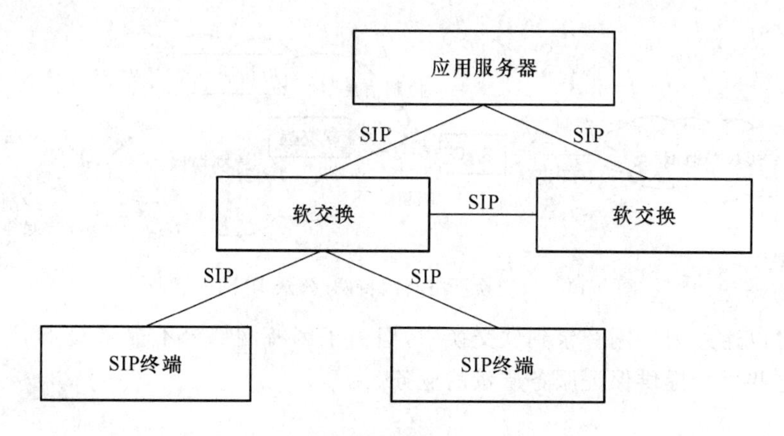

图 9-15　SIP 协议的应用范围

2. H.323 协议

ITU-T 的 H.323 是一个协议族，它定义了在无 QoS 的因特网或其他分组网络上多媒体通信的协议及其规程，包括点到点通信和多点会议。H.323 协议对呼叫控制、多媒体管理、带宽管理以及 LAN 和其他网络的接口都进行了详细的规范说明，为局域网、广域网、Intranet 和 Internet 上的多媒体提供技术基础保障。

虽然 H.323 提供了窄带多媒体通信所需要的所有子协议，但 H.323 的控制协议非常复杂。此外，H.323 不支持多点发送(Multicast)协议，只能采用多点控制单元(MCU)构成多点会议，因而同时只能支持有限的多点用户。H.323 不支持呼叫转移，且呼叫建立的时间较长。

在软交换系统中，H.323 协议主要用于 H.323 终端和软交换之间以及软交换与 H.323 IP 电话网之间，如图 9-16 所示。

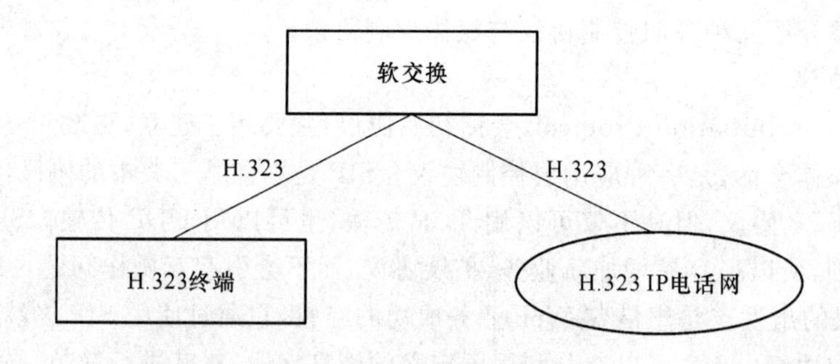

图 9-16　H.323 协议的应用范围

3. MGCP 协议

媒体网关控制协议(Media Gateway Control Protocol，MGCP)是简单网关控制协议(Simple Gateway Control Protocol，SGCP)和设备控制互联网协议(Internet Protocol

Device Control,IPDC)的结合产物。其目标是把以软件为中心的呼叫处理功能和以硬件为中心的媒体流处理功能分离开,放置在软交换与媒体网关之间。

MGCP 将 IP 电话网关分解为 3 个部分:媒体网关控制器、信令网关和媒体网关。其中媒体网关控制器(MGC)负责对于媒体网关和呼叫进行控制;信令网关(SG)用于连接 No.7 信令网;媒体网关(MG)用于将一种网络中的媒体转换成另外一种网络所要求的媒体格式,如 PSTN 和 IP 之间的媒体流映射和编码转换。

MGCP 协议模型基于端点和连接两个构件进行建模。端点用来发送或接收数据流,可以是物理端点或虚拟端点,连接则由软交换控制网关或终端在呼叫所涉及的端点间进行建立,可以使点到点、点到多点连接。一个端点上可以建立多个连接,不同呼叫的连接可以终接于同一个端点。

在软交换系统中,MGCP 协议主要用于软交换与媒体网关或软交换与 MGCP 终端之间的控制过程,如图 9-17 所示。

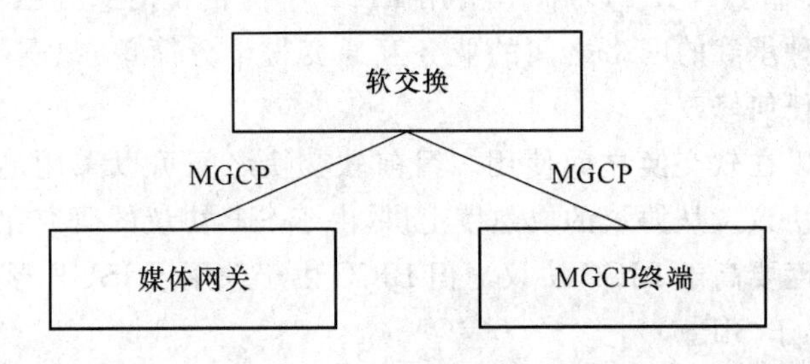

图 9-17　MGCP 应用范围

4. H.248/Megaco 协议

H.248/Megaco 协议是由 ITU-T 第 16 组和 IETF 的 Megaco 工作组共同研究制定的媒体网关控制协议。它引入了终接点(Termination)和关联(Context)两个重要概念。终接点为媒体网关或 H.248 终端,是可以发送或接收媒体流或控制流的逻辑实体,一个终接点可发起或支持多个媒体流或控制流、中继时隙 DS0、RTP 端口或 ATM 虚信道均可以用终接点进行抽象。关联用来描述终接点之间的连接关系,如拓扑结构、媒体混合或交换的方式等。

H.248/Megaco 协议是在 MGCP 的基础上发展而来的,与 MGCP 相比,H.248/Megaco 对传输协议提供了更多的选择,并且提供更多的应用层支持,同时管理也更为简单。

在软交换系统中,H.248/Megaco 协议应用在媒体网关和软交换之间、软交换与 H.248 终端之间,如图 9-18 所示。

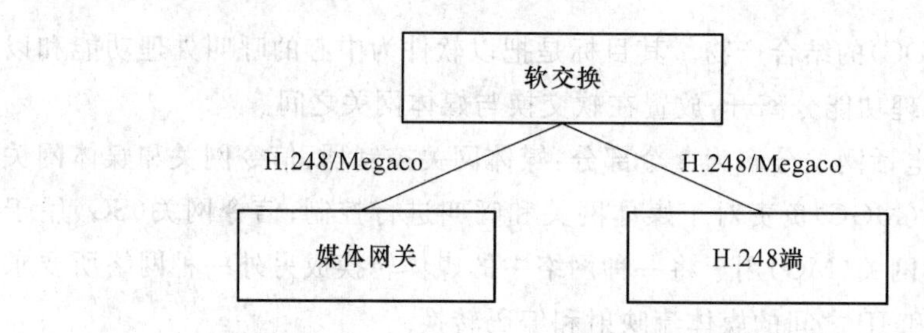

图 9-18 H.248/Megaco 应用范围

5. BICC 协议

与承载无关的呼叫控制协议(Bearer Independent Call Control,BICC)是由 ITU-T 第 11 组研究制定,属于应用层控制协议。BICC 协议可用于建立、更改和终结呼叫,可以承载全方位的 PSTN/ISDN 业务。它采用呼叫信令和承载信令功能分离的思路,使呼叫控制信令可以在各种网络上承载,包括 No.7 信令网络、ATM 网络和 IP 网络等。

呼叫控制协议基于 N-ISUP 信令,沿用 ISUP 中的相关消息。由于采用了呼叫与承载分离的机制,异种承载的网络之间的业务互通变得十分简单,只需要完成承载级的互通,业务不用进行任何修改。

BICC 协议可以在软交换之间使用。目前软交换之间可以采用的控制协议有两种:SIP 协议和 BICC 协议。从协议的成熟度上讲,由于 SIP 协议的研究比 BICC 协议开展得要早,所以其成熟度要高于 BICC 协议。但 BICC 由于采用了 ISUP 形式,其与现有 No.7 信令互通方面要强于 SIP。

6. SIGTRAN 协议

为了解决分组形式的电话信令在 IP 网络上传输的问题,IETF 发起并制定了 SIGTRAN 协议(信令传输),提出了 SIGTRAN 构架来实现在 IP 网络节点之间传输电话网的信令(如 No.7 ISUP、TUP 和 DSS1 信令),其协议栈模型如图 9-19 所示。

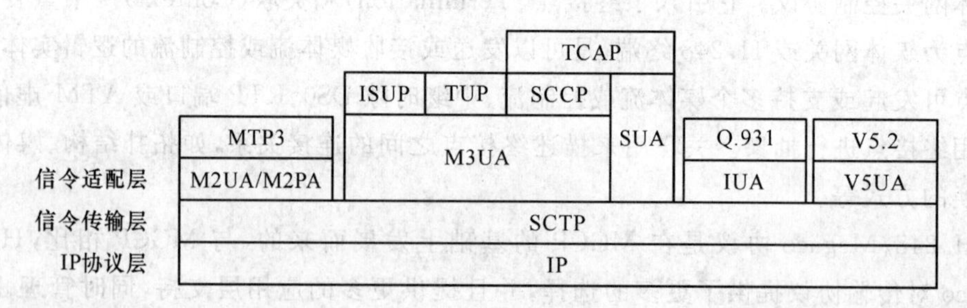

图 9-19 SIGTRAN 协议栈模型

SIGTRAN 协议担负信令网关和媒体网关控制器间的通信,有两个主要功能:适配和传输。SIGTRAN 协议栈包含三层:信令传输层、用户适配层和 IP 协议层。

(1) 信令传输层

SCTP 是流控制传送协议,主要是在无连接的网络上传送 PSTN 信令消息,该协议可以在 IP 网上提供可靠的数据传输协议。SCTP 可以在 IP 网上承载 No.7 信令,完成 IP 网与现有 No.7 信令网和智能网的互通,同时 SCTP 还可以承载 H.248、ISDN、SIP、BICC 等控制协议。

(2) 用户适配层

用户适配层由多个适配模块所组成,它们分别为上层的 No.7 信令的各个模块提供层间原语接口,并将上层信令协议封装在 SCTP 上传输。这层的协议包括:

- M3UA(MTP level 3 User Adaptation Layer Protocol),MTP3 用户适配协议;
- M2UA(MTP level 2 User Adaptation Layer Protocol),MTP2 用户适配协议;
- IUA(ISDN User Adaptation Layer Protocol),ISDN Q.931 用户适配协议;
- M2PA(MTP level 2 User Peer-to-Peer Adaptation Layer Protocol),MTP2 用户对等适配协议;
- V5UA(V5 User Adaptation Layer Protocol),V5 用户适配协议;
- SUA(SCCP User Adaptation Layer Protocol),SCCP 用户适配协议。

(3) IP 协议层

IP 协议层实现标准的 IP 协议。

9.4　软交换网关

9.4.1　网关概述

基于软交换的 NGN 是一个电信网(固定、移动)、互联网和有线电视网等多种异构网络融合的网络,这种融合是通过网关设备将各种异构网络接入到 IP 骨干网来实现的。网关的主要作用是完成两个异构网络之间信息(包括媒体信息和用于控制的信令信息)的相互转换,即实现两个异构网络之间的通信。

例如,H.323 网就是基于 VoIP 技术的 IP 电话网之一,它实现了 PSTN 和 IP 网的融合。IP 网和 PSTN 存在三个基本不同之处:

- 两种网络的地址解决方案不同。在 PSTN 中以 E.164 地址方案来表示端点,而 IP 网络使用的地址有 IP 地址、域名系统(DNS)和 URL 等。
- 两种网络的语音编码方式不同。PSTN 使用 G.711 编码,而 IP 网则需要压缩编码,如 G.729。
- 两种网络使用的信令协议不同。PSTN 主要的信令协议是 No.7 信令,而 IP 网的信令解决方法有 H.323 和 SIP 协议。

PSTN 与 IP 网络存在这些差别,需要有一个功能实体来适配以实现网络的互通,该功能实体就是网关。

IETF 的 RFC2719 给出了网关的分解模型,将网关分化为三个功能实体:媒体网关功能(MGF)、媒体网关控制功能(MGCF)和信令网关功能(SGF),如图 9-20 所示。需要注意的是,模型中给出的是逻辑分离的三个功能体,而在物理实现上并不一定都是独立的物理设备。

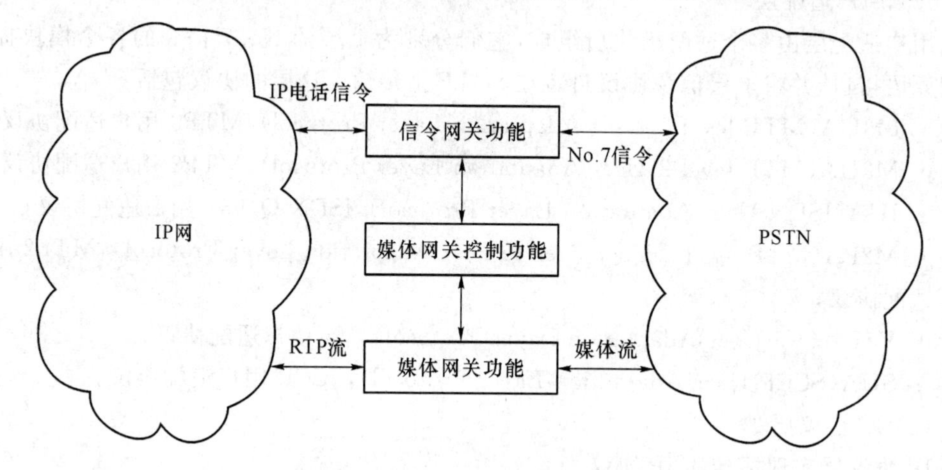

图 9-20　网关分解模型示意图

三个功能实体的功能简述如下:

(1) 媒体网关功能

图 9-20 所示为媒体网关位于 PSTN 和 IP 网之间,在物理上一端终接于 PSTN 电路,另一端则是作为 IP 网路由器所连接的终端。其功能是实现语音比特流和 IP 分组之间的转换,且在传输层和应用层都做转换。在传输层,一方面要进行 PSTN 网络侧的复用功能(多路语音信号进行 TDM 复用),另一方面还要进行 IP 网络侧的解复用功能(将语音信号用实时传输协议 RTP 传输)。在应用层,由于语音编码机制不同,媒体网关还要进行 PSTN 侧 G.711 编码与 IP 网络侧的语音压缩编码之间的转换。

(2) 信令网关功能

信令网关功能负责网络的信令处理,在图 9-20 的应用中,信令网关功能一方面通过 IP 协议和媒体网关控制器(MGC)功能进行通信,另一方面通过 No.7 信令和 PSTN 进行通信。根据应用模型的不同,信令网关的作用也有所不同。例如,在中继网关应用模型中,信令网关功能仅仅是将信令以隧道的方式传送到 MGC 中,由 MGC 进行信令的转换。

(3) 媒体网关控制器功能

媒体网关控制器控制整个网络,包括监视各种资源并控制所有连接,负责用户认证和网络安全,并且由媒体网关控制器功能发起和终结所有的信令控制。实际上,媒体网关控制器功能主要进行信令网关功能的信令翻译。从物理实现上来看,媒体网关控制器功能和信令网关功能一般集成在同一设备中。

9.4.2　信令网关

信令网关负责网络的信令处理，是 No.7 信令网与 IP 网的边缘接收和发送信令消息的信令代理，信令网关的功能主要完成信令消息的中继、翻译或终结处理。信令网关功能一方面通过 IP 协议和媒体网关控制器功能进行通信，另一方面通过 No.7 和 PSTN 进行通信。根据应用模型的不同，信令网关的作用也有所不同。信令网关功能也可以与媒体网关功能集成为一个物理实体，来处理由 MG 控制的与线路或中继终端有关的信令。

1. 信令网关的定义

ISC/IPCC(国际软交换协会，现已改名为 IPCC)在其参考模型中定义了信令网关功能(SGF)和接入网关信令功能(AGSF)。

(1) SGF

SGF 提供 VoIP 和 PSTN(基于 TDM 的 No.7 信令或基于 ATM 的 BICC 信令)之间的信令接口功能；对于无线移动网络，SGF 也是基于 IP 的移动核心网络和基于 No.7/TDM 或者 BICC/ATM 的 PLMN 之间的信令网关。SGF 主要作用是在 IP 协议上封装和传输 PSTN 信令协议。

(2) AGSF

AGSF 是 VoIP 网络和电路交换接入网络(V5 或 ISDN 接入网络)之间的信令网关；对于移动网络，AGSF 是基于 IP 的移动核心网络和基于 No.7/TDM 或者 BICC/ATM 的 PLMN 之间的信令网关。AGSF 的主要作用是将 V5/ISDN 信令协议(固定网)或 BSSAP/RANAP 信令协议(移动网)封装在 IP 上后传输到 MGCF。

信令网关就是 SGF 或 AGSF 的物理实现，提供 No.7 信令网络和分组网络之间的接口，能将 No.7 信令协议转换为 IP 协议传送到软交换中。

信令网关要实现的协议包括两个部分：用户或接入网侧信令协议(如 No.7 信令协议)和 IP 网络侧协议(如 SIGTRAN 协议)。本书以下只讨论在 No.7 信令网和 IP 网关口处的信令网关，此时，在 No.7 信令网侧，信令网关发送、接收标准的 No.7 信令消息；在 IP 网络侧使用 SIGTRAN 协议，将 No.7 信令在 IP 网络层进行封装。

2. 信令网关的组网应用

信令网关提供 SCN 网络与 IP 网之间的信令连接时，可以有两种组网方式：信令点代理方式组网和信令转接点方式组网。

(1) 信令点代理方式组网

图 9-21 所示为信令点代理方式组网，其特点如下：

- 信令网关包含 MTP3 层，需要有信令点编码，若为多个不同信令点编码的软交换设备做代理，则其必须具备多信令点功能；
- 由于 MTP3 层无法区分两个相同信令点编码的网络设备，使用 M2UA 协议时，软交换设备只能有一个信令网关做其代理，存在单点故障的可能；
- 软交换设备没有 MTP3 层，不必配置相关数据，维护相对简单。

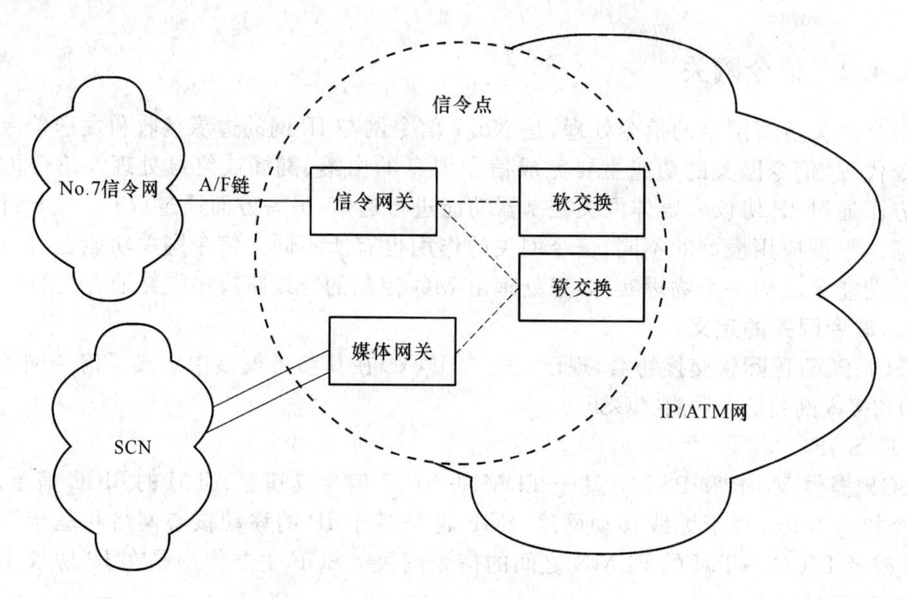

图 9-21 信令点代理方式组网

(2) 信令转接点方式组网

信令转接点方式组网,信令网关类似于 No.7 信令网的 STP,单独提供完整的信令点功能,可以为多个软交换设备提供服务,如图 9-22 所示。

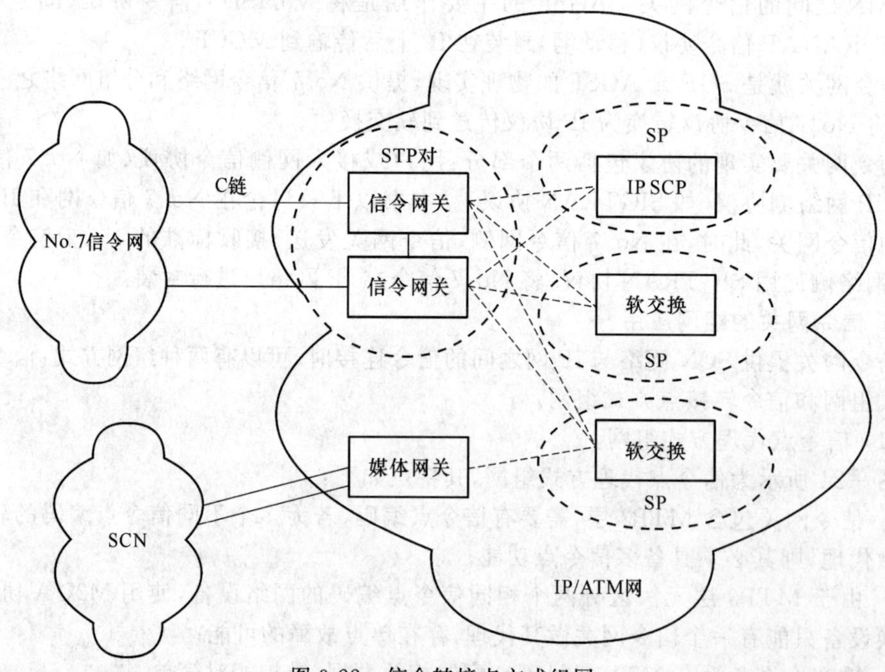

图 9-22 信令转接点方式组网

在具体实现中，信令网关可以采用 M2PA 或 M3UA 来完成传统 No. 7 信令与基于 IP 的 No. 7 信令 MTP 的格式转换。采用 M2PA 方式时，软交换设备和信令网关均包含 MTP3 功能，所以信令消息经过信令网关转发后还可以继续转发；采用 M3UA 方式时，对 TUP、ISUP 等电路相关应用部分的转发只能实现从信令网关到软交换设备的“一步转发”，消息必须在软交换设备落地。另外，信令网关不仅需要满足 IP 网的组网应用，而且还需要符合 STP 相关的要求。

基于 M3UA 的信令转接点方式组网有以下特点：

- 软交换设备可以通过两个信令网关和 PSTN 互通，提高了网络的可靠性；
- 信令网关可以为多个具备不同信令点的软交换设备服务，而不需要具备多信令点功能；
- 信令网关和软交换设备之间的信令通路可以像 PSTN 链路一样进行管理，各种状态（连通、阻断、禁止、拥塞）均可通过信令网关准确地映射到 PSTN 信令网。

9.4.3　媒体网关

在我国有关媒体网关的通信标准中，对媒体网关的定义为：“在不同网络间提供媒体流映射或代码转换的功能。”媒体网关的功能有：媒体网关能够在电路交换网的承载通道和分组网的媒体流之间进行代码转换；可以处理音频、视频或者 T. 120，也可以具备处理这三者的任意组合的能力；能够进行全双工的媒体转换；可以演示视频/音频消息；实现其他交互式语音应答功能；也可以进行视频会议等。

1. 媒体网关分类

媒体网关在软交换网络中位于接入层面，不具备任何呼叫控制功能，负责将各种用户和网络接入到控制层面，如图 9-23 所示。

媒体网关可以从不同角度进行分类。

（1）按照接入方式分

媒体网关可以分为中继媒体网关（TG，简称中继网关）、接入媒体网关（AG，简称接入网关），进一步按应用于固定网还是移动网来分，还有无线中继媒体网关（WMG，位于移动电路交换网和分组交换网之间，终接大量中继电路）和无线接入媒体网关（WAG，位于移动网的基站子系统和分组交换网之间，为移动用户提供接入）的划分。

（2）按照承载方式分

媒体网关可以分为 VoIP 中继媒体网关、VoATM 中继媒体网关等。

本书中媒体网关的分类为中继媒体网关和接入媒体网关，而将 WMG 和 WAG 作为媒体网关在移动网中的具体应用方式。

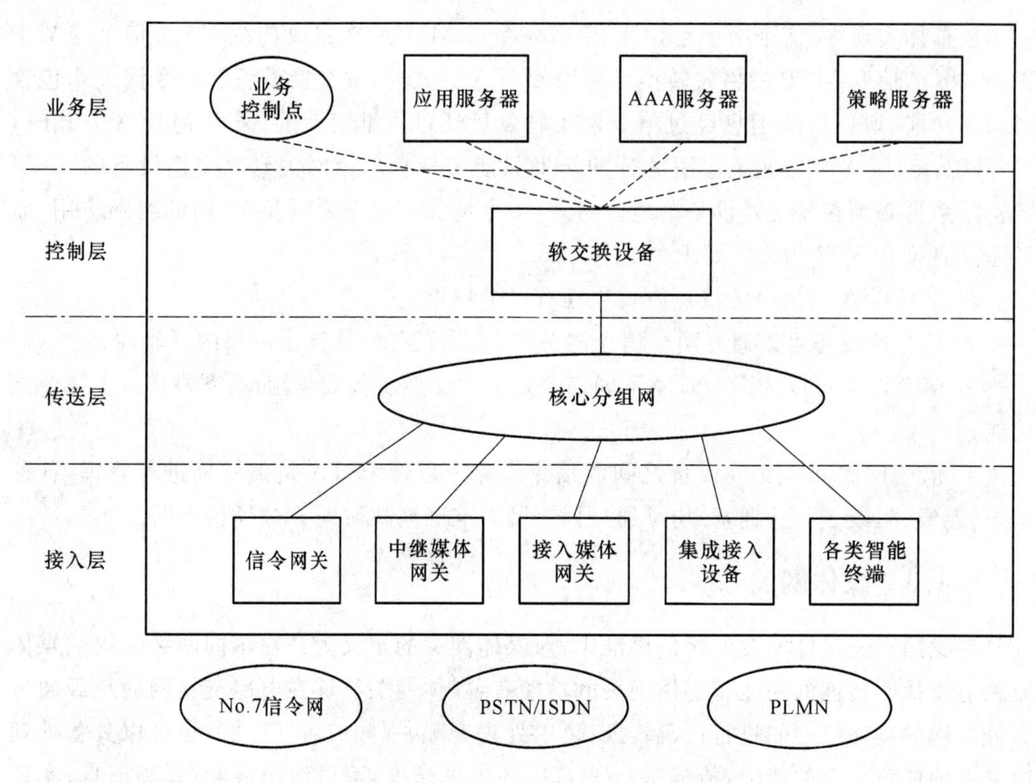

图 9-23　媒体网关在软交换网络中的位置

2. 中继网关

中继网关在电路交换网络(SCN)和基于分组(IP 或 ATM)软交换网络之间提供媒体流的映射和代码转换功能,主要是负责传统的 PSTN/ISDN 接入,终接大量的数字电路,将其接入到 ATM 或 IP 网络。

(1) 中继网关在软交换网络中的位置

中继网关在软交换网络中的位置如图 9-24 所示。

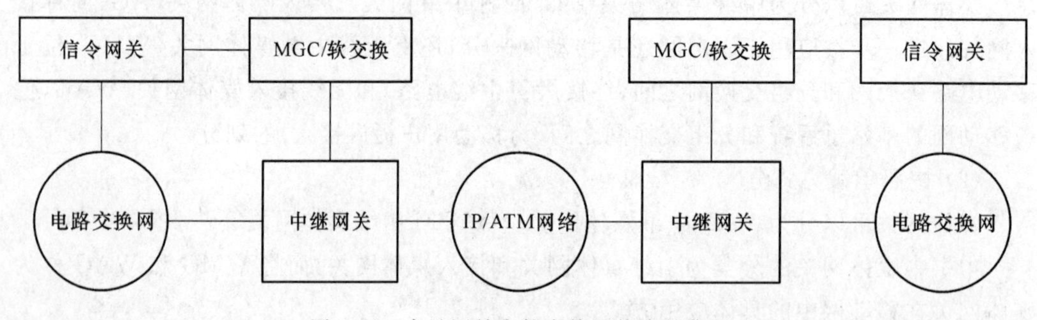

图 9-24　中继网关在软交换网络中的位置

(2) 中继网关的应用方式

通过媒体网关、信令网关和媒体网关控制器的不同组合,现有的通信网络(包括 PSTN、PLMN、IP 网络和有线电视网)都可以接入到核心骨干网(ATM 或 IP 网络)中。图 9-25 所示为中继网关替代汇接局的中继应用情况。图中软交换替代了传统的 PSTN 的 C4 汇接交换机,信令网关进行 No.7 信令和基于 SIGTRAN 的 IP 信令协议的转换和传输,而中继网关则在 MGC 的控制下完成 PSTN 到 IP 再到 PSTN 的媒体中继汇接连接。

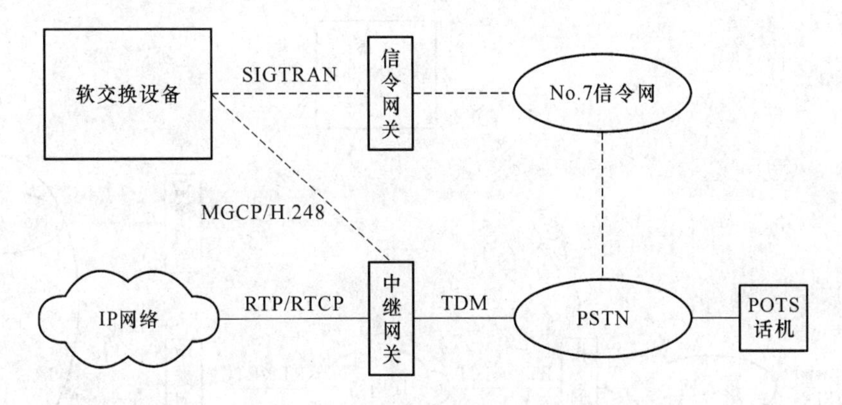

图 9-25　中继网关的应用方式

3. 接入网关

接入网关负责各种用户或接入网的综合接入,用于完成媒体流转换和非 No.7 信令处理等功能,可以和软交换设备配合替代现有的端局。接入网关可以用于接入网接入、PSTN/ISDN 用户终端接入、无线基站接入等。

(1) 接入网关在软交换网络中的位置

接入网关在软交换网络中的位置如图 9-26 所示。

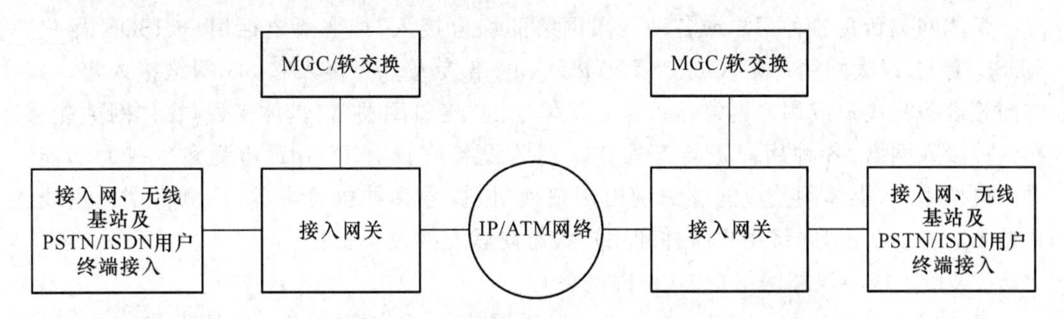

图 9-26　接入网关在软交换网络中的位置

(2) 接入网关的应用方式

图 9-27 所示为各种接入网络(V5、GR303 和 ISDN 等)通过软交换连接到 PSTN 的

情形。接入网关通过 V5/GR303/ISDN 协议和接入网完成信令交互功能,对于 V5 或者 ISDN 接入网关将终接其物理连接,并将信令消息通过 SIGTRAN 协议传送到 MG;对于 GR303 则接入网关直接终接信令消息,并将其转换为适当的 MGCP 或 H.248/Megaco 事件传送到 MGC。同时也对来自接入网的语音媒体流进行分组和码型转换并以 RTP 消息格式发送到 TG。TG 再将分组化的语音媒体流转换为 PCM 语音,然后通过 TDM 发送到 PSTN。同样,无线接入网络可以通过无线接入媒体网关接入到核心网络。

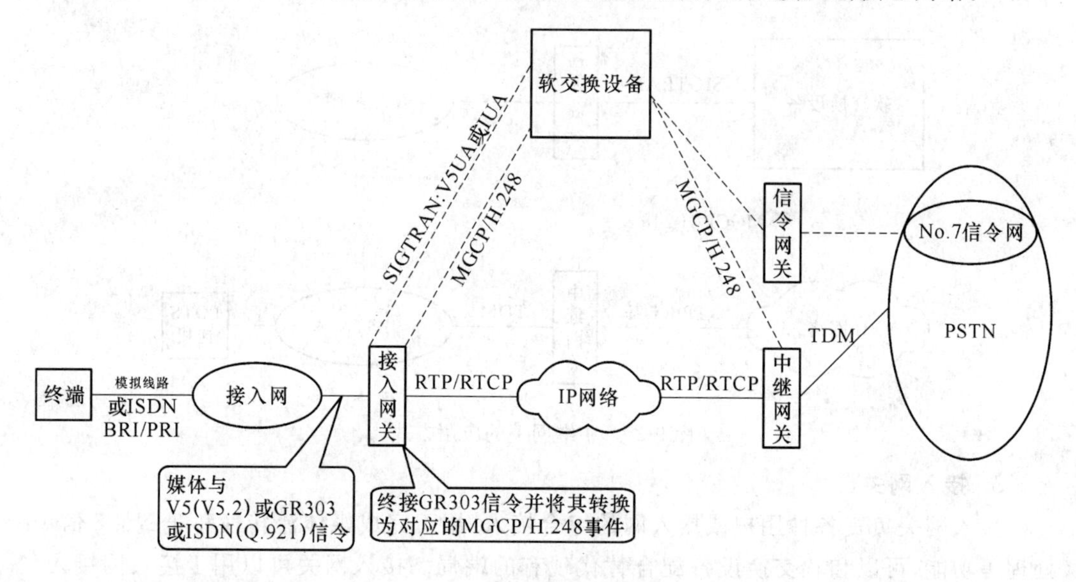

图 9-27 接入网关的应用方式

4. 媒体网关的功能

(1) 用户或网络接入功能(接入网关)

媒体网关负责各种用户或各种接入网络的综合接入,如普通电话用户、ISDN 用户、ADSL 接入、以太网用户接入或 PSTN/ISDN 网络接入、V5 接入和 3G 网络接入等。媒体网关设备是用户或用户网络接入核心媒体层的“接口网关”。具体来说,媒体网关能够和各种接入网络、各种用户进行互操作。网关设备应具有 DTMF 检测和生成的功能。对于模拟用户,媒体网关应能够识别出用户摘机、拨号和挂机等事件,检测出用户占线、久振无应答等状态,并将用户事件和用户状态向软交换设备报告。

(2) 接入核心媒体网络功能(中继网关)

媒体网关以宽带接入手段接入核心媒体网络。目前接入核心媒体网络主要通过 ATM 或 IP 接入。AIM 是面向连接的第 2 层技术,具有可靠的服务质量(QoS)保证能力,IP 则是目前应用广泛的第 3 层技术。当采用 IP 接入时,为了保证一定的 QoS,媒体网关可以具有 Diffserve、RSVP 功能。

(3) 媒体流的映射功能

在 NGN 中,任何业务数据都被抽象成媒体流,媒体流可以是语音、视频信息,也可以是综合的数据信息。由于用户接入和核心媒体之间的网络传送机制的不一致性,因而需要将一种媒体流映射成另一种网络要求的媒体流格式。但是由于业务和网络的复杂性,媒体流映射并不是简单的映射,还涉及媒体编码格式、数据压缩算法、资源预约和分配、特殊资源的检测处理、媒体流的保密等多项与媒体流属性相关的内容。此外,对不同的业务特性又有其特殊的要求,如语音业务对回声抑制、静音压缩、舒适噪音插入等有其特别要求。当采用 ATM 接入时,应该支持 AAL1、AAL2、AAL5 媒体适配类型。当网络侧是 IP 接口时,网关应支持 RTP/RTCP 封装功能。对于语音信号的编解码功能,网关应该支持 G.711、G.729、G.723.1 算法。媒体网关必须设有输入缓冲,以消除时延抖动对通话质量的影响,而且缓冲区大小能够根据网络状况动态调整。

(4) 受控操作功能

媒体网关受软交换的控制,它绝大部分的动作,特别是与业务相关的动作都是在软交换的控制下完成的,如编码、压缩算法的选择,呼叫的建立、释放、中断,特殊信号的检测和处理等。在软交换设备控制下,媒体网关应向用户发送各种信令信号,如拨号音、振铃音、回铃音等,能根据软交换的指示向用户播放提示音。在软交换的控制下,媒体网关设备必须具备对其自身相关资源进行申请、预约、占用、释放等操作的功能。相关资源包括用户侧的用户电路或中继电路接口资源、分组网络侧接口资源以及信号或媒体流处理资源(如 DTMF 资源、MODEM 资源、语音压缩资源等)等。当媒体网关设备资源的状态发生变化时(如发生故障、故障恢复或因管理行为而执行的状态改变或资源不可用),媒体网关设备要向软交换设备进行汇报。媒体网关和软交换之间的特殊关系决定了它们之间控制协议的重要性,MGCP 和 H.248/Megaco 就是软交换和媒体网关之间的控制协议。

(5) 管理和统计功能

作为网络中的一员,媒体网关同样受到网管系统的统一管理,媒体网关也要向软交换设备或网管系统报告相关的统计信息。收集的统计信息包括:

• 设备相关的统计信息,如系统资源占用情况、成功的呼叫连接次数、失败的呼叫连接次数。

• 端口相关的统计信息,如中继端口的占用情况、IP 端口的带宽使用情况、ATM 端口的连接、带宽等资源使用情况、端口相应媒体流的统计信息。

• 连接或终接点相关的统计信息,如发送的 RTP 包数、丢失的包数、平均时延等。

小结

1. 从广义上讲,NGN泛指一个不同于现有网络的、采用大量业界新技术,以IP技术为核心,同时可以支持语音、数据和多媒体业务的融合网络。从狭义来讲,下一代网络特指以软交换设备为控制核心,能够实现语音、数据和多媒体业务的开放的分层体系架构。

ITU-T在2004年给出了NGN的定义:NGN是基于分组的网络,能够提供电信业务,能使用多宽带、确保服务质量(QoS)的传输技术,而且网络中业务功能不依赖于底层的传输技术;NGN能使用户自由地接入到不同的业务提供商,支持通用移动性,实现用户对业务使用的一致性和统一性。

2. NGN的特点如下:

(1) 开放的网络构架体系

将传统交换机的功能模块分离成为独立的网络部件,各个部件可以按相应的功能划分,各自独立发展。部件间的协议接口基于相应的标准。

(2) 下一代网络是业务驱动的网络

采用业务与呼叫控制分离、呼叫控制与承载分离技术,实现开放分布式的网络结构,使业务独立于网络。分离的目标是使业务真正独立于网络,灵活有效地实现业务的提供。

(3) 下一代网络是基于统一协议的分组网络

IP协议使得各种以IP为基础的业务能在不同的网络上实现互通,成为三大网都能接受的通信协议。

3. 从功能上把NGN划分成包括应用层、控制层、传输层及接入层的分层结构。

• 接入层:将用户连接至网络,提供将各种现有网络及终端设备接入到网络的方式和手段;负责网络边缘的信息交换与路由;负责用户侧与网络侧信息格式的相互转换。

• 传送层:NGN的核心承载网是光网络为基础的分组交换网,可以是基于IP或ATM的承载方式,而且必须是一个高可靠性、能够提供端到端QoS的综合传送平台。

• 控制层:完成业务逻辑的执行,包含呼叫控制、资源管理、接续控制等操作;具有开放的业务接口。此层决定用户收到的业务,并能控制低层网络元素对业务流的处理。

• 应用层:是下一代网络的服务支撑环境,在呼叫建立的基础上提供增强的服务,同时还向运营支撑系统和业务提供者提供服务支撑。

4. NGN网络架构中的每一个层面都需要相关新技术的支持，例如，采用软交换或IP多媒体子系统(IMS)实现端到端的业务控制；采用IPv6技术解决地址空间的问题，改善服务质量等；采用光传输网(OTN)和光交换网络解决高速率传输和高带宽交换问题；采用VDSL、FTTH、EPON等各种宽带接入技术解决"最后一公里"问题等。

NGN的关键技术有：软交换技术、IMS技术、高速路由/交换技术、宽带接入技术、大容量光传送技术、多层次业务开发技术及网络安全保障技术等。

5. 实现NGN并不是要建设一个全新的理想化的网络，而是现有电信网络按照NGN的概念和框架逐步演进和完善而来。综合考虑NGN技术发展的趋势及我国通信网的现状，国内通信网向NGN的演进路线采用分阶段实施的方式进行。

现有通信网络过渡到基于软交换的NGN是整个网络演化第一个阶段；第一个阶段建设的固定软交换网和移动软交换网过渡到基于IMS的NGN是第二个阶段。

6. 软交换的主要设计思想是业务与控制、传送与接入分离，将传统交换机的功能模块分离为独立的网络组件，各组件按相应功能进行划分，独立发展。

我国《软交换设备总体技术要求》中对软交换的定义为："是分组网的核心设备之一，主要完成呼叫控制、媒体网关接入控制、资源分配、协议处理、路由、认证、计费等主要功能，并可以向用户提供基本语音业务、移动业务、多媒体业务和其他业务等。"

从广义来讲，软交换是指以软交换设备为控制核心的一种网络体系结构，包括接入层、传送层、控制层及应用层，通常称之为软交换系统。

从狭义来讲，软交换特指为网络控制层的软交换设备(又称软交换机、软交换控制器或呼叫服务器)，是网络演进以及下一代分组网络的核心设备之一。软交换设备独立于传输网络，是用户话音、数据、移动业务和多媒体业务的综合呼叫控制系统。

另外，"软交换网络"一般是指基于软交换系统的下一代网络的一种实现方式。

7. 软交换的技术特点如下：

- 基于分组交换；
- 开放的模块化结构，实现业务与呼叫控制分离、呼叫控制和承载连接分离；
- 提供开放的接口，便于第三方提供业务，业务开发方式灵活，可以快速、方便地集成新业务；
- 具有用户话音、数据、移动业务和多媒体业务的综合呼叫控制系统，用户可以通过各种接入设备连接到IP/ATM网。

其优点表现在：高效灵活、开放性、多用户和强大的业务功能等方面。

8. 软交换系统的体系结构分成4个功能层,由上到下分别是:业务层、控制层、传送层和接入层。各层之间相互独立,实现了业务与呼叫控制的分离、媒体传送与媒体接入的分离,且各层之间通过开放、标准的接口来连接。

软交换系统中的主要设备有:软交换设备、信令网关、媒体网关(包括中继网关、接入网关)、IAD、SAC、应用网关、媒体服务器和应用服务器等。

软交换网络中的终端,包括IAD、SIP终端可以通过接入网络经由SAC接入到软交换;另外IAD或接入网关可以采用隧道方式通过SAC接入到软交换,具体隧道方式待定。软交换网络中SIP终端也可以通过因特网经由SAC接入到软交换。

9. 软交换是下一代网络的核心设备,各运营商在组建以软交换为核心的软交换网络时,其网络体系架构可能有所不同,但必须考虑与其他各种网络的互通,如与SCN的互通、与No.7信令网的互通、与智能网的互通,以及与因特网的互通等。

10. 软交换系统是一个分层、开放的系统,其体系结构各功能实体之间的接口,以及软交换系统与外部实体的接口都必须采用标准的协议。

根据协议功能的不同,软交换系统支持的协议可以分成4种类型:

- 呼叫控制协议:ISUP、BICC、SIP、SIP-T、H.323等。
- 媒体控制协议:H.248、MGCP等。
- 业务应用协议:Parlay、SIP、INAP、MAP、LDAP、RADIUS等。
- 维护管理协议:SNMP、COPS等。

11. 网关的主要作用是完成两个异构网络之间信息(包括媒体信息和用于控制的信令信息)的相互转换,即实现两个异构网络之间的通信。

IETF的RFC 2719给出了网关的分解模型,将网关分化为三个功能实体:媒体网关功能(MGF)、媒体网关控制功能(MGCF)和信令网关功能(SGF)。

12. 信令网关就是SGF或AGSF的物理实现,提供No.7信令网络和分组网络之间的接口,能将No.7信令协议转换为IP协议传送到软交换中。

信令网关提供SCN网络与IP网之间的信令连接时,可以有两种组网应用:信令点代理方式组网和信令转接点方式组网。

13. 媒体网关媒体网关按接入方式可以分为中继媒体网关(TG,简称中继网关)和接入媒体网关(AG,简称接入网关)

中继网关在电路交换网络SCN和基于分组(IP或ATM)软交换网络之间提供媒体流的映射和代码转换功能,主要是负责传统的PSTN/ISDN接入,终接大量的数字电路,将其接入到ATM或IP网络。

接入网关负责各种用户或接入网的综合接入,用于完成媒体流转换和非No.7信令处理等功能,可以和软交换设备配合替代现有的端局。接入网关可以用于接入网接入、PSTN/ISDN用户终端接入、无线基站接入等。

习 题

9-1 说明下一代网络的概念与特征。

9-2 说明下一代网络的主要特点。

9-3 说明下一代网络的功能分层,简述各层的主要功能。

9-4 画出基于软交换的下一代网络体系结构的示意图,并简要说明其分层结构。

9-5 简述现有通信网向NGN的演变路线。

9-6 简述软交换的基本概念,其主要设计思想是什么?

9-7 简要说明软交换的主要特点。

9-8 列举软交换设备的主要功能。

9-9 请对软交换支持的协议做一个分类,并简要说明各个协议的主要功能。

9-10 什么是网关?简单描述网关的分解模型。

9-11 说明信令网关的概念和功能。

9-12 画出信令网关信令转接点方式组网的示意图。

9-13 简述媒体网关的概念和分类。

9-14 试画出中继网关应用方式的示意图。

9-15 说明接入网关的概念和功能。

第10章 三网融合

三网融合作为技术发展的趋势和潮流，在多因素的驱动和产业各方的切实努力下已经成为全球通信界共同的发展方向。本章探讨三网融合的相关问题，主要包括以下几方面的内容：

- 三网融合的意义及发展；
- 三网融合接入网关键技术；
- 三网融合承载网关键技术。

10.1 三网融合的意义及发展

10.1.1 三网融合的意义

1. 三网融合的概念与内涵

三网融合是指电信网、广播电视网、互联网在向宽带通信网、数字电视网、下一代互联网的演进过程中进行融合，它不是现有三网的简单延伸和叠加，而应是其各自优势的有机融合。

三网融合主要指业务应用层面的融合，表现为技术上趋向一致，网络层上互联互通；物理资源上实现共享；业务应用层上互相渗透和交叉，趋向于全业务和采用统一的IP通信协议；最终将导致行业监管政策和监管架构上的融合。

三网融合示意图如图10-1所示。

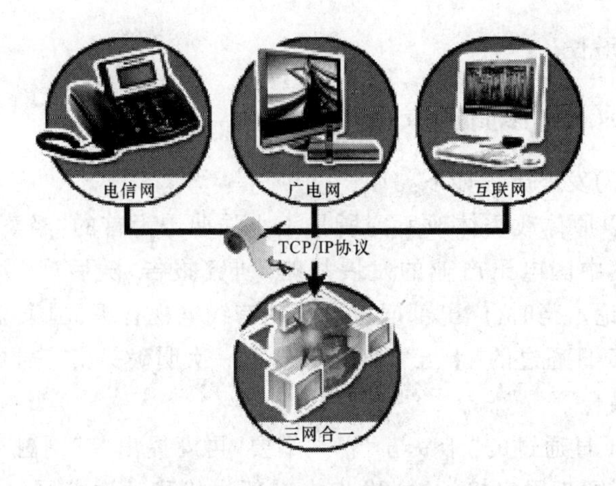

图10-1 三网融合示意图

至于各自的基础网本身,由于历史的原因以及竞争的需要,将会长期共存、竞争和发展。而业务应用层的融合将不会受限于基础网而迅速发展,各网络都会通过不同的途径向全业务方向演进。

三大网络通过技术改造,能够为用户提供包括语音、数据、图像等综合多媒体的通信业务。从长远来看,三网融合未来的方向是三屏合一,用户可通过手机、电视机及计算机等任何一个终端实现所有应用层业务。

2. 三网融合的意义

三网融合是近几十年来现代信息技术不断发展和创新的结果,在我国实现三网融合的主要意义有如下几点。

(1) 有利于形成完整的信息通信业的产业链

实现三网融合,将进一步推动信息产业结构的优化,有利于形成完整的信息通信业的产业链,提升信息通信业在国民经济中的战略地位和作用。

(2) 有利于提升面向用户的服务质量

在我国实现三网融合的实质,是在现有电信市场格局下再引入一个源自广电业的运营商,实现某种程度的异质竞争,以促进行业、监管、市场、技术、业务、网络、终端、支撑系统八个方面的融合和创新,其根本意义在于为用户提供高质量、低价格、丰富的信息服务。

(3) 激发行业技术创新和业务创新

实现统一的适应三网融合的监管政策和监管架构,既有利于吸引投资,又减小了新业务开发的风险,激发行业技术创新和业务创新。

(4) 促进经济增长

实现三网融合将创造一个新的市场空间,为国民经济的发展注入新的源动力,有利于拉动我国的经济增长。

10.1.2 我国三网融合的发展历程

我国三网融合的发展历程如下。

1998年3月,以原体改委体改所副所长王小强博士为首的“经济文化研究中心电信产业课题组”,提出《中国电讯产业的发展战略》研究报告,随后展开了“三网合一”还是“三网融合”的大辩论。当时,广电部门正在启动有线电视省级、国家级干线网建设。

2001年3月15日通过的“十五”计划纲要,第一次明确提出“三网融合”:“促进电信、电视、计算机三网融合。”

2006年3月14日通过的“十一五”规划纲要,再度提出“三网融合”。建设和完善宽带通信网,加快发展宽带用户接入网,稳步推进新一代移动通信网络建设;建设集有线、地面、卫星传输于一体的数字电视网络;构建下一代互联网,加快商业化应用;制定和完善网络标准,促进互联互通和资源共享。

2008年1月1日,国务院办公厅转发发展改革委、科技部、财政部、信息产业部、税务总局、广电总局六部委《关于鼓励数字电视产业发展若干政策的通知》(国办发〔2008〕1号),提出“以有线电视数字化为切入点,加快推广和普及数字电视广播,加强宽带通信网、数字电视网和下一代互联网等信息基础设施建设,推进‘三网融合’,形成较为完整的数字电视产业链,实现数字电视技术研发、产品制造、传输与接入、用户服务相关产业协调发展。”

2009年5月19日,国务院批转发展改革委《关于2009年深化经济体制改革工作意见》的通知(国发〔2009〕26号),文件指出:“落实国家相关规定,实现广电和电信企业的双向进入,推动‘三网融合’取得实质性进展。”

2010年1月13日,国务院常务会议决定加快推进电信网、广播电视网和互联网三网融合。会议要求电信和广电业务相互开放,先选择有条件的地区开展双向进入试点,并提出了三网融合的阶段性目标。

(1) 2010—2012年:重点开展电信和广电业务双向进入试点,探索形成使三网融合规范有序开展的政策体制、机制和体系。

(2) 2013—2015年:总结推广试点经验,全面实现三网融合发展,普及应用融合业务,基本形成适度竞争的网络产业格局,基本建立适应三网融合的体制、机制,以及职责清晰、协调顺畅、决策科学、管理高效的新型监管体系。

2010年6月底,三网融合12个试点城市名单和试点方案正式公布,三网融合终于进入实质性推进阶段。

在总体方案历经15稿修改和两年多的博弈,试点方案再经五稿修改和谈判几乎破裂的危险后,2010年7月1日,三网融合的12个试点城市名单终于在国家意志的强势干预下正式出台。

10.1.3　三网融合面临的问题及发展趋势

1. 三网融合需要解决的技术问题

在技术层面上，三网融合并非简单解决网络水平上的融合，包括核心网、城域网、接入网、设备终端的互联互通，而应重点处理好网络垂直层面上的融合，包括应用、业务、传送、控制等不同应用层面上的相互包容与相互渗透。三网融合的主要工作细节要集中在微融合上，比如移动与固定的融合、接口及标准的融合等，最终实现管理和控制上的融合。

随着三网融合的推进，将会遇到许多技术问题，主要有以下几点。

(1) 传输的宽带化

骨干网传输的宽带化是三网融合的重要基础，采用何种传输方式还没有统一观点，但是IP化光网络就是新一代电信网的基础，是三网融合的结合点。

(2) 交换的高性能指标

由于网络交换机是网络阻塞的瓶颈，随着三网融合业务的开展、大数据流的出现以及视频业务的日益增多，网络交换机的性能将是三网融合的重要指标，也是网络融合需要解决的主要问题之一。由此需要高交换速度、高网络吞吐量、高QoS的网络交换机。

(3) 用户的宽带接入问题

用户的宽带接入问题(又称“最后一公里”问题)是三网融合的难点，问题的关键是用户如何通过统一的接入设备来实现已有的三网业务。

2. 三网融合需要解决的社会问题

(1) 产业政策需要调整

要真正实现三网融合，在国家的产业政策层面上就必须要进行一定的调整，如国际互联网的出口问题。

(2) 行业监管责任需要明确

目前，广电网、电信网分属2个行业主管部门，为了避免三网融合中出现无休止的争论，需要一个组织来监管三网融合中在国家文化安全、信息安全、市场拓展、产业布局、行业规范等方面产生的一系列问题。

(3) 内容信息监管需要改进

三网融合中，三网的信息管理要区别对待，才有利于发展。

(4) 业务融合面临挑战

由于设计目标不同，广电网和电信网的网络结构不同，所采用的技术和业务的重点也不相同，在业务融合的过程中会面临许多挑战。

(5) 行业标准需要统一

电信网、广播电视网和互联网各自有不同的技术规范、网络结构和管理理念，故三网的技术标准缺乏兼容性、透明性、互联互通性。所以要实现三网融合,国家必须要制定统一的行业标准以避免重复建设、无序竞争,克服互联互通的障碍。

3. 三网融合的发展趋势

三网融合是一个不断演进的过程,需要按照先易后难的原则逐步实施。

在网络层面,三网融合的重点应放在对三网的改造上,使网络可以基于IP在各自数据应用平台上提供多种服务,承载多种业务,让已经具有基本能力的各种网络系统进行适当的业务交叉和渗透,充分发挥各类网络资源的潜力。目前电信网与互联网的融合已完成,正在进行广电网与互联网的融合,最后再实现三网的大融合。

从技术上看,尽管各种网络仍有自己的特点,但技术特征正逐渐趋向一致,如数字化、光纤化、分组交换化等,特别是逐渐向IP协议的汇聚已成为下一步发展的共同趋向。所以目前应在最大共享现有网络资源的基础上,统一规划和建设下一代全新的宽带信息网。

在业务层面,语音与数据的融合已完成,数据与视像的转换已基本实现,最后再实现三者的大融合。当各种网络平台达到可承载本质上相同的业务能力时,它们才真正可以相互替代,打破3个行业中历来按业务种类划分市场和行业的技术壁垒。

10.2 三网融合接入网关键技术

10.2.1 三网融合对宽带接入网的需求

为满足三网融合业务的多样性、多业务等级、高质量要求,宽带接入网的建设发展应该满足以下需求。

1. 更高的网络带宽和用户线路带宽

三网融合后IPTV业务将占主导地位,其对带宽的需求较高。例如一套高清电视需要8～10 Mbit/s,一套标清电视需要2～4 Mbit/s,随着网络视频的发展,高速上网带宽越来越大,将向10 Mbit/s甚至更高发展。各类业务对带宽的需求如表10-1所示。

表10-1 各类业务带宽需求

业务类型	下行带宽/(Mbit·s^{-1})	上行宽带/(Mbit·s^{-1})
高清电视	8～10	0.05
标清电视	2～4	0.05
网络游戏	0.256～1	0.256～1
视频通信	0.256～2	0.256～2
IP语音	0.1	0.1
高速上网	2～10	0.512～2

一个家庭可能会同时接收多套电视节目，综合考虑各类业务，用户带宽最低需要4 Mbit/s，随着高清电视节目的增加，大部分用户需要8～12 Mbit/s带宽，部分高速率用户带宽需求将超过20 Mbit/s，将来随着3D电视、高清互联网视频的丰富，用户带宽需求将达到50 Mbit/s。

2. 支持多业务承载、多业务分类能力

三网融合后，运营商为用户提供的是融合的多种业务。多种业务均通过同一接入网承载，所以接入网必须支持多业务承载、多业务分类能力。

多种业务要求不同的QoS，尤其是视频类业务和语音类业务要求更高的QoS保障。由于视频业务的实时性，通常无法支持丢包的重传，而丢包可能导致画面冻结、马赛克等问题；另外实时性业务对时延抖动也比较敏感。因此接入网应支持视频业务的带宽保证和优先级调度机制，提供低丢包率、低时延、快速切换的传输。

3. 支持组播

随着IPTV业务规模的增长，为了节省IP城域网的带宽，组播控制点会逐步下移到接入网，因此接入网设备应支持组播功能，并支持用户组播请求的快速处理、组播路由的快速收敛。

10.2.2 三网融合下的宽带接入技术

1. 宽带接入技术分类

由三网融合对宽带接入网的需求可知，三网融合下必须采用宽带接入技术。宽带接入技术包括有线宽带接入技术和无线宽带接入技术。

有线宽带接入技术分为铜线接入技术、混合光纤/同轴电缆接入技术、以太网接入及光纤接入技术。铜线接入技术主要包括不对称数字用户线（ADSL、ADSL2、ADSL2＋）和甚高速数字用户线（VDSL、VDSL2），混合光纤/同轴电缆接入技术（HFC），以太网接入技术即FTTX＋LAN。光纤接入技术应用较广泛的是基于以太网的无源光网络(EPON)和宽带PON(GPON)。

无线宽带接入技术主要包括LMDS、WLAN、WiMAX等。

2. 三网融合下宽带接入的组网方案

上述各种宽带接入技术在本书第5章均已做过介绍，它们各有优缺点。根据需求和驻地网现状的不同，光纤接入技术与铜线接入技术的灵活组合是三网融合下的主要应用方式。常用的混合组网有以下几种方式。

(1) PON＋DSL接入

PON＋DSL接入方式的组网如图10-2所示。

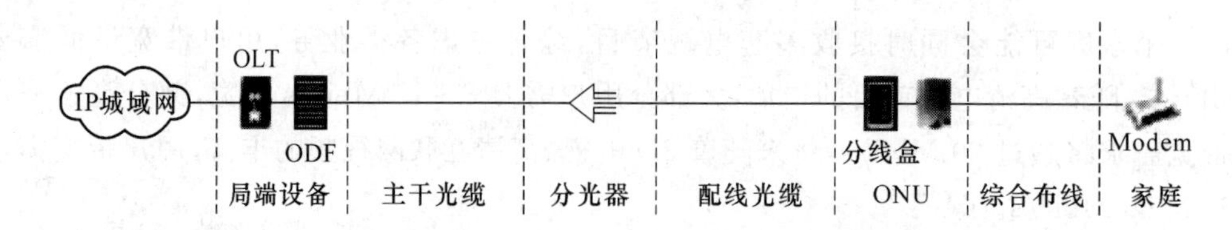

图 10-2　PON＋DSL 接入方式的组网

PON 支持根据 PVC、VLAN 区分不同类型业务，有较好的组播支持性能，组播复制点可设置在 OLT 设备。PON 的应用类型一般采用 FTTC 或 FTTB，ONU 设备放置在路旁交接箱（FTTC）或者楼道（FTTB），ONU 到用户采用 DSL 组网，铜线距离一般在 500 m 以内，用户带宽可达 16 Mbit/s。

根据应用场合不同，ONU 有以下两种：

- MDU-D（多用户终端）——主要用于家庭 FTTC/FTTB 模式，具有宽带接入终端功能，具有多个用户侧接口（包括以太网接口或 ADSL2＋/VDSL2 接口）。
- MDU-L——主要用于集团客户 FTTB 模式，具有宽带接入终端功能，具有多个以太网接口、E1 及 POTS 接口等。

（2）PON＋LAN 接入

传统 LAN 接入方式由于对组播支持性能较差、对主干光缆需求较大，向 PON＋LAN 方式改造是主要建设方式。PON＋LAN 接入方式的组网如图 10-3 所示。

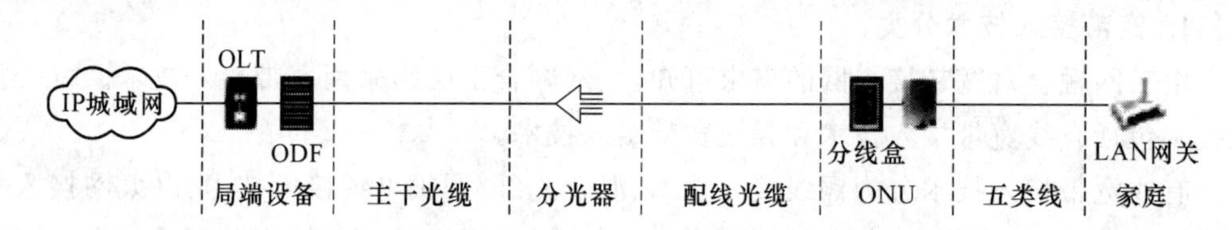

图 10-3　PON＋LAN 接入方式的组网

PON 支持根据 VLAN 区分不同类型业务，有较好的组播支持性能，组播复制点可设置在 OLT 设备。ONU 设备一般放置在楼道（即 FTTB），距用户 100 m 以内，用户带宽可达 100 Mbit/s。

（3）PON(FTTH)接入

PON(FTTH)接入方式的组网如图 10-4 所示。ONU 放在用户家里，采用 SFU（单家庭用户终端）。它支持宽带接入终端及语音等功能，具有多个以太网接口及 POTS 接口。

FTTH 接入方式下，光纤直接到用户家庭，带宽不受接入距离限制。FTTH 接入方式由于其高带宽、易维护等特点，近些年建设规模逐步增大。

PON(FTTH)与 PON＋LAN 接入方式一样，支持根据 VLAN 区分不同类型业务，有较好的组播支持性能，组播复制点可设置在 OLT 设备。

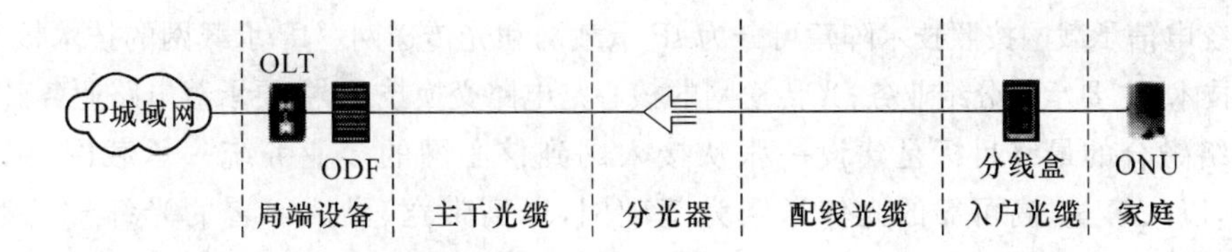

图 10-4 PON(FTTH)接入方式的组网

3. 三网融合下几种宽带接入方式的分析

三网融合下,接入网应统筹考虑各种业务的接入带宽及 QoS 保障。结合技术现状及网络现状分析,各接入方式对三网融合业务的支持情况如表 10-2 所示。

表 10-2 接入方式分析

接入方式	下行带宽/(Mbit · s^{-1})	多业务 QoS 机制	组播	视频业务		
				标清视频	高清视频	多路高清视频
DSLAM 在局端	2~4	支持	支持	支持		
PON+DSL	8~16	支持	支持	支持	支持	
传统 LAN	10/100	支持				
PON+LAN	10/100	支持	支持	支持	支持	支持
PON(FTTH)	>100	支持	支持	支持	支持	支持

各类接入方式中,支持 1 路标清视频接入方式的有 FTTH、PON+LAN、PON+DSL、DSLAM 在端局,支持 1 路高清视频接入方式的有 FTTH、PON+LAN、PON+DSL;支持多路高清接入方式的有 FTTH、PON+LAN。

PON(FTTH)、PON+LAN 接入方式可满足中远期业务需求,新建区域可优先采用此方式;PON+DSL 接入方式使铜线距离缩短到 500 m 以内,可满足近中期三网融合业务需求,改造区域可根据驻地网情况采用此方式;对于无法进行 FTTH 改造,而又有大带宽需求的区域,可引入 VDSL2 技术;10G PON 技术日益成熟,引入还需视产业发展及业务需求而定。

10.3 三网融合承载网关键技术

10.3.1 三网融合对承载网的总体要求

承载网是整个电信网络的基础,它负责按照要求把各个业务信息流从源端传递到目的端,承载网的范畴包括接入网和核心网。

传统电信承载网按照技术阵营可分为IP承载网和光传送网。IP承载网的技术核心是分组交换技术,主要承载分组业务;光传送网的核心是电路交换技术,主要承载电路业务。

网络融合的最终目标是建设一张从接入网到核心网的多业务统一承载网,以IP为承载层,以大容量、高可靠的光传送网为基础网,以高带宽、灵活部署的光纤+无线为接入手段,实现信令、语音、数据、视频等多媒体业务的高效承载,做到差异化QoS保证、电信级可靠性、灵活扩展性、低网络复杂度、高可用性、易维护性以及低成本。

总之为适应三网融合技术发展,未来的全业务承载网必须满足以下几点总体要求。

1. IP化

由于三网融合主要指业务应用层面的融合,而统一的TCP/IP协议的采用,将使得各种以IP为基础的业务都能在不同的网上实现互通,所以采用TCP/IP协议是三网融合的一个重要技术基础。

2. 宽带化

三网融合后的主要业务是视频业务,它需要很高的带宽资源。为了满足视频等业务对带宽的需求,承载网的宽带化势在必行。

3. 具备多业务承载能力

三网融合后的承载网要能够支持语音、数据、视频等多种业务,全业务承载网要求具备以下功能。

(1) 网络的可扩展性

建设三网融合下的宽带网络,可扩展性是必须考虑的问题。对于核心网,路由器使用最新技术的高速集成电路芯片提高单机的路由交换和处理能力,同时构造分布型和扁平式拓扑,使网络具备越来越强的可扩展性。

对于接入网,为了适应三网融合要求的数十兆和百兆到家,FTTH将会取代FTTB+ADSL/LAN。10G EPON或者GPON将开始体现它的应用价值,而且OLT的设置也需要更加靠近最终用户。

(2) 网络的可控性

可控的宽带网上的节点,应该具备为不同业务、用户和应用提供差异化QoS和服务等级的能力。

(3) 网络的可靠性

对于承载网中的路由器,除了要具备通常要求的板卡保护、协议收敛、不停顿转发以外,还应该具备不中断路由和不中断业务的能力。

对于OTN传送节点和高速传输链路,除了能提供常用的线路保护和环保护以外,还应支持多种保护和恢复机制。设计出既倒换快又能抗多重故障的保护恢复机制,在需要时为特殊要求的业务和用户提供绝对可靠的网络连接。

接入网的可靠性要求也会相应地提高,采取相应的保护措施。

(4) 网络的易操作性

网络的易操作性不仅关系到网络的日常运维,也关系到新业务尤其是增值新业务的快速开通。

要求三网融合下的承载网具有更强的管理、操作、维护及便利的网管能力,实现端到端业务配置,快速故障定位等。

(5) 网络的安全性

相对传统的单一业务的数据网,各类业务的融合、IP与传输的更紧密结合使得数据网络的安全考虑出现了一些新的特征,因而三网融合下宽带网络的安全性会遇到新的挑战。

以上介绍了三网融合对承载网的总体要求。为了满足这些要求,电信运营商的IP网络已经引入了多协议标签交换(MPLS)作为骨干传输技术,用于解决网络速度、可扩展性、服务质量管理及流量工程等问题;同时积极向IPv6演进,以有效解决IP地址枯竭问题。光传送正在逐步引入分组传送网PTN和OTN技术,PTN技术用于小颗粒IP业务的灵活接入及汇聚收敛,OTN技术用于大颗粒业务的灵活高效传送。

下面分别探讨三网融合下的IP网络技术和光传送网技术。

10.3.2　IP网络技术

1. MPLS技术

有关MPLS的内容在本书第3章已经做过介绍。三网融合下,基于MPLS技术实现虚拟专网(VPN),是MPLS技术的主要应用。下面简单介绍MPLS VPN的基本概念。

(1) MPLS VPN的概念

虚拟专网是虚拟私有网络(Virtual Private Network,VPN)的简称,它是一种利用公共网络(如公共分组交换网、帧中继网、ISDN或Internet等)来构建的私有专用网络,VPN将给企业提供集安全性、可靠性和可管理性于一身的私有专用网络。

MPLS VPN是一种基于MPLS技术的IP VPN,是在网络路由和交换设备上应用MPLS技术,简化核心路由器的路由选择方式,利用结合传统路由技术的标签交换实现的IP虚拟专用网络。

MPLS为每个IP数据报加上一个固定长度的标签,并根据标签值转发数据报。MPLS实际上就是一种隧道技术,所以使用它来建立VPN隧道是十分容易的。同时,MPLS是一种完备的网络技术,可以用它来建立起VPN成员之间简单而高效的VPN。MPLS VPN适用于实现对服务质量、服务等级的划分以及网络资源的利用率、网络的可靠性有较高要求的VPN业务。

(2) MPLS VPN网络结构

5MPLS VPN的网络结构如图10-5所示。

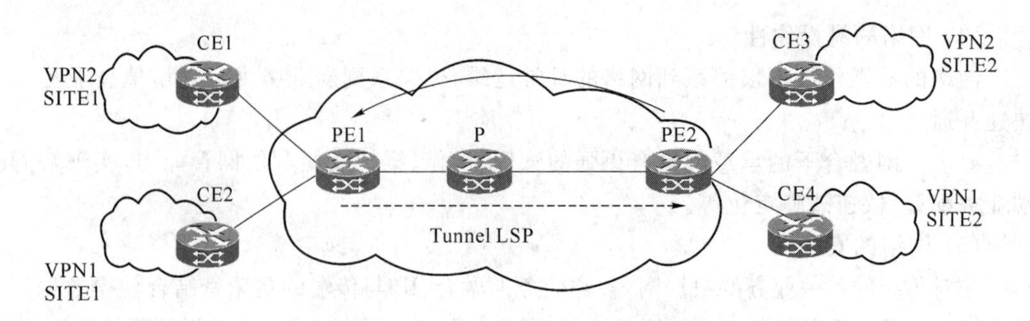

图 10-5 MPLS VPN 的网络结构

图 10-5 中各部分的作用为:

• 用户网边缘路由器(Custom Edge Router,CE)——为用户提供到 PE 路由器的连接,CE 路由器不使用 MPLS,它可以只是一台 IP 路由器,它不必支持任何 VPN 的特定路由协议或信令。

• 骨干网边缘路由器(Provider Edge Router,PE)——是与用户 CE 路由器相连的服务提供者边缘路由器。PE 实际上就是 MPLS 中的边缘标签交换路由器(LER),它根据存放的路由信息将来自 CE 路由器或标签交换通道 LSP 的 VPN 数据处理后进行转发,同时负责和其他 PE 路由器交换路由信息。它需要能够支持 MPLS 协议,以及 BGP 协议、一种或几种 IGP 路由协议。

• 骨干网核心路由器(Provider Router,P Router)——就是 MPLS 网络中的标签交换路由器(LSR),它根据数据报的外层标签对 VPN 数据进行透明转发,P 路由器只维护到 PE 路由器的路由信息而不维护 VPN 相关的路由信息。

• VPN 用户站点(SITE)——是指这样一组网络或子网,它们是用户网络的一部分并且通过一条或多条 PE/CE 链路接至 VPN。一组共享相同路由信息的站点就构成了 VPN。一个站点可以同时位于不同的几个 VPN 之中。公司总部、分支机构都是站点的具体例子。

在 MPLS VPN 中,属于同一的 VPN 的两个站点之间转发报文使用两层标签,在入口 PE 上为报文打上两层标签,外层标签在骨干网内部进行交换,代表了从 PE 到对端 PE 的一条隧道,VPN 报文打上这层标签,就可以沿着标签交换通道 LSP 到达对端 PE,然后再使用内层标签决定报文应该转发到哪个用户站点上。

(3) MPLS VPN 的优势

MPLS VPN 的优势体现在以下几点:

• 通过使用 MPLS 报头内的校验位或使用 LSP 流量工程,可为用户 VPN 业务提供灵活的和可扩展的 QoS;

• MPLS VPN 在 IP 多媒体网上部署非常灵活,能提供一定安全性保障;

• 对用户而言，不需要额外的设备，节省投资；

• MPLS VPN 也是当今比较成熟的 VPN 技术，扩展成本低，且管理难度小。

(4) MPLS VPN 的适用场合

MPLS VPN 适用于以下一些场合：

• 适用于对服务质量、服务等级划分以及网络资源的利用率、网络可靠性有较高要求的 VPN 业务；

• 适合一些对组网灵活性要求高、投资少、易于管理的用户群；

• 适用网络规模较大，应采用全网状连接的客户。

2. IPv6 技术

(1) IPv6 的引入

IPv6 协议是 IP 协议第 6 版本，是为了改进 IPv4 协议存在的问题而设计的新版本的 IP 协议。

当前 IPv4 主要面临的是地址即将耗尽的危机。IPv4 地址紧缺的主要原因在于 IPv4 地址的两个致命的弱点：地址空间的浪费和过度的路由负担。IPv4 存在的问题具体表现为：

① IPv4 的地址空间太小

IPv4 的地址长度为 32 位，理论上最多可以支持 2^{32} 台终端设备的互联（实际要少）。而随着接入因特网的用户爆炸式地增长，导致 IPv4 的地址资源不够用。

② IPv4 分类的地址利用率低

由于 A、B、C 等地址类型的划分，浪费了上千万的地址。

③ IPv4 地址分配不均

由于历史的原因，美国一些大学和公司占用了大量的 IP 地址，有大量的 IP 地址被浪费，而在互联网快速发展的国家如欧洲、日本和中国得不到足够的 IP 地址。由此导致互联网地址即将耗尽。到目前为止，A 类和 B 类地址已经用完，只有 C 类地址还有余量。

④ IPv4 数据报的首部不够灵活

IPv4 所规定的首部选项是固定不变的，限制了它的使用。

为了解决 IPv4 存在的问题，诞生了 IPv6。它从根本上消除了 IPv4 网络潜伏着地址枯竭和路由表急剧膨胀的两大危机。

IPv6 继承了 IPv4 的优点，并根据 IPv4 多年来运行的经验进行了大幅度的修改和功能扩充，比 IPv4 处理性能更加强大、高效。与互联网发展过程中涌现的其他技术相比，IPv6 可以说是引起争议最少的一个。人们已形成共识，认为 IPv6 取代 IPv4 是必然发展趋势，其主要原因归功于 IPv6 几乎无限的地址空间。

(2) IPv6 的特点

IPv6 与 IPv4 相比具有以下较为显著的特点。

① 极大的地址空间

IP地址由原来的32位扩充到128位,使地址空间扩大了2^{96}倍,彻底解决了IPv4地址不足的问题。

② 分层的地址结构

IPv6支持分层的地址结构,更易于寻址,而且扩展支持组播和任意播地址,使得数据报可以发送给任何一个或一组节点。

③ 支持即插即用

大容量的地址空间能够真正的实现无状态地址自动配置,使IPv6终端能够快速连接到网络上,无须人工配置,实现了真正的自动配置。

④ 灵活的数据报首部格式

IPv6数据报报首部格式比较IPv4作了很大的简化,有效地减少路由器或交换机对首部的处理开销,同时加强了对扩展首部和选项部分的支持,并定义了许多可选的扩展字段,可以提供比IPv4更多的功能,使转发更为有效,对将来网络加载新的应用提供了充分的支持。

⑤ 支持资源的预分配

IPv6支持实时视像等要求,保证一定带宽和时延的应用。

⑥ 认证与私密性

IPv6保证了网络层端到端通信的完整性和机密性。

⑦ 方便移动主机的接入

IPv6在移动网络方面有很多改进,具备强大的自动配置能力,简化了移动主机的系统管理。

(3) IPv4向IPv6过渡的方法

虽然IPv6比IPv4有绝对优势,但目前因特网上的用户绝大部分仍然在使用IPv4,如何从IPv4过渡到IPv6是需要研究的一个问题。

从IPv4向IPv6过渡的方法有两种:使用双协议栈和使用隧道技术。

① 使用双协议栈

双协议栈是指在完全过渡到IPv6之前,使一部分主机(或路由器)装有两个协议栈:一个IPv4和一个IPv6。双协议栈主机(或路由器)既可以与IPv6的系统通信,又可以与IPv4的系统通信。

使用双协议栈进行从IPv4到IPv6过渡的示意图如图10-6所示。

图10-6中的主机A和B都使用IPv6,而它们之间要通信所经过的网络使用IPv4,图10-6中的路由器B和E是双协议栈路由器。

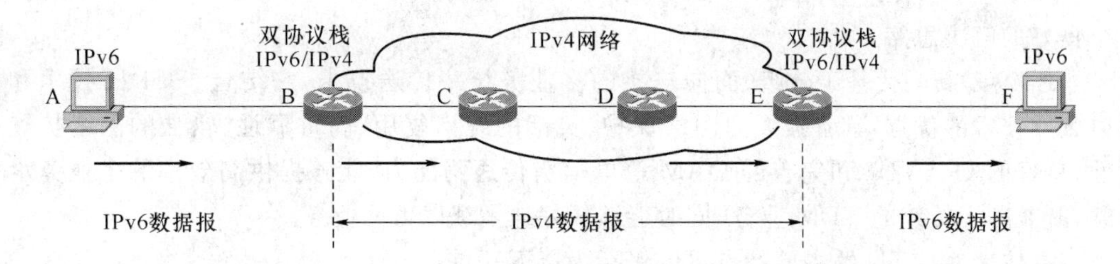

图 10-6　使用双协议栈进行从 IPv4 到 IPv6 的过渡示意图

主机 A 发送的是 IPv6 数据报，双协议栈路由器 B 将其转换为 IPv4 数据报发给 IPv4 网络，此 IPv4 数据报到达双协议栈路由器 E，由它将 IPv4 数据报再转换为 IPv6 数据报送给主机 B。

IPv6 数据报与 IPv4 数据报的相互转换是替换数据报的首部，数据部分不变。

② 使用隧道技术

使用隧道技术从 IPv4 到 IPv6 过渡的示意图如图 10-7 所示。

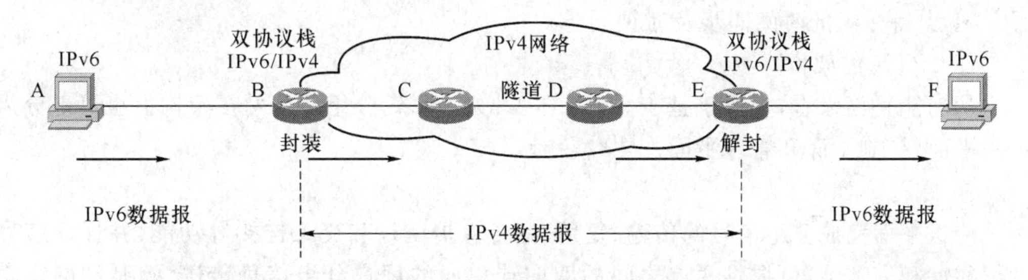

图 10-7　使用隧道技术从 IPv4 到 IPv6 过渡的示意图

所谓隧道技术是由双协议栈路由器 B 将 IPv6 数据报封装成为 IPv4 数据报，即把 IPv6 数据报作为 IPv4 数据报的数据部分（这是与使用双协议栈过渡的区别）。IPv4 数据报在 IPv4 网络（看作是隧道）中传输，离开 IPv4 网络时，双协议栈路由器 E 再取出 IPv4 数据报的数据部分（解封），即还原为 IPv6 数据报送交给主机 B。

10.3.3　光传送网技术

前面提到，为了满足三网融合对承载网的总体要求，光传送正在逐步引入分组传送网（PTN）和光传送网（OTN）技术，有关 OTN 的基本概念在本书第 1 章已经介绍过，在此简单讨论一下 PTN 技术。

1. PTN 基本概念

(1) PTN 的概念与特点

在光传输方面，业务 IP 化的发展，使运营商对承载网提出了较高的要求。作为一种面向连接的传送技术，PTN 为运营商建设可管理、可运维的统一融合的承载网提供了一个良好的解决思路。

PTN是新一代基于分组、面向连接的多业务统一传送技术，它结合了SDH技术和以太网技术的优点，具备强大的网络保护、灵活的统计复用、高可靠性、较强的网络扩展性、良好的QoS保障和完善的OAM等电信级传送网能力，能够提供高效率的多业务承载，既兼顾了传统的TDM业务，同时能够较好地承载以太网业务。

具体来说，PTN的主要特点可以概括为以下几点：

- 是面向连接的分组交换技术，采用统计时分复用；
- 网络结构支持分层及分域，具有良好的可扩展性；
- 支持TDM、IP、ATM等多种业务，具有综合业务承载能力；
- 具有快速的故障定位、故障管理、性能管理等强大的OAM能力；
- 具有面向分组业务的多种QoS分类能力；
- 具有可靠的生存性、快速的保护倒换功能；
- 支持动态控制平面；
- 支持分组的时间同步及时钟同步。

(2) PTN的架构

从功能平面来看，类似于基于SDH的ASON网络，分组传送网在架构上也可以分为传送平面、控制平面和管理平面。

① 传送平面

传送平面完成分组信号的传输、复用、配置保护倒换和交叉连接等功能，并保证信号的可靠性和完整性，可提供两点之间的双向或单向的用户分组信息传送、控制和网络管理信息等的传送。

② 控制平面

分组传送网的控制平面由提供路由和信令等特定功能的一组控制元件组成，并由一个信令网络支撑。控制平面的主要功能包括：

- 通过信令支持建立、拆除和维护端到端的连接的能力，通过选路为连接选择合适的路由；
- 网络发生故障时，执行保护和恢复功能；
- 自动发现邻接关系和链路信息，发布链路状态信息以支持连接建立、拆除和恢复等。

③ 管理平面

管理平面执行传送平面、控制平面以及整个系统的管理功能，它同时提供这些平面之间的协同操作。管理平面执行的功能包括：性能管理、故障管理、配置管理、计费管理和安全管理。

(3) PTN的主流实现技术

PTN有MPLS和以太网两条技术发展演进路线，所主要涉及的技术包括基于

MPLS技术的MPLS-TP(Transport Profile for MPLS)和基于以太网技术的PBB-TE(Provider Backbone Bridge-Traffic Engineering)。其中MPLS-TP技术是目前业内关注和应用的PTN主流实现技术。

由于国际标准化组织ITU-T(国际电信联盟)和IETF(互联网工程任务组)在关键技术OAM方面存在分歧,MPLS-TP的标准化进程存在争议。在MPLS-TP标准文件推出之前,大多数PTN设备均以T-MPLS为标准参考。

2. T-MPLS技术

T-MPLS是PTN的首次尝试,它由阿尔卡特朗讯、爱立信、富士通、华为和泰乐等众多支持者提议,于2006年2月由ITU-T实现了技术的标准化,其标准有G. 8110. 1、G. 8112、G. 8121。

T-MPLS是一种基于MPLS、面向连接的分组传送技术。与MPLS相比,主要改进包括通过消除IP控制层、简化MPLS以及增加传输网络需要的OAM和管理功能。T-MPLS不支持无连接模式,实现上要比MPLS更简单,更易于运行和管理。

T-MPLS基于ITU-T G. 805传输网络结构,它在传送网络中将客户信号映射进MPLS帧中,进而利用MPLS机制实现信息转发。T-MPLS选择了MPLS体系中有利于数据业务传送的基本特征,摒弃了MPLS复杂的控制协议族,从而简化了转发处理过程,同时还增加了传送保护和OAM、端到端的维护、保护和性能监控功能,并能与任何L2和L3协议兼容,由此构建起统一的数据传送平面(具体内容在G. 8110. 1等5个标准中体现)。这样便能够利用通用的控制平面GMPLS以及现有的传送技术。到目前为止,ITU-T已经决定将智能光网络的传送平面范围由SDH、OTN扩展到PTN,以达到客户层业务与控制平面相分离的目的。

3. PBB-TE技术

PBB(运营商骨干网桥接)技术最初是在G. 802. 1ah标准中提出来的,它是一种基于MAC堆栈的技术,具有以下几个特点:

(1) 用户MAC是被封装在运营商的MAC中,从而使各用户MAC彼此隔离,所以以太网的可扩展性和安全性得以提高;

(2) 从体系结构上将以太网的结构层次化,这样网络提供商可以规划自己的网络,无须担心相关资源与客户的重叠;

(3) 由于采用2层技术,因而无须使用复杂的信令机制,从而使设备成本、网络建设和运营成本相对较低;

(4) PBB技术仅仅提供了面向以太网业务的功能,如以太网生成树和MAC学习功能,因而不适合作为通用的传送网;

(5) 如果采用流量工程一类的功能,仍存在一些缺陷,所以PBB技术不具备如SDH那样的可靠性、管理能力以及电信级性能。

PBB-TE(也称为PBT)技术是PBB的改进技术。其技术优势在于取消了传统的以太网的地址学习、地址广播以及生成树协议(STP)等功能,使以太网的信息转发完全在管理平面(未来使用控制平面)控制下进行,使以太网业务更具面向连接的特性,从而可实现保护倒换、OAM、QoS、流量工程等传送网的功能。

10.3.4 内容分发网络技术

随着三网融合时代即将到来,视频作为电信、广电服务商的主流业务将得到大规模推广,视频业务(如高清网络电视等)的高带宽需求对现有承载网提出了巨大挑战。虽然流媒体技术的引入,给宽带应用提供了合适的技术基础,人们在此基础上提出了许多宽带应用解决方案。但是这些方案并没有给用户带来高质量的流媒体内容,因为用户在获得流媒体内容时,仍然能感觉到严重的延迟。为了解决这个问题,引出了CDN技术。

1. 内容分发网络的概念

内容分发网络(Content Distribution Network,CDN)是采用高速缓存、负载均衡和内容重定向等技术,在一定的网络基础构架上实现内容加速、内容分发、减少网络带宽和用户响应时间的一种内容分发服务网络。

CDN技术基本解决方法是把各种宽带应用业务发布到用户请求最近的区域,使用户可以就近取得所需内容,达到快速响应的要求。CDN通过用户就近性和服务器负载的判断,确保内容以极为高效的方式为用户提供服务。CDN可以提高网络本身的发布能力和智能性,并改善因特网拥塞状况,提高用户访问的响应速度。从技术上全面解决由于网络带宽小、用户访问量大、网点分布不均等因素导致用户访问网站的响应速度慢的问题。

2. CDN的关键技术

CDN的关键技术主要包括内容路由技术、内容分发技术、内容存储技术、内容管理技术等。

(1) 内容路由技术

内容路由的作用是动态均衡各个内容缓存节点的负荷分配,为用户的请求选择最佳的访问节点,同时提高网站的可用性。内容路由根据网络拓扑、网络延时,服务器负荷与规则等策略而设定,指定最佳节点向特定的内容请求提供服务。

(2) 内容分发技术

内容分发技术的思路是:为了提高系统的吞吐率,内容分发时先将内容从内容服务器分发到各边缘的分发缓存(Cache)节点。根据分发内容和规则的不同,从内容源到CDN边缘的内容分发方式有主动分发(PUSH)和被动分发(PULL)两种。

(3) 内容存储技术

CDN系统的内容存储需要考虑两个方面:内容源的存储和内容在缓存节点上的存

储。对于内容源的存储，由于媒体内容的规模比较大(通常达到 TB 级)，且内容的吞吐量也较大，适合采用海量存储架构；而对于在缓存节点中的存储，需要考虑的因素包括功能和性能两个方面，功能上包括对各种内容格式的支持和对部分缓存的支持，在性能上主要包括支持的容量、多文件吞吐率、可靠性、稳定性等方面。

(4) 内容管理

内容管理能够让用户或者服务提供商可以根据需要，监视、管理或者控制网络内容的分布、设备状态等。

内容管理重点强调内容进入缓存后的管理，主要目标是提高内容服务的效率。本地内容管理可以有效的实现在 CDN 节点内容的存储共享，提高存储空间的利用率。通过本地内容管理，可以在 CDN 节点实现基于内容感知的调度，避免将用户重定向到没有该内容的缓存设备上，从而大大增强了 CDN 的可扩展性和综合能力。

3. CDN 的主要功能

归纳起来，CDN 具有以下主要功能：

(1) 节省骨干网带宽，减少带宽需求量；

(2) 提供服务器端加速，解决由于用户访问量大造成的服务器过载问题；

(3) 服务商能使用 Web Cache 技术在本地缓存用户访问过的 Web 页面和对象，实现相同对象的访问无须占用主干的出口带宽，并提高用户访问因特网页面的相应时间的需求；

(4) 能克服网站分布不均的问题，并且能降低网站自身建设和维护成本；

(5) 降低“通信风暴”的影响，提高网络访问的稳定性。

10.3.5 三网融合承载网建设方案

1. 骨干传送网建设方案

长途骨干网络的作用是将城域网汇聚上传的各类综合业务安全、有效地传送，基本不再区分业务等级。三网融合下需要解决的主要问题是多业务承载和 IP 化的问题，长途骨干传送网将会趋于扁平化。

三网融合下需要解决的主要问题是多业务承载和 IP 化的问题，长途骨干传送网将会趋于扁平化。为了满足大容量及大颗粒业务高效、可靠、灵活、动态地长距离传送需求，电信长途骨干网络的发展趋势是采用 OTN 组网方案，如图 10-8 所示。

OTN 组网可以有效继承和融合已有的 SDH 和 DWDM 网的功能优势，同时具有扩展与业务传输相适应的组网功能，可实现大带宽颗粒波长通道业务的快速开通，提高业务响应速度。

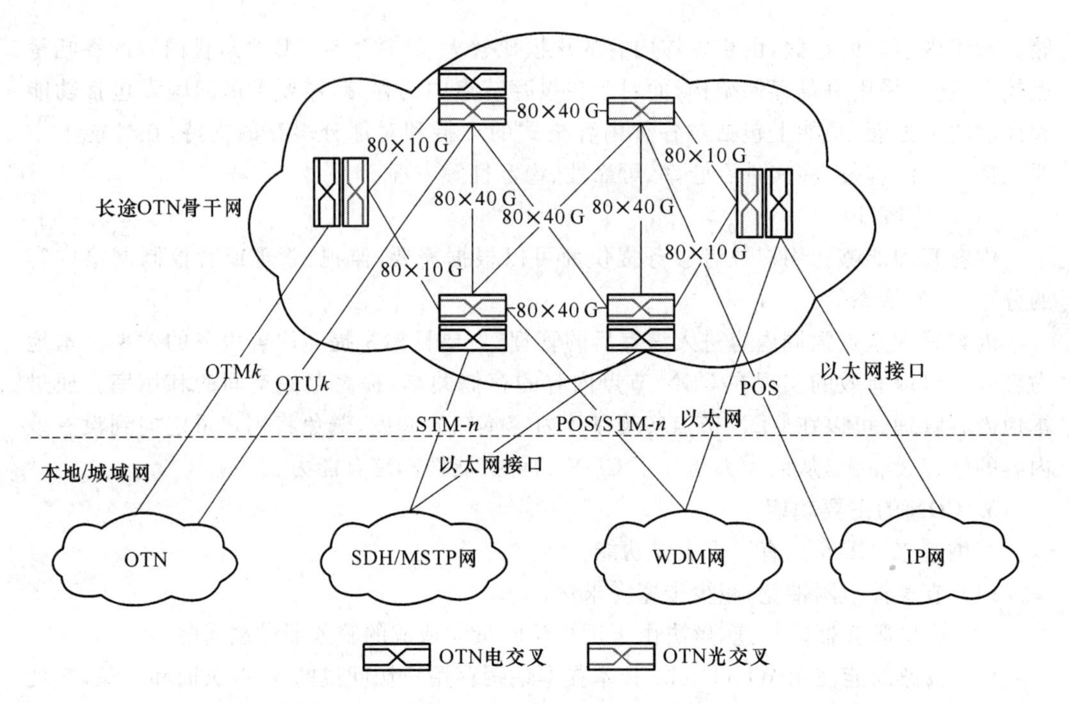

图 10-8 骨干传送网 OTN 组网方案示意图

2. 城域网建设方案

城域网建设方案有两种:以 PTN 技术为基础的城域网建设方案和 IP 城域网建设方案。

(1) 以 PTN 技术为基础的城域网建设方案

PTN 适用于承载如基站业务、大客户二层专线业务、IPTV 等多 QoS 要求较高的业务,PTN 设备成本高于交换机、低于路由器。以 PTN 技术为基础的城域网建设方案有 PTN 单独组网、PTN 与 OTN/路由器混合组网两种。

① PTN 单独组网

在中小型城域网,可根据实际网络的发展情况,选用 PTN 单独组网,组网示意图如图 10-9 所示。

核心层、汇聚层和接入层均采用 PTN 设备,组建一张独立的分组传送网络。独立组网的模式结构清晰、易于端到端的业务管理和维护。但是目前组网速率最高为 10GE,不适于带宽需求较大的情况。

② PTN 与 OTN/路由器混合组网

在大型城市中,可选择 PTN 与 OTN 或路由器混合组网,PTN/OTN 混合组网示意图如图 10-10 所示。

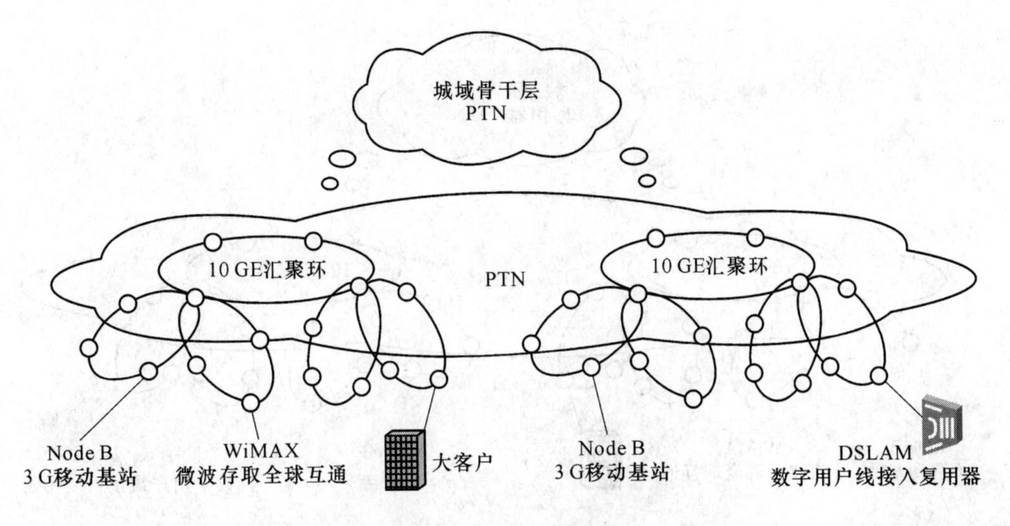

图 10-9　PTN 单独组网

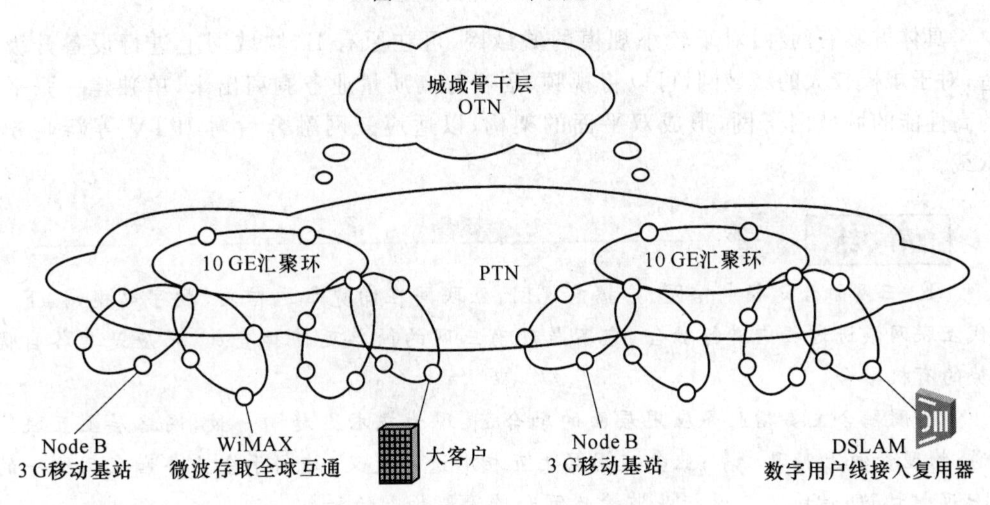

图 10-10　PTN/OTN 混合组网

PTN/OTN 混合组网模式为核心层以下采用 PTN 组网，核心层采用 OTN 组网。

PTN/路由器混合组网示意图如图 10-11 所示。

PTN/路由器混合组网方案，是在城域网接入层/汇聚层采用 PTN 设备，二层功能由 PTN 设备完成；核心层采用 PTN 路由器设备，用来处理少量业务的三层功能需求。

(2) IP 城域网

三网融合后，IP 城域网除了实现普通因特网上网，还要能够承载 IPTV 及语音等业务。而 IPTV 及语音业务对于时延、抖动及丢包等要求更高，及对设备处理能力、网络的性能具有更高的要求。所以必须对原有网络进行升级改造。

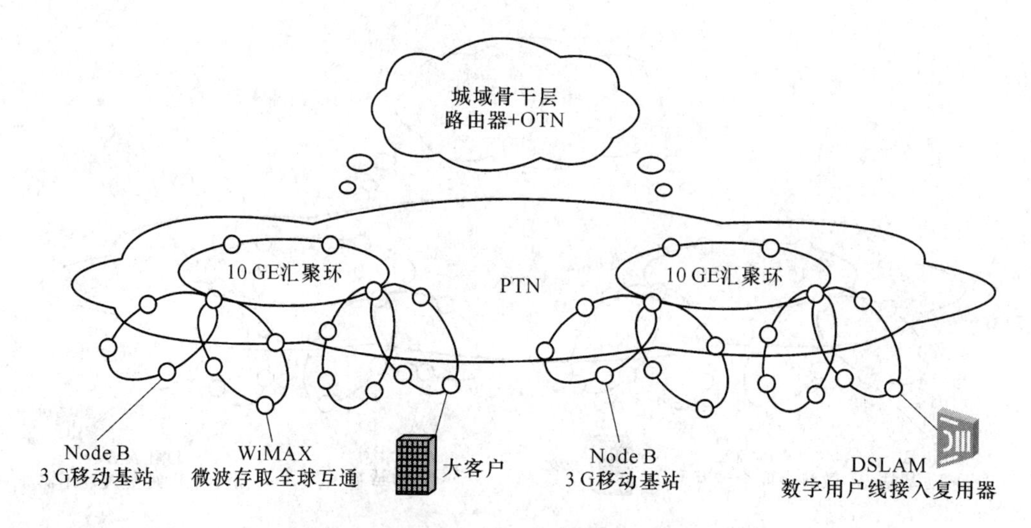

图 10-11　PTN/路由器混合组网

具体方案有两种:对于较小规模的城域网,可在原有 IP 城域网上进行设备升级改造;对于规模较大的城域网,可以将视频、语音等高质量业务剥离出来,单独建一张平行的高性能的城域网子网,形成双平面的架构,以适应三网融合后对 IPTV 等新业务的承载。

小 结

1. 三网融合是指电信网、广播电视网、互联网在向宽带通信网、数字电视网、下一代互联网演进过程中进行融合,它不是现有三网的简单延伸和叠加,而应是其各自优势的有机融合。

三网融合主要指业务应用层面的融合,表现为技术上趋向一致,网络层上互联互通;物理资源上实现共享;业务应用层上互相渗透和交叉,趋向于全业务和采用统一的 IP 通信协议;最终将导致行业监管政策和监管架构上的融合。

2. 在我国实现三网融合的主要意义有:(1) 有利于形成完整的信息通信业的产业链;(2) 有利于提升面向用户的服务质量;(3) 激发行业技术创新和业务创新;(4) 促进经济增长。

3. 三网融合遇到的技术问题主要有:(1) 传输的宽带化;(2) 交换的高性能指标;(3) 用户的宽带接入问题。

三网融合需要解决的社会问题有:(1) 产业政策需要调整;(2) 行业监管责任需要明确;(3) 内容信息监管需要改进;(4) 业务融合面临挑战;(5) 行业标准需要统一。

三网融合的发展趋势如下：

在网络层面，三网融合的重点应放在对三网的改造上，使网络可以基于IP在各自数据应用平台上提供多种服务，承载多种业务，让已经具有基本能力的各种网络系统进行适当的业务交叉和渗透，充分发挥各类网络资源的潜力。

从技术上看，各种网络技术特征正逐渐趋向一致，如数字化、光纤化、分组交换化等，特别是逐渐向IP协议的汇聚已成为下一步发展的共同趋向。

在业务层面，各种网络平台逐步达到可承载本质上相同的业务能力，真正可以相互替代，打破3个行业中历来按业务种类划分市场和行业的技术壁垒。

4. 三网融合对宽带接入网的需求为：更高的网络带宽和用户线路带宽，支持多业务承载、多业务分类能力，支持组播。

三网融合下的宽带接入技术包括有线宽带接入技术和无线宽带接入技术。根据需求和驻地网现状的不同，光纤接入技术与铜线接入技术的灵活组合应用是三网融合下的主要应用方式。

5. 三网融合对承载网的总体要求为IP化、宽带化和具备多业务承载能力。

为了满足这些要求，电信运营商的IP网络已经引入了多协议标签交换(MPLS)作为骨干传输技术，用于解决网络速度、可扩展性、服务质量(QoS)管理及流量工程等问题；同时积极向IPv6演进，以有效解决IP地址枯竭问题。光传送正在逐步引入PTN和OTN技术，PTN技术用于小颗粒IP业务的灵活接入及汇聚收敛，OTN技术用于大颗粒业务的灵活高效传送。

6. PTN是新一代基于分组、面向连接的多业务统一传送技术，它结合了SDH技术和以太网技术的优点，具备强大的网络保护、灵活的统计复用、高可靠性、较强的网络扩展性、良好的QoS保障和完善的OAM等电信级传送网能力，能够提供高效率的多业务承载，既兼顾了传统的TDM业务，同时能够较好地承载以太网业务。

7. 内容分发网络(CDN)是采用高速缓存、负载均衡和内容重定向等技术，在一定的网络基础构架上实现内容加速、内容分发、减少网络带宽和用户响应时间的一种内容分发服务网络。

8. 三网融合承载网建设方案主要包括骨干传送网建设方案和城域网建设方案。

长途骨干网络的发展趋势是采用OTN组网方案；城域网建设方案有两种：以PTN技术为基础的城域网建设方案(PTN单独组网、PTN与OTN/路由器混合组网)和IP城域网建设方案。

习　题

10-1　三网融合的概念是什么?

10-2　在我国实现三网融合的主要意义是什么?

10-3　三网融合对宽带接入网的需求有哪些?

10-4　三网融合对承载网的总体要求是什么?

10-5　什么是内容分发网络(CDN)?

参考文献

[1] 毛京丽,等.现代通信网.2版.北京:北京邮电大学出版社,2007.

[2] 纪越峰,等.现代通信技术.2版.北京:北京邮电大学出版社,2004.

[3] 孙学康,毛京丽.SDH技术.2版.北京:人民邮电出版社,2009.

[4] 谢希仁.计算机网络.5版.北京:电子工业出版社,2008.

[5] 毛京丽.宽带IP网络.北京:人民邮电出版社,2010.

[6] 张民,潘勇,徐荣.宽带IP城域网.北京:北京邮电大学出版社,2003.

[7] 田瑞雄等.宽带IP组网技术.北京:人民邮电出版社,2003.

[8] 谷红勋等.互连网接入——基础与技术.北京:人民邮电出版社,2002.

[9] 石晶林,丁炜,等.MPLS宽带网络互联技术.北京:人民邮电出版社,2001.

[10] 张中荃.接入网技术.2版.北京:人民邮电出版社,2009.

[11] 李雪松,傅珂,柳海.接入网技术与设计应用.北京:北京邮电大学出版社,2009.

[12] 王延尧,等.以太网技术与应用.北京:人民邮电出版社,2005.

[13] 钟章队.无线局域网.北京:科学出版社,2004.

[14] 部熙章.数字网同步技术.北京:人民邮电出版社,1995.

[15] 果明实.现代电信网组织管理.北京:人民邮电出版社,1996.

[16] 孔令萍,李建国.电信管理网.北京:人民邮电出版社,1997.

[17] 秦国,等.现代通信网概论.北京:人民邮电出版社,2004.

[18] 马永源,马力.电信规划方法.北京:北京邮电大学出版社,2001.

[19] 梁雄健,孙青华,张静,等.通信网规划理论与务实.北京:北京邮电大学出版社,2006.

[20] 杨丰瑞,刘辉,张勇.通信网络规划.北京:人民邮电出版社,2005.

[21] 杨放春,孙其博.软交换与IMS技术.北京:北京邮电大学出版社,2007.

[22] 杨炼,等.三网融合的关键技术及建设方案.人民邮电出版社,2011.

[23] 中国人民共和国工业和信息化部.电信网编号计划(2010年版),2010.

[24] 中国人民共和国信息产业部.数字同步网的规划方法与组织原则,YDN 117—1999,1999.

[25] ITU-T Recommendation Y. NGN-overview: General Overview of NGN Functions and Characteristics,2004.

[26] ITU-T Recommendation Y. General Principles and General Reference for Next Generation Networks, 2004.

[27] 中华人民共和国信息产业部. 软交换设备总体技术要求,YD/T 1434—2006,2006.

[28] 中华人民共和国信息产业部. 基于软交换的网络组网总体技术要求, YDC 045—2007,2007.